Allgemeine Algebra und Anwendungen

Von Dr. phil. Dietmar W. Dorninger
a.o. Professor an der Technischen Universität Wien

und Dr. phil. Winfried B. Müller
a.o. Professor an der Universität für Bildungswissenschaften Klagenfurt

Mit zahlreichen Abbildungen, Beispielen und Übungen

Springer Fachmedien Wiesbaden GmbH

Prof. Dr. phil. Dietmar W. Dorninger

Geboren 1945 in Gaspoltshofen, Oberösterreich. Gymnasialzeit in Linz/Donau. Studium der Mathematik und Physik an der Universität Wien, Promotion 1969. Habilitation im Fach Mathematik an der Technischen Universität Wien 1973. Seit 1976 Ao. Universitätsprofessor am Institut für Algebra und Diskrete Mathematik der Technischen Universität Wien, seit 1981 Vorstand dieses Instituts.

Prof. Dr. phil. Winfried B. Müller

Geboren 1944 in der Stadt Salzburg. Studium der Mathematik, Physik und Darstellenden Geometrie an der Universität und der Technischen Universität Wien von 1962 bis 1967. Promotion an der Universität Wien 1967. Professor für Mathematik an der Universität Simón Bolívar in Caracas/Venezuela von 1971 bis 1973. Habilitation für das Fachgebiet Mathematik an der Technischen Universität Wien 1975. Christian Doppler Preis der Salzburger Landesregierung für außergewöhnliche Leistungen auf dem Gebiet der Naturwissenschaften 1976. Seit 1977 Ao. Universitätsprofessor am Institut für Mathematik der Universität für Bildungswissenschaften in Klagenfurt/Österreich. Vorstand dieses Instituts von 1980 bis 1983. Visiting Professor der University of Tasmania/Australien im Frühjahr 1983.

CIP-Kurztitelaufnahme der Deutschen Bibliothek

Dorninger, Dietmar:
Allgemeine Algebra und Anwendungen / von
Dietmar W. Dorninger u. Winfried B. Müller. –
Stuttgart : Teubner, 1984.

ISBN 978-3-519-02030-1   ISBN 978-3-663-09813-3 (eBook)
DOI 10.1007/978-3-663-09813-3

NE: Müller, Winfried B.:

Umschlaggestaltung: W. Koch, Sindelfingen

VORWORT

Ausgehend von dem Werk des Arabers Mohammed ibn Musa al-Khowarizmi
"Hisab aljabr w'almuqabalah"(Hinüberschaffen eines Gliedes einer
Gleichung von einer Seite auf die andere) im 8.Jhdt. nach Chr., welches
für die Algebra namensgebend war, verstand man bis zum Beginn des
19.Jhdts. unter Algebra im wesentlichen die Lehre von der Lösung algebraischer Gleichungen. Eines der Hauptprobleme der Gleichungslehre war,
die Frage zu beantworten, wann eine allgemeine Polynomgleichung n-ten
Grades mit Hilfe der Grundrechnungsarten, des Potenzierens und Wurzel-
ziehens auflösbar ist. Diese Frage wurde von E. Galois in einer im
Jahre 1831 bei der Französischen Akademie der Wissenschaften einge-
reichten Arbeit endgültig entschieden. Galois verwendete bei seinem Beweis erstmals Hilfsmittel, die als charakteristisch für die moderne Algebra angesehen werden können, nämlich Eigenschaften von Gruppen und
Körpern. - Angeregt durch Fragen der Logik folgten bald Untersuchungen
anderer algebraischer Strukturen, nämlich von Booleschen Algebren, und
mit der Zeit wandelte sich die Bedeutung des Wortes Algebra hin zur
Lehre von algebraischen Strukturen, so wie wir sie heute vornehmlich
verstehen.

Mit den vielen neu gewonnenen Ergebnissen über algebraische Strukturen
gewann die Frage an Bedeutung, was diesen Ergebnissen gemeinsam ist, und
so entstand vor etwa 30 Jahren eine neue Teildisziplin der Algebra, die
sogenannte Universelle (oder Universale) Algebra. Zugleich mit dem Trend
zur abstrakten Algebra hin geriet allerdings teilweise etwas in Ver-
gessenheit, daß viele Probleme der Algebra aus konkreten Fragen der Anwendungen entstanden und für die Anwendungen bedeutsam sind. - In den
letzten Jahren hat jedoch das Interesse an Anwendungen der Algebra sowohl innerhalb als auch außerhalb der Mathematik wieder sehr zugenommen.

Mit dem vorliegenden Buch verfolgen wir zweierlei: Erstens, einen Überblick über die wichtigsten algebraischen Strukturen zu geben, wobei
der Hervorhebung von Gemeinsamkeiten dieser Strukturen neben deren ausführlicher Besprechung durch die Bezeichnung "Allgemeine Algebra" im
Buchtitel Rechnung getragen wird. Zweitens, ein breites Spektrum von
Anwendungsmöglichkeiten vorzustellen, wobei der Bogen der Anwendungen
von Problemen, die aus dem Alltag vertraut sind, wie z.B. die Schaltung
von Verkehrsampeln oder die Ermittlung von Wahlergebnissen, bis hin
zur Lösung von Problemen bei der elektronischen Nachrichtenübertragung
und zur axiomatischen Quantenmechanik gespannt ist. (Einen Überblick
über die besprochenen Anwendungen gibt die Tabelle auf den Seiten 7
und 8).

Die Aufgaben aus den Anwendungen sind so formuliert, daß zu ihrem Verständnis keine speziellen Vorkenntnisse aus den einzelnen Fachdisziplinen erforderlich sind.

Im theoretischen Teil, der unabhängig von den Abschnitten über Anwendungen gelesen werden kann und welcher die Inhalte einer traditionellen Einführungsvorlesung in die Algebra abdeckt, kommen ebenfalls Anwendungsbeispiele vor; dort dienen sie allerdings nur als didaktisches Hilfsmittel und können von Lesern, die in erster Linie an der Theorie interessiert sind, übergangen werden.

Allen, die uns bei der Veröffentlichung dieses Buches, mit dem wir aufzeigen wollen, daß die Algebra nicht nur eine schöne mathematische Theorie ist, sondern in vielen Gebieten Anwendungen findet, unterstützt haben, gilt unser Dank. Die Damen Chr.Mitterfellner, E.Wiesenbauer und H.Reinauer haben mit viel Mühe und Sorgfalt die Reinschrift des Manuskriptes besorgt. Herr Mag.W.Nowak hat die zahlreichen Abbildungen angefertigt. Herrn Doz.Dr.G.Eigenthaler sind wir für einige wertvolle Hinweise verpflichtet. Insbesondere danken wir jedoch Herrn Dr.P.Spuhler vom Teubner-Verlag in Stuttgart für die Übernahme der Herausgabe des Buches und seine verständnisvolle Kooperation.

Wien und Klagenfurt, im Februar 1984   Die Verfasser

INHALT

I.   Operationen und Relationen 9

     1. n-stellige Operationen 10
     2. Algebraische Strukturen 19
     3. Relationen und Graphen 28
     4. Ein Beispiel aus der Verkehrsplanung 35
     5. Kongruenzrelationen und Homomorphismen 39
     6. Halbordnungsrelationen 48
     7. Ein Beispiel aus der Soziologie 57

II. Verbände und Boolesche Algebren 64

     8. Grundlagen und modulare Verbände 64
     9. Verbände und Universelle Algebra 78
    10. Boolesche Algebren und Orthoverbände 88
    11. Anwendungen in der Quantenmechanik 107
    12. Aussagenlogik 116
    13. Schaltalgebra 124

III. Halbgruppen 132

    14. Monoide 132
    15. Das DNS-Protein Codierungsproblem 137
    16. Elemente der Automatentheorie 140
    17. Formale Sprachen und ein Beispiel aus der Biologie 150

IV. Gruppen 158

    18. Elementare Eigenschaften 158
    19. Faktorgruppen und Direkte Produkte 172
    20. Erzeugende und Relationen 187
    21. Permutationsgruppen 192
    22. Gruppen und Glockenspiele 198
    23. Ein Beispiel aus der Anthropologie 203
    24. Kristallographische Gruppen 211
    25. Zähltheorie und Anwendungen 223
    26. Elemente der Darstellungstheorie 229

V. Ringe und Körper 233

27. Grundlagen 233
28. Faktorringe und Quotientenringe (Ringe von Quotienten) ... 242
29. Polynome und formale Potenzreihen 249
30. Faktorielle Ringe, Hauptidealringe und
    Euklidische Ringe 261
31. Körpererweiterungen und Konstruktionen mit
    Zirkel und Lineal 270
32. Endliche Körper 280
33. Lateinische Quadrate und statistische Versuchsplanung 286

VI. Algebraische Codierungstheorie und Kryptographie 292

34. Algebraische Codierung 293
35. Aktuelle Fragen der Chiffrierung 308

Literaturhinweise 316

Index 318

ANWENDUNGEN UND DAFÜR BENÖTIGTE ALGEBRAISCHE KENNTNISSE

(Die römischen Zahlen beziehen sich auf das Kapitel, die arabischen Zahlen geben den Abschnitt an.)

ANWENDUNG	ALGEBRAISCHE ERFORDERNISSE

1) Naturwissenschaften

ANWENDUNG	ALGEBRAISCHE ERFORDERNISSE
Kreuzung zweier Genotypen (I/2)	Assoziativitätstest (III/14)
Symmetrieeigenschaften von Molekülen (I/2 und IV/24)	Gruppen (I/2 und IV), Permutationsgruppen (IV/21)
Darstellung von physikalischen Meßgrößen (Observablen) (II/11)	
Gleichzeitige Meßbarkeit von Observablen (II/11)	Orthomodulare Verbände (II/10 und II/11)
Quantenlogik (II/11)	Homomorphismen (I/5 und II/11)
DNS-Protein Codierungsproblem (III/15)	Freie Halbgruppen (III/14), Homomorphismen (I/5)
Stoffwechselvorgänge im Tricarbonsäurezyklus (III/16)	Halbautomaten (III/16)
Wachstum von Zellsystemen (III/17)	Lindenmayersysteme (III/17)
Kristallographie (IV/24)	Permutationsgruppen (IV/21)
Anzahlbestimmungen chemischer Verbindungen (IV/25)	Permutationsgruppen (IV/21), Zähltheorie (IV/25)

2) Technik und Informatik

ANWENDUNG	ALGEBRAISCHE ERFORDERNISSE
Phasenfolgen an durch Ampeln geregelten Kreuzungen (I/4)	Graphen (I/3)
Aussagenlogik (II/12)	
Analyse und Entwurf von elektrischen Schaltungen (II/13)	Boolesche Algebra (II/10)
Automaten (III/16)	Monoide (III/14), Automatentheorie (III/16)
Formale Sprachen (III/17)	Relationen (I/3), Graphen (I/3), Automatentheorie (III/16)
Widerstandstransformationen (IV/19)	Faktorgruppen (IV/19)
Anzahlbestimmungen bei elektrischen Schaltungen (IV/25)	Zähltheorie (IV/25), Gruppen (IV)
Schieberegister zur Polynommultiplikation (V/29)	Ringe und Körper (V/27), Polynome (V/29)

Störungen im Fernsprechverkehr (V/32) — Endliche Körper (V/32)

Fehlerkorrigierende Codes (VI/34)

Elektronische Nachrichtenüber-
mittlung (VI/34)
} Gruppen (IV/19), Endliche Körper (V/32), Polynome und formale Potenzreihen (V/29)

Übertragung von Bildern aus dem Weltraum, Entfernungsmessungen mittels Radar (VI/34) — Endliche Körper (V/32), Polynome und formale Potenzreihen (V/29)

Das "Rote Telefon" (VI/35) — Endliche Körper (V/32)

Chiffriersysteme (VI/35)

Probleme des Datenschutzes (VI/35)

Kontrolle des Atomsperrvertrages (VI/35)
} Endliche Körper (V/32), Faktorgruppen (IV/19)

3) Sozial- und Wirtschaftswissenschaften

Organisationsstruktur eines Betriebes (I/6) — Halbordnungen (I/6)

Präferenzen und Auswahl (I/7)

Abstimmungsverfahren bei Wahlen (I/7)
} Halbordnungsrelationen (I/6)

Heiratssysteme (IV/23) — Gruppentheorie (IV/20 und IV/21)

Statistische Versuchsplanung (V/33) — Endliche Körper (V/32), Lateinische Quadrate (V/33)

4) Angewandte Kunst

Melodien für Glockenspiele (IV/22) — Permutationsgruppen (IV/21)

Klassifikation von Mustern (IV/25)

Anzahlbestimmungen bei geometrischen Gebilden (IV/25)
} Gruppen (IV), Zähltheorie (IV/25)

Konstruktionen mit Zirkel und Lineal (V/31) — Körpererweiterungen (V/31)

I OPERATIONEN UND RELATIONEN

EINLEITUNG

Addiert man zwei beliebige ganze Zahlen, so ist das Ergebnis wieder eine ganze Zahl. Diesen Sachverhalt drückt man mathematisch so aus: Die Addition ist eine "Operation" in der Menge der ganzen Zahlen. Für die Division ist das nicht richtig, da die Division zweier Zahlen in der Menge der ganzen Zahlen nicht immer ausgeführt werden kann.

Nennen wir zwei ganze Zahlen äquivalent, falls sie bei Division durch eine fest gewählte ganze Zahl n denselben Rest ergeben, so ist durch die Eigenschaft zweier ganzer Zahlen äquivalent zu sein, eine sogenannte "Relation" in der Menge der ganzen Zahlen definiert. Bei dieser Relation ist z.B. $3+n$ äquivalent zu 3 und $2+2n$ äquivalent zu $2+6n$.

Ziel des folgenden Kapitels ist es, Mengen, die mit Operationen und Relationen versehen sind, von einem allgemeinen Standpunkt aus zu studieren. Da der Leser mit Operationen und Relationen in Zahlenmengen eher vertraut sein wird, ziehen wir zur Illustration häufig andere Mengen heran. Das folgende *Beispiel* etwa kommt aus den Anwendungen:

Um die Anzahl der verschiedenen Isomere des dichlorsubstituierten Benzols zu bestimmen, veranschaulicht der Chemiker das Benzol als ebenes, regelmäßiges Sechseck, in dessen Eckpunkten die C-Atome gedacht werden. An jedes der sechs C-Atome ist ein H-Atom gebunden. Zwei der H-Atome sollen durch Cl-Atome ersetzt werden. Von den Möglichkeiten, die es für die Ersetzung gibt, sind einige in Abb. 0.1 wiedergegeben.

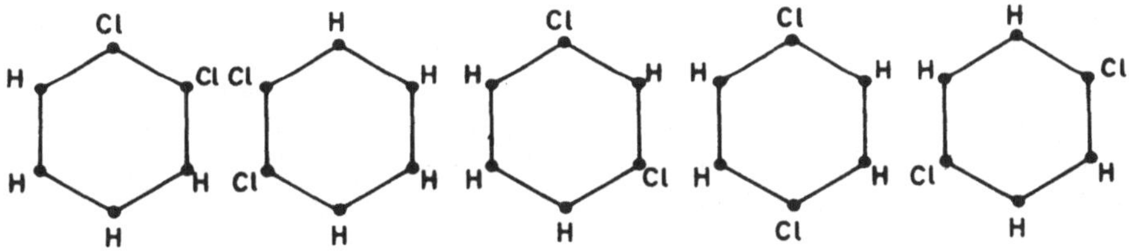

Abb. 0.1

Definieren wir in der Menge M aller möglichen Verbindungen im Sinne von Abb. 0.1 – die Menge M enthält 15 Elemente –, daß zwei Verbindungen äquivalent sind, falls sie sich physikalisch und chemisch nicht unterscheiden, d.h., daß sie auseinander durch eine Drehung um ein ganzzahliges Vielfaches von 60° hervorgehen, so können wir äquivalente Verbindungen in Klassen zusammenfassen, und es ist dann leicht zu sehen, daß M auf diese Weise in drei verschiedene Klassen zerfällt. Damit ist die Frage nach der Anzahl der verschiedenen Isomere beantwortet: es gibt genau drei. In diesem Sinne beschreiben die Verbindungen in Abb. 0.1a) und 0.1b) sowie in Abb. 0.1d) und 0.1e) dasselbe Isomer.

Für die Herleitung dieses Ergebnisses haben wir die Relation "physikalisch und chemisch gleich sein" betrachtet und (implizit) die Tatsache verwendet, daß die Hintereinanderausführung von Drehungen eines Sechseckes um ganzzahlige Vielfache von 60° eine Operation in der Menge dieser Drehungen ist.

1. N-STELLIGE OPERATIONEN

$\mathbb{N}$ bezeichne die Menge der natürlichen Zahlen, $\mathbb{N}_0$ sei die um die Zahl 0 vermehrte Menge $\mathbb{N}$, $\mathbb{Z}$ bezeichne die Menge der ganzen Zahlen. Das Zeichen $\in$ stehe für "ist Element von", und $\notin$ bedeutet wie üblich "ist nicht Element von".

Die Abbildung (Zuordnungsschrift, Verknüpfungsvorschrift) - nennen wir sie Δ - durch welche zwei Zahlen x_1 und x_2 die Zahl $\Delta(x_1,x_2) := x_1 - 2x_2$ zugeordnet wird, hat die Eigenschaft, daß für $x_1,x_2 \in \mathbb{Z}$ die Zahl $\Delta(x_1,x_2)$ wieder aus $\mathbb{Z}$ ist. - Für $x_1,x_2 \in \mathbb{N}$ muß $\Delta(x_1,x_2)$ jedoch nicht mehr in $\mathbb{N}$ liegen. Wir sagen: Δ ist eine "Operation" in $\mathbb{Z}$; Δ ist aber keine Operation in $\mathbb{N}$.

Um den Begriff Operation allgemein definieren zu können, vereinbaren wir: Für eine Menge M und ein $k \in \mathbb{N}$ sei M^k die Menge aller geordneten "k-Tupel" $(x_1,x_2,\dots,x_k)$ von Elementen $x_1,x_2,\dots,x_k \in M$. Für $k = 0$ setzen wir $M^0 = \{\emptyset\}$, wobei $\emptyset$ die leere Menge bezeichnet.

Sei nun M eine beliebige Menge und $k \in \mathbb{N}_0$. Unter einer k-*stelligen Operation in* M versteht man dann eine Abbildung σ, die jedem k-Tupel $(x_1,x_2,\dots,x_k) \in M^k$ ein Element $\sigma(x_1,x_2,\dots,x_k) \in M$ zuordnet. Eine k-*stellige Operation in* M *ist also eine Abbildung von* M^k *in* M.

Die Operation Δ aus obigem Beispiel ist eine zweistellige Operation in $\mathbb{Z}$. Die gewöhnliche Addition und Multiplikation von Zahlen sind zweistellige Operationen in $\mathbb{N}$. Im Fall von $k = 2$ schreibt man häufig $+$ oder $\circ$ für σ und verwendet für $\sigma(x_1,x_2)$ dann die Schreibweise $x_1 + x_2$ bzw. $x_1 \circ x_2$. Denken wir an Taschenrechner, dann wird auch die Schreibweise $(x_1,x_2)+$ nicht ganz ungewohnt erscheinen.

Allgemein vereinbaren wir, bei zweistelligen Operationen das Operationszeichen zwischen die zu verknüpfenden Elemente zu setzen.

Bezeichne $\mathbb{R}$ die Menge der reellen Zahlen. Drücken wir bei einem Taschenrechner auf die Taste "sin" - und zwar je nach Typ des Rechners entweder vor oder nach der Eingabe des Wertes, dessen Sinus wir berechnen wollen - so lösen wir die Rechenvorschrift für eine einstellige Operation in $\mathbb{R}$ aus. Die Operation sin ordnet jedem $x \in \mathbb{R}$ das Element sin $x \in \mathbb{R}$ zu.

Eine nullstellige Operation in M bildet die leere Menge auf ein Element von M ab, d.h. durch eine nullstellige Operation wird ein Element von M (welches zumeist eine spezielle Rolle spielt) besonders hervorgehoben. Die Abbildungen $\mu(\emptyset) = 0$ und $\varepsilon(\emptyset) = 1$ etwa sind nullstellige Operationen in $\mathbb{Z}$. - Falls $M = \emptyset$, existieren in M keine nullstelligen Operationen.

Der Kürze halber bezeichnet man eine nullstellige Operation häufig mit demselben Symbol wie das Element, welches durch die Operation hervorgehoben wird, in unserem obigen Beispiel also μ mit 0 und ε mit 1.

Die Menge aller Teilmengen einer Menge Ω heißt die *Potenzmenge von Ω* - in Zeichen: $P(\Omega)$. - Ist A Teilmenge von B, so schreiben wir $A \subseteq B$; $A \not\subseteq B$ bedeute wie üblich, daß A keine Teilmenge von B ist.

Die mengentheoretische Vereinigung $\cup$ und der mengentheoretische Durchschnitt $\cap$ sind beides zweistellige Operationen in $P(\Omega)$. Die Komplementbildung ', durch welche jedem $A \subseteq \Omega$ die Menge derjenigen Elemente von Ω zugeordnet wird, die nicht in A liegen, ist eine einstellige Operation in Ω. Das Operationszeichen ' schreiben wir in diesem Fall nachgestellt, d.h. in der Form A' (und nicht 'A). Die beiden speziellen Teilmengen $\emptyset$ und Ω von Ω werden bei vielen Fragestellungen als nullstellige Operationen ausgezeichnet.

Wir wollen die Bedeutung des Begriffs Operation nochmals an Hand eines Beispiels aus der Informatik verdeutlichen.

Ein *kombinatorischer Automat* ist - im einfachsten Fall - ein Informationsverarbeitendes System, bei welchem (ohne Berücksichtigung der Zeit) Informationen $x_1, x_2, \ldots, x_k$ aus einer Menge M empfangen und zu einer Ausgangsinformation $\Delta(x_1, x_2, \ldots, x_k)$, die wieder in M liegt, verarbeitet werden. Siehe Abb. 1.1 .

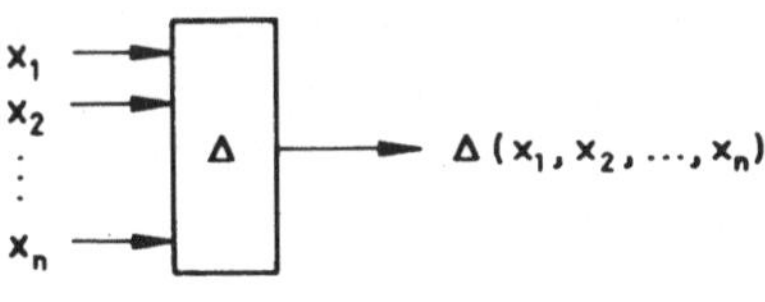

Abb. 1.1

Ein kombinatorischer Automat leistet also genau dasselbe wie eine k-stellige Operation in M: Für $k > 0$ wird jedem k-Tupel $(x_1, x_2, \ldots, x_k)$ von Informationen $x_1, x_2, \ldots, x_k \in M$ eine Information aus M, nämlich $\Delta(x_1, x_2, \ldots, x_k)$, zugeordnet. $k = 0$ bedeutet, daß der kombinatorische Automat keinen Eingang hat und sein Ausgang die konstante Information $\Delta(\emptyset)$ trägt. - Es kann natürlich auch vorkommen, daß ein kombinatorischer Automat mit $k > 0$ Eingängen unabhängig von der Wahl der $x_1, x_2, \ldots, x_k$ stets denselben Ausgang $\Delta(x_1, x_2, \ldots, x_k)$ hat. In diesem Fall nennt man die Operation Δ konstant.

Um eine bessere Vorstellung von einem kombinatorischen Automaten zu
gewinnen, betrachten wir die in Abb. 1.2 dargestellten Zweipol-Serienparallelschaltungen.

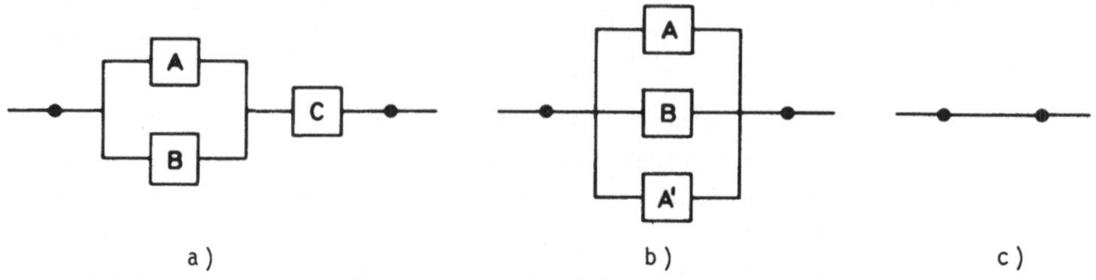

a)   b)   c)

Abb. 1.2

Zweipol-Serienparallelschaltungen sind elektrische Netzwerke mit zwei
Endpunkten (Polen), welche sich aus Schaltern (in Abb. 1.2 durch Block-
buchstaben gekennzeichnet) durch Anwendung der Grundoperationen
"Hintereinanderschalten" und *"Parallelschalten"* aufbauen lassen.

Ein Schalter, der genau dann geschlossen ist, wenn ein anderer Schalter A
geöffnet ist, wird mit A' bezeichnet. Einem geschlossenen Schalter
ordnen wir den Wert 1 zu, einem geöffneten den Wert 0. Desgleichen
ordnen wir einer gesamten Schaltung den Wert 1 zu, falls Strom von
einem Pol zum anderen fließen kann, und 0, wenn dies nicht der Fall ist.

Bezeichnen wir die in Abb. 1.2 den Schaltern A,B,C zugeordneten Werte
mit x_1, x_2 bzw. x_3 und die den einzelnen Schaltungen a),b),c) zugeordneten Werte mit $f(x_1, x_2, x_3)$, $g(x_1, x_2)$ bzw. h, so werden durch die
drei Schaltungen Informationen aus der Menge M = {0,1} folgendermaßen
verarbeitet (siehe Abb. 1.3a, 1.3b, 1.3c) :

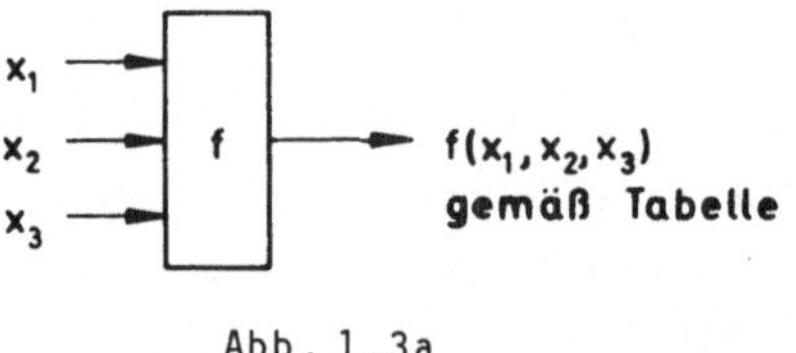

Abb. 1.3a

x_1	x_2	x_3	$f(x_1, x_2, x_3)$
1	1	1	1
1	1	0	0
1	0	1	1
1	0	0	0
0	1	1	1
0	1	0	0
0	0	1	0
0	0	0	0

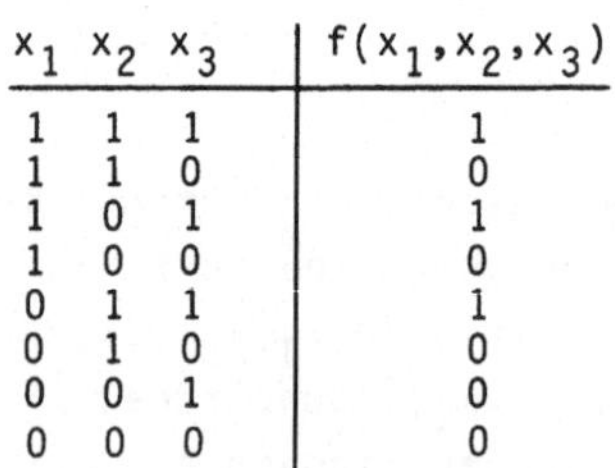

Abb. 1.3b

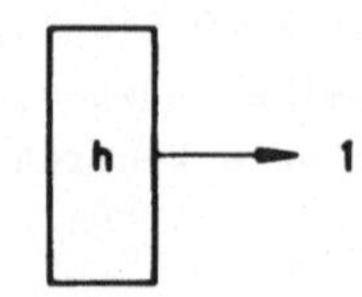

Abb. 1.3c

Wie wir aus den Abb. 1.3a, 1.3b und 1.3c entnehmen, ist f eine drei-
stellige Operation in M; g ist eine konstante zweistellige Operation in
M, und h ist die nullstellige Operation 1 in M.

Wir wenden uns nun speziell *zweistelligen Operationen* zu.

Sei M = {a,b,c,...} eine beliebige Menge und o eine zweistellige Operation in M. Die Operation o in M kann durch eine *"Operationstafel"* in der
folgenden Art beschrieben werden:

o	a	b	c	
a	aoa	aob	aoc	...
b	boa	bob	boc	...
c	coa	cob	coc	...
⋮	⋮	⋮	⋮	

(Falls M "nicht zuviele" Elemente hat, ist es möglich, die Operationstafel vollständig hinzuschreiben; andernfalls dient die Tafel nur als
Vorstellungshilfe.)

Als Beispiele für eine Operationstafel sind nachstehend die Tafeln für
∪ und ∩ in P({α,β}), der Potenzmenge der zweielementigen Menge {α,β}
angegeben:

∪	∅	{α}	{β}	{α,β}
∅	∅	{α}	{β}	{α,β}
{α}	{α}	{α}	{α,β}	{α,β}
{β}	{β}	{α,β}	{β}	{α,β}
{α,β}	{α,β}	{α,β}	{α,β}	{α,β}

∩	∅	{α}	{β}	{α,β}
∅	∅	∅	∅	∅
{α}	∅	{α}	∅	{α}
{β}	∅	∅	{β}	{β}
{α,β}	∅	{α}	{β}	{α,β}

Denkt man in den Tafeln für ∪ und ∩ in P({α,β}) jeweils eine Diagonale
vom linken oberen Eck nach rechts unten gezogen, so sieht man, daß die
Operationstafeln "symmetrisch" bezüglich dieser Diagonale sind, d.h.
für alle x,y ∈ M gilt x ∪ y = y ∪ x und x ∩ y = y ∩ x.

Eine zweistellige Operation o in M, für die gilt

$$x o y = y o x \text{ für alle } x,y \in M$$

heißt *kommutativ*.

∪ und ∩ in P({α,β}) sind also Beispiele für kommutative Operationen.
Die *Matrizenmultiplikation* · von 2x2-Matrizen (über $\mathbb{R}$), welche definiert ist durch

$$\begin{pmatrix} \alpha_1 & \alpha_2 \\ \alpha_3 & \alpha_4 \end{pmatrix} \cdot \begin{pmatrix} \beta_1 & \beta_2 \\ \beta_3 & \beta_4 \end{pmatrix} := \begin{pmatrix} \alpha_1\beta_1 + \alpha_2\beta_3 & \alpha_1\beta_2 + \alpha_2\beta_4 \\ \alpha_3\beta_1 + \alpha_4\beta_3 & \alpha_3\beta_2 + \alpha_4\beta_4 \end{pmatrix} ,$$

ist ein Beispiel für eine nicht-kommutative Operation. (Im folgenden werden wir das Anschreiben des Mal-Punktes auch häufig unterlassen.) Daß die Matrizenmultiplikation das Kommutativgesetz nicht erfüllt, sieht man am besten an Hand eines Beispiels:

$$\begin{pmatrix} 0 & 1 \\ 0 & 0 \end{pmatrix} \begin{pmatrix} 0 & 0 \\ 0 & 1 \end{pmatrix} = \begin{pmatrix} 0 & 1 \\ 0 & 0 \end{pmatrix} \quad\text{und}\quad \begin{pmatrix} 0 & 0 \\ 0 & 1 \end{pmatrix} \begin{pmatrix} 0 & 1 \\ 0 & 0 \end{pmatrix} = \begin{pmatrix} 0 & 0 \\ 0 & 0 \end{pmatrix}$$

Wie man leicht nachprüft, sind die Operationen $\cup$ und $\cap$ in $P(\{\alpha,\beta\})$ sowie die Multiplikation von 2x2-Matrizen *assoziativ*, d.h. es gilt

$$x \circ (y \circ z) = (x \circ y) \circ z \qquad \text{für alle } x,y,z \in M.$$

(Da wir uns im folgenden fast ausschließlich mit Operationen beschäftigen werden, welche assoziativ sind, beschränken wir uns an dieser Stelle auf den Hinweis, daß die Bildung des Vektorprodukts von Vektoren ein Beispiel für eine nicht-assoziative Operation ist; ein weiteres Beispiel findet sich in den Übungen.)

Ein Element n aus einer (nicht-leeren) Menge M heißt *neutrales Element* (gegenüber) der Operation $\circ$ in M, falls gilt:

$$x \circ n = n \circ x = x \qquad \text{für alle } x \in M.$$

In $P(\{\alpha,\beta\})$ ist $\emptyset$ ein neutrales Element gegenüber $\cup$ und $\{\alpha,\beta\}$ ein neutrales Element gegenüber $\cap$. Für die Matrizenmultiplikation von 2x2-Matrizen existiert ebenfalls ein neutrales Element, nämlich die Matrix $\begin{pmatrix} 1 & 0 \\ 0 & 1 \end{pmatrix}$. In $\mathbb{Z}$ ist 0 ein neutrales Element gegenüber der Addition und 1 ein neutrales Element der Multiplikation.

Betrachten wir die Bildung des *größten gemeinsamen Teilers* (g.g.T.) sowie des *kleinsten gemeinsamen Vielfachen* (k.g.V.) von zwei natürlichen Zahlen, so sind dies zweistellige Operationen in $\mathbb{N}$. Die Operation k.g.V. besitzt ein neutrales Element, nämlich die Zahl 1, dagegen existiert gegenüber der Operation g.g.T. kein neutrales Element: es gibt kein $n \in \mathbb{N}$, sodaß g.g.T.$(n,x) = x$ ist für alle $x \in \mathbb{N}$.

<u>Bemerkung 1.1</u>: *Gegenüber einer zweistelligen Operation kann es höchstens ein neutrales Element geben*, d.h. falls ein neutrales Element existiert, so ist dieses eindeutig bestimmt.

Beweis: Angenommen, n_1 und n_2 seien beides neutrale Elemente gegenüber $\circ$, dann gilt $n_2 \circ n_1 = n_2$, da n_1 neutrales Element ist, und $n_2 \circ n_1 = n_1$, da n_2 ein neutrales Element ist, also folgt $n_1 = n_2$.

Falls ein neutrales Element existiert, können wir also von *dem* neutralen Element sprechen. Für den Fall, daß die Operation multiplikativ geschrieben wird, heißt das neutrale Element (falls es existiert) *Einselement* und wird zumeist mit 1 bezeichnet; steht + für o, so nennt man das neutrale Element *Nullelement* und bezeichnet es vielfach mit 0.

Die Zahlen 1 und 0 sind das Eins- bzw. Nullelement von $\mathbf{Z}$.

Sei nun o eine zweistellige Operation in einer Menge M, welche ein neutrales Element n besitzt.

Ein Element $a \in M$, zu dem es ein $\bar{a} \in M$ gibt, sodaß

$$a o \bar{a} = \bar{a} o a = n$$

ist, heißt ein (bezüglich o) *invertierbares Element*. Falls so ein Element $\bar{a}$ existiert, wird es *ein Inverses* zu (von) a genannt.

Ist $M = \mathbf{Z}$ und ist o die Multiplikation in $\mathbf{Z}$, so sind 1 und -1 die einzigen invertierbaren Elemente, denn die Gleichung $a \cdot x = 1$ ist in $\mathbf{Z}$ genau dann lösbar, falls $a = \pm 1$ ist. Ist o hingegen die Addition in $\mathbf{Z}$, so besitzt jedes Element ein Inverses.

<u>Bemerkung 1.2</u>: *Ist die Operation o assoziativ, so kann jedes Element höchstens ein Inverses haben*, d.h. falls ein Inverses existiert, so ist dieses eindeutig bestimmt.

Beweis: Sei n das neutrale Element von o. Angenommen, a_1 und a_2 sind beides Inverse von a, dann gilt wegen der Assoziativität von o:

$$\bar{a}_2 = \bar{a}_2 o n = \bar{a}_2 o (a o \bar{a}_1) = (\bar{a}_2 o a) o \bar{a}_1 = n o \bar{a}_1 = \bar{a}_1.$$

Auf Grund von Bemerkung 1.2 können wir also bei einer assoziativen Operation von *dem* Inversen eines Elements sprechen. Wird o additiv geschrieben, so bezeichnet man das Inverse von a zumeist mit -a; bei multiplikativer Schreibweise von o wird das Inverse üblicherweise mit a^{-1} bezeichnet.

Eine zweistellige *Operation* o in einer Menge M heißt *invertierbar*, falls für alle Paare (a,b) von Elementen $a, b \in M$ die Gleichungen

$$a o x = b \quad \text{und} \quad y o a = b$$

Lösungen x und y in M besitzen.

In $\mathbf{Z}$ ist die Addition invertierbar, für die Multiplikation ist das aber nicht der Fall.

Den Zusammenhang zwischen der Invertierbarkeit einer Operation und der Existenz von Inversen zeigt der folgende

<u>Satz 1.3</u>: *Sei o eine assoziative zweistellige Operation in einer nicht-leeren Menge M. Dann ist o genau dann invertierbar, falls o ein neutrales Element besitzt und zu jedem Element von M ein Inverses existiert.*

Beweis: Angenommen, o ist invertierbar. Zu einem (beliebig gewählten) $a \in M$ existieren dann auf Grund der Lösbarkeit der Gleichungen $a \circ x = a$ und $y \circ a = a$ Elemente $n_1, n_2 \in M$, sodaß $a \circ n_1 = a$ und $n_2 \circ a = a$. Sei nun b beliebig aus M. Wegen der Invertierbarkeit von o gibt es Elemente $x_1, y_1 \in M$, sodaß $a \circ x_1 = b$ und $y_1 \circ a = b$. Damit erhalten wir:

$$b \circ n_1 = (y_1 \circ a) \circ n_1 = y_1 \circ (a \circ n_1) = y_1 \circ a = b \text{ und}$$

$$n_2 \circ b = n_2 \circ (a \circ x_1) = (n_2 \circ a) \circ x_1 = a \circ x_1 = b.$$

Setzen wir in der ersten Gleichung $b = n_2$ und in der zweiten Gleichung $b = n_1$, so folgt $n_2 \circ n_1 = n_2$ bzw. $n_2 \circ n_1 = n_1$, was $n_1 = n_2$ nach sich zieht. Schreiben wir n für n_1 bzw. n_2, dann ergeben die beiden obigen Gleichungen $b \circ n = b$ und $n \circ b = b$. Da b beliebig aus M war, ist n also das neutrale Element von o.

Lösen wir für beliebiges $c \in M$ die Gleichungen $c \circ x = n$ und $y \circ c = n$ in M, dann folgt für zwei Lösungen $x = x_c$ und $y = y_c$:

$$x_c = n \circ x_c = (y_c \circ c) \circ x_c = y_c \circ (c \circ x_c) = y_c \circ n = y_c,$$

d.h. es existiert ein x, nämlich x_c, sodaß $c \circ x = n$ und $x \circ c = n$. Daraus folgt: c hat ein Inverses.

Hat nun umgekehrt o ein neutrales Element n und existiert zu jedem a ein Inverses $\bar{a}$, so gilt

$$a \circ (\bar{a} \circ b) = (a \circ \bar{a}) \circ b = n \circ b = b \text{ und}$$

$$(b \circ \bar{a}) \circ a = b \circ (\bar{a} \circ a) = b \circ n = b,$$

d.h. die Gleichungen $a \circ x = b$ und $y \circ a = b$ sind in M lösbar. ($x = \bar{a} \circ b$ und $y = b \circ \bar{a}$ sind Lösungen.)

Eine zweistellige *Operation* o in einer Menge M heißt *regulär*, falls für alle Paare von Elementen $a, b \in M$ die Gleichungen $a \circ x = b$ und $y \circ a = b$ höchstens eine Lösung besitzen. Das bedeutet im Fall, daß es zu einem Paar (a,b) eine Lösung gibt, daß diese Lösung eindeutig ist.

<u>Bemerkung 1.4</u>: *Eine assoziative, invertierbare Operation ist regulär.*

Beweis: Gelte $a \circ x = b$ und $y \circ a = b$. Nach Satz 1.3 existiert zu a ein Inverses $\bar{a}$. Verknüpfen wir die Gleichung $a \circ x = b$ von links mit $\bar{a}$, so erhalten wir $\bar{a} \circ (a \circ x) = \bar{a} \circ b$. Daraus folgt $(\bar{a} \circ a) \circ x = \bar{a} \circ b$, also $x = \bar{a} \circ b$. Verknüpfen wir andererseits die Gleichung $y \circ a = b$ von rechts mit $\bar{a}$, so erhalten wir $y = b \circ \bar{a}$.

Damit ergibt sich, daß die Lösungen von aox = b und yoa = b eindeutig
bestimmt sind, d.h. die Operation o ist regulär.

Sind auf einer Menge M zwei zweistellige Operationen o und * gegeben,
so heißt o *distributiv gegenüber* *, falls für alle x,y,z∈ M gilt:

$$xo(y*z) = (xoy)*(xoz) \quad \text{und} \quad (y*z)ox = (yox)*(zox).$$

Bei IR ist die Multiplikation distributiv gegenüber der Addition (aber
nicht umgekehrt!); und in P(Ω) ist ∩ distributiv gegenüber ∪ und auch ∪
distributiv gegenüber ∩. Wie man in der Zahlentheorie zeigt, ist in IN
die Operation g.g.T. distributiv gegenüber k.g.V. und k.g.V. distributiv
gegenüber g.g.T.

<u>Satz 1.5</u>: *Gilt für zwei zweistellige Operationen o und * in der Menge* M:
o ist distributiv gegenüber *, *und* * *ist eine reguläre Operation, welche
ein neutrales Element* n *besitzt, dann ist* nox = xon = n *für alle* x ∈ M.

Beweis: Da n neutrales Element von * ist, gilt n*n = n. Dies zieht
(n*n)ox = nox nach sich, woraus wegen der Distributivität von o gegenüber * folgt: (nox)*(nox) = nox. Da auch n*(nox) = nox ist, sind (nox) und
n beides Lösungen der Gleichung y*(nox) = nox für die Unbestimmte y.
Auf Grund der Regularität von * ergibt sich damit, daß n = nox sein muß.
Verknüpft man die Gleichung n*n = n von links durch o mit x, so folgt
ganz analog n = xon.

(Bei einer axiomatischen Einführung der reellen Zahlen zeigt man mit
Hilfe dieses Satzes 0·x = x·0 = 0 für alle x ∈ IR. Wir werden den soeben
bewiesenen Satz insbesondere im nächsten Abschnitt benötigen.)

Abschließend noch eine *Bemerkung zur Stelligkeit von Operationen*:
Ist eine zweistellige Operation o assoziativ, so kann man wegen
(xoy)oz = xo(yoz) auf das Setzen von Klammern verzichten, d.h. für
(xoy)oz bzw. xo(yoz) kurz xoyoz schreiben. Eine wiederholte Anwendung
dieses Arguments zeigt, daß im Fall der Assoziativität von o auch der
Ausdruck $x_1ox_2o...ox_m$ ohne Klammersetzung erklärt ist. Die Anzahl m der
x_i muß dabei stets endlich sein.

Es gibt aber auch Rechenvorschriften in Mengen, welche als Verallgemeinerung von zweistelligen Operationen auf unendlich viele Faktoren
(Summanden) aufgefaßt werden können, wie z.B. die Bildung von Vereinigung
und Durchschnitt von unendlich vielen Teilmengen einer gegebenen unendlichen Menge. Solche Rechenvorschriften werden *unendlich-stellige
Operationen* genannt. Liegt eine unendlich-stellige Operation von abzählbar vielen Faktoren vor (d.h. die Menge der Faktoren kann umkehrbar
eindeutig auf IN abgebildet werden), so spricht man von einer *abzählbar-
unendlich-stelligen Operation*.

Für die Bildung von Vereinigung und Durchschnitt von abzählbar vielen Teilmengen X_i einer unendlichen Menge Ω verwenden wir in Analogie zur Schreibweise $\sum\limits_{i=1}^{\infty} x_i$ bei den reellen Zahlen in der Analysis die Notation $\bigcup\limits_{i=1}^{\infty} X_i$ bzw. $\bigcap\limits_{i=1}^{\infty} X_i$ (u.ä. Bezeichnungsweisen). - In diesem Zusammenhang sind $\cup$ und $\cap$ Symbole für abzählbar-unendlich-stellige Operationen in $P(\Omega)$.

Noch ein *Hinweis* technischer Natur: Wie wir gesehen haben, wiederholt sich in Schlußketten häufig die Wendung "daraus folgt" bzw. ein Synonym davon. Als Abkürzung werden wir dafür in den nächsten Abschnitten das Zeichen → verwenden. Desgleichen werden wir für die Äquivalenz ("dann und nur dann", "genau dann" u.ä.) das Symbol ↔ gebrauchen.

<u>Übungen</u>

1. Sei M eine beliebige Menge. Definiert eine Abbildung von M^3 in M^3 eine Operation in M?

2. Besteht ein Zusammenhang zwischen Assoziativität und Invertierbarkeit einer zweistelligen Operation?

3. Man gebe für eine dreielementige Menge k-stellige Operationen für $k = 0,1,2,3$ und 4 an.

4. Unter welchen Voraussetzungen ist die Zuordnung $a \to a^{-1}$ eine einstellige Operation in einer Menge?

5. Bei welcher Zuordnung von Werten 0 und 1 fließt in der nachstehenden Schaltung Strom von einem Pol zum anderen?

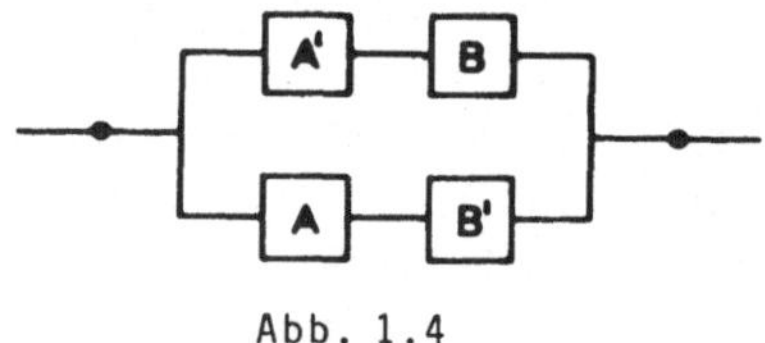

Abb. 1.4

6. Wieviele verschiedene k-stellige (zweistellige kommutative) Operationen kann man auf einer m-elementigen Menge ($m \in \mathbb{N}$) erklären?

7. Für $x,y \in \mathbb{N}$ sei a) $x \circ y = xy + 1$ b) $x \circ y = x^y$ und c) $x \circ y = 2^{xy}$.
   Welche der Operationen sind assoziativ, welche kommutativ?

8. Eine Verknüpfung o in M = {a,b,c,d} sei unvollständig durch die nachstehende
   Operationstafel gegeben. Man zeige, daß es höchstens eine Art gibt, die Tafel
   so zu ergänzen, daß o eine assoziative Operation in M wird.

o	a	b	c	d
a	a	b	c	d
b	b	a	c	d
c	c	a	c	d
d	.	.	.	.

9. Sei $i := \sqrt{-1}$ die imaginäre Einheit und M = {1,-1,i,-i}. Man zeige, daß die für
   komplexe Zahlen erklärte Multiplikation eine zweistellige Operation in M mit
   Einselement ist. Welche Elemente besitzen ein Inverses?

10. Sei M eine Menge mit zwei zweistelligen Operationen o und *, wobei o ein neutrales
    Element besitzt und distributiv gegenüber * ist. Weiters sei * assoziativ und
    regulär. Man zeige: * ist kommutativ.

2. ALGEBRAISCHE STRUKTUREN

Wie wir in Abschnitt 1 gesehen haben, können auf einer Menge mehrere
Operationen erklärt sein. Wir beschränken uns hier auf den Fall von
höchstens abzählbar vielen Operationen.

Eine Menge A zusammen mit r (endlich-stelligen) Operationen $o_1, o_2, \ldots, o_r$
in A($r \in \mathbb{N}$) heißt eine *algebraische Struktur* oder *Algebra* - in Zeichen:
$\langle A; o_1, o_2, \ldots, o_r \rangle$. A wird die *Trägermenge* der Algebra $\langle A; o_1, o_2, \ldots, o_r \rangle$
genannt. (Falls kein Anlaß zur Verwechslung gegeben ist, schreiben wir
oft auch kurz nur A für die Algebra.) Haben die Operationen $o_1, o_2, \ldots, o_r$
die Stelligkeiten $k_1, k_2, \ldots, k_r$, so sagen wir: Die Algebra
$\langle A; o_1, o_2, \ldots, o_r \rangle$ ist vom *Typ* $(k_1, k_2, \ldots, k_r)$.

Eine Algebra A heißt endlich, wenn Sie eine endliche Trägermenge besitzt.
Die Anzahl der Elemente von A nennt man die *Ordnung der Algebra* A und
schreibt $|A|$ dafür. (Ist die Trägermenge einer Algebra A eine unendliche
Menge, so spricht man von einer unendlichen Algebra und versteht unter
$|A|$ die Mächtigkeit der Menge A.)

$\langle P(\Omega); \cup, \cap, ', \emptyset, \Omega \rangle$ ist eine algebraische Struktur vom Typ (2,2,1,0,0) mit
den beiden zweistelligen Operationen $\cup$ und $\cap$, der einstelligen Komple-
mentbildung ' und den beiden nullstelligen Operationen $\emptyset$ und Ω.

$\langle \mathbb{Z}; +, \cdot, -, 0, 1 \rangle$ ist die algebraische Struktur, die dadurch entsteht, daß
man $\mathbb{Z}$ versehen mit der Addition +, der Multiplikation $\cdot$, der Inversenbildung - gegenüber der Addition, und den beiden nullstelligen Operationen 0 und 1 betrachtet. (Für a+(-b) schreibt man oft auch kurz a-b.)

Man kann $\mathbb{Z}$ natürlich auch betrachten als algebraische Struktur
$\langle\mathbb{Z};+,-,0\rangle$ oder als Algebra $\langle\mathbb{Z};\cdot,1\rangle$ (falls man nur an der additiven
oder multiplikativen Struktur der ganzen Zahlen interessiert ist).
Welchen Standpunkt man einnimmt, ist vom Problem abhängig, wichtig
ist, daß man sich stets bewußt ist, als welche Struktur man eine Algebra
auffaßt. (Dies wird später noch von Bedeutung sein.)

Algebraische Strukturen werden nach Anzahl und Eigenschaften ihrer
Operationen unterschieden.

Eine Algebra $\langle M;\circ\rangle$, wobei $\circ$ eine zweistellige Operation ist, heißt eine
Halbgruppe, falls $\circ$ assoziativ ist.

Folgende Strukturen sind Halbgruppen: $\langle\mathbb{N};+\rangle,\langle\mathbb{Z};+\rangle,\langle\mathbb{R};+\rangle,\langle\mathbb{N};\cdot\rangle,\langle\mathbb{Z};\cdot\rangle,$
$\langle\mathbb{R};\cdot\rangle$; die Menge $M_{2,2}$ der 2x2-Matrizen (über $\mathbb{N},\mathbb{Z}$ oder $\mathbb{R}$) mit der Matrizenmultiplikation; ferner auch $M_{2,2}$ mit der Matrizenaddition, welche
definiert ist durch

$$\begin{pmatrix}\alpha_1 & \alpha_2\\ \alpha_3 & \alpha_4\end{pmatrix}+\begin{pmatrix}\beta_1 & \beta_2\\ \beta_3 & \beta_4\end{pmatrix}=\begin{pmatrix}\alpha_1+\beta_1 & \alpha_2+\beta_2\\ \alpha_3+\beta_3 & \alpha_4+\beta_4\end{pmatrix}.$$

Wie leicht zu sehen ist, sind auch $\langle P(\Omega),\cup\rangle$ und $\langle P(\Omega),\cap\rangle$ Halbgruppen.
Bezeichnen wir für $n\in\mathbb{N}$ die Menge $\{t\,|\,t\in\mathbb{N},\ t$ teilt $n\}$ mit T_n, so finden
wir in $\langle T_n;\text{k.g.V.}\rangle$ und $\langle T_n;\text{g.g.T.}\rangle$ weitere Beispiele für Halbgruppen.
(Daß die Operationen k.g.V. und g.g.T. assoziativ sind, wird in der
elementaren Zahlentheorie bewiesen.) - Den Halbgruppen $\langle\mathbb{N};\text{k.g.V.}\rangle$ und
$\langle\mathbb{N};\text{g.g.T.}\rangle$ sind wir bereits in Abschnitt 1 begegnet.

Ein weiteres wichtiges Beispiel für eine Halbgruppe ist die Menge F_M
aller Abbildungen einer Menge M in sich mit der *Hintereinanderausführung
(Komposition) von Abbildungen* als Operation $\circ$. Ist f eine Abbildung
von M in M (in Zeichen $f:M\to M$) und g eine weitere solche Abbildung,
dann ist die Komposition $f\circ g$ definiert durch $(f\circ g)(x)=f(g(x))$ für
alle $x\in M$, d.h., zuerst ist g auszuführen, dann f. (Daß die Komposition
von Abbildungen eine assoziative Operation ist, ist unschwer einzusehen.)

Als Beispiel für eine außermathematische Anwendung des Begriffes Halbgruppe betrachten wir das folgende Modell für die *Kreuzung von Rindern,*
deren Fellfarbe schwarz oder rotbraun ist und die entweder ganzfärbig
sind oder eine Scheckung haben. Die Fellfarbe schwarz (s) ist bei der
Kreuzung dominant gegenüber der Fellfarbe rotbraun (r), und der Nachkomme eines ganzfärbigen Rindes (Eigenschaft α) und eines gescheckten Rindes (Eigenschaft β) ist stets ganzfärbig. Nach unserer Auswahl der Merk-
male gehört jedes Rind einer der folgenden Typen an: $(s,\alpha),(s,\beta),(r,\alpha),$
(r,β). Schreiben wir abkürzend a,b,c,d für diese Typen, so verläuft die
Kreuzung $\circ$ zweier Rinder gemäß unseren Voraussetzungen nach folgender

Tafel:

```
o │ a  b  c  d
──┼──────────
a │ a  a  a  a
b │ a  b  a  b
c │ a  a  c  c
d │ a  b  c  d
```

Wie wir der Tafel entnehmen, ist o eine Operation in der Menge $\{a,b,c,d\}$. Eine Überprüfung des Gesetzes $(x \circ y) \circ z = x \circ (y \circ z)$ ergibt, daß o assoziativ ist. Also ist $\langle\{a,b,c,d\};o\rangle$ eine Halbgruppe.

Ferner zeigt uns die Tafel, daß die Operation o kommutativ ist. In diesem Fall sprechen wir von einer *kommutativen Halbgruppe*.

Hat die Operation o einer Halbgruppe $\langle M;o\rangle$ ein neutrales Element n, so kann man n als nullstellige Operation in M auffassen. Die Algebra $\langle M;o,n\rangle$ vom Typ $(2,0)$ heißt dann eine *Halbgruppe mit neutralem Element* (bzw. *Halbgruppe mit Einselement*, falls die Operation o multiplikativ geschrieben wird).

F_M und die zuletzt betrachtete Halbgruppe sind Beispiele für Halbgruppen mit neutralem Element: In F_M ist die identische Abbildung neutrales Element, im Beispiel über die Kreuzung von Rindern das Element d.

Ist die Operation o in einer nicht leeren Halbgruppe $\langle M;o\rangle$ invertierbar, so gibt es nach Satz 1.3 ein neutrales Element n zu o und zu jedem Element von M existiert ein Inverses, d.h. neben o ist in M die "Inversenbildung" als einstellige und n als nullstellige Operation definiert. M heißt dann eine *Gruppe*. Ist o zusätzlich kommutativ, dann nennen wir die Gruppe *kommutativ* oder *abelsch*. Steht bei einer abelschen Gruppe + für das Operationszeichen o , so nennt man die Gruppe auch einen *Modul*.

Schreibt man eine Gruppe multiplikativ, so bedeutet obige Definition:

Eine Algebra $\langle G;\cdot,^{-1},1\rangle$ vom Typ $(2,1,0)$ ist eine *Gruppe*, falls gilt

    (1) $(x \cdot y) \cdot z = x \cdot (y \cdot z)$ für alle $x,y,z \in G$,
    (2) $1 \cdot x = x \cdot 1 = x$ für alle $x \in G$,
    (3) $x \cdot x^{-1} = x^{-1} \cdot x = 1$ für alle $x \in G$.

Die Bedingungen (1),(2) und (3) nennt man Gruppenaxiome.

In einer abelschen Gruppe gilt auch noch

    (4) $x \cdot y = y \cdot x$ für alle $x,y \in G$.

Bei additiver Schreibweise einer abelschen Gruppe erhalten wir gemäß obiger Definition:

Eine Algebra <M;+,-,0> vom Typ (2,1,0) ist ein *Modul*, falls gilt

(1) $(x+y)+z = x+(y+z)$ für alle $x,y,z \in M$,

(2) $0+x = x+0 = x$ für alle $x \in M$,

(3) $x+(-x) = (-x)+x = 0$ für alle $x \in M$,

(4) $x+y = y+x$ für alle $x,y \in M$.

$<\mathbb{Z},+,-,0>$ und $<\mathbb{R},+,-,0>$ sind Beispiele von Moduln. Ferner bildet $M_{2.2}(\mathbb{R})$ mit $+$ einen Modul: $\begin{pmatrix} 0 & 0 \\ 0 & 0 \end{pmatrix}$ ist das neutrale Element, und $\begin{pmatrix} -\alpha_1 & -\alpha_2 \\ -\alpha_3 & -\alpha_4 \end{pmatrix}$ ist invers zu $\begin{pmatrix} \alpha_1 & \alpha_2 \\ \alpha_3 & \alpha_4 \end{pmatrix}$.

Die anderen weiter oben angegebenen Beispiele von Halbgruppen sind (außer in Spezialfällen) keine Beispiele für Gruppen, in einigen Fällen jedoch tragen Teilmengen der Trägermengen Gruppenstruktur.

Betrachten wir z.B. $\mathbb{R}$ ohne die Zahl 0 - symbolisch $\mathbb{R}-\{0\}$, so ist $<\mathbb{R}-\{0\};\cdot,^{-1},1>$ eine Gruppe.

Die Teilmenge GL_2 derjenigen Elemente $\begin{pmatrix} \alpha_1 & \alpha_2 \\ \alpha_3 & \alpha_4 \end{pmatrix}$ von $M_{2.2}(\mathbb{R})$, für die gilt $\alpha_1\alpha_4 - \alpha_2\alpha_3 \neq 0$ (nicht-singuläre Matrizen) bildet - wie man in der Linearen Algebra zeigt - mit der Matrizenmultiplikation als zweistelliger Operation eine Gruppe.

In $<F_M;o>$ bildet die Menge S_M der bijektiven Abbildungen von M in M *(Permutationen von M)* eine Gruppe. Denn die identische Abbildung ε von M in M ist aus S_M, $\varepsilon o \alpha = \alpha o \varepsilon = \alpha$ für alle $\alpha \in S_M$, und zu jedem bijektiven $\alpha \in F_M$ ist die inverse Abbildung α^{-1} definiert und bijektiv, und es gilt $\alpha o \alpha^{-1} = \alpha^{-1} o \alpha = \varepsilon$. Die Gruppe $<S_M;o,^{-1},\varepsilon>$ heißt die *symmetrische Gruppe von* M.

In der Einleitung von Kapitel I haben wir die Menge der *Drehungen* des als regelmäßiges Sechseck idealisierten *Benzolringes* um ganzzahlige Vielfache von 60° erwähnt. Nehmen wir die Hintereinanderausführung von Drehungen als Operation, so ist leicht zu sehen, daß eine Gruppe vorliegt.

Eine ähnliche (wenn auch etwas kompliziertere) Situation ist gegeben bei den *Deckabbildungen* des als Tetraeder veranschaulichten *Ammoniakmoleküls* NH_3. (Siehe Abb.2.1)

Deckabbildungen eines Moleküls sind Spiegelungen an Ebenen, Drehungen um Achsen oder Drehspiegelungen, welche das Molekül mit sich zur Deckung bringen. Beim Ammoniakmolekül sind (wie man sich leicht an Hand von Abb. 2.1 überzeugt) alle Deckabbildungen gegeben durch die Drehungen ρ_0,ρ_1,ρ_2 um die Gerade g um 0°, 120° bzw. 240° (im Gegenuhrzeigersinn) und durch die Spiegelungen $\sigma_1,\sigma_2,\sigma_3$ an den Ebenen,

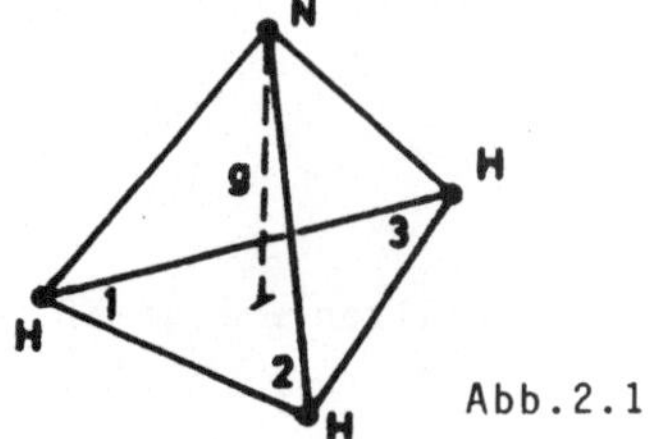

Abb.2.1

welche durch g und die Eckpunkte 1,2 bzw. 3 verlaufen. Mit ∘ für die
Hintereinanderausführung von Deckabbildungen erhalten wir:

∘	ρ_0	ρ_1	ρ_2	σ_1	σ_2	σ_3
ρ_0	ρ_0	ρ_1	ρ_2	σ_1	σ_2	σ_3
ρ_1	ρ_1	ρ_2	ρ_0	σ_3	σ_1	σ_2
ρ_2	ρ_2	ρ_0	ρ_1	σ_2	σ_3	σ_1
σ_1	σ_1	σ_2	σ_3	ρ_0	ρ_1	ρ_2
σ_2	σ_2	σ_3	σ_1	ρ_2	ρ_0	ρ_1
σ_3	σ_3	σ_1	σ_2	ρ_1	ρ_2	ρ_0

Wie die Tafel zeigt, ist ∘ eine zweistellige Operation, gegenüber
welcher ρ_0 ein neutrales Element ist. Ferner entnehmen wir der Tafel,
daß es zu jedem x genau ein Element x^{-1} gibt, sodaß $x \circ x^{-1} = x^{-1} \circ x = \rho_0$
ist. Da schließlich die Hintereinanderausführung von Abbildungen assozia-
tiv ist, erhalten wir, daß die Menge der Deckabbildungen des NH_3-Moleküls
eine Gruppe bildet, die sogenannte *Symmetriegruppe des Ammoniaks*.(Die
Kenntnis dieser Gruppe ist in der Theoretischen Chemie von Bedeutung;
vgl Abschnitt 24.)

Wir kommen nun zu Algebren mit zwei zweistelligen Operationen.

Eine Algebra <M;+,·,-,0> heißt ein *Ring*, falls <M;+,-,0> ein Modul,
<M;·> eine Halbgruppe und · gegenüber + distributiv ist. Ist <M;·> eine
kommutative Halbgruppe, so heißt der Ring *kommutativ*, hat <M;·> ein Einselement 1, so wird <M;+,·,-,0,1> ein *Ring mit Einselement* genannt.

<**Z**;+,·,-,0,1> und <**R**;+,·,-,0,1> sind kommutative Ringe mit Einselement
(für die wir im Folgenden immer nur kurz **Z** bzw. **R** schreiben werden).

Die Menge $M_{2,2}(\mathbf{R})$ der 2x2-Matrizen ist mit der Matrizenaddition und Matrizenmultiplikation als zweistelligen Operationen + und · ein (nicht-kommutativer) Ring mit Einselement.(Daß $M_{2,2}(\mathbf{R})$ mit + einen Modul bildet und
$M_{2,2}(\mathbf{R})$ mit · eine nicht-kommutative Halbgruppe mit Einselement ist, folgt
auf Grund der vorangegangenen Ausführungen; daß · gegenüber + distributiv ist, ist leicht nachzurechnen.)

Die ganzen Zahlen haben die Eigenschaft, daß aus a ≠ 0 und b ≠ 0 stets
folgt ab ≠ 0 (*"Nullteilerfreiheit"*). Ein kommutativer Ring mit Einselement, welcher diese Eigenschaft hat, heißt ein *Integritätsbereich*.

Z ist also ein Integritätsbereich. Auch **R** ist ein Integritätsbereich.

Nachstehend sind die Operationstafeln für + und · für einen kommutativen
Ring mit Einselement angegeben, welcher *kein* Integritätsbereich ist:

$$\begin{array}{c|cccc}
+ & a_0 & a_1 & a_2 & a_3 \\
\hline
a_0 & a_0 & a_1 & a_2 & a_3 \\
a_1 & a_1 & a_2 & a_3 & a_0 \\
a_2 & a_2 & a_3 & a_0 & a_1 \\
a_3 & a_3 & a_0 & a_1 & a_2
\end{array}
\qquad
\begin{array}{c|cccc}
\cdot & a_0 & a_1 & a_2 & a_3 \\
\hline
a_0 & a_0 & a_0 & a_0 & a_0 \\
a_1 & a_0 & a_1 & a_2 & a_3 \\
a_2 & a_0 & a_2 & a_0 & a_2 \\
a_3 & a_0 & a_3 & a_2 & a_1
\end{array}$$

a_0 ist das Nullelement, a_1 das Einselement des Ringes. Wegen $a_2 a_2 = a_0$ ist der Ring nicht nullteilerfrei.

Besitzt ein kommutativer Ring mit Einselement, welcher mindestens zwei Elemente hat, zu jedem Element $a \neq 0$ ein Inverses a^{-1}, so heißt er ein *Körper*.

$\mathbb{R}$ ist ein Körper; desgleichen bilden die *rationalen Zahlen* und die *komplexen Zahlen*, welche wir im Folgenden mit $\mathbb{Q}$ bzw. $\mathbb{C}$ bezeichnen werden, Körper.

Aus der Voraussetzung, daß ein kommutativer Ring mit Einselement mindestens zwei Elemente hat, ergibt sich wegen Satz 1.5 unschwer, daß stets gilt $0 \neq 1$. Also besitzt jeder Körper mindestens die Elemente 0 und 1. Es gibt sogar einen Körper, der nur aus diesen beiden Elementen besteht. Seine Operationstafeln für + und · lauten:

$$\begin{array}{c|cc}
+ & 0 & 1 \\
\hline
0 & 0 & 1 \\
1 & 1 & 0
\end{array}
\qquad
\begin{array}{c|cc}
\cdot & 0 & 1 \\
\hline
0 & 0 & 0 \\
1 & 0 & 1
\end{array}$$

Jeder Körper ist ein Integritätsbereich (denn für $a \neq 0$ folgt aus $ab = 0$ die Gleichung $a^{-1}(ab) = a^{-1}0$, was wegen Satz 1.5 $b = 0$ nach sich zieht), aber wie z.B. $\mathbb{Z}$ zeigt, ist das Umgekehrte im allgemeinen nicht richtig.

Eine weitere Klasse von Algebren mit zwei zweistelligen Operationen, zu denen insbesondere die Algebren $\langle P(\Omega); \cup, \cap \rangle$ zählen, sind die *Verbände*.

Eine Menge M zusammen mit zwei zweistelligen Operationen, welche wir von $\langle P(\Omega); \cup, \cap \rangle$ abstrahierend mit $\cup$ (Vereinigung) und $\cap$ (Durchschnitt) bezeichnen, heißt ein *Verband*, falls $\langle M; \cup \rangle$ und $\langle M; \cap \rangle$ beides kommutative Halbgruppen sind und zusätzlich die beiden *"Verschmelzungsgesetze"*

$$x \cap (x \cup y) = x \quad \text{und} \quad x \cup (x \cap y) = x \quad \text{für alle } x, y \in M$$

gelten.

Ist in einem Verband $\langle M; \cup, \cap \rangle$ die Operation $\cup$ gegenüber der Operation $\cap$ und $\cap$ gegenüber $\cup$ distributiv, so heißt der Verband *distributiv*.

Wie früher ausgeführt, sind $\langle P(\Omega);\cup\rangle$, $\langle P(\Omega);\cap\rangle$, $\langle T_n;\text{k.g.V.}\rangle$ und $\langle T_n;\text{g.g.T.}\rangle$ Halbgruppen. Diese sind offensichtlich kommutativ. Wie zusätzliche mengentheoretische bzw. zahlentheoretische Überlegungen zeigen, gelten in $\langle P(\Omega);\cup,\cap\rangle$ und $\langle T_n;\text{k.g.V.},\text{g.g.T.}\rangle$ (mit k.g.V. in der Rolle von $\cup$ und g.g.T. für $\cap$) die beiden Verschmelzungsgesetze, und auch die Distributivgesetze sind erfüllt. Also sind $\langle P(\Omega);\cup,\cap\rangle$ und $\langle T_n;\text{k.g.V.},\text{g.g.T.}\rangle$ distributive Verbände.-Ein Beispiel für einen nichtdistributiven Verband ist der durch die folgenden beiden Operationstafeln gegebene Verband:

$\cup$	0	a	b	c	1
0	0	a	b	c	1
a	a	a	1	1	1
b	b	1	b	1	1
c	c	1	1	c	1
1	1	1	1	1	1

$\cap$	0	a	b	c	1
0	0	0	0	0	0
a	0	a	0	0	a
b	0	0	b	0	b
c	0	0	0	c	c
1	0	a	b	c	1

Wegen $a\cap(b\cup c) = a\cap 1 = a$ und $(a\cap b)\cup(a\cap c) = 0\cup 0 = 0$ ist der Verband nicht distributiv.

Wie uns die Tafeln zeigen, hat der Verband neutrale Elemente gegenüber $\cup$ und $\cap$, nämlich die Elemente 0 und 1.

Ein Verband mit neutralen Elementen 0 und 1 gegenüber $\cup$ bzw. $\cap$ heißt ein *Verband mit 0 und 1.*

Ist in einem distributiven Verband mit 0 und 1 $\langle M;\cup,\cap,0,1\rangle$ eine einstellige Operation ' definiert, sodaß
$$x\cup x' = 1 \quad \text{und} \quad x\cap x' = 0 \quad \text{für alle } x\in M,$$
so heißt $\langle M;\cup,\cap,',0,1\rangle$ eine *Boolesche Algebra* (George Boole (1815-1864), englischer Mathematiker).

Ein sehr wichtiges Beispiel für eine Boolesche Algebra ist die Algebra $\langle P(\Omega);\cup,\cap,',0,1\rangle$ (welche wir im Folgenden kurz mit $P(\Omega)$ bezeichnen werden). Für weitere Beispiele von Booleschen Algebren verweisen wir auf die Übungen bzw. auf Kap.II.

Wir haben nun eine Reihe von verschiedenen "Arten" von algebraischen Strukturen kennengelernt. Bis auf Integritätsbereiche und Körper hatten alle Strukturen die Eigenschaft, daß man die sie definierenden Gesetze in Form von Gleichungen, die für alle Elemente der Struktur erfüllt sein müssen, angeben kann. (Die Nullteilerfreiheit bei Integritätsbereichen und die Forderung nach Inversen zu Elementen $\neq 0$ bei Körpern sind keine solchen Gleichungen.)

Die Klasse aller Algebren vom selben Typ, welche eine vorgegebene Menge

von Gleichungen erfüllen, nennt man eine *gleichungsdefinierte Klasse*
oder *Varietät*.

Die Klassen der Halbgruppen, Halbgruppen mit 1, Gruppen, Ringe, Ringe
mit 1, kommutativen Ringe, Verbände, Verbände mit 0 und 1, distributiven
Verbände, Booleschen Algebren usw. sind alle Beispiele für Varietäten.
(Nicht hingegen bilden Integritätsbereiche und Körper Varietäten!)

Sei nun M eine Algebra aus einer Varietät V . (Wie vereinbart, verwenden
wir das Symbol M sowohl für die Trägermenge als auch für die Algebra.)
Eine Teilmenge U von M heißt eine *Teilstruktur, Unterstruktur, Teil-*
algebra oder *Unteralgebra* von M, falls die Einschränkungen der Operationen von M angewandt auf beliebige Elemente von U wieder Elemente von U
ergeben (sind in M nullstellige Operationen erklärt, so müssen insbesondere die durch die nullstelligen Operationen "herausgehobenen" Elemente
von M in U liegen).

Ist U eine Teilalgebra von M, so sind für die Elemente von U alle diejenigen Gleichungen erfüllt, welche für alle Elemente von M gelten, d.h.,
die Teilalgebra U ist wieder aus der Varietät V . - Ist V z.B. die Varietät der Halbgruppen, kommutativen Ringe oder Verbände mit 0 und 1, so
ist U also wieder eine Halbgruppe, ein kommutativer Ring bzw. ein Verband mit 0 und 1.

Für den Fall, daß V die Varietät der Halbgruppen, Gruppen, Moduln, Ringe,
Verbände oder Booleschen Algebren ist, heißen die Teilstrukturen *Unter-*
halbgruppe, Untergruppe, Untermodul, Unterring, Unterverband bzw. *Unter-*
(Boolesche) Algebra. (Bei einigen weiteren Varietäten sind ähnliche Be-
griffsbildungen für Teilstrukturen gebräuchlich, diese werden jedoch
nicht immer ganz einheitlich verwendet.)

Beispiele: $\langle N;+\rangle$ ist eine Unterhalbgruppe von $\langle Z;+\rangle$, $\langle S_M;\circ,\varepsilon\rangle$ ist Unter-
struktur von $\langle S_M;\circ,\varepsilon\rangle$ in der Varietät der Halbgruppen mit neutralem
Element ε, die Menge $\{\rho_0,\rho_1,\rho_2\}$ der Drehungen in der Symetriegruppe des
NH_3-Moleküls ist eine Untergruppe der Symmetriegruppe des Ammoniaks, Z
ist ein Unterring von R (diese Sprechweise bedeute, daß Z und R in der
Varietät der Ringe betrachtet werden), $\{\emptyset,\Omega\}$ ist eine Unter-(Boolesche)
Algebra von $P(\Omega)$, $\{\emptyset\}$ ist jedoch keine Unteralgebra der Booleschen Algebra $P(\Omega)$ (denn die nullstellige Operation Ω liegt nicht in $\{\emptyset\}$); wohl
aber ist $\{\emptyset\}$ ein Unterverband von $P(\Omega)$ (falls $P(\Omega)$ als Verband
$\langle P(\Omega);\cup,\cap\rangle$ aufgefaßt wird).

Unser bislang verwendeter Begriff von algebraischer Struktur als Menge
mit endlich vielen endlich-stelligen Operationen legt die Frage nach
einer Verallgemeinerung sowohl im Hinblick auf die Stelligkeit der

Operationen als auch bezüglich der Anzahl der vorkommenden Operationen
nahe. Tatsächlich werden auch *Strukturen mit unendlich-stelligen Opera-*
tionen - wie z.B. $\langle P(\Omega);\cup,\cap\rangle$, wobei Ω eine unendliche Menge ist - und
Strukturen mit unendlich vielen Operationen betrachtet. Ein Beispiel für
eine algebraische Struktur mit unendlich vielen Operationen ist ein
Vektorraum V (z.B. der Vektorraum der Ortsvektoren des Anschauungsraumes), bei dem die Multiplikationen mit einem Skalar (reelle Zahl) jeweils als einstellige Operation betrachtet werden: für jeden Skalar α
wird die Abbildung $v \to \alpha v$ für alle $v \in V$ als einstellige Operation aufgefaßt. (Bei dieser Betrachtungsweise bilden die Vektorräume eine Varietät, und alles, was über Varietäten ausgesprochen wird, hat dann in Vek-
torräumen Gültigkeit.)

Falls nichts anderes ausdrücklich erwähnt, sei im Folgenden eine Algebra
jedoch stets eine Struktur mit endlich vielen endlichstelligen Operationen.

Wie uns schon das Beispiel "Vektorraum" zeigt, haben wir in unserer Aufzählung algebraischer Strukturen keineswegs alle Typen von Algebren besprochen, wir haben aber viele der wichtigsten Typen erwähnt, insbesondere solche, welche wir später mit größerer Genauigkeit studieren werden.

<u>Übungen</u>

1. Ist jeder Ring mit Einselement, in dem die vom Nullelement verschiedenen Elemente
   eine kommutative Halbgruppe bezüglich · bilden, ein Integritätsbereich?

2. Sei A ein Unterverband der Booleschen Algebra B. Falls A eine Boolesche Algebra
   bildet, ist dann A auch eine Unter-Boolesche Algebra von B?

3. In Analogie zum NH_3-Molekül bestimme
   man die Symmetriegruppe des SF_5Cl-Mole-
   küls (siehe Abb. 2.2; die in einer
   Ebene gelegenen vier F-Atome bilden
   ein Quadrat).

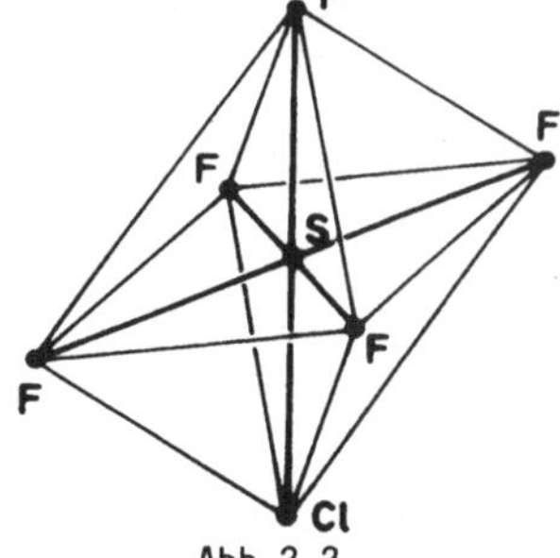

Abb.2.2

4. Man zeige: Die Menge $\{a + b\sqrt{17} \mid a,b \in \mathbb{Z}\}$
   bildet zusammen mit der Addition und
   Multiplikation von reellen Zahlen als
   zweistelligen Operationen einen Integritätsbereich.

5. Man konstruiere einen Körper mit drei
   Elementen.

6. Man beweise: Jeder Verband mit endlich vielen Elementen ist ein Verband mit
   0 und 1.

7. Man gebe eine Boolesche Algebra mit zwei Elementen an und zeige, daß es keine
   Boolesche Algebra mit drei Elementen geben kann.

8. Man zeige: Ist n eine natürliche Zahl, in deren Primfaktorzerlegung kein Faktor
   mit höherer als erster Potenz vorkommt, so bildet der Teilerverband T_n eine
   Boolesche Algebra.

9. Man bestimme sämtliche Untergruppen der Symmetriegruppe des Ammoniak-Moleküls.

3. RELATIONEN UND GRAPHEN

Im Abschnitt 1 haben wir erklärt, was ein kombinatorischer Automat ist,
und Beispiele für kombinatorische Automaten angegeben. - Ausgehend von
einem kombinatorischen Automaten, welcher $n > 0$ Informationen aus einer
Menge M gemäß einer Vorschrift Δ verarbeitet, fragen wir nun, welche
n-tupeln $(x_1, x_2, \ldots, x_n)$ von Eingangsinformationen zu einer bestimmten
vorgegebenen Ausgangsinformation c führen, d.h., gesucht ist die Teil-
menge R_c von M^n, für deren Elemente $(x_1, x_2, \ldots, x_n)$ gilt $\Delta(x_1, x_2, \ldots, x_n) = c$.
Betrachten wir etwa den in Abb.1.2a bzw. Abb.1.3a dargestellten kom-
binatorischen Automaten und wählen c gleich 1, so sehen wir, daß
$R_1 = \{(1,1,1), (1,0,1), (0,1,1)\}$ ist.

Durch die Angabe von R_c ist in der Menge M aller Informationen das Bestehen bzw. Nicht-Bestehen einer gewissen "Beziehung", wohl nicht
zwischen einzelnen Elementen von M, jedoch zwischen je n nicht notwendigerweise voneinander verschiedenen Elementen von M erklärt: n Informationen $x_1, x_2, \ldots, x_n$ aus M, wobei ein und dieselbe Information mehrfach
vorkommen kann und es sehr wohl auf die Reihenfolge der Auswahl ankommt,
"stehen in Beziehung zueinander" genau dann, wenn $(x_1, x_2, \ldots, x_n) \in R_c$
ist. Statt "$x_1, x_2, \ldots, x_n$ stehen in Beziehung zueinander" sagt man auch
"zwischen $x_1, x_2, \ldots, x_n$ besteht eine Relation". Bei unserem Beispiel ist
diese Relation umkehrbar eindeutig durch die Teilmenge R_c von M festgelegt, sodaß wir die Relation mit R_c identifizieren können.

Nahegelegt durch diese Überlegungen definieren wir nun ganz allgemein:

Eine n-stellige Relation in einer Menge M ist eine Teilmenge von $M^n (n \in \mathbb{N})$.

Bei dem Beispiel aus Abb.1.3a mit c=1 handelt es sich um eine dreistel-
lige Relation in der Menge M = $\{0,1\}$.

Der bei weitem wichtigste Fall ist, daß die Stelligkeit einer Relation
gleich zwei ist. Ist R eine solche Relation, so schreibt man statt
$(x,y) \in R$ vielfach auch $x \, R \, y$.

Um eine *zweistellige Relation* in einer Menge M anzugeben, ist es notwendig, (durch irgendeine Vorschrift) eine Teilmenge R von M^2 auszuzeichnen.
Nachfolgend führen wir einige *Beispiele* von zweistelligen Relationen an.

1) M sei die Menge aller blühenden Pflanzen, und x R y gelte genau dann, falls die Pflanzen x und y Blüten derselben Farbe haben.

2) M sei eine Menge von Menschen, und x R y bedeute, daß x und y miteinander verheiratet sind.

3) M sei gleich der Menge aller Moleküle, und x R y gelte genau dann, falls die Moleküle x und y (gewisse) ähnliche Eigenschaften haben.

4) $M = P(\Omega)$ und $R = \subseteq$, d.h. für $A, B \in P(\Omega)$ gilt $A\,R\,B \leftrightarrow A \subseteq B$ (Enthaltensrelation von Mengen).

5) $M = \mathbb{R}$ und $R = \leq$, d.h. für $x, y \in \mathbb{R}$ gilt $x\,R\,y \leftrightarrow x \leq y$ (Kleiner- oder Gleichrelation von Zahlen).

6) $M = \mathbb{N}$, und $x\,R\,y$ gelte genau dann, falls die Zahl x die Zahl y teilt- in Zeichen $x \mid y$.

7) $M = \mathbb{Z}$, $n \in \mathbb{N}$, und x R y bedeute: x und y haben bei Division durch n denselben Rest r, d.h. es gibt $k_1, k_2 \in \mathbb{Z}$, sodaß $a = k_1 n + r$, $b = k_2 n + r$. Dafür ist folgende Schreibweise üblich: $x \equiv y \bmod n$ (gesprochen x *äquivalent* y *modulo* n). - Vgl. hierzu das Beispiel in der Einleitung von Kapitel I.

Sei R eine (beliebige) zweistellige Relation in einer Menge M.

Gilt x R x für alle $x \in M$, so heißt R *reflexiv*.

Folgt aus x R y stets y R x für alle $x, y \in M$, d.h. gehört mit (x,y) stets auch (y,x) zu R, so heißt R *symmetrisch*.

Ergibt x R y und y R x, daß x=y ist, für alle $x, y \in M$, d.h., können (x,y) und (y,x) nur dann zugleich in R vorkommen, falls x = y ist, so wird R *antisymmetrisch* genannt.

Folgt aus x R y und y R z stets x R z für alle $x, y, z \in M$, so heißt R *transitiv*.

Die Relationen in Beispiel 1) und 7) sind reflexiv, symmetrisch und transitiv, die Relationen in 4), 5) und 6) sind reflexiv, antisymmetrisch und transitiv. Die Relation in 2) ist nicht reflexiv, jedoch symmetrisch und transitiv. (Letzteres, soferne man voraussetzt, daß neben x R y nicht y R x mit $z \neq x$ gelten darf.) Die Relation in Beispiel 3) hat die Eigenschaft reflexiv und symmetrisch, aber nicht transitiv zu sein; sie ist nicht transitiv, denn haben die Moleküle x und y ähnliche Eigenschaften und ist y ähnlich einem weiteren Molekül z, so muß nicht notwendigerweise x ähnlich z sein.

Eine Relation, die zugleich reflexiv, symmetrisch und transitiv ist, heißt eine *Äquivalenzrelation*. Hat eine Relation die drei Eigenschaften: reflexiv, antisymmetrisch und transitiv, so wird sie als *Halbordnungsrelation* bezeichnet.

Da wir Halbordnungsrelationen (im Gegensatz zu Äquivalenzrelationen)
in einem eigenen Abschnitt (Abschnitt 5) eingehender behandeln werden,
wenden wir uns den *Äquivalenzrelationen* zu. Zur Kennzeichnung von Äquivalenzrelationen verwenden wir - außer in Spezialfällen - den Buchstaben Θ.

Ist Θ eine Äquivalenzrelation in einer Menge M und gilt x Θ y für ein
Paar x,y $\in$ M, so heißt x *äquivalent zu y modulo* Θ. (Wenn keine Verwechslung möglich ist, kann der Zusatz "modulo Θ" entfallen.)

In den Beispielen 1) und 7) von oben haben wir bereits Äquivalenzrelationen kennengelernt. Weitere Beispiele gewinnt man leicht auf folgende
Art: Man definiert in einer Menge M eine *Klasseneinteilung*, d.i. eine
Zerlegung von M in paarweise zueinander fremde nicht-leere Teilmengen
(Klassen) und erklärt x und y als äquivalent, falls x und y aus derselben Klasse sind. (Es ist sofort zu sehen, daß man auf diese Weise
eine Äquivalenzrelation erhält.) Umgekehrt gilt - wie unmittelbar aus
der Definition der Äquivalenzrelation folgt - daß jede Äquivalenzrelation Θ in einer Menge M eine Klasseneinteilung von M festlegt, wenn
man jeweils alle Elemente, die paarweise äquivalent modulo Θ sind, zu
Klassen zusammenfaßt.

Um diesen Zusammenhang (auf den wir in Abschnitt 5 nochmals zurückkommen)
zu illustrieren, betrachten wir die Menge aller *Zweipol-Serienparallelschaltungen*, die sich aus einer vorgegebenen Menge von Schaltern A,B,C,...
aufbauen lassen. Dabei vereinbaren wir, daß zwei Schalter, die jeweils
gleichzeitig geöffnet oder geschlossen sind, mit demselben Buchstaben zu
bezeichnen sind.(Solche Schalter kann man sich als durch ein Relais gesteuert vorstellen.) Nun definieren wir, daß zwei Schaltungen *äquivalent*
heißen sollen, wenn sie dasselbe leisten, d.h., wenn bei den gleichen
Stellungen der einzelnen Schalter Strom von einem Pol zum anderen fließt
bzw. nicht fließt. - In Abb.3.1 sind zwei Schaltungen dargestellt, welche
äquivalent sind.

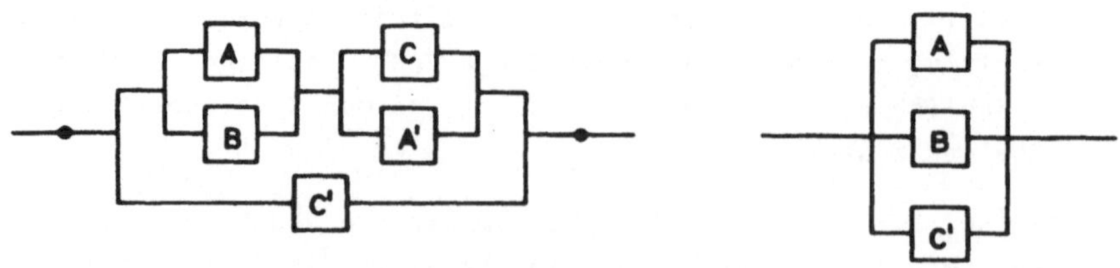

Abb.3.1

Offensichtlich ist die Äquivalenz von Schaltungen eine Äquivalenzrelation in der Menge der betrachteten Schaltungen und induziert
daher eine Klasseneinteilung. - Eines der Probleme beim Entwurf von
Schaltungen besteht nun darin, aus den Klassen von untereinander
äquivalenten Schaltungen diejenigen Schaltungen herauszufinden, welche
in Hinblick auf einen gewissen Gesichtspunkt (wie etwa die Gesamtzahl
der verwendeten Schalter) optimal sind. - Zum Problem des Entwurfs
von Schaltungen vgl. Abschnitt 13.

Sei nun R wieder eine beliebige zweistellige Relation in einer Menge M.
Ist U eine Untermenge von M, dann ist die Menge $R_U = R \cap U^2$ eine zweistellige Relation in U, genannt die *Einschränkung von* R *auf* U.

Auf Grund der Definition folgt unmittelbar, daß die Einschränkungen
von Äquivalenz- und Halbordnungsrelationen wieder Äquivalenz- bzw.
Halbordnungsrelationen sind. - So ist etwa die Einschränkung auf $\mathbb{N}$
der in $\mathbb{Z}$ durch $x \equiv y$ mod m definierten Äquivalenzrelation eine Äquivalenzrelation in $\mathbb{N}$, und die Relation $\leq$ für reelle Zahlen ist auch in $\mathbb{Z}$
eine Halbordnungsrelation.

Zweistellige Relationen können sehr gut mit Hilfe sogenannter gerichteter Graphen veranschaulicht werden.

Ein *gerichteter Graph* besteht (wenn man ihn in der Zeichenebene darstellt) grob gesprochen aus Punkten, welche die *Knoten* des Graphen
genannt werden, und aus einen Richtungssinn aufweisenden Verbindungs-
linien zwischen diesen Punkten, welche *gerichtete Kanten* heißen.

In Abb.3.2 ist ein Ausschnitt aus einem Verkehrsnetz wiedergegeben,
bei dem Verkehrsverbindungen, welche zu einem gewissen Zeitpunkt
stark frequentiert werden, schematisch dargestellt sind. Die Skizze
zeigt einen gerichteten Graphen.

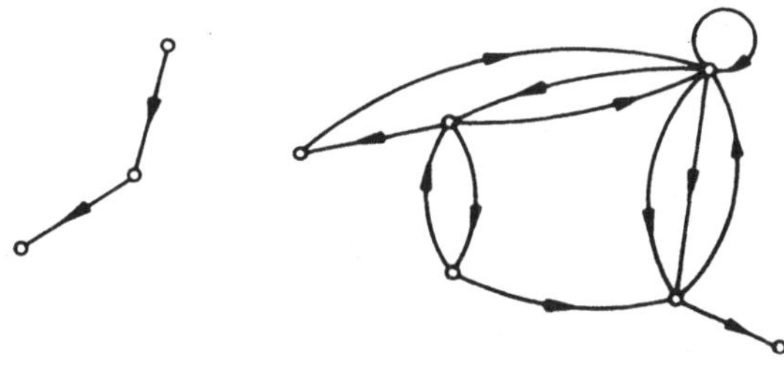

Abb.3.2

Exakter formuliert ist ein gerichteter Graph G ein Tripel (V,E,g), wobei
V und E Mengen, genannt die *Knoten-bzw. Kantenmenge* des Graphen, sind,
und g eine Abbildung von E in V^2 ist, welche durch g(e) = (A,B) jeder
gerichteten Kante e ihren "*Anfangspunkt*" A und "*Endpunkt*" B zuordnet.
Ist V als (diskrete) Punktmenge in der Ebene realisiert, so zeichnet
man, falls g(e) = (A,B), eine von A nach B führende Verbindungslinie.
(Man sagt daher auch " die Kante e *führt von A nach* B" oder "*verbindet
die Knoten A und* B".) Gerichtete Kanten mit demselben Anfangs- und Endpunkt heißen *Schlingen*. Gibt es zwischen je zwei Knoten A und B (wobei
auch A = B sein kann) eines Graphen höchstens eine von A nach B führende
Kante, dann heißt der Graph ein gerichteter Graph ohne *Mehrfachkanten*.

Ein Beispiel für so einen Graphen ist der in Abb.3.3 dargestellte *Graph
der biologischen Grundfunktion eines Organismus*. Bei diesem Graphen
stehen A,S,St,T,Re,Rl und E abkürzend für Absorption,Sekretion,Stoff-
wechsel,Transport,Reizempfindlichkeit,Reizleitung und Entwicklung, und
eine gerichtete Kante führt von einem Knoten A zu einem Knoten B genau
dann, falls die biologische Grundfunktion A die Grundfunktion B beein-
flußt, steuert oder stört (vgl. hierzu [21]).

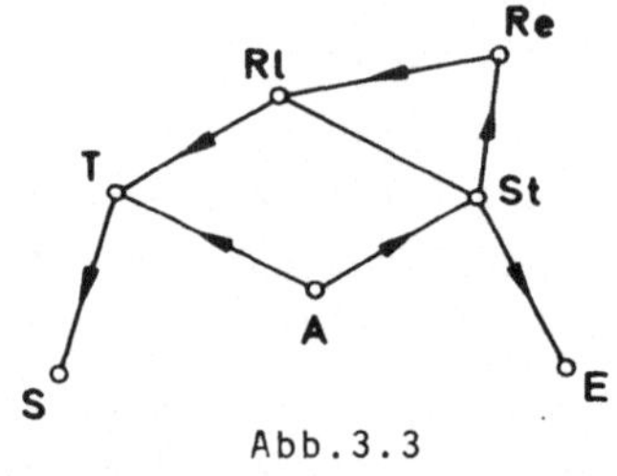

Abb.3.3

Bei einem gerichteten Graphen ohne Mehrfachkanten ist jede gerichtete
Kante eindeutig durch ihren Anfangspunkt und Endpunkt bestimmt (denn zu
jedem Knotenpaar (A,B) gibt es höchstens eine gerichtete Kante e mit
g(e) = (A,B)). Daher ist G auch durch V und diejenige Teilmenge R von V^2
eindeutig festgelegt, für die gilt g(E) = R (g(E) = {g(e)|e ∈ E}). Damit
folgt, daß ein *gerichteter Graph ohne Mehrfachkanten im wesentlichen
nichts anderes ist als eine zweistellige Relation* in einer Menge, nämlich
in der Menge der Knotenpunkte des Graphen. Umgekehrt definiert natürlich
jede Relation R in einer Menge M einen Graphen, wenn man M als Knotenmenge auffaßt und zwischen x,y ∈ M genau dann die Existenz einer gerichteten Kante mit Anfangspunkt x und Endpunkt y annimmt, falls (x,y) ∈ R ist.

Wir können also Relationen (oder Einschränkungen davon mit nicht "allzu-
vielen" Elementen) stets als Graphen (in der Zeichenebene) veranschau-
lichen.

Beispiele:

Die Einschränkung der Relation "teilt" von $\mathbb{N}$ auf die Zahlenmenge {2,3,4,5,6,7,8} ist eine Halbordnungsrelation; diese ist in Abb.3.4 dargestellt. - Abb.3.5 zeigt eine zweistellige Relation in einer Menge von vier Elementen, welche weder reflexiv noch symmetrisch noch transitiv ist. - In Abb.3.6 ist eine Äquivalenzrelation wiedergegeben.

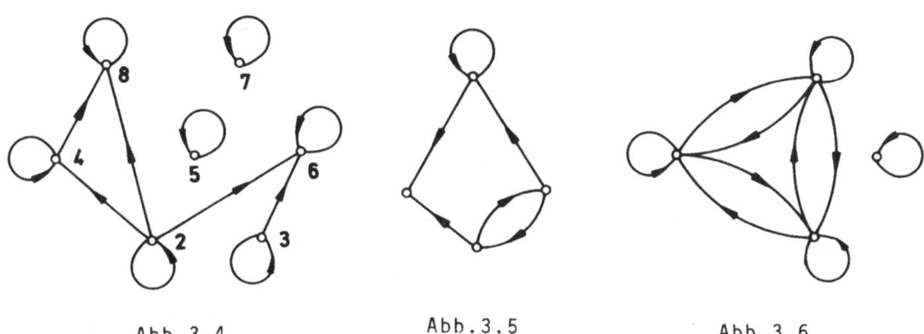

Abb.3.4   Abb.3.5   Abb.3.6

Diejenige zweistellige Relation in einer Menge M, welche genau die Paare (x,x) mit $x \in M$ zu Elementen hat, wird die *identische Relation* von M genannt. Der Graph der identischen Relation besteht aus lauter "isolierten Punkten", welche Schlingen haben.

Kommen hingegen bei einer zweistelligen Relation R alle möglichen Paare von Elementen von M vor, d.h. ist $R = M^2$, so heißt R die *Allrelation* von M. In ihrem Graphen führt von jedem Knoten zu jedem anderen (einschließlich dem betrachteten Knoten) eine gerichtete Kante.

Hat eine *zweistellige Relation* R die Eigenschaft, daß für alle $x,y \in M$ mit $x \neq y$ mindestens eines der beiden Paare (x,y) und (y,x) zu R gehört, so heißt sie *vollständig*. Entsprechend wird ein *gerichteter Graph,* bei dem zwischen je zwei verschiedenen Knoten mindestens eine gerichtete Kante existiert, als *vollständig* bezeichnet.

Die Relation $\leq$ in $\mathbb{N}$ bzw. ihr Graph ist vollständig, die Graphen in Abb.3.4, 3.5 und 3.6 sind nicht vollständig.

Wir haben bislang von gerichteten Graphen gesprochen. Sieht man von den Richtungen der Kanten ab, d.h., betrachtet man in der Definition des Graphen an Stelle der Abbildung $g: E \to V^2$ eine Abbildung, welche statt in V^2 in die Menge der ungeordneten Paare von Elementen aus V abbildet, so kommt man zu einem *ungerichteten Graphen.* Alle für gerichtete Graphen erklärten Begriffe sind unmittelbar auf ungerichtete Graphen übertragbar. Der beschriebene Zusammenhang zwischen Graphen und Relationen besteht allerdings nicht mehr.

Auch das Studium von ungerichteten Graphen ist sehr bedeutsam. Denken
wir z.B. an Verkehrsnetze, bei denen man von den Richtungen der Verbindungen absieht, oder an Zweipol-Serienparallelschaltungen (welche
ebenfalls als Graphen interpretiert werden können), an Graphen chemischer Strukturformeln (siehe Abb.2.1 und Abb.2.2) oder an "Kantengraphen" von Polyedern. - Ein ganz anders geartetes weiteres Beispiel
werden wir im nächsten Abschnitt besprechen.

Abschließend sei bemerkt, daß wir bisher nur die wichtigsten Typen von
Relationen bzw. Graphen erwähnt haben, und daß es natürlich noch eine
ganze Reihe von weiteren "relationalen Strukturen" gibt. Einige davon
werden wir an späterer Stelle behandeln. Da wir bei Relationen im Gegensatz zu den Erörterungen über algebraische Strukturen keine einheit-
liche Systemtheorie beitreiben wollen - was bei Relationen auch nicht
von so großer Bedeutung ist - verzichten wir auf eine überblicksmäßige
Aufzählung. - Für Graphen gibt es sehr wohl eine bedeutsame allgemeine
Theorie, diese ist aber derart umfangreich, daß die *"Graphentheorie"*
als eigene mathematische Disziplin (neben der Algebra) anzusehen ist
und daher hier nur in einigen direkten Berührungspunkten zur Algebra
Berücksichtigung finden kann.

<u>Übungen</u>

1. Wo steckt der Fehler in fogendem Beweis: Gegeben sei eine zweistellige Relation R,
   welche symmetrisch und transitiv ist. Aus a R b folgt wegen der Symmetrie b R a,
   und damit ergibt sich auf Grund der Transitivität a R a. Also ist R reflexiv.

2. Sei M eine Menge von Waren. Ist die in M definierte Relation "Die Ware A kostet
   mehr oder gleichviel wie die Ware B" vollständig?

3. Seien Θ_ν ($\nu = 1,2,\ldots,r$) Äquivalenzrelationen in einer Menge M. Man zeige, daß
   dann ihr Durchschnitt ebenfalls eine Äquivalenzrelation in M ist. Gilt dasselbe
   auch für ihre Vereinigung?

4. In $\mathbb{N}^2$ sei eine zweistellige Relation R definiert durch

   $$(a,b) R (c,d) \leftrightarrow a+d = b+c \qquad (a,b,c,d \in \mathbb{N}).$$

   Man zeige: R ist eine Äquivalenzrelation in $\mathbb{N}^2$.

5. Sei M = {2,3,4,6,12}, und gelte x R y für $x,y \in M$ genau dann, falls $x|y$ und $x \neq y$.
   Welche der in Abschnitt 3 besprochenen Eigenschaften von Relationen hat R? Man
   veranschauliche R als gerichteten Graphen.

6. Man zeige, daß es in jeder Gesellschaft von n Menschen ($n \geq 2$) stets mindestens
   zwei Menschen mit genau derselben Anzahl von Freunden innerhalb der Gesellschaft
   gibt.

4. EIN BEISPIEL AUS DER VERKEHRSPLANUNG

Wir behandeln das Problem der *Auswahl von Phasen an durch Verkehrsampeln
geregelten Kreuzungen* (vgl. hierzu [18],[37]). An Straßenkreuzungen
treffen mehrere "Verkehrsströme" zusammen, die zum Teil gleichzeitig
fließen können ("miteinander verträglich" sind) oder einander gegenseitig behindern. In Abb.4.1 ist eine Kreuzung wiedergegeben, bei der
die Verkehrsströme 1 und 4 miteinander verträglich sind, wohingegen für
1 und 5 dies nicht der Fall ist. - Inwiefern Verkehrsströme von Fuß-
gängern und abbiegenden Fahrzeugen verträglich sind, steht nicht von
vornherein fest und hängt vielfach von der individuellen Situation ab.
Bei unserem Beispiel wollen wir annehmen, daß 1 und 8 sowie 5 und 7 jeweils miteinander verträglich sind, 3 und 8 hingegen nicht.

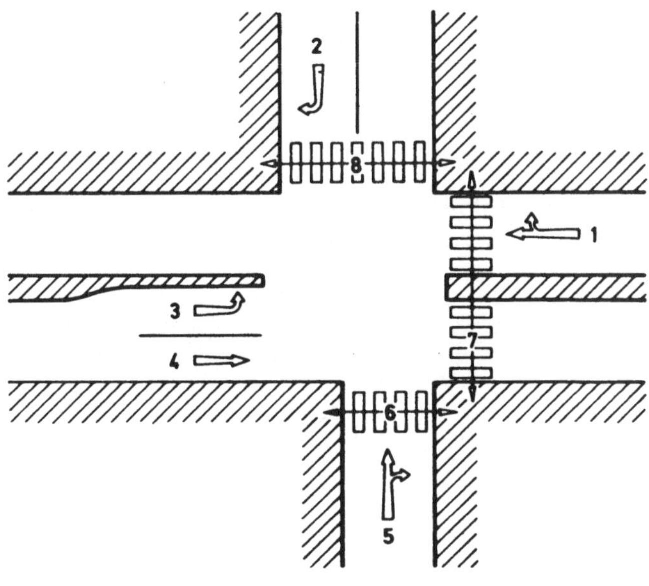

Abb.4.1

Durch Ampelanlagen werden die einzelnen Verkehrsströme an einer Kreuzung
derart gesteuert, daß zu einem gewissen Zeitpunkt ein oder mehrere miteinander paarweise verträgliche Verkehrsströme freigegeben sind, während
die restlichen gesperrt sind. So ein Zustand an der Kreuzung heißt eine
Phase. Nach einer gewissen Zeit wechselt der Zustand von Freigabe und
Anhalten von Verkehrsströmen, d.h., es tritt eine andere Phase ein. Nach
dieser Phase folgt eine weitere, usf., bis die ursprüngliche Phase wie-

derkehrt. Im Laufe eines solchen Zyklus hat jeder Verkehrsstrom mindestens einmal eine Freigabe erhalten.

Eines der Probleme bei der Festlegung der Abfolge von Phasen ist zunächst einmal, *alle in Frage kommenden Phasen zu finden*. Dabei wird man
aus ökonomischen Gründen nur solche Phasen in Betracht ziehen, bei
denen kein Verkehrsstrom gesperrt ist, welcher mit allen gerade frei-
gegebenen Verkehrsströmen verträglich ist. So eine Phase heiße *optimal*.
Alle optimalen Phasen für eine Kreuzung zu finden ist - insbesondere
bei komplizierteren Kreuzungsbauwerken - manchmal nicht sehr einfach.
Wir wollen uns der Lösung dieser Aufgabe im folgenden widmen. (Die
Frage, welche von den gefundenen optimalen Phasen dann im Zyklus der
Phasenfolgen vorkommen sollen und wie die Abfolge der Phasen gewählt
werden soll, schneiden wir abschließend kurz an Hand eines Beispiels an.)

Wir bezeichnen nun die an einer Kreuzung auftretenden Verkehrsströme
mit 1,2,...,n und *ordnen der Kreuzung* folgendermaßen *einen Graphen G zu:*
Die Knotenmenge von G sei V = {1,2,...,n}, und zwei voneinander verschiedene Knoten i und j (und nur solche) seien genau dann durch eine
ungerichtete Kante verbunden, wenn die Verkehrsströme i und j miteinander
verträglich sind. Der so definierte Graph G ist ein ungerichteter Graph
ohne Mehrfachkanten und Schlingen. (Ein solcher Graph heißt *schlicht*.) -
Der der Kreuzung aus Abb.4.1 zugeordnete Graph G ist in Abb.4.2 wiedergegeben.

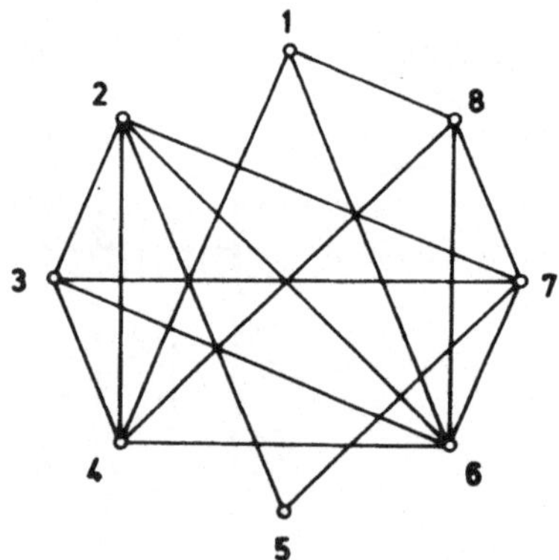

Abb.4.2

Eine Phase an einer Kreuzung ist durch eine Menge von paarweise miteinander verträglichen Verkehrsströmen charakterisiert. So einer Menge entspricht in dem der Kreuzung zugeordneten Graphen G ein vollständiger
Teilgraph von G. - Dabei heißt ein Graph $T = (V_T, E_T, g_T)$ *Teilgraph* des
Graphen $G = (V, E, g)$, falls $V_T \subset V$, $E_T \subset E$ und $g_T(e) = g(e)$ für alle $e \in E_T$,
und *vollständig* bedeutet für einen schlichten Graphen, daß von jedem
Knoten zu jedem anderen Knoten eine ungerichtete Kante führt (und sonst

keine Kanten existieren). Offensichtlich ist ein vollständiger schlichter Graph eindeutig durch die Angabe seiner Knotenmenge charakterisiert, sodaß wir diese auch als Kennzeichnung verwenden können.

In unserem obigen Kreuzungsbeispiel sind {1,4,6} und {1,4,6,8} vollständige Teilgraphen des der Kreuzung zugeordneten Graphen (Abb.4.2).

Unsere Aufgabe ist, Mengen von paarweise miteinander verträglichen Verkehrsströmen zu finden, zu denen es keinen weiteren Verkehrsstrom gibt, der mit allen Verkehrsströmen der gegebenen Menge verträglich ist. Im graphentheoretischen Modell bedeutet dies, alle jene vollständigen Teilgraphen zu bestimmen, die nicht durch Hinzunahme von weiteren Knoten zu umfangreicheren vollständigen Teilgraphen erweitert werden können. Da solche vollständige Teilgraphen den optimalen Phasen entsprechen, nennen wir sie *optimale Teilgraphen* von G. - In unserem obigen Beispiel ist {1,4,6,8} ein optimaler Teilgraph, {1,4,6} offensichtlich nicht.

Um *alle optimalen Teilgraphen von* G *zu finden,* vereinbaren wir, vollständige Teilgraphen von G dadurch anzugeben, daß wir ihre Knotenmengen in Form von k-Tupeln $(i_1, i_2, \ldots, i_k)$ mit $i_{\nu-1} < i_\nu$ für $\nu = 2,3,\ldots,k$ anschreiben und daß wir die Menge aller vollständigen und damit auch aller optimalen Teilgraphen von G im Hinblick auf diese Schreibweise so wie bei einem Lexikon ordnen: Zuerst sollen alle Teilgraphen kommen, deren erster Knoten 1 ist, dann alle, deren erster Knoten 2 ist usw., wobei unter den Teilgraphen, deren erster Knoten 1 ist, zuerst diejenigen stehen sollen, deren zweiter Knoten 2 ist, dann diejenigen, deren zweiter Knoten 3 ist, usf.

Für die Suche nach optimalen Teilgraphen werden wir später gewisse Knoten als "erlaubt" bzw. "nicht-erlaubt" auszeichnen.

Um einen optimalen Teilgraphen zu finden, dessen erster Knoten i_1 ist und dessen Knoten aus vorgegebenen Mengen von erlaubten Knoten stammen, gehen wir folgendermaßen vor: Unter allen mit i_1 verbundenen erlaubten Knoten, deren Nummer größer als i_1 ist, suchen wir den mit der kleinsten Nummer, es sei i_2. Sodann bestimmen wir unter allen erlaubten Knoten, die mit i_1 und i_2 verbunden sind und deren Nummer größer als i_2 ist, den Knoten mit der kleinsten Nummer, i_3, usf., bis wir letztlich zu einem Knoten i_r gelangen. $(i_1, i_2, \ldots, i_r)$ ist dann ein vollständiger Teilgraph, der genau dann optimal ist, falls es in G keinen von $i_1, i_2, \ldots, i_r$ verschiedenen Knoten gibt, der mit $i_1, i_2, \ldots, i_r$ verbunden ist. Letzteres ist zu überprüfen.

Nun bestimmen wir mit Hilfe des angegebenen Verfahrens eine Folge von vollständigen Teilgraphen, indem wir nach demselben System, gemäß dem Stichworte in einem Lexikon gesucht werden, jeweils Knoten als erlaubt zulassen bzw. verbieten. Am Beginn setzen wir $i_1 = 1$ und betrachten alle

Knoten als erlaubt. Dadurch erhalten wir einen optimalen Teilgraphen. In
diesem verbieten wir den letzten Knoten und wiederholen das Verfahren.
Erhalten wir einen weiteren optimalen Teilgraphen, verbieten wir auch
in ihm den letzten Knoten, usf., bis wir auf diese Weise keinen weiteren optimalen Teilgraphen mehr finden können. In diesem Fall betrachten wir den zuletzt gefundenen vollständigen Teilgraphen (der nicht
optimal ist), verbieten in ihm den letzten Knoten und wenden das Verfahren erneut an, usw. Knoten bleiben dabei jeweils solange verboten,
bis ein Knoten mit einer kleineren Nummer verboten wird. Interpretiert
man das Verbieten eines an erster Stelle stehenden Knotens als Beginn
der Suche nach dem lexikographisch nächstfolgenden optimalen Teilgraphen,
so erhält man auf die beschriebene Weise alle optimalen Teilgraphen
von G.

Wie man sich leicht überzeugt, liefert unser Algorithmus für die *oben
betrachtete Kreuzung* folgende optimale Teilgraphen:

$$(1,4,6,8)$$
$$(2,3,4,6)$$
$$(2,3,6,7)$$
$$(2,5,7)$$
$$(6,7,8)$$

Bei der Auswahl von Phasenfolgen für die betrachtete Kreuzung ist zu
beachten, daß die Verkehrsströme 1 und 5 nur in den Phasen {1,4,6,8}
bzw. {2,5,7} vorkommen; jede Folge von Phasen muß daher diese beiden
optimalen Phasen enthalten. {1,4,6,8},{2,3,4,6},{2,5,7} ist ein Beispiel
für eine Phasenfolge, bei der insbesondere die Forderung erfüllt ist,
daß innerhalb eines Zyklus ein Verkehrsstrom nicht mehr als einmal
gesperrt bzw. freigegeben ist. (Die Verkehrsströme 2,4 und 6 kommen in je
zwei aufeinanderfolgenden Phasen vor.) Auch {1,4,6,8},{2,3,6,7},{2,5,7}
ist eine in dieser Hinsicht zulässige Phasenfolge. Will man, daß die
Kreuzung im Laufe des Zyklus der Phasen einmal außer für Fußgänger für
den gesamten Verkehr gesperrt ist, so wird man die Phase {6,7,8} in der
Phasenfolge berücksichtigen. Selbstverständlich spielt auch die Zeit-
dauer der einzelnen Phasen eine wichtige Rolle. - Bezüglich Fragen, die
bei der Auswahl von Phasenfolgen auftreten, verweisen wir auf [37].

Ein anderes Problem ist die Implementierung des oben beschriebenen Algorithmus auf eine Rechenanlage (was für große Anzahlen von Knoten von
Bedeutung ist). Hierfür erweist es sich als günstig, den Graphen durch
eine Matrix (eine sog. "Adjazenzmatrix") zu beschreiben: Nach Art einer
Operationstafel werden jedem Knoten des Graphen je eine Zeile und eine
Spalte zugeordnet, und in der i-ten Zeile wird an der j-ten Stelle eine
1 gesetzt, falls i und j miteinander verbunden sind, und eine 0, wenn
dies nicht der Fall ist. Die Suche nach Knoten, die paarweise verbunden

sind, läuft dann auf eine Suche nach Zeilen hinaus, bei denen an vorgegebenen Stellen eine 1 steht.

<u>Übungen</u>

1. In welcher Weise ändern sich bei dem in Abschnitt 4 diskutierten Kreuzungsbeispiel (Abb.4.1) die optimalen Phasen, wenn man annimmt, daß der Verkehrsstrom 3
sowohl mit Verkehrsstrom 1 als auch mit Verkehrsstrom 8 verträglich ist?

2. Für die Kreuzung in Abb.4.3 lege man fest, welche Verkehrsströme miteinander verträglich sein sollen, und bestimme sodann die optimalen Phasen.

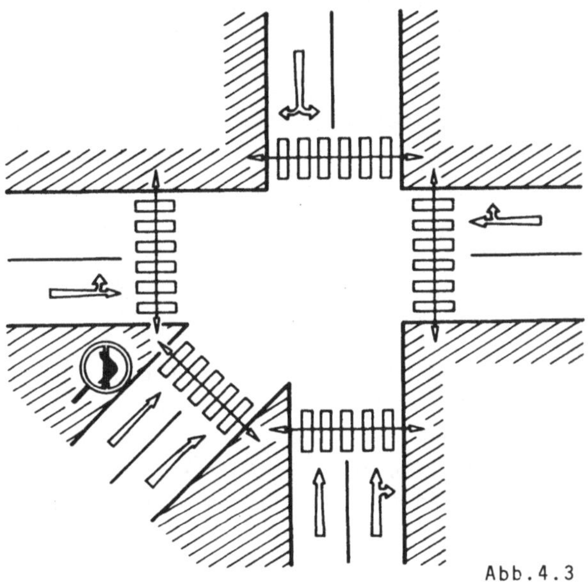

Abb.4.3

5. KONGRUENZRELATIONEN UND HOMOMORPHISMEN

Ist $K = \{C_i \mid i \in I\}$, I eine beliebige Indexmenge, eine Klasseneinteilung
einer Menge M, so ist jede Klasse C_i aus K eindeutig durch jedes ihrer
Elemente festgelegt. Es ist daher gerechtfertigt, die Klasse von K, in
der ein Element $a \in M$ liegt, mit $\bar{a}$ zu bezeichnen. Ein System $\{a_i \mid i \in I\}$
von Elementen aus M, sodaß in jeder Klasse $C_i \in K$ genau ein Element dieses Systems liegt, heißt ein *Vertreter-* oder *Repräsentantensystem* der

Klasseneinteilung K. Ist $\{a_i \mid i \in I\}$ ein Repräsentantensystem für K, so geben wir K auch in der Form $\{\bar{a}_i \mid i \in I\}$ an.

In Abschnitt 3 haben wir besprochen, daß Klasseneinteilungen und Äquivalenzrelationen einander umkehrbar eindeutig entsprechen. Ist K eine Klasseneinteilung einer Menge M, so bezeichnen wir die K entsprechende Äquivalenzrelation mit Θ_K. Ist umgekehrt Θ eine Äquivalenzrelation in M, so schreiben wir M/Θ für die Menge der Klassen der Θ entsprechenden Klasseneinteilung. M/Θ heißt die *Faktormenge von* M *nach* Θ.

Ist $M = \mathbf{Z}$ und Θ die durch $x \Theta y \leftrightarrow x \equiv y$ mod 4 definierte Äquivalenzrelation, so ist etwa $\{0,1,2,3\}$ ein Repräsentantensystem der entsprechenden Klasseneinteilung, und daher ist $\mathbf{Z}/\Theta = \{\bar{0},\bar{1},\bar{2},\bar{3}\}$. (Wegen $-7 = -2 \cdot 4 + 1$ ist hier z.B. $\overline{-7} = \bar{1}$.)

Die Allrelation und die identische Relation in einer Menge M (siehe Abschnitt 3) sind - wie man sofort sieht - beide Äquivalenzrelationen, genannt die *trivialen Äquivalenzrelationen* von M. Wir bezeichnen die Allrelation in M mit α_M, die identische Relation, welche manchmal auch *Diagonale von* M genannt wird, mit δ_M. Die Faktormenge M/α_M hat genau ein Element, nämlich die Menge M, die Faktormenge M/δ_M hingegen besteht aus genausoviel Klassen wie es Elemente in M gibt: $M/\delta_M = \{\bar{a} \mid a \in M\}$.

Wir sind bisher immer davon ausgegangen, daß eine Äquivalenzrelation Θ in einer Menge M erklärt ist, auf der keine weitere relationale oder algebraische Struktur definiert ist. Wir wollen nun voraussetzen, daß M die Trägermenge einer algebraischen Struktur ist. Dabei ist naheliegend, daß zwischen der Äquivalenzrelation Θ und den Operationen der Algebra ein gewisser Zusammenhang besteht, wenn eine gemeinsame Betrachtungsweise von Relationen und Operationen sinnvoll sein soll. Welcher Art ein solcher Zusammenhang sein kann, wollen wir an Hand des folgenden *Beispiels* erklären.

Sei $M = \mathbf{Z}$ und Θ die durch $a \equiv b$ mod m definierte Äquivalenzrelation. $a \equiv b$ mod m, wofür wir im Folgenden kurz $a \equiv b$ schreiben wollen, bedeutet, daß a und b bei Division durch m jeweils denselben Rest ergeben. Daraus folgt, daß für jedes $k \in \mathbf{Z}$ jeweils auch $a + k$ und $b + k$ sowie ka und kb bei Division durch m denselben Rest haben, d.h., $a \equiv b \rightarrow a + k \equiv b + k$ und $ka \equiv kb$. Ist nun $a_1 \equiv b_1$ und $a_2 \equiv b_2$, dann folgt auf Grund dieser Implikation und wegen der Transitivität der Relation $\equiv$: $a_1 \equiv b_1 \rightarrow a_1 + a_2 \equiv b_1 + a_2$; $a_2 \equiv b_2 \rightarrow a_2 + b_1 \equiv b_2 + b_1$; also $a_1 \equiv b_1$, $a_2 \equiv b_2 \rightarrow a_1 + a_2 \equiv b_1 + b_2$. Ferner erhalten wir: $a_1 \equiv b_1 \rightarrow a_2 a_1 \equiv a_2 b_1$; $a_2 \equiv b_2 \rightarrow b_1 a_2 \equiv b_1 b_2$; folglich $a_1 \equiv b_1$, $a_2 \equiv b_2 \rightarrow a_1 a_2 \equiv b_1 b_2$. Also gilt für jede der beiden zweistelligen Operationen des Ringes $\langle \mathbf{Z}; +, \cdot, -, 0, 1 \rangle$, wenn wir für sie stellvertretend $\circ$ schreiben:

$$a_i \equiv b_i \quad \text{für } i = 1,2 \rightarrow o(a_1,a_2) \equiv o(b_1,b_2).$$

(Ausnahmsweise verwenden wir die Schreibweise o(a,b) an Stelle von
a o b.) Wegen $a_1 \equiv b_1 \rightarrow -a_1 \equiv -b_1$ folgt mit o' als Symbol für die einstellige Operation -

$$a_1 \equiv b_1 \rightarrow o(a_1) \equiv o(b_1)$$

Also ist für jede Operation o von $\langle \mathbb{Z};+,\cdot,-,0,1 \rangle$ der Stelligkeit $n > 0$
folgende Bedingung erfüllt:

$$a_i \equiv b_i \quad \text{für } i = 1,\ldots,n \rightarrow o(a_1,\ldots,a_n) \equiv o(b_1,\ldots,b_n).$$

Steht o für die nullstelligen Operationen 0 und 1 von $\mathbb{Z}$, so gilt
trivialerweise $o(\emptyset) \equiv o(\emptyset)$, d.h., eine der obigen Bedingung analoge
Forderung für n = 0 erübrigt sich.

Wir vereinbaren, für die Menge $\{o_1,o_2,\ldots,o_r\}$ der Operationen einer
Algebra $\langle M;o_1,o_2,\ldots,o_r \rangle$ abkürzend Ω zu schreiben und die Algebra auch
in der Form $\langle M;\Omega \rangle$ anzugeben.

Von unserem Beispiel abstrahierend definieren wir sodann:

Eine Äquivalenzrelation Θ in der Trägermenge M einer algebraischen
Struktur $\langle M;\Omega \rangle$ heißt eine *Kongruenzrelation* (in) der Algebra, falls
für alle Operationen o aus Ω, deren Stelligkeit n größer als 0 ist,
gilt:

$$a_i \, \Theta \, b_i \quad \text{für } i = 1,2,\ldots,n \rightarrow o(a_1,a_2,\ldots,a_n) \, \Theta \, o(b_1,b_2,\ldots,b_n).$$

Die Äquivalenzrelation mod m in $\mathbb{Z}$ ist also eine Kongruenzrelation von $\mathbb{Z}$.
Diese wollen wir fortan mit Θ_m bezeichnen.

Ein weiteres Beispiel erhalten wir, wenn wir die Symmetriegruppe des
Ammoniaks (Abschnitt 2) betrachten: Die durch die Klasseneinteilung
$\{\{\rho_0,\rho_1,\rho_2\} , \{\sigma_1,\sigma_2,\sigma_3\}\}$ definierte Äquivalenzrelation etwa ist eine
Kongruenzrelation (was man an Hand der Operationstafel sofort nach-
prüfen kann).

Ist in einer Algebra $\langle M;\Omega \rangle$ eine Kongruenzrelation Θ gegeben, so kann
man die *Faktormenge* M/Θ, also die Menge der Klassen der Θ entsprechenden
Klasseneinteilung, *zu einer algebraischen Struktur* machen, indem man
für jede Operation o aus Ω der Stelligkeit $n > 0$ definiert

$$o(\overline{a}_1,\overline{a}_2,\ldots,\overline{a}_n) = \overline{o(a_1,a_2,\ldots,a_n)}$$

und für nullstellige Operationen o aus Ω festlegt

$$o(\emptyset) = \overline{o(\emptyset)}.$$

Diese Definition bedeutet für Stelligkeiten $n > 0$, daß man aus jeder
der zu verknüpfenden Klassen ein Element (einen "Vertreter") wählt, auf

die gewählten Elemente die Operation ausübt und sodann die Klasse
bildet, in der das auf diese Weise erhaltene Element liegt. Für eine
nullstellige Operation o hingegen wird verlangt, daß durch o die Klasse,
in der das Element $o(\emptyset)$ von M liegt, "hervorgehoben" wird.

Wir müssen uns noch überlegen, daß es bei obiger Definition (im Fall
$n > 0$) nicht auf die Wahl der Vertreter ankommen darf (ansonsten würde
durch die Vorschrift o in M/Θ auf Grund einer möglichen Mehrdeutigkeit
keine Operation erklärt sein).

Angenommen, wir wählen an Stelle der Elemente a_i Elemente $b_i \in \bar{a}_i$ für
$i = 1,2,\ldots,n$. Wegen $b_i \,\Theta\, a_i$, und da Θ Kongruenzrelation ist, gilt dann
$o(b_1,b_2,\ldots,b_n) \,\Theta\, o(a_1,a_2,\ldots,a_n)$, d.h., $\overline{o(b_1,b_2,\ldots,b_n)} = \overline{o(a_1,a_2,\ldots,a_n)}$.
Wir erhalten also: $o(\bar{b}_1,\bar{b}_2,\ldots,\bar{b}_n) = \overline{o(b_1,b_2,\ldots,b_n)} = \overline{o(a_1,a_2,\ldots,a_n)} =$
$= o(\bar{a}_1,\bar{a}_2,\ldots,\bar{a}_n)$.

Ist z.B. $M = \mathbb{Z}$ und $\Theta = \Theta_m$, so werden die Operationen in $\mathbb{Z}/\Theta_m$ folgendermaßen gebildet:

$$\bar{a}_1 + \bar{a}_2 = \overline{a_1 + a_2}, \quad \bar{a}_1 \cdot \bar{a}_2 = \overline{a_1 a_2}, \quad -\bar{a} = \overline{-a} \qquad (a_1, a_2, a \in \mathbb{Z});$$

das Nullelement ist $\bar{0}$ und das Einselement $\bar{1}$.

Im Sonderfall $m = 4$ gilt etwa:

$$\bar{2} + \overline{-7} = \overline{-5}, \quad \bar{5} \cdot \bar{3} = \overline{15}, \quad -\bar{1} = \overline{-1}.$$

Beschränken wir uns auf Elemente aus dem Repräsentantensystem $\{0,1,2,3\}$,
so lauten diese Gleichungen:

$$\bar{2} + \bar{1} = \bar{3}, \quad \bar{1} \cdot \bar{3} = \bar{3}, \quad -\bar{1} = \bar{3} \ .$$

Die Algebra $\langle M/\Theta; \Omega \rangle$, die wir auf die beschriebene Weise mittels der
Kongruenzrelation Θ erhalten, heißt die *Faktoralgebra von* $\langle M; \Omega \rangle$ *nach* Θ.
(Etwas weniger präzis formuliert können wir gemäß unserer Übereinkunft
über die Bezeichnung von algebraischen Strukturen in Abschnitt 2 auch
sagen: M/Θ heißt die Faktoralgebra von M nach Θ.)

Ist die Algebra M aus einer Varietät V, so bleiben in der Faktoralgebra
M/Θ alle die Varietät definierenden Gleichungen richtig, denn wenn eine
Gleichung für beliebige Vertreter von Klassen richtig ist, ist sie auf
Grund der Definition der Operationen in M/Θ erst recht für die Klassen
richtig, aus denen die Vertreter stammen. Betrachten wir z.B. das Distributivgesetz, welches im Ring $\mathbb{Z}$ gültig ist. In $\mathbb{Z}/\Theta_m$ folgt dann:

$$\bar{a}(\bar{b} + \bar{c}) = \overline{a(b + c)} = \overline{ab + ac} = \bar{a}\bar{b} + \bar{a}\bar{c} \ .$$

Somit gilt das Distributivgesetz auch in $\mathbb{Z}/\Theta_m$.

Wir sehen also, daß mit $M \in V$ auch $M/\Theta \in V$ ist. Ist V die Varietät der
Halbgruppen, Gruppen, Ringe,..., so heißt M/Θ *Faktorhalbgruppe, Faktor-*

43

gruppe, Faktorring,... .

$\mathbf{Z}/\Theta_m$ ist also der Faktorring von $\mathbf{Z}$ nach der Kongruenzrelation Θ_m. Wie die Struktur von $\mathbf{Z}/\Theta_m$ im Sonderfall m = 4 aussieht, ist aus den beiden nachstehenden Operationstafeln zu entnehmen.

+	$\bar{0}$	$\bar{1}$	$\bar{2}$	$\bar{3}$
$\bar{0}$	$\bar{0}$	$\bar{1}$	$\bar{2}$	$\bar{3}$
$\bar{1}$	$\bar{1}$	$\bar{2}$	$\bar{3}$	$\bar{0}$
$\bar{2}$	$\bar{2}$	$\bar{3}$	$\bar{0}$	$\bar{1}$
$\bar{3}$	$\bar{3}$	$\bar{0}$	$\bar{1}$	$\bar{2}$

$\cdot$	$\bar{0}$	$\bar{1}$	$\bar{2}$	$\bar{3}$
$\bar{0}$	$\bar{0}$	$\bar{0}$	$\bar{0}$	$\bar{0}$
$\bar{1}$	$\bar{0}$	$\bar{1}$	$\bar{2}$	$\bar{3}$
$\bar{2}$	$\bar{0}$	$\bar{2}$	$\bar{0}$	$\bar{2}$
$\bar{3}$	$\bar{0}$	$\bar{3}$	$\bar{2}$	$\bar{1}$

Weiter oben haben wir eine Kongruenzrelation in der Symmetriegruppe des Ammoniaks betrachtet. Wie man sich sofort überzeugt, ist die Faktorgruppe nach dieser Kongruenzrelation die Gruppe $\langle \{\bar{\rho}_0, \bar{\sigma}_1\}; \cdot, ^{-1}, \bar{\rho}_0 \rangle$.

Gibt es in jeder Algebra Kongruenzrelationen?

Diese Frage können wir zunächst sofort mit ja beantworten. Die trivialen Äquivalenzrelationen α_M und δ_M sind offensichtlich stets auch Kongruenzrelationen, also existieren in jeder Algebra Kongruenzrelationen. Es kann aber sein, daß außer α_M und δ_M keine weiteren Kongruenzrelationen mehr vorhanden sind. Eine Algebra mit dieser Eigenschaft heißt *einfach*.

$\mathbf{R}$, als kommutativer Ring mit Einselement betrachtet, ist einfach, denn für jede Kongruenzrelation Θ von $\mathbf{R}$ gilt: Ist $\Theta \neq \delta_{\mathbf{R}}$, so existieren $a,b \in \mathbf{R}$ mit $a \neq b$, sodaß $a \Theta b \rightarrow a - b \Theta 0 \rightarrow \frac{a-b}{a-b} \Theta 0 \rightarrow 1 \Theta 0 \rightarrow x \Theta 0$ für alle $x \in \mathbf{R}$, d.h., $\Theta = \alpha_{\mathbf{R}}$.

Wir wollen nun einen Zusammenhang zwischen den Kongruenzrelationen einer Algebra und ihren sogenannten homomorphen Bildern aufzeigen. Zum Begriff "Homomorphismus" bringen wir zunächst ein *Beispiel:*

Seien $\langle M; o_1, o_2, o_3 \rangle$ und $\langle W; *_1, *_2, *_3 \rangle$ zwei Algebren vom Typ (2,1,0), welche wie folgt erklärt sind: M = {a,b,c}, W = {t,u,v,w}, und für die einzelnen Operationen gelte

o_1	a	b	c	
a	a	b	c	$o_2(a) = c$
b	b	b	c	$o_2(b) = a$
c	c	c	c	$o_2(c) = a$
				$o_3(\emptyset) = c$

$*_1$	t	u	v	w	
t	t	u	v	w	$*_2(t) = w$
u	u	u	w	w	$*_2(u) = v$
v	v	w	v	w	$*_2(v) = w$
w	w	w	w	w	$*_2(w) = t$
					$*_3(\emptyset) = w$

Ferner sei eine Abbildung h:M$\rightarrow$W definiert, für welche gelte: h(a) = t, h(b) = w und h(c) = w.

Aus den Tafeln bzw. Tabellen entnehmen wir (durch Ausrechnen), daß für alle Elemente x,y $\in$ M

$$h(x \circ_1 y) = h(x) *_1 h(y), \quad h(\circ_2(x)) = *_2(h(x), \quad h(\circ_3(\emptyset)) = *_3(\emptyset) \ .$$

Z.B. gilt $h(a \circ_1 b) = h(b) = w = t *_1 w = h(a) *_1 h(b)$, oder $h(\circ_2(c)) =$
$= h(a) = t = *_2(w) = *_2(h(c))$. Diese Eigenschaft von h ist, wie wir
sehen werden, keine nur für das vorliegende spezielle Beispiel typische
Eigenschaft.

Wir definieren daher:

Seien $\langle M; \circ_1, \circ_2, \ldots, \circ_r \rangle$ und $\langle W; *_1, *_2, \ldots, *_r \rangle$ zwei (beliebige) Algebren
vom selben Typ. Eine Abbildung $h: M \to W$ heißt ein *Homomorphismus* von
$\langle M; \circ_1, \circ_2, \ldots, \circ_r \rangle$ in $\langle W; *_1, *_2, \ldots, *_r \rangle$, falls für jede Operation $\circ_\nu$ der
Stelligkeit $n_\nu > 0, \nu \in \{1, 2, \ldots, r\}$,

$$h(\circ_\nu(x_1, x_2, \ldots, x_{n_\nu})) = *_\nu(h(x_1), h(x_2), \ldots, h(x_{n_\nu}))$$

für alle $x_1, x_2, \ldots, x_{n_\nu} \in M$, und falls für jede nullstellige Operation
$\circ_\nu, \nu \in \{1, 2, \ldots, r\}$, gilt: $h(\circ_\nu(\emptyset)) = *_\nu(\emptyset)$.

Die bekannte Funktion $h(x) = e^x$ ist ein Homomorphismus von $\langle \mathbb{R}; + \rangle$ in
$\langle \mathbb{R}; \cdot \rangle$, denn

$$h(x_1 + x_2) = e^{x_1 + x_2} = e^{x_1} \cdot e^{x_2} = h(x_1) \cdot h(x_2).$$

Vergleichen wir die Operationstafeln von $\mathbb{Z}/\Theta_4$ und die Operationstafeln
des in Abschnitt 2 angegebenen kommutativen Ringes mit Einselement mit
der Trägermenge $\{a_0, a_1, a_2, a_3\}$ - wir bezeichnen diesen Ring mit R - so
sehen wir sehr schnell, daß die Abbildung $h(\bar{i}) = a_i$ ein Homomorphismus
ist: Ersetzen wir nämlich in den Operationstafeln von R jedes a_i an
jeder Stelle, wo es vorkommt, durch $\bar{i}$, so erhalten wir die Tafeln von
$\mathbb{Z}/\Theta_4$.

Ist h die Abbildung von $P(\{\alpha, \beta, \gamma\})$ in $P(\{\alpha, \beta\})$, welche definiert ist
durch $h(\{\alpha, \beta, \gamma\}) = \{\alpha, \beta\}, h(\{\beta, \gamma\}) = \{\beta\}, h(\{\gamma\}) = \emptyset$ und $h(A) = A$ für
alle $A \subseteq \{\alpha, \beta\}$, dann kann man leicht (jedoch mit ein wenig Rechenmühe)
nachprüfen, daß h ein Homomorphismus der Booleschen Algebra $P(\{\alpha, \beta, \gamma\})$
in die Boolesche Algebra $P(\{\alpha, \beta\})$ ist.

Ist h ein surjektiver Homomorphismus der Algebra M in die Algebra W,
d.h., gibt es zu jedem $y \in W$ ein $x \in M$ mit $h(x) = y$, so spricht man von
einem *Homomorphismus von M auf W*, und W heißt *homomorphes Bild* von M.
Gilt für einen Homomorphismus $h: M \to W$ für $x_1, x_2 \in M$ mit $x_1 \neq x_2$ auch
stets $h(x_1) \neq h(x_2)$, dann heißt h ein *injektiver Homomorphismus*. Ein
surjektiver und injektiver Homomorphismus einer Algebra M auf eine
Algebra W wird ein *Isomorphismus* genannt. Die Algebren M und W heißen
dann zueinander *isomorph*.

In den beiden obigen Beispielen für Homomorphismen ist h jedesmal auch
surjektiv. Der Homomorphismus h im vorletzten Beispiel ist sogar ein

Isomorphismus, die Abbildung h im letzten Beispiel aber nicht, denn h ist dort nicht injektiv.

<u>Satz 5.1</u>: *Ist Θ eine Kongruenzrelation in einer Algebra $\langle M;\Omega\rangle$, so ist die Faktoralgebra $\langle M/\Theta;\Omega\rangle$ homomorphes Bild von M.*

Beweis: Wir definieren eine Abbildung $h_\Theta:M\to M/\Theta$ durch $h_\Theta(x)=\bar{x}$ für alle $x\in M$. Ist dann $\circ$ eine n-stellige Operation aus Ω mit $n>0$, so gilt für alle $x_1,x_2,\ldots,x_n\in M$: $h_\Theta(\circ(x_1,x_2,\ldots,x_n))=\overline{\circ(x_1,x_2,\ldots,x_n)}=$
$=\circ(\bar{x}_1,\bar{x}_2,\ldots,\bar{x}_n)=\circ(h_\Theta(x_1),h_\Theta(x_2),\ldots,h_\Theta(x_n))$, und für nullstellige Operationen $\circ$ aus Ω ist $h_\Theta(\circ(\emptyset))=\overline{\circ(\emptyset)}=\circ(\emptyset)$. (Man beachte, daß in M und M/Θ die gleichen Operationssymbole verwendet werden.) Damit ist gezeigt, daß h_Θ ein Homomorphismus ist. Dieser ist offensichtlich surjektiv.

Der im Beweis von Satz 5.1 definierte Homomorphismus h_Θ wird als der *natürliche Homomorphismus* von M auf M/Θ bezeichnet.

Betrachten wir etwa in $\langle \mathbb{Z}/\Theta_4;+\rangle$ die durch die Klasseneinteilung $K=\{\{\bar{0},\bar{2}\},\{\bar{1},\bar{3}\}\}$ definierte Kongruenzrelation Θ_K. (Daß Θ_K eine Kongruenzrelation ist, kann man leicht durch Nachrechnen überprüfen.) Wählen wir $\bar{0}$ und $\bar{1}$ als Repräsentantensystem von K und schreiben, um doppelte Überstreichungen zu vermeiden, $C(x)$ für die Klasse, in der das Element x liegt, so ist $(\mathbb{Z}/\Theta_4)/\Theta=\{C(\bar{0}),C(\bar{1})\}$, und die Operationstafel der Faktoralgebra hat folgendes Aussehen:

$+$	$C(\bar{0})$	$C(\bar{1})$
$C(\bar{0})$	$C(\bar{0})$	$C(\bar{1})$
$C(\bar{1})$	$C(\bar{1})$	$C(\bar{0})$

Der natürliche Homomorphismus h_{Θ_K} hat die Werte
$$h_{\Theta_K}(\bar{0})=C(\bar{0}),\quad h_{\Theta_K}(\bar{1})=C(\bar{1}),\quad h_{\Theta_K}(\bar{2})=C(\bar{2})=C(\bar{0}),\quad h_{\Theta_K}(\bar{3})=C(\bar{3})=C(\bar{1}).$$
Man kann auch an Hand der Operationstafeln unschwer nachprüfen, daß h_{Θ_K} ein Homomorphismus ist.

$\langle \mathbb{Z}/\Theta_4,+\rangle$ ist gemäß Satz 5.1 ein homomorphes Bild von $\langle \mathbb{Z},+\rangle$. Führen wir die Abbildungen h_{Θ_4} und h_{Θ_K} hintereinander aus, so erhalten wir wieder einen Homomorphismus, denn ganz allgemein gilt:

Sind $\langle M;\circ_1,\circ_2,\ldots,\circ_r\rangle, \langle W;*_1,*_2,\ldots,*_r\rangle, \langle V;\Delta_1,\Delta_2,\ldots,\Delta_r\rangle$ drei Algebren vom selben Typ und $g:M\to W$, $h:W\to V$ Homomorphismen, so ist die Komposition $h\circ g$ (wir schreiben dafür oft auch nur hg) ebenfalls ein Homomorphismus.

Dies folgt unmittelbar aus den Gleichungen

$(hg)(o_\nu(x_1,x_2,\ldots x_n)) = h(g(o_\nu(x_1,x_2,\ldots,x_n))) = h(*_\nu(g(x_1),g(x_2),\ldots,g(x_n))) =$
$= \Delta_\nu(h(g(x_1)),h(g(x_2)),\ldots,h(g(x_n))) = \Delta_\nu((hg)(x_1),(hg)(x_2),\ldots,(hg)(x_n))$
bzw. $(hg)(o_\nu(\emptyset)) = h(g(o_\nu(\emptyset))) = h(*_\nu(\emptyset)) = \Delta_\nu(\emptyset)$.

$h_{\Theta_K} h_{\Theta_4}$ ist also ein Homomorphismus von $\langle \mathbb{Z};+\rangle$ auf $\langle(\mathbb{Z}/\Theta_4)/\Theta_K;+\rangle$, d.h.,
wenn wir abkürzend M für $(\mathbb{Z}/\Theta_4)/\Theta_K$ schreiben, $\langle M;+\rangle$ ist ein homomorphes
Bild von $\langle \mathbb{Z};+\rangle$. Wir fragen uns nun: Gibt es eine Kongruenzrelation Θ
in $\langle \mathbb{Z};+\rangle$, sodaß die Faktoralgebra von $\langle \mathbb{Z};+\rangle$ nach Θ gerade $\langle M;+\rangle$ ist?
Wie auch immer wir Θ wählen, die Elemente von $\mathbb{Z}/\Theta$ sind niemals dieselben
wie die Elemente von M (denn im ersten Fall erhalten wir Klassen von
Zahlen und im zweiten Klassen von Klassen); also kann es keine solche
Kongruenzrelationen geben. Beachten wir aber, daß $\langle M;+\rangle$ (wie man unmittelbar sieht) isomorph zu $\langle \mathbb{Z}/\Theta_2;+\rangle$ ist, dann können wir feststellen:
Es gibt in $\langle \mathbb{Z};+\rangle$ eine Kongruenzrelation, nämlich Θ_2, sodaß das homo-
morphe Bild $\langle M;+\rangle$ von $\langle \mathbb{Z};+\rangle$ isomorph zur Faktoralgebra von $\langle \mathbb{Z};+\rangle$ nach
dieser Kongruenzrelation ist.

Gilt das für jedes homomorphe Bild von $\langle \mathbb{Z};+\rangle$? Die Antwort gibt der
weit über diese spezielle Frage hinausgehende

<u>Satz 5.2</u> *(Homomorphiesatz): Jedes homomorphe Bild einer Algebra ist
isomorph zu einer Faktoralgebra dieser Algebra nach einer geeignet
gewählten Kongruenzrelation.*

Beweis: Sei $\langle W;*_1,*_2,\ldots,*_r\rangle$ homomorphes Bild der Algebra $\langle M;o_1,o_2,\ldots,o_r\rangle$
und h die Abbildung, unter der W homomorphes Bild von M ist. Für jedes
$w \in W$ betrachten wir die Menge $U(w):= \{x \mid x \in M, h(x) = w\}$. Da h surjektiv
ist, sind die Mengen $U(w)$ für alle $w \in W$ nicht leer. Ferner ist ihre
Vereinigung ganz M, und es gilt $U(w_1) \cap U(w_2) = \emptyset$ für $w_1 \neq w_2$. Also ist
$\{U(w) \mid w \in W\}$ eine Klasseneinteilung von M, die wir mit K bezeichnen.
Für die K entsprechende Äquivalenzrelation Θ_K gilt $x \Theta_K y \leftrightarrow h(x) = h(y)$.
Θ_K ist eine Kongruenzrelation in M, denn für jede n_ν-stellige Operation
o_ν mit $n_\nu > 0$ folgt:

$a_i \Theta_K b_i$ für $i = 1,2,\ldots,n_\nu \rightarrow h(o_\nu(a_1,a_2,\ldots,a_{n_\nu})) = *_\nu(h(a_1),h(a_2),\ldots,h(a_{n_\nu})) =$
$= *_\nu(h(b_1),h(b_2),\ldots,h(b_{n_\nu})) = h(o_\nu(b_1,b_2,\ldots,b_{n_\nu})) \rightarrow$
$\rightarrow o_\nu(a_1,a_2,\ldots,a_{n_\nu}) \Theta_K o_\nu(b_1,b_2,\ldots,b_{n_\nu})$.

Wir zeigen nun, daß die Fakoralgebra M/Θ_K isomorph zu W ist. Dazu betrachten wir die Abbildung $\delta:W \rightarrow M/\Theta_K$, welche definiert ist durch
$\delta(w) = U(w)$.
Da jede Klasse von K als Bild unter δ auftritt, ist δ surjektiv, und
wegen $w_1 \neq w_2 \rightarrow \delta(w_1) = U(w_1) \neq U(w_2) = \delta(w_2)$ ist δ auch injektiv.
Ist $*_\nu$ eine Operation von W der Stelligkeit $n_\nu > 0$, so gilt, wenn wir
zu jedem $w_i \in W$ ein $x_i \in M$ wählen mit $h(x_i) = w_i$ (was auf Grund der
Surjektivität von h möglich ist):

$$\delta(*_\nu(w_1,w_2,\ldots,w_{n_\nu})) = U(*_\nu(w_1,w_2,\ldots,w_{n_\nu})) =$$
$$= U(*_\nu(h(x_1),h(x_2),\ldots,h(x_{n_\nu})) = U(h(o_\nu(x_1,x_2,\ldots,x_{n_\nu}))) =$$
$$= \overline{o_\nu(x_1,x_2,\ldots,x_{n_\nu})} = o_\nu(\overline{x}_1,\overline{x}_2,\ldots,\overline{x}_{n_\nu}) =$$
$$= o_\nu(U(w_1),U(w_2),\ldots,U(w_{n_\nu})) = o_\nu(\delta(w_1),\delta(w_2),\ldots,\delta(w_{n_\nu})).$$

Ist $*_\nu$ eine nullstellige Operation, so erhalten wir:

$$\delta(*_\nu(\emptyset)) = U(*_\nu(\emptyset)) = U(h(o_\nu(\emptyset))) = \overline{o_\nu(\emptyset)} = o_\nu(\emptyset).$$

(Dabei ist das Symbol o_ν im letzten Term als Operation in M/Θ_K aufzufassen.) Also ist δ ein Isomorphismus von W auf M/Θ_K.

Beachten wir, daß mit jedem Isomorphismus φ einer Algebra A auf eine Algebra B die Umkehrabbildung von φ ein Isomorphismus von B auf A ist (dies folgt unmittelbar aus der Definition des Isomorphismus), so ergibt sich, daß M/Θ_K isomorph zu W ist, w.z.z.w.

Abbildung 5.1 gibt den soeben besprochenen Sachverhalt in einem Diagramm wieder. Wegen $h_{\Theta_K} \circ \delta^{-1} = h$ nennt man dieses *Diagramm kommutativ*.

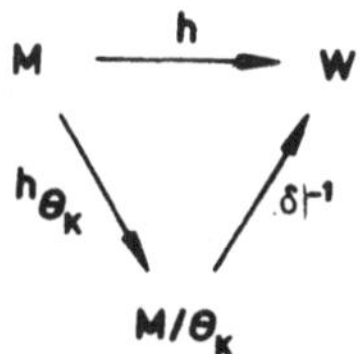

Abb.5.1

Aus dem Homomorphiesatz können wir folgern, daß eine *Algebra genau dann einfach ist, wenn alle ihre homomorphen Bilder zu ihr isomorph sind oder Algebren sind, welche aus einem einzigen Element bestehen.*

Ferner können wir mit Hilfe von Satz 5.2 sofort einsehen:

Ist eine Algebra aus einer Varietät V, so ist auch jedes homomorphe Bild der Algebra aus V.

Denn, wie weiter oben ausgeführt, gehört jede Faktoralgebra der Algebra wieder zu *V*, und mit einer Algebra M erfüllt offensichtlich auch jede zu M isomorphe Algebra die Gesetze, welche die Varietät definieren.

Im folgenden werden wir uns im Rahmen des Studiums einzelner algebraischer Strukturen noch weiter mit Kongruenzrelationen auseinandersetzen.

<u>Übungen</u>

1. Falls ein kommutativer Ring R mit Einselement einfach ist, ist dann R, betrachtet als Ring, ebenfalls einfach? Wie verhält es sich, falls man R als Modul auffaßt?

2. Man bestimme sämtliche Kongruenzrelationen der Booleschen Algebra $P(\{\alpha,\beta\})$.

3. Man zeige: Jeder Körper ist ein einfacher Ring.

4. Man beweise: In jeder Menge von Algebren gleichen Typs ist die Isomorphie von Algebren eine Äquivalenzrelation.

5. Man zeige: Die Symmetriegruppe des Ammoniaks ist isomorph zur symmetrischen Gruppe $S_{\{1,2,3\}}$.

6. Man bestimme sämtliche homomorphen Bilder der Algebren $\langle \mathbb{Z}/\Theta_3;+\rangle$, $\langle \mathbb{Z}/\Theta_3;\cdot\rangle$ und $\langle \mathbb{Z}/\Theta_3;+,\cdot\rangle$ (bis auf Isomorphie).

7. Man betrachte das homomorphe Bild $\langle h(M);*_1,*_2,*_3\rangle$ (mit $h(M) = \{h(x) \mid x \in M\}$) der weiter oben definierten Algebra $\langle M;o_1,o_2,o_3\rangle$ und bestimme diejenige Kongruenzrelation Θ in M, für welche gilt: M/Θ ist isomorph zu $h(M)$.

6. HALBORDNUNGSRELATIONEN

Wie in Abschnitt 3 ausgeführt heißt eine zweistellige Relation R in einer (beliebigen) Menge H eine Halbordnungsrelation, falls R reflexiv, antisymmetrisch und transitiv ist. H zusammen mit der Relation R, wofür wir abkürzend $\langle H;R\rangle$, oder, falls kein Anlaß zur Verwechslung gegeben ist, nur H schreiben, wird eine *Halbordnung* genannt.

$\langle P(\Omega);\subseteq\rangle$, $\langle R;\leq\rangle$, $\langle N;|\rangle$ (mit $|$ in der Bedeutung von $x|y \leftrightarrow x$ teilt y) sind Beispiele von Halbordnungen (siehe Abschnitt 3).

Wie bereits in Abschnitt 3 erwähnt, ist jede Einschränkung R_T einer Halbordnungsrelation R auf eine Teilmenge T von H eine Halbordnungsrelation. Die Halbordnung $\langle T;R_T\rangle$ wird *Teilhalbordnung* der Halbordnung $\langle H;R\rangle$ genannt.

$\langle N;\leq\rangle$ ist eine Teilhalbordnung von $\langle R;\leq\rangle$, $\langle T_n;|\rangle$ eine solche von $\langle N;|\rangle$ (T_n = Menge der positiven Teiler von n, $n \in N$).

Ein weiteres Beispiel einer Halbordnung erhalten wir, wenn wir in der *Menge A(M) aller Äquivalenzrelationen einer Menge* M definieren: $\Theta_1 R \Theta_2$ für $\Theta_1,\Theta_2 \in A(M)$ genau dann, falls $\Theta_1 \subseteq \Theta_2$. Da jede Äquivalenzrelation in M eine Teilmenge von M^2 ist, ist $\Theta_1 \subseteq \Theta_2$ wohldefiniert. $\Theta_1 \subseteq \Theta_2$ be-

deutet $x \Theta_1 y \to x \Theta_2 y$, d.h., wenn wir die Θ_1 und Θ_2 entsprechenden Klasseneinteilungen K_{Θ_1} und K_{Θ_2} betrachten, daß jede Klasse von K_{Θ_1} eine Teilmenge einer Klasse von K_{Θ_2} ist. Dafür sagen wir: Die Klasseneinteilung K_{Θ_1} ist "feiner" als die Klasseneinteilung K_{Θ_2}. Wegen $\delta_M \subseteq \Theta$ und $\Theta \subseteq \alpha_M$ für alle $\Theta \in A(M)$ ist δ_M die "feinste" und α_M die "gröbste" Klasseneinteilung von M.
Nach diesen Ausführungen ist unschwer einzusehen, daß $\langle A(M); \subseteq \rangle$ eine Halbordnung ist.

Die Menge der Teilräume eines dreidimensionalen projektiven Raumes (das sind die Punkte, Geraden und Ebenen sowie $\emptyset$ und der Raum selbst) bildet - wie leicht zu sehen ist - mit der Enthaltensrelation von Mengen ebenfalls eine Halbordnung. In dieser Halbordnung gilt z.B. für einen Punkt x und eine Ebene y: $x \subseteq y \leftrightarrow$ "x liegt auf y".

Im Hinblick auf die $\leq$-Relation von Zahlen und in Anbetracht der Ähnlichkeit des Zeichens für die mengentheoretische Inklusion mit $\leq$ ist es vielfach üblich, für eine beliebige Halbordnungsrelation das Symbol $\leq$ (gesprochen *"kleiner oder gleich"*) zu verwenden.

Mit $x \leq y$ definiert man dann auch $y \geq x$ ("y *größer oder gleich* x"), indem man festlegt: $y \geq x \leftrightarrow x \leq y$.

Ferner erklärt man: $x < y$ ("x *echt kleiner als* y"), falls $x \leq y$ und $x \neq y$. Analog ist $y > x$ zu verstehen.

Ein Element x aus einer Halbordnung $\langle H; \leq \rangle$ heißt ein *unterer Nachbar* des Elementes y (bzw. y ein *oberer Nachbar* von x) - in Zeichen $x \lessdot y$ - falls $x < y$ und kein $z \in H$ existiert, sodaß $x < z < y$. (Wie bei der =-Relation und auch der $\leq$-Relation üblich schreiben wir fortlaufend $x < z < y$ für $x < z$ und $z < y$.) Es kann sein, daß ein Element x weder einen oberen noch einen unteren Nachbarn besitzt, auch dann, wenn es Elemente u,v in der Halbordnung gibt mit $u < x < v$. In $\langle \mathbb{R}; \leq \rangle$ etwa existiert überhaupt kein x, welches einen oberen oder einen unteren Nachbarn hat.

Ist $\langle H; \leq \rangle$ eine *endliche Halbordnung*, d.h. H eine endliche Menge, so betrachtet man bei zeichnerischen Darstellungen der Relation $\leq$ vielfach nicht den $\leq$ entsprechenden gerichteten Graphen, sondern den Graphen der Relation $\lessdot$, wobei man zusätzlich noch vereinbart, die Richtung einer Kante von x nach y nicht durch eine Pfeilspitze zu kennzeichnen, sondern dadurch, daß man den Punkt y in der Zeichenebene "oberhalb" des Punktes x zeichnet, wobei Verschiebungen in seitlicher Richtung erlaubt sind. Der auf diese Weise entstehende Graph heißt das *Hasse-Diagramm* der Halbordnung $\langle H; \leq \rangle$.

Durch ihr Hasse-Diagramm ist eine endliche Halbordnung in eindeutiger Weise bestimmt, denn offensichtlich gilt $x \leq y$ genau dann, falls $x = y$ oder Elemente $x_0, x_1, \ldots, x_n$ mit $x_0 = x$ und $x_n = y$ existieren, sodaß $x_{i-1} \lessdot x_i$ für $i = 1, 2, \ldots, n$.

Ist $H = \{a, b, c, d, e, f, g\}$ und eine Relation $\leq$ in H gegeben durch $a \leq c$, $a \leq d$, $b \leq c$, $b \leq d$, $c \leq d$, $e \leq f$ sowie $x \leq x$ für alle $x \in H$, so ist $\langle H; \leq \rangle$ eine Halbordnung. Das Hasse-Diagramm dieser Halbordnung ist in Abb.6.1 wiedergegeben.

In Abb.6.2 sehen wir das Hasse-Diagramm der Halbordnung $\langle A(M); \subseteq \rangle$ mit $M = \{\alpha, \beta, \gamma\}$; $\Theta_1, \Theta_2, \Theta_3$ sind die durch die Klasseneinteilungen $\{\{\alpha\}, \{\beta, \gamma\}\}, \{\{\alpha, \beta\}, \{\gamma\}\}$ und $\{\{\alpha, \gamma\}, \{\beta\}\}$ definierten Äquivalenzrelationen:

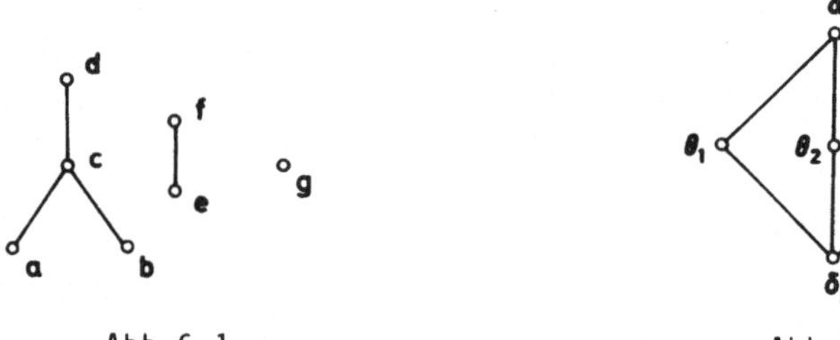

Abb.6.1　　　　　　　　　　　　　　　　Abb.6.2

Die durch den gerichteten Graphen in Abb.3.4 gegebene Halbordnung hat das in Abb.6.3 dargestellte Hasse-Diagramm, und Abb.6.4 zeigt einen "Ausschnitt" (eine Teilhalbordnung) der Halbordnung $\langle \mathbb{N}; \leq \rangle$

Abb.6.3　　　　　　　　　　　　　　　　Abb.6.4

Wie wir aus Abb.6.4 entnehmen, verwendet man Hasse-Diagramme auch zur Illustration von "unendlichen" Halbordnungen. Dabei zeichnet man das Diagramm einer endlichen Teilhalbordnung und deutet an, wie sich das Diagramm "ins Unendliche fortsetzt".

Eine Abbildung $h: H \to H^*$ heißt ein *Ordnungshomomorphismus* oder eine *ordnungstreue Abbildung*) der Halbordnung $\langle H; \leq \rangle$ in die Halbordnung $\langle H^*; \leq^* \rangle$, falls $x \leq y \rightarrow h(x) \leq^* h(y)$ für alle $x,y \in H$.

Ist h bijektiv und gilt zusätzlich noch, daß auch die Umkehrabbildung h^{-1} von h ein Ordnungshomomorphismus ist, dann wird h ein *(Ordnungs-) Isomorphismus* genannt. Existiert ein Isomorphismus von H auf H*, so heißen H und H* *(ordnungs-)isomorph*.

Die Abbildung $h(x) = e^x$ ist ein Ordnungshomomorphismus von $\langle \mathbb{R};\leq \rangle$ in $\langle \mathbb{R};\leq \rangle$. Die in Abb.6.5 (durch Pfeile) dargestellte Abbildung h ist ebenfalls ein Ordnungshomomorphismus. Sie ist sogar bijektiv, aber sie ist kein Isomorphismus, denn h^{-1} ist nicht ordnungstreu.

Betrachten wir die Halbordnungen $\langle T_6;\leq \rangle$ und $\langle P(\{\alpha,\beta\});\subseteq \rangle$ und definieren $h(1) = \emptyset$, $h(2) = \{\alpha\}$, $h(3) = \{\beta\}$ und $h(6) = \{\alpha,\beta\}$ (siehe Abb.6.6), so erhalten wir einen Isomorphismus. Denn h ist ordnungstreu, h ist bijektiv, und auch h^{-1} ist ein Ordnungshomomorphismus.

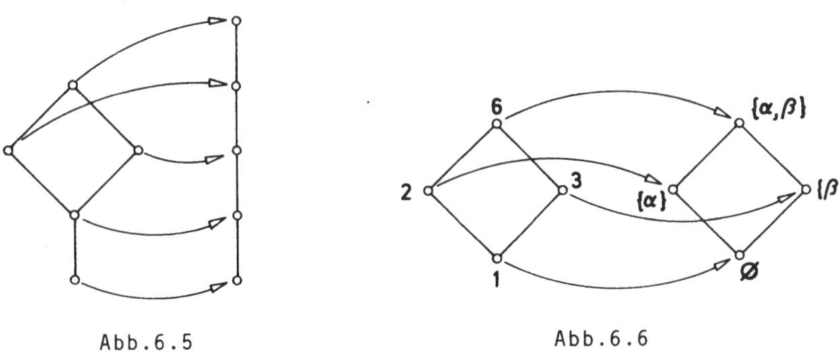

Abb.6.5   Abb.6.6

Zum Begriff Ordnungshomomorphismus betrachten wir das folgende *Beispiel* aus der Schulpraxis: Die Leistungen von Schülern werden nach einer 5-stufigen Notenskala beurteilt (von "sehr gut" bis "nicht genügend"). Da aber im allgemeinen mehr als 5 Schüler in einer Klasse sind, kann man nicht vermeiden, daß Schüler mit verschiedenen Leistungen dieselbe Note bekommen. Will man eine gerechte Beurteilung durchführen, wird man dem besseren Schüler nicht die schlechtere Note geben, d.h. man beurteilt nach dem Prinzip:

Ist die Leistung eines Schülers A höchstens so gut wie die Leistung eines Schülers B, so trifft dasselbe auch für die Noten von A und B zu. (Über die Noten leistungsmäßig nicht vergleichbarer Schüler wird nichts ausgesagt.)

Abb.6.7 zeigt das Hasse-Diagramm für 9 Schüler geordnet nach ihren (angenommenen) Leistungen sowie der Notenwerte und den zugehörigen "Beurteilungs-Ordnungshomomorphismus".

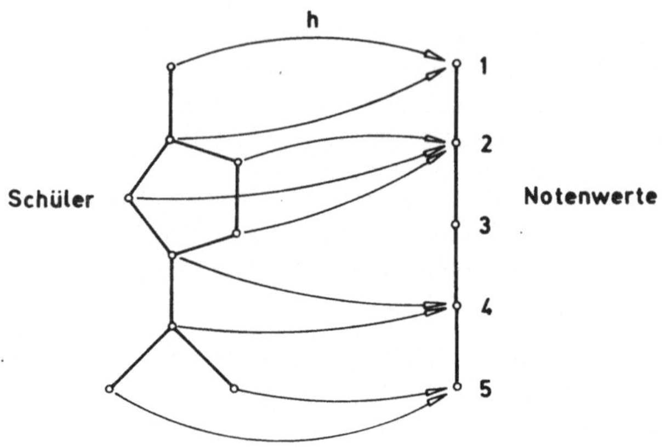

Abb.6.7

Die Abbildung h der Menge M aller Schüler in die Menge N der Notenwerte
hat folgende Eigenschaft: Aus $A \leq B \Rightarrow h(A) \leq^* h(B)$ für alle $A,B \in M$, wobei
"$\leq$" "ist höchstens so guter Schüler wie" und "$\leq^*$" "ist höchstens so
gute Note wie" bedeuten. Die Abbildung h im obigen Beispiel ist also
ein Ordnungshomomorphismus, offensichtlich aber nicht bijektiv.

Ist h ein Isomorphismus von H auf H*, so ist $x < y \leftrightarrow h(x) < h(y)$ für
$x,y \in H$, woraus $x \lessdot y \leftrightarrow h(x) \lessdot h(y)$ folgt. Daraus ergibt sich unmittelbar:

*Zwei endliche Halbordnungen sind genau dann isomorph, wenn sie dasselbe
Hasse-Diagramm haben.*

Wie aus Abb.6.6 ersichtlich, haben $\langle T_6; | \rangle$ und $\langle P(\{\alpha,\beta\}); \subseteq \rangle$ dasselbe
Hasse-Diagramm.

Wir betrachten nun *Teilmengen* U einer Halbordnung $\langle H; \leq \rangle$. Gilt für ein
Element g einer Teilmenge U von H, daß $u \leq g$ für alle $u \in U$, so heißt g
ein *größtes Element* von U (in H); existiert hingegen ein $k \in U$, sodaß
$k \leq u$ für alle $u \in U$, so wird k ein *kleinstes Element* von U (in H) genannt. Besitzt U ein größtes Element, so ist dieses eindeutig bestimmt,
denn angenommen neben g ist g' ebenfalls ein größtes Element von U, dann
gilt $g \leq g'$ neben $g' \leq g$, woraus $g = g'$ folgt. Desgleichen sieht man, daß
auch ein kleinstes Element (falls ein solches existiert) eindeutig bestimmt
ist. Wir sprechen daher von *dem* größten bzw. kleinsten Element von U.

Ist $U = H$ und besitzt H ein größtes bzw. kleinstes Element, so wird dieses das *Eins-* bzw. *Nullelement* der Halbordnung genannt und zumeist mit
1 bzw. O bezeichnet.

Die in der Abb.6.2, 6.5 und 6.6 dargestellten Halbordnungen haben jeweils ein Eins- und ein Nullelement, in der Halbordnung von Abb.6.4
existiert ein Nullelement (die Zahl 1 !), aber kein Einselement, und
in den Halbordnungen aus Abb.6.1 und 6.3 gibt es weder Null- noch Eins-
elemente.

Obere Nachbarn des Nullelements heißen *Atome*, untere Nachbarn des Einselements werden *Antiatome* oder *duale Atome* genannt.

In einer Halbordnung, welche ein Null- bzw. Einselement besitzt, müssen
keine Atome bzw. Antiatome existieren. Die Halbordnung $\langle \mathbb{R}_0^+; \leq \rangle$, wobei $\mathbb{R}_0^+$
die Menge der nicht-negativen reellen Zahlen (einschließlich der Null)
bezeichnet, hat z.B. ein Nullelement, es existieren in $\mathbb{R}_0^+$ aber keine
Atome.

Ein Element m aus einer Halbordnung $\langle H; \leq \rangle$ mit der Eigenschaft, daß es
kein $x \in H$ gibt mit $x > m$, wird *maximales Element* von H genannt. Existiert
hingegen zu einem $m \in H$ kein x mit $x < m$, so sprechen wir von einem *minimalen Element*.

In der in Abb.6.1 wiedergegebenen Halbordnung sind die Elemente d,f,g
maximal und a,b,e,g minimal. (Man beachte, daß g sowohl maximal als
auch minimal ist!) - Hat eine Halbordnung H ein größtes bzw. kleinstes
Element, so ist dieses maximal bzw. minimal.

Gilt für eine Teilmenge U und ein Element s einer Halbordnung H $u \leq s$
für alle $u \in U$, so heißt s eine *obere Schranke* von U (in H) und U eine
nach oben beschränkte Teilmenge von H. Gibt es hingegen ein t in H mit
$t \leq u$ für alle $u \in U$, so wird t eine *untere Schranke* von U (in H) und U
nach unten beschränkt genannt. Sei S_U die Menge der oberen und T_U die
Menge der unteren Schranken von U. Ist $S_U \neq \emptyset$ und $T_U \neq \emptyset$, so heißt die
Teilmenge U beschränkt (in H).

Angenommen $S_U \neq \emptyset$ und es gibt in S_U ein kleinstes Element, so wird dieses das *Supremum* von U - in Zeichen: sup U - genannt. Ist $T_U \neq \emptyset$ und
hat T_U ein größtes Element, so heißt dieses das *Infimum* von U, wofür
wir abkürzend inf U schreiben. sup U ist also die kleinste unter den
oberen Schranken von U und inf U ist die größte unter den unteren Schranken von U (falls jeweils solche existieren).

Die Teilmenge U = {a,b} der in Abb.6.1 dargestellten Halbordnung hat
ein Supremum, nämlich c, inf{a,b} hingegen existiert nicht (da die
Menge der unteren Schranken leer ist). Bei den in den Abb.6.5 und 6.6
dargestellten Halbordnungen existieren zu jeder beliebigen Teilmenge
U sup U und inf U. In $\langle \mathbb{Q}; \leq \rangle$ hat die Teilmenge $\{x \mid 1 < x^2 < 2\}$ kein

Supremum (denn $\sqrt{2}$ ist keine rationale Zahl), aber ein Infimum, nämlich 1.
Falls $\sup U \in U$ ist, ist $\sup U$ das größte Element von U, und wenn
$\inf U \in U$ ist, ist $\inf U$ das kleinste Element von U. Insbesondere gilt:
Ist eine Halbordnung H nach oben (unten) beschränkt (in H), so hat sie
ein Einselement (Nullelement).

Eine Halbordnung $\langle H; \leq \rangle$, in der jede nicht-leere Teilmenge ein Supremum
hat, heißt *vereinigungsvollständig*; falls jede nichtleere Teilmenge ein
Infimum hat, so heißt die Halbordnung *durchschnittsvollständig*, und eine
Halbordnung, welche sowohl vereinigungs- als auch durchschnittsvollständig ist, wird *vollständig* genannt.

<u>Satz 6.1</u>: *Besitzt eine vereinigungsvollständige Halbordnung ein Nullele-
ment, so ist sie vollständig.*

Beweis: Sei $\langle H; \leq \rangle$ eine vereinigungsvollständige Halbordnung mit Nullelement 0, U eine nicht-leere Teilmenge von H und T_U die Menge der unteren Schranken von U in H. Wegen $0 \in T_U$ ist $T_U \neq \emptyset$. Auf Grund der Ver-
einigungsvollständigkeit der Halbordnung existiert daher $\sup T_U$, die
kleinste unter den oberen Schranken von T_U. Da für jedes $u \in U$ gilt $u \geq t$
für alle $t \in T_U$, ist jedes u obere Schranke von T_U und daher $u \geq \sup T_U$
für alle u. Ist t eine beliebige untere Schranke von U, so ist $t \in T_U$
und daher $t \leq \sup T_U$. Also ist $\sup T_U$ eine untere Schranke von U, und
für jede andere untere Schranke t von U gilt $t \leq \sup T_U$, d.h., $\sup T_U$ ist
die größte unter den unteren Schranken von U. Damit ist aber gezeigt,
daß $\inf U$ existiert, nämlich $\inf U = \sup T_U$, woraus folgt, daß H durchschnittsvollständig ist.

Analog zu Satz 6.1 beweist man den

<u>Satz 6.2</u>: *Besitzt eine durchschnittsvollständige Halbordnung ein Eins-
element, so ist sie vollständig.*

Will man überprüfen, ob eine Halbordnung mit 0 und 1 vollständig ist,
so genügt es gemäß Satz 6.1 bzw. Satz 6.2 nachzuprüfen, ob sie ver-
einigungs- oder durchschnittsvollständig ist. Dies wird bei Überlegungen in Kapitel II von Nutzen sein.

Eine Halbordnung $\langle H; \leq \rangle$, bei der zu je zwei Elementen $a, b \in H$ $\sup\{a,b\}$
($\inf\{a,b\}$) existiert, heißt ein *Vereinigungshalbverband (Durchschnittshalbverband)*. Ist eine Halbordnung sowohl Vereinigungs- als auch Durchschnittshalbverband, so wird sie *Verbandshalbordnung* oder *Verband (im
ordnungstheoretischen Sinn)* genannt. - Bezüglich der Beziehung der Begriffe Verband als algebraische Struktur und Verband im ordnungstheoretischen Sinn siehe Abschnitt 8.

Bei Halbverbänden und Verbänden wird die Existenz von Suprema bzw.
Infima von zweielementigen Mengen verlangt und nicht vorausgesetzt,
daß Suprema und Infima von beliebigen Mengen existieren müssen (obgleich dies der Fall sein kann).

Die in den Abb.6.2, 6.4, 6.5 und 6.6 wiedergegebenen Halbordnungen
sind alle Verbände. Als Beispiel für einen Halbverband (der kein Verband ist) betrachten wir die in Abb.6.8 dargestellte *Organisationsstruktur eines* (kleinen) *Betriebes*. Die Organisationsstruktur hat die
Form eines Vereinigungs-Halbverbandes.

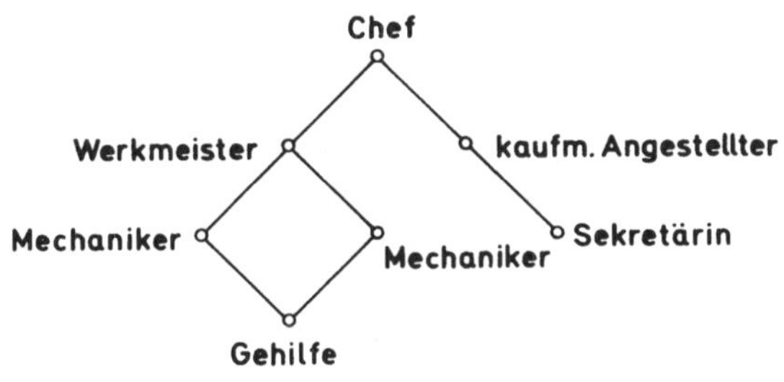

Abb.6.8

Die Eigenschaften des Vereinigungshalbverbandes spiegeln folgende Forderungen an eine Organisationsstruktur wider:

1) Jedes Mitglied der Organisation ist sein eigener Vorgesetzter.
2) Für zwei Mitglieder A und B kann nicht zugleich gelten A ist Vorgesetzter von B und B ist Vorgesetzter von A.
3) Ist A Vorgesetzter von B und B Vorgesetzter von C, so ist A auch
   Vorgesetzter von C.
4) Jede Menge von Mitgliedern hat unter allen ihren Vorgesetzten genau
   einen gemeinsamen "rangniedrigsten" Vorgesetzten.

Zwei Elemente x,y einer Halbordnung $\langle H;\leq\rangle$ heißen *(miteinander) vergleichbar*, wenn $x \leq y$ oder $y \geq x$ gilt. Sind alle Paare von Elementen aus
H miteinander vergleichbar, so wird die Halbordnung eine *Vollordnung*
oder *Kette* genannt. (Man beachte, daß in diesem Fall die Relation $\leq$
vollständig im Sinne des in Abschnitt 3 definierten Begriffes der Vollständigkeit einer Relation ist. Davon unterscheide man die Vollständigkeit einer Halbordnung im Hinblick auf die Existenz von Suprema und
Infima beliebiger Teilmengen der Halbordnung.)

$\langle R;\leq\rangle$, $\langle\{1,2,4,8,16\};|\rangle$ und $\langle P(\{\alpha\});\subseteq\rangle$ sind Beispiele von Ketten. Jede
Teilhalbordnung einer Kette ist gleichfalls eine Kette.

Ist eine Teilhalbordnung einer Halbordnung $\langle H;\leq\rangle$ eine Kette, so wird sie

Teilkette oder *Kette von* H genannt.

In $<P(\{\alpha,\beta,\gamma\});\subseteq>$ bildet z.B. $\{\emptyset,\{\alpha\},\{\alpha,\beta,\gamma\}\}$ eine Kette.

Man kann die Menge K aller Ketten einer Halbordnung $<H;\leq>$ dadurch "ordnen", daß man für zwei Ketten K_1 und K_2 aus K definiert $K_1 \leq K_2$, falls die Elemente von K_1 eine Teilmenge der Elemente von K_2 sind. Es ist leicht zu sehen, daß dadurch K zu einer Halbordnung wird. Die maximalen Elemente in $<K;\leq>$ heißen *maximale (Teil-)Ketten von* H. - Die Kette $\{\emptyset,\{\alpha\},\{\alpha,\beta,\gamma\}\}$ aus obigem Beispiel ist nicht maximal, wohl aber die Kette $\{\emptyset,\{\alpha\},\{\alpha,\beta\},\{\alpha,\beta,\gamma\}\}$.

Intuitiv nimmt man als richtig an, daß man zu jeder Teilkette K_i einer Halbordnung H eine maximale Teilkette K_m von H finden kann mit $K_i \leq K_m$. Überraschenderweise kann man diese als *Kettensatz* bekannte Tatsache aber - ohne auf mengentheoretische Voraussetzungen zurückzugreifen - prinzipiell nicht beweisen. Setzt man das sogenannte *Auswahlaxiom* der Mengenlehre nicht als gültig voraus, so kann man den Kettensatz als richtig ansehen oder nicht. Will man, daß der Kettensatz gilt, muß man seine Gültigkeit als Axiom annehmen. Das gleiche gilt für den als *Lemma von Zorn* bekannten Satz: Besitzt in einer nicht-leeren Halbordnung H jede Teilkette eine obere Schranke in H, so hat H ein maximales Element. Wie in der Mengenlehre bewiesen wird, sind beide Sätze, Lemma von Zorn und Kettensatz, jeweils äquivalent zum Auswahlaxiom, woraus folgt, daß der Kettensatz genau dann gilt, wenn man das Lemma von Zorn als richtig ansieht, und umgekehrt.

<u>Übungen</u>

1. Sei T eine Teilhalbordnung einer Halbordnung H. Stimmt die Bildung von Infima und Suprema von Teilmengen von T in den Halbordnungen T und H überein?

2. Ist eine Halbordnung endlich, falls jede ihrer Teilketten endlich ist?

3. Man zeichne die Hasse-Diagramme von $<T_{12};|>$ und von $<P(\{\alpha,\beta,\gamma\});\subseteq>$.

4. Man zeige, daß ein Ordnungshomomorphismus von $<P(\{\alpha,\beta,\gamma\});\subseteq>$ auf $<T_{12};|>$ existiert.

5. Sei A die Menge der Atome der Halbordnung $<T_{30};|>$. Man beweise: $<P(A);\subseteq>$ ist isomorph zu $<T_{30};|>$.

6. Man zeige: In einer endlichen Verbandshalbordnung $<H;\leq>$ mit mehr als einem Element gibt es zu jedem $x \neq 0$ aus H ein Atom a, sodaß gilt $a \leq x$.

7. Man bestimme sämtliche Teilhalbordnungen mit vier Elementen des in Abb.6.8 dargestellten Halbverbandes, welche Verbandshalbordnungen sind.

8. Sei $F_{[a,b]}$ die Menge aller auf einem Intervall $[a,b]$ von $\mathbb{R}$ erklärten reellen

Funktionen in einer Variablen. Man zeige: Definiert man für $f,g \in F_{[a,b]}$

$$f \leq g \leftrightarrow f(x) \leq g(x) \quad \text{für alle } x \in [a,b],$$

so ist $\langle F_{[a,b]}; \leq \rangle$ eine Halbordnung.
Existieren in dieser Halbordnung Suprema und Infima von beliebigen Teilmengen?

7. EIN BEISPIEL AUS DER SOZIOLOGIE

Wir beschäftigen uns mit Präferenzen, welche einzelne Mitglieder einer Gesellschaft z.B. für politische Parteien oder für Waren haben, und mit Regeln, gemäß denen eine Präferenz der Gesellschaft als Ganzes in Abhängigkeit von den individuellen Entscheidungen zum Ausdruck gebracht werden kann.

Angenommen, eine Ware ist in verschiedenen Geschäften A,B,C,... erhältlich, wobei die Qualität und Menge der Ware in allen Geschäften die gleiche sei; nur im Preis gebe es Unterschiede. Vergleicht man Geschäfte untereinander dadurch, daß man $X < Y$ setzt, falls die Ware im Geschäft X weniger kostet wie im Geschäft Y , so kommt man auf diese Weise zu einer Halbordnung. Abb.7.1 zeigt ein Beispiel für so eine Halbordnung. Ist für einen Käufer ausschließlich der Preis für den Erwerb der Ware ausschlaggebend, so sind die Präferenzen des Käufers durch die erhaltene Halbordnung bestimmt. (Dies bedeutet aber nicht, daß auf Grund der Halbordnung eine eindeutige Auswahl erfolgen kann.)

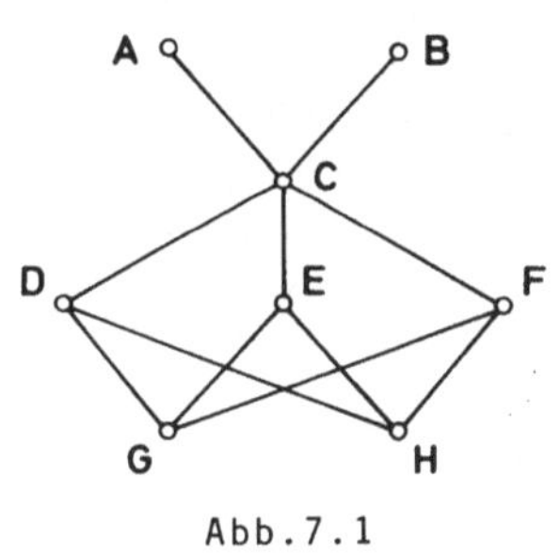

Abb.7.1

Für zwei Elemente x,y aus einer (beliebigen) Halbordnung $\langle H; \leq \rangle$ schreiben wir $x \, I \, y$, falls weder $x < y$ noch $y < x$ gilt, d.h., falls entweder $x = y$ ist oder x und y nicht miteinander vergleichbar (= *unvergleichbar*) sind.

Bei dem Beispiel des Preisvergleiches einer Ware in verschiedenen Geschäften bedeutet X I Y, daß die Ware im Geschäft X gleichviel kostet wie im Geschäft Y. Offensichtlich ist die Relation I hier reflexiv, symmetrisch und transitiv, also eine Äquivalenzrelation.

Ist in einer Halbordnung $\langle H; \leq \rangle$ die Relation I eine Äquivalenzrelation, so heißt $\leq$ eine *Präferenzrelation*, und $\langle H; \leq \rangle$ wird *Präferenzordnung* oder *schwache Ordnung* genannt.

Bei dem obigen Beispiel handelt es sich also um eine Präferenzrelation.

Welche Halbordnungsrelationen Präferenzrelationen sind, zeigen die folgenden Sätze. - Die Halbordnung H_{2+1}, auf die in Satz 7.1 verwiesen wird, ist in Abb.7.2 dargestellt.

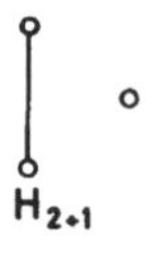

Abb.7.2

<u>Satz 7.1</u>: *Eine Halbordnung <H;≤> ist genau dann eine Präferenzordnung, wenn sie keine Teilhalbordnung enthält, welche zu H_{2+1} isomorph ist.*

Beweis: Angenommen, <H;≤> ist eine Präferenzordnung, welche eine zu H_{2+1} isomorphe Teilhalbordnung mit den Elementen x,y,z enthält, wobei $x < y$ und z mit x und y unvergleichbar sei. Dann gilt x I z und z I y, woraus auf Grund der Transitivität von I folgt: x I y. Das aber ist ein Widerspruch.

Enthalte umgekehrt <H;≤> keine Teilhalbordnung, welche isomorph zu H_{2+1} ist. Wie unmittelbar aus der Definition von I folgt, ist I reflexiv und symmetrisch. Ferner ergibt sich sofort: Sind von drei Elementen x,y,z mindestens zwei gleich, so gilt x I z und z I y $\rightarrow$ x I y. Sind hingegen x,y,z drei paarweise verschiedene Elemente, so folgt aus x I z und z I y, daß x I y ist, denn $x < y$ oder $y < x$ bedeutet, daß x,y,z eine zu H_{2+1} isomorphe Teilhalbordnung von H bilden. Also ist I transitiv, w.z.z.w.

<u>Satz 7.2</u>: *Eine Halbordnungsrelation <H;≤> ist eine Präferenzrelation, falls ein Ordnungshomomorphismus h von <H;≤> in <ℤ;≤> existiert mit $x < y \leftrightarrow h(x) < h(y)$ für alle $x,y \in H$.*

Beweis: Angenommen es existiert so ein Ordnungshomomorphismus h, und <H;≤> ist keine Präferenzrelation. Dann gibt es nach Satz 7.1 eine Teilhalbordnung in H, welche zu H_{2+1} isomorph ist. Sind a,b,c mit $a < b$ und a I c, b I c die Elemente dieser Teilhalbordnung, so folgt $a < b \rightarrow h(a) < h(b)$; ferner a I c $\rightarrow$ h(a) = h(c), denn $h(a) < h(c)$ bzw. $h(a) > h(c)$ würde $a < c$ bzw. $a > c$ nach sich ziehen; nach demselben Argument folgt b I c $\rightarrow$ h(b)=h(c). Also ist h(a) = h(b) = h(c), im Widerspruch zu $h(a) < h(b)$ und daher H eine Präferenzrelation.

Im obigen Beispiel ist die Bewertung der Geschäfte nach dem Preis der zum Vergleich herangezogenen Ware ein Ordnungshomomorphismus gemäß Satz 7.2.

Mit Hilfe vollständiger Induktion kann man für endliche Halbordnungen

beweisen, daß die in Satz 7.2 angegebene Bedingung auch notwendig ist.
Ohne auf den Beweis einzugehen halten wir fest:

<u>Satz 7.3</u>: *Eine endliche Halbordnung* $\langle H; \leq \rangle$ *ist genau dann eine Präferenz-ordnung, wenn ein Ordnungshomomorphismus* h *von* $\langle H; \leq \rangle$ *in* $\langle \mathbb{Z}; \leq \rangle$ *existiert mit* $x < y \leftrightarrow h(x) < h(y)$ *für alle* $x, y \in H$.

Wir behandeln als nächstes die Frage, wie auf Grund von individuellen
Präferenzen die Präferenzen eines Kollektivs ermittelt werden können.
Wahlen in Demokratien sind hiefür ein wichtiges Beispiel. Im Folgenden
wollen wir der Einfachheit halber die gesamte Terminologie auf dieses
Beispiel ausrichten.

Sei also $K = \{A, B, C, \ldots\}$ eine Menge von wählbaren Kandidaten bei einer
Wahl und $W = \{1, 2, \ldots, n\}$ eine Menge von aktiv Wahlberechtigten. Die
Präferenzen eines jeden Wahlberechtigten $i \in W$ sollen in einer Präferenz-
relation $\leq_i$ in K zum Ausdruck kommen. Typische Beispiele für solche
Präferenzrelationen sind in den Abb.7.3, 7.4 und 7.5 dargestellt.

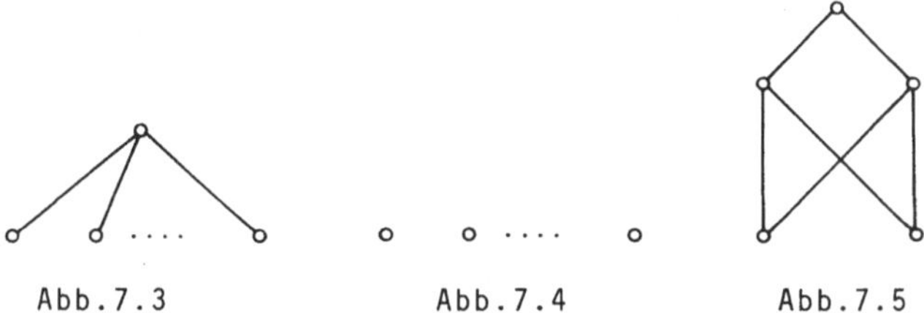

Abb.7.3   Abb.7.4   Abb.7.5

Bei Abb.7.3 wird ein Kandidat vor alle anderen gestellt, Abb.7.4 entspricht (bei vielen Wahlen) einer ungültigen Stimmabgabe, bei Abb.7.5
wurde eine Reihung vorgenommen, wobei jeweils zwei Kandidaten auf die
Plätze zwei und drei gesetzt wurden.

P_K sei die Menge aller möglichen Präferenzrelationen auf K. Hat jeder
Stimmberechtigte (Element von M) seine Wahl getroffen, so ist diese
Entscheidung in Form eines n-tupels $(\leq_1, \leq_2, \ldots, \leq_n) \in P_K^n$ angebbar. Es
ist vielfach wünschenswert, daß der Wahlausgang ebenfalls als eine
Präferenzrelation von K vorliegt, jedoch ist dies (wie wir sehen werden)
oft nicht möglich. Wir setzen daher nur voraus, daß das Wahlergebnis
in Form einer zweistelligen Relation auf K angebbar sein soll.

Sei R_K die Menge aller zweistelligen Relationen von K. Eine Vorschrift
für die Berechnung des Ausganges von Wahlen besteht darin, daß jedem
möglichen n-tupel $(\leq_1, \leq_2, \ldots, \leq_n)$ von individuellen Entscheidungen ein
Element aus R_K zugeordnet wird, d.h. in der Angabe einer Abbildung
$\alpha : P_K^n \to R_K$. So eine Abbildung heißt eine *kollektive Auswahlregel*. Sind

als Wahlergebnis nur Präferenzrelationen von K, also Elemente von P_K zugelassen, dann wird die Abbildung $\alpha : P_K^n \to P_K$ eine *soziale Wohlfahrtsfunktion* genannt.

Vielfach engt man den Definitionsbereich von α dadurch ein, daß man nur eine Teilmenge von P_K zur Auswahl individueller Präferenzrelationen zuläßt.

Beispiele:

1. Sei Q_K die Teilmenge von Präferenzrelationen auf K, welche die in den Abb.7.3 und 7.4 dargestellte Form haben, und $\alpha_0 : Q_K^n \to P_K$ eine Abbildung, die folgendermaßen definiert sei: Ein Kandidat $X \in K$ habe soviele Stimmen, wie er insgesamt gültige Stimmen (im Sinne von Einselementen gemäß Abb.7.3) auf sich vereinigen kann, und $X \, \alpha_0(\leq_1, \leq_2, \ldots, \leq_n) \, Y$ gelte für $X, Y \in K$ genau dann, falls die Stimmenanzahl von X kleiner der Stimmenanzahl von Y oder $X = Y$ ist. ($\alpha_0(\leq_1, \leq_2, \ldots, \leq_n)$ ist die das Wahlergebnis repräsentierende Präferenzrelation in K.)

   Diese bei vielen Wahlen verwendete Regel gibt allerdings den Wählerwunsch zum Teil nur verzerrt wieder. Dies zeigt schon das folgende einfache Beispiel:

   Für $n = 7$ und $K = \{A, B, C\}$ seien bei Wegfall der Beschränkung des Definitionsbereiches von α_0 die Präferenzen der Wähler durch die in Abb.7.6 dargestellten Präferenzrelationen wiedergegeben.

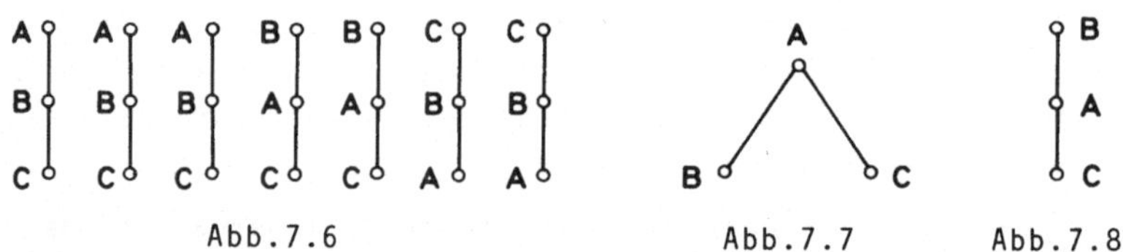

Abb.7.6   Abb.7.7   Abb.7.8

   Bei Anwendung der Wahlvorschrift α_0 würde man die in Abb.7.7 dargestellte Präferenzrelation als Wahlergebnis erhalten, bei der A als Sieger hervorgeht. Tatsächlich aber ziehen vier von sieben Wahlberechtigten den Kandidaten B dem Kandidaten A vor! Diesem Wählerwunsch wird bei der folgenden Auswahlregel Rechnung getragen, bei welcher wir $|M|$ als Symbol für die Mächtigkeit einer Menge M (d.i. für endliche Mengen M die Anzahl der Elemente von M) verwenden.

2. Sei $\alpha_m : P_K^n \to R_K$ definiert durch: $X \, \alpha_m(\leq_1, \leq_2, \ldots, \leq_n) | Y$ genau dann, wenn $|\{i \in W | X \leq_i Y\}| > |\{i \in W | Y \leq_i X\}|$ oder $X = Y$ für $X, Y \in K$ *(Methode der Mehrheitsentscheidung)*.

Die kollektive Auswahlregel α_m ergibt bei dem obigen Beispiel die in Abb.7.8 dargestellte Wahlentscheidung. Ein Nachteil der Auswahlregel α_m besteht darin, daß die Relation $\alpha_m(\leq_1,\leq_2,\ldots,\leq_n)$ nicht notwendigerweise transitiv ist, was auf das sogenannte *Abstimmungsparadoxon* führen kann, welches wir an folgendem einfachen Beispiel demonstrieren wollen:

Es sei n = 3 und K = {A,B,C}. Eine Abstimmung ergebe $C \leq_1 B \leq_1 A$, $B \leq_2 A \leq_2 C$ und $A \leq_3 C \leq_3 B$. Die Relation $\alpha_m(\leq_1,\leq_2,\leq_3)$ besteht dann aus den Paaren {(A,A),(A,C),(B,A),(B,B),(C,B),(C,C)}. Als Ergebnis erhalten wir also, daß der Kandidat B dem Kandidaten A und A dem Kandidaten C unterliegt, aber C ist nicht Sieger über B; im Gegenteil, B gewinnt gegenüber C !

3. Wir definieren auf P_K^n eine Funktion α_r folgendermaßen: In jeder individuellen Präferenzordnung $\langle K;\leq_i\rangle$ werde den maximalen Elementen eine gewisse Punktezahl, etwa $|K|$ Punkte, zugeordnet. Die unteren Nachbarn der maximalen Elemente erhalten dann einen Punkt weniger, also $|K-1|$ Punkte, deren untere Nachbarn wieder einen Punkt weniger, usf. $X\,\alpha_r(\leq_1,\leq_2,\ldots,\leq_n)\,Y$ gelte für $X,Y \in K$ genau dann, falls die Gesamtsumme der dem Element X in allen individuellen Präferenzrelationen zugeordneten Punkte kleiner als die Gesamtpunkteanzahl von Y oder X = Y ist *(Rangordnungsmethode)*. Wie mit Hilfe von Satz 7.2 sofort einzusehen ist, ist $\alpha_r(\leq_1,\leq_2,\ldots,\leq_n) \in P_K$, also α_r eine soziale Wohlfahrtsfunktion. Bei dem unter 2. angeführten speziellen Beispiel erhalten bei der Auswahlvorschrift α_r alle Kandidaten 6 Punkte, d.h., in der resultierenden Präferenzordnung sind A,B,C paarweise unvergleichbar.

An kollektive Auswahlregeln werden stets gewisse Forderungen im Hinblick auf ein gerechtes Wahlverfahren gestellt. Um derartige Forderungen einfacher formulieren zu können, vereinbaren wir zunächst folgende Notationen bzw. Sprechweisen.

Sei $\alpha:P_K^n \to R_K$ und $X,Y \in K$. Gilt in der i-ten individuellen Präferenzordnung $X \leq_i Y$ mit $X \neq Y$ (was gleichbedeutend mit $X \leq_i Y$ und $Y \not\leq_i X$ ist), so schreiben wir $X <_i Y$ und sagen, der Kandidat Y wird vom i-ten Wähler dem Kandidaten X vorgezogen. Ist $X\,\alpha(\leq_1,\leq_2,\ldots,\leq_n)\,Y$, aber gilt nicht zugleich $Y\,\alpha(\leq_1,\leq_2,\ldots,\leq_n)\,X$, so schreiben wir $X\,\overline{\alpha}(\leq_1,\leq_2,\ldots,\leq_n)\,Y$ bzw. kurz $X\,\overline{\alpha}\,Y$ und sagen, die Gesamtheit der Wähler bevorzugt Y gegenüber X. (Man beachte, daß $\alpha(\leq_1,\leq_2,\ldots,\leq_n)$ keine Halbordnungsrelation zu sein braucht.) Nun setzen wir voraus, daß $|K| \geq 3$ und $n \geq 2$ ist und stellen folgende (unter den gemachten Voraussetzungen sinnvollen) *Forderungen* auf.

(P) Falls jeder Wähler den Kandidaten Y dem Kandidaten X vorzieht, so soll auch die Gemeinschaft den Kandidaten Y dem Kandidaten X vorziehen (*Pareto-Prinzip*; Vilfredo Pareto (1848-1928), italienischer Soziologe und Ökonom). In Symbolen: $X <_i Y$ für alle $i \in W \rightarrow X \bar{\alpha} Y$.

(D) Es darf keinen Diktator geben, d.h., es darf kein $i_0 \in W$ existieren, sodaß für alle $(\leq_1, \leq_2, \ldots, \leq_n) \in P_K^n$ gilt: $X <_{i_0} Y \leftrightarrow X \bar{\alpha} Y$ für alle $X, Y \in K$.

(U) Das Ergebnis der Wahl im Hinblick auf eine beliebige Teilmenge S von Kandidaten darf nur von den individuellen Präferenzen der Wähler bezüglich der Kandidaten aus S und nicht von Reihungen von Kandidaten außerhalb von S abhängen. Dies kann man folgendermaßen formalisieren: Gilt für $(\leq_1, \leq_2, \ldots, \leq_n)$ und $(\leq_1', \leq_2', \ldots, \leq_n')$ aus P_K^n, daß $U \leq_i V \leftrightarrow U \leq_i' V$ für alle $U, V \in S$ und $i = 1, 2, \ldots, n$, dann folgt $\{X \in S \mid Y \alpha(\leq_1, \leq_2, \ldots, \leq_n) X$ für alle $Y \in S\} =$
$= \{X \in S \mid Y \alpha(\leq_1', \leq_2', \ldots, \leq_n') X$ für alle $Y \in S\}$.

Obgleich die Forderungen (P),(D),(U) nicht allzu einschneidend erscheinen, gilt erstaunlicherweise der folgende Satz, den wir ohne Beweis angeben:

Satz 7.4: *Für $|K| \geq 3$ und $n \geq 2$ existiert keine soziale Wohlfahrtsfunktion, welche zugleich die Forderungen (P),(D),(U) erfüllt.*

Das Versagen von sozialen Wohlfahrtsfunktionen im Hinblick auf die Forderungen (P),(D),(U) ist darin zu sehen, daß bei sozialen Wohlfahrtsfunktionen der Definitionsbereich der Auswahlregel auf die Menge P_K (gegenüber R_K) eingeschränkt ist. Läßt man diese Einschränkung fallen, dann gibt es sehr wohl Auswahlregeln, welche zugleich die Bedingungen (P),(D),(U) erfüllen, wie z.B. die kollektive Auswahlregel α_m aus Beispiel 2. Die in Beispiel 3 von oben beschriebene soziale Wohlfahrtsfunktion α_r erfüllt wohl die Forderungen (P) und (D) (wovon man sich leicht überzeugt), aber nicht (U). Daß (U) nicht gilt, zeigt das in Abb.7.9 dargestellte Beispiel, bei dem die Stellungen der Kandidaten U und V zueinander in beiden Fällen unverändert sind, wo aber im Ergebnis einmal U und V unvergleichbar sind und einmal U vor V liegt.

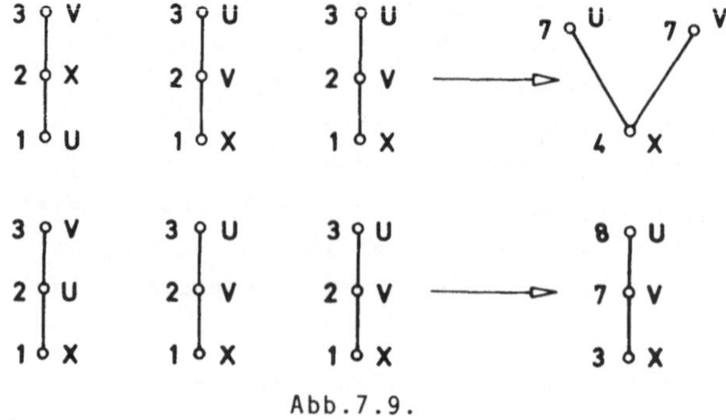

Abb.7.9.

Durch Einschränkungen der Definitions- bzw. Wertebereiche von Auswahlregeln, Modifikationen der Forderungen (P),(D),(U) oder Hinzunahme von
weiteren Bedingungen ergeben sich eine Reihe von Fragestellungen bezüglich der Existenz und Brauchbarkeit von Auswahlregeln. Diesbezüglich
verweisen wir auf die einschlägige Fachliteratur (siehe z.B. [10],[38]).

Auch das Problem der Auswahl der Kandidaten bei Vorliegen eines Wahl-
ergebnisses haben wir nicht geklärt. Erhalten wir als Wahlergebnis
eine Vollordnung, so gibt es keine Probleme. Ist dies aber nicht der
Fall, so benötigt man zumeist sogenannte *Auswahlfunktionen* zur Entscheidung. Auch hier verweisen wir wieder auf die Literatur, insbesondere auf die oben angegebenen Zitate.

<u>Übungen</u>

1. Man beweise die Richtigkeit der Umkehrung von Satz 7.2 für Halbordnungen mit
   höchstens vier Elementen.

2. Man gebe ein (von dem in Abschnitt 7 angeführten verschiedenes) Beispiel für
   das Abstimmungsparadoxon an.

3. Man gebe ein Beispiel für Wahlausgänge bei zwei verschiedenen Wahlgängen an,
   wenn die Anzahl der passiv und aktiv Wahlberechtigten fünf beträgt und eine
   Rangordnungsmethode zu Grunde gelegt wird.

4. Man überprüfe die in Abschnitt 7 angegebenen Auswahlvorschriften im Hinblick
   auf die Forderungen (P),(D),(U).

5. Man beweise: Definiert man (unter Verwendung der Notation aus Abschnitt 7):
   $X \, \alpha(\leq_1,\leq_2,\ldots,\leq_n) \, Y$ für $X,Y \in K$ genau dann, wenn nicht gilt:

   $$X \leq_i Y \text{ für alle } i \in W \text{ und } X <_i Y \text{ für mindestens ein } i,$$

   so erhält man eine kollektive Auswahlregel, welche die Forderungen (P),(D),(U)
   erfüllt.

EINLEITUNG

Verbände haben sowohl einen ordnungstheoretischen als auch einen algebraischen Charakter. Diese Eigenart bringt es mit sich, daß die Verbandstheorie eine reichhaltige, anschauliche Theorie ist, welche in vielen Bereichen Anwendung findet. Dabei ist die hauptsächliche Bedeutung der Verbandstheorie nicht so sehr darin zu sehen, daß es sich um eine Theorie handelt, in der viele, zum Teil tiefliegende Sätze bewiesen werden, von denen einige anwendbar sind, sondern eher darin, daß die Theorie in enger Beziehung zu anderen mathematischen Gebieten steht und sich Verbände bei vielen Problemstellungen - mathematischen wie außermathematischen - sehr gut zur Modellbildung eignen. Diesem Aspekt wird im folgenden Rechnung getragen: Schon im ersten Abschnitt, einer Einführung in die Strukturtheorie von Verbänden, bei denen keine zusätzlichen Operationen definiert sind, wird auf den Bezug zur Linearen Algebra und Projektiven Geometrie eingegangen. Im zweiten Abschnitt werden Zusammenhänge zwischen der Theorie algebraischer Strukturen (Universelle Algebra) und der Verbandstheorie aufgezeigt. Dann folgt das Studium von Verbandsklassen, in denen eine Komplementbildung als einstellige Operation erklärt ist, und als Beispiele außermathematischer Anwendungen schließen sich daran Abschnitte über axiomatische Quantenmechanik, Aussagenlogik und Schaltalgebra an.

8. GRUNDLAGEN UND MODULARE VERBÄNDE

In Abschnitt 2 haben wir die Definition einzelner Verbandsklassen und Beispiele hierfür angegeben. Wir heben nochmals hervor:

Ein *Verband* $\langle V; \cup, \cap \rangle$ ist eine algebraische Struktur vom Typ (2,2), sodaß für alle $x, y, z \in V$ folgende Gesetze gelten:

(1) $x \cup (y \cup z) = (x \cup y) \cup z$ (1') $x \cap (y \cap z) = (x \cap y) \cap z$

(2) $x \cup y = y \cup x$ (2') $x \cap y = y \cap x$

(3) $x \cap (x \cup y) = x$ (3') $x \cup (x \cap y) = x$

Diese Gesetze sind unabhängig, d.h., kein Gesetz kann aus den restlichen gefolgert werden. (Dies ist am einfachsten dadurch nachzuweisen, daß man jeweils eine algebraische Struktur mit einer möglichst kleinen Anzahl von Elementen angibt, welche alle Gesetze bis auf ein Gesetz erfüllt. Siehe Übungsaufgabe 6.)

Manchmal werden die *Gesetze der Idempotenz*

(4) $x \cup x = x$ (4') $x \cap x = x,$

obgleich sie in jedem Verband gültig und daher im Axiomensystem entbehrlich sind, zu den Verbandsaxiomen hinzugenommen. (Dies geschieht deswegen, um einen Verband als algebraische Struktur beschreiben zu können, die aus zwei idempotenten kommutativen Halbgruppen besteht, welche durch die Verschmelzungsgesetze zusammenhängen.)

Die Operation $\cup$ ist idempotent, denn auf Grund des Verschmelzungsgesetzes (3) gilt $x = x \cap (x \cup y)$, also ist $x \cup x = x \cup (x \cap (x \cup y))$, woraus durch Anwendung des Verschmelzungsgesetzes (3') folgt $x \cup x = x$. Analog ergibt sich die Idempotenz der $\cap$-Operation: $x = x \cup (x \cap y) \rightarrow x \cap x =$ $= x \cap (x \cup (x \cap y)) \rightarrow x \cap x = x$.

Die Schlußkette zum Nachweis des Gesetzes (4') ist aus der zum Beweis von (4) dadurch zu erhalten, daß man in jeder Gleichung alle vorkommenden $\cup$- durch $\cap$-Zeichen und umgekehrt ersetzt. Dies ist eine Folge dessen, daß es zu jedem einen Verband definierenden Axiom ein Axiom gibt, welches aus dem gegebenen durch Vertauschen der $\cup$- und $\cap$-Zeichen hervorgeht *(duales Axiom)*.

Auf Grund der Dualität der Axiome folgt allgemein:

Jeder (richtige) Satz über Verbände bleibt richtig, wenn man in ihm alle Vereinigungs- durch Durchschnittsoperationen und umgekehrt ersetzt (Dualitätsprinzip).

Man beachte, daß sich ein "Satz über Verbände" nicht auf einen speziellen Verband oder auf spezielle Verbandselemente beziehen darf, sondern für alle Verbände und beliebige Elemente formuliert sein muß.

Als Beispiel für die Anwendung des Dualitätsprinzips betrachten wir den Satz:

In jedem Verband V *gilt:* $x \cap y = x \rightarrow x \cup y = y$ *für* $x, y \in V$.

Beweis: $x \cap y = x \rightarrow y \cup (x \cap y) = y \cup x \rightarrow y = y \cup x \rightarrow x \cup y = y$.

Dualisiert lautet der Satz:

In jedem Verband V *gilt* $x \cup y = x \rightarrow x \cap y = y$ *für* $x, y \in V$.

Da die letzte Implikation für beliebige Verbandselemente x, y richtig ist, können wir die Bezeichnungen von x und y vertauschen, wodurch wir erhalten

$$y \cup x = y \rightarrow y \cap x = x \quad \text{für } x, y \in V.$$

Zusammen mit $x \cap y = x \rightarrow x \cup y = y$ erhalten wir damit $x \cup y = y \rightarrow x \cap y = x \rightarrow$ $\rightarrow x \cup y = y$. Damit haben wir (mit Hilfe des Dualitätsprinzips) bewiesen:

<u>Hilfssatz 8.1:</u> *In jedem Verband* V *gilt:* $x \cap y = x \leftrightarrow x \cup y = y$ für alle $x, y \in V$.

Nunmehr können wir in Verbänden eine Halbordnungsrelation $\leq$ wie folgt einführen:

Hilfssatz 8.2: *Definiert man in einem Verband $(V; \cup, \cap)$: $x \leq y \leftrightarrow x \cap y = x$, so ist $(V; \leq)$ eine Verbandshalbordnung, in welcher gilt* $\sup \{x,y\} = x \cup y$ *und* $\inf \{x,y\} = x \cap y$.

Beweis: Wegen $x \cap x = x$ für alle x ist $x \leq x$. Ist $x \leq y$ und $y \leq x$, so ist $x \cap y = x$ neben $y \cap x = y$, also $x = y$. Ist $x \leq y$ und $y \leq z$, so erhalten wir: $x \cap y = x$, $y \cap z = y \Rightarrow (x \cap y) \cap (y \cap z) = x \cap y \Rightarrow (x \cap y) \cap z = x \cap y \Rightarrow$
$\Rightarrow x \cap z = x \Rightarrow x \leq z$.
Also ist $(V; \leq)$ eine Halbordnung. In dieser gilt auf Grund von Hilfssatz 8.1:
$x, y \leq s \Rightarrow x \cup s = s$, $y \cup s = s \Rightarrow (x \cup s) \cup (y \cup s) = s \cup s = s \Rightarrow (x \cup y) \cup s = s \Rightarrow$
$\Rightarrow x \cup y \leq s$. Da $x, y \leq x \cup y$ wegen $x \cap (x \cup y) = x$ und $y \cap (x \cup y) = y$, und da aus $x, y \leq s$ stets folgt $x \cup y \leq s$, ist $x \cup y$ die kleinste unter den oberen Schranken von x und y, d.h., $x \cup y = \sup \{x,y\}$.
Ist s untere Schranke von x und y, also $x \cap s = s$, $y \cap s = s$, so folgt nach dem Dualitätsprinzip $(x \cap y) \cap s = s$, was soviel wie $s \leq x \cap y$ bedeutet. Da sich mit Hilfe des Dualitätsprinzips auch ergibt, daß $x \cap y$ eine untere Schranke von x und y ist, können wir folgern $x \cap y = \inf \{x,y\}$.

In jedem Verband ist (gemäß Hilfssatz 8.1) $x \leq y \leftrightarrow x \cap y = x \leftrightarrow x \cup y = y$. Daher ist $x \geq y \leftrightarrow y \leq x \leftrightarrow y \cap x = y \leftrightarrow y \cup x = x$. Daraus ergibt sich:
$x \geq y \leftrightarrow x \cup y = x \leftrightarrow x \cap y = y$.
Ein Vergleich der letzten Zeile mit $x \leq y \leftrightarrow x \cap y = x \leftrightarrow x \cup y = y$ zeigt, daß das *Dualitätsprinzip auf Sätze erweiterbar ist, in denen $\leq$- bzw. $\geq$-Zeichen vorkommen, indem man zusätzlich fordert, daß $\leq$ durch $\geq$ und umgekehrt zu ersetzen ist.*

In einem beliebigen Verband gilt für beliebige Elemente x, y, z, u:

1) $\quad x \leq x \cup y$, $y \leq x \cup y$	1') $\quad x \geq x \cap y$, $y \geq x \cap y$
2) $\quad x \leq y \Rightarrow x \cup z \leq y \cup z$	2') $\quad x \geq y \Rightarrow x \cap z \geq y \cap z$
3) $\quad x \leq y$, $z \leq u \Rightarrow x \cup z \leq y \cup u$	3') $\quad x \geq y$, $z \geq u \Rightarrow x \cap z \geq y \cap u$
4) $\quad (x \cap y) \cup (x \cap z) \leq x \cap (y \cup z)$	4') $\quad (x \cup y) \cap (x \cup z) \geq x \cup (y \cap z)$
	(Distributive Ungleichungen)
5) $\quad z \leq x \Rightarrow (x \cap y) \cup z \leq x \cap (y \cup z)$	5') $\quad z \geq x \Rightarrow (x \cup y) \cap z \geq x \cup (y \cap z)$
	(Modulare Ungleichungen)

1') - 5') sind die dualen Behauptungen zu 1) - 5). Nach dem (erweiterten) Dualitätsprinzip genügt es, nur letzere zu beweisen.

Der Nachweis von 1) wurde im Beweis von Hilfssatz 8.2 erbracht.

Ad 2) $\quad x \leq y \Rightarrow x \cup y = y \Rightarrow (x \cup y) \cup z = y \cup z \Rightarrow (x \cup z) \cup (y \cup z) = y \cup z \Rightarrow$
$\Rightarrow x \cup z \leq y \cup z$.

Ad 3) $x \leq y$, $z \leq u \to x \cup z \leq y \cup z$ und $z \cup y \leq u \cup y$ (gemäß 2)). Daraus folgt auf Grund der Transitivität von $\leq$ die Ungleichung 3).

Ad 4) Nach 1') ist $x \cap y \leq x$, $x \cap z \leq x$. Also ist gemäß der Definition des Supremums auch $(x \cap y) \cup (x \cap z) \leq x$. Nach 1') gilt ferner $x \cap y \leq y$ und $x \cap z \leq z$, woraus auf Grund von 3) folgt $(x \cap y) \cup (x \cap z) \leq y \cup z$. Damit ist gezeigt, daß $(x \cap y) \cup (x \cap z)$ untere Schranke von x und $y \cup z$ ist, was $(x \cap y) \cup (x \cap z) \leq x \cap (y \cup z)$ nach sich zieht.

Die Modulare Ungleichung 5) folgt unmittelbar aus 4), wenn man berücksichtigt, daß $z \leq x$ bedeutet $x \cap z = z$.

Die zu 5) duale Ungleichung 5') ist identisch mit 5), wenn man die Bezeichnungen der Elemente x und z miteinander vertauscht. Wir sprechen daher nur von einer modularen Ungleichung. Man sagt, die Ungleichung 5) ist *selbstdual*.

Ist V ein Verband mit 0, so ist die nullstellige Operation 0 das Nullelement (kleinste Element) der Verbandshalbordnung $\langle V;\leq\rangle$, denn aus $0 \cup x = x$ für alle $x \in V$ folgt $0 \leq x$ für alle $x \in V$. Dual dazu erhält man, daß bei einem Verband mit 1 die nullstellige Operation 1 das Einselement (größte Element) von $\langle V;\leq\rangle$ ist.

Das Dualitätsprinzip für Verbände kann damit auch auf die Varietät der Verbände mit 0 und 1 ausgedehnt werden: Zusätzlich zu den Vertauschungen von $\cup$ mit $\cap$ und $\leq$ mit $\geq$ muß man verlangen, daß die nullstelligen Operationen 0 und 1 gegeneinander ausgetauscht werden.

Beispiel: Sei $\langle V;\cup,\cap,0,1\rangle$ ein Verband mit 0 und 1. Dann gilt $x \cup y \geq 1 \to$ $\to x \cup y = 1$, denn, da 1 das größte Element von V ist, muß $x \cup y \leq 1$ sein, was zusammen mit $x \cup y \geq 1$ auf Grund der Antisymmetrie von $\leq$ die Behauptung ergibt.

Die duale Behauptung lautet: $x \cap y \leq 0 \to x \cap y = 0$.

<u>Hilfssatz 8.3</u>: *Definiert man in einer Verbandshalbordnung $\langle V;\leq\rangle$ Operationen $\cup$ und $\cap$ durch $x \cup y = \sup \{x,y\}$ und $x \cap y = \inf \{x,y\}$, so ist $\langle V;\cup,\cap\rangle$ ein Verband.*

Beweis: Sei $s = \sup\{x, \sup\{y,z\}\}$ und $\bar{s} = \sup\{\sup\{x,y\}, z\}$. Dann gilt: $x , \sup\{y,z\} \leq s \to x,y,z \leq s \to \sup\{x,y\}, z \leq s \to \bar{s} = \sup\{\sup\{x,y\}, z\} \leq s$. Genauso sieht man, daß $s \leq \bar{s}$ ist, woraus auf Grund der Antisymmetrie von $\leq$ folgt $s = \bar{s}$. Also ist $\cup$ assoziativ (Gesetz (1) für Verbände).

Die Kommutativität (2) ist offensichtlich. Das Verschmelzungsgesetz (3) ist erfüllt, denn wegen $\inf\{x,y\} \leq x$ ist $\sup\{x, \inf\{x,y\}\} = x$.

Durch Vertauschen der Rollen von sup und inf sowie $\leq$ und $\geq$ ist der Nachweis der dualen Gesetze (1'),(2'),(3') zu erbringen.

68

<u>Satz 8.4</u>: *Die Zuordnungen* $\langle V;U,\cap\rangle \to \langle V;\leq\rangle$ *mit* $x \leq y \leftrightarrow x \cap y = x$ *und*
$\langle V;\leq\rangle \to \langle V;U,\cap\rangle$ *mit* $x \cup y = \sup\{x,y\}$ *und* $x \cap y = \inf\{x,y\}$ *sind zuein-*
ander inverse bijektive Abbildungen der Klasse aller Verbände auf
die Klasse aller Verbandshalbordnungen.

Beweis: Gehen wir von einem Verband $\langle V;U,\cap\rangle$ aus und ordnen diesem
die Verbandshalbordnung $\langle V;\leq\rangle$ zu, so gilt in dem gemäß Satz 8.4 $\langle V;\leq\rangle$
entsprechenden Verband V, dessen Operationen wir mit $\vee$ und $\wedge$ bezeich-
nen: $x \vee y = \sup\{x,y\} = x \cup y$ und $x \wedge y = \inf\{x,y\} = x \cap y$. Also ist
$\langle V;\vee,\wedge\rangle$ gleich dem ursprünglichen Verband $\langle V;U,\cap\rangle$.

Gehen wir umgekehrt von einer Verbandshalbordnung $\langle V;\leq\rangle$ aus, und definieren in dem $\langle V;\leq\rangle$ zugeordneten Verband $\langle V;U,\cap\rangle$ eine Halbordnungsrelation $\leq^*$ so wie in Satz 8.4 angegeben, dann erhalten wir:
$x \leq^* y \leftrightarrow x \cap y = x \leftrightarrow \inf\{x,y\} = x \leftrightarrow x \leq y$, also $\langle V;\leq^*\rangle = \langle V;\leq\rangle$. Aus
$\langle V;\leq^*\rangle = \langle V;\leq\rangle$ und $\langle V;\vee,\wedge\rangle = \langle V;U,\cap\rangle$ folgt aber unmittelbar die Behauptung des Satzes.

Verbände und Verbandshalbordnungen sind also bis auf den Blickwinkel,
unter dem man sie betrachtet, dieselben Objekte, und wir wollen sie ab
nun - so wie das schon bei der Begriffsbildung Verbandshalbordnung
bzw. Verband in Abschnitt 6 zum Ausdruck gekommen ist, identifizieren.-
Die in einem Verband $\langle V;U,\cap\rangle$ gemäß Satz 8.4 definierte Halbordnungsrelation bezeichnen wir stets mit $\leq$.

Aus Abschnitt 6 übernehmen wir sämtliche ordnungstheoretischen Begriffe
wie z.B. maximale Teilkette, Antiatom oder Durchschnittsvollständigkeit. Vorsicht ist dabei beim Gebrauch folgender Begriffe geboten:
Eine *Teilhalbordnung ist im allgemeinen kein Teilverband,* auch dann
nicht, wenn sie selbst einen Verband bildet. (Umgekehrt ist aber jeder
Teilverband eine Teilhalbordnung.) Z.B. bildet in dem in Abb.8.1 dargestellten Verband die Teilmenge $\{0,a,b,1\}$ eine Teilhalbordnung, welche
ein Verband ist; diese Teilhalbordnung ist aber kein Teilverband des
gegebenen Verbandes, denn $a \cap b \notin \{0,a,b,1\}$.

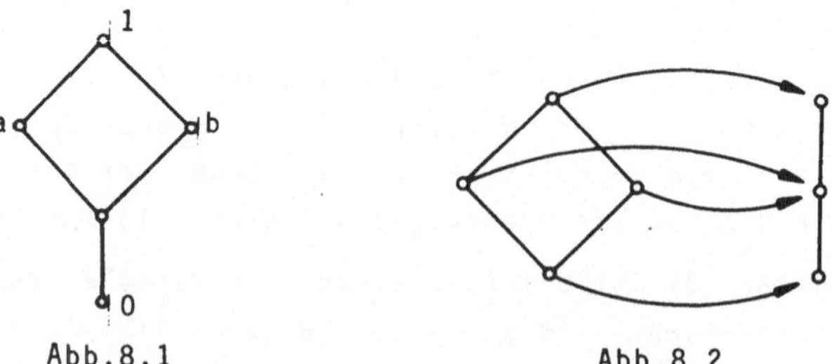

Abb.8.1   Abb.8.2

Man unterscheide ferner zwischen *Ordnungshomomorphismus* und *Homomor-*
phismus im strukturtheoretischen Sinn. Ein (Verbands-)Homomorphismus

ist wohl stets ein Ordnungshomomorphismus, denn $x \leq y \rightarrow x \cap y = x \rightarrow$
$\rightarrow h(x \cap y) = h(x) \rightarrow h(x) \cap h(y) = h(x) \rightarrow h(x) \leq h(y)$, aber das Umgekehrte ist im allgemeinen nicht richtig. Man betrachte hierzu etwa
den in Abb.8.2 dargestellten Ordnungshomomorphismus.

Eine Ausnahme stellt jedoch der Begriff des Isomorphismus dar:

<u>Satz 8.5</u>: *Jeder Ordnungsisomorphismus eines Verbandes ist ein Iso-
morphismus im strukturtheoretischen Sinn.*

Beweis: Sei h ein Ordnungsisomorphismus eines Verbandes $\langle V; \cup, \cap \rangle$ auf
einen Verband $\langle V', \cup, \cap \rangle$, dessen Halbordnungsrelation wir so wie im
Fall von V mit $\leq$ bezeichnen, und seien $x, y \in V$. Dann gilt: $x \leq x \cup y$,
$y \leq x \cup y \rightarrow h(x) \leq h(x \cup y)$, $h(y) \leq h(x \cup y) \rightarrow h(x) \cup h(y) \leq h(x \cup y)$. Da h
surjektiv ist, existiert ein $z \in V$, sodaß gilt $h(x) \cup h(y) = h(z)$.
Daraus können wir schließen: $h(x) \cup h(y) = h(z) \rightarrow h(x) \leq h(z)$, $h(y) \leq h(z) \rightarrow$
$\rightarrow x \leq z$, $y \leq z \rightarrow x \cup y \leq z \rightarrow h(x \cup y) \leq h(z) = h(x) \cup h(y)$. Also gilt $h(x \cup y) \leq$
$\leq h(x) \cup h(y) \leq h(x \cup y)$, woraus $h(x \cup y) = h(x) \cup h(y)$ folgt. Durch Anwen-
dung des Dualitätsprinzips beim Rechnen in den Verbänden V und V'
ergibt sich analog $h(x \cap y) = h(x) \cap h(y)$.

In Abschnitt 6 haben wir festgestellt, daß zwei endliche Halbordnungen
genau dann ordnungsisomorph sind, wenn sie dasselbe Hasse-Diagramm
haben. Auf Grund von Satz 8.5 erhalten wir daher, daß *zwei endliche
Verbände genau dann isomorph sind, wenn sie dasselbe Hasse-Diagramm
haben.*

In Abb.8.5 sind die Hasse-Diagramme aller nicht-isomorphen Verbände
mit höchstens fünf Elementen wiedergegeben.

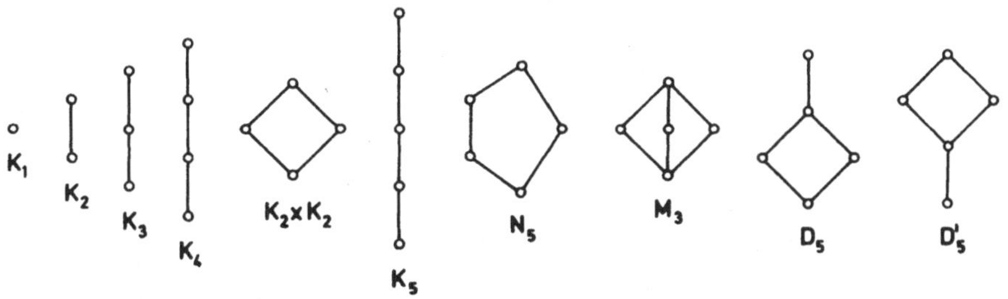

Abb.8.3

Alle in Abb.8.3 dargestellten Verbände bis auf N_5 erfüllen (wie man
durch Probieren nachprüfen kann) das Gesetz

$$x \leq z \rightarrow x \cap (y \cup z) = (x \cap y) \cup z \ .$$

Durch dieses Gesetz, welches *modulares Gesetz* genannt wird, ist eine wichtige Teilklasse von Verbänden, die Klasse der sogenannten *modularen Verbände* definiert, auf die wir im folgenden etwas ausführlicher eingehen wollen.

Zunächst ein paar technische Details:

Beim Dualisieren geht das modulare Gesetz (bis auf Bezeichnung) in sich selbst über, d.h., *das modulare Gesetz ist selbstdual*. Daraus folgt, daß das Dualitätsprinzip in dem Sinn auf modulare Verbände erweitert werden kann, daß Aussagen über modulare Verbände wieder in solche über modulare Verbände übergehen.

Weiter oben haben wir gesehen, daß in jedem beliebigen Verband die modulare Ungleichung $x \geq z \Rightarrow x \cap (y \cup z) \geq (x \cap y) \cup z$ gilt. *Zum Nachweis des modularen Gesetzes genügt es daher, zu beweisen, daß* $x \geq z \Rightarrow$ $\Rightarrow x \cap (y \cup z) \leq (x \cap y) \cup z$.

Weiters halten wir fest, daß das modulare Gesetz durch eine dazu äquivalente Gleichung (bei der keine Voraussetzungen über Vergleichbarkeiten von Elementen gemacht werden müssen) ersetzt werden kann:

Ein Verband V *ist genau dann modular, wenn für alle* $x,y,z \in V$ *gilt*

$$x \cap (y \cup (x \cap z)) = (x \cap y) \cup (x \cap z).$$

Ist V modular, so ergibt sich diese Gleichung wegen $x \geq x \cap z$ unmittelbar durch Anwendung des modularen Gesetzes. Ist umgekehrt diese Gleichung in V erfüllt, so folgt für $a,b,c \in V$ mit $a \geq c$, daß $a \cap (b \cup c) =$ $= a \cap (b \cup (c \cap a)) = (a \cap b) \cup (c \cap a) = (a \cap b) \cup c$. Also ist V modular.

Daß das modulare Gesetz durch eine äquivalente Gleichung ersetzt werden kann, stellt sicher, *daß die modularen Verbände eine Varietät bilden*. Dies ist insofern von Bedeutung, als dadurch alle Aussagen über Varietäten, die wir bisher gemacht haben (und solche, die wir noch machen werden), auf modulare Verbände zutreffen. So folgt etwa aus der Eigenschaft, eine gleichungsdefinierte Klasse zu sein, daß jeder Teilverband und jedes homomorphe Bild eines modularen Verbandes wieder modular ist.

Jeder distributive Verband ist modular.

Dies ergibt sich unmittelbar daraus, daß in einem distributiven Verband für $x \geq z$ gilt $x \cap (y \cup z) = (x \cap y) \cup (x \cap z) = (x \cap y) \cup z$.

Also sind alle bisherig besprochenen Beispiele für distributive Verbände, wie etwa die Teilerverbände $\langle T_n; k.g.V., g.g.T. \rangle$, die Potenzmengenverbände $\langle P(\Omega); \cup, \cap \rangle$ und sämtliche Ketten auch Beispiele für modulare Verbände.

Daß eine Kette distributiv ist, sieht man etwa so ein: Ist o.B.d.A.

$y \geq z$, dann ist $x \cap y \geq x \cap z$ und $x \cap (y \cup z) = x \cap y = (x \cap y) \cup (x \cap z)$.

Worin unterscheiden sich (von der Struktur her gesehen) die distributiven von den modularen, nicht-distributiven Verbänden?

Der modulare Verband M_3 aus Abb.8.3 ist nicht distributiv. (Dies haben wir implizit bereits in Abschnitt 2 gezeigt, wo wir die Operationstafeln eines zu M_3 isomorphen Verbandes als Beispiel für einen nicht-distributiven Verband angegeben haben.) Da M_3 nicht distributiv ist, ist auch jeder modulare Verband, der einen zu M_3 isomorphen Teilverband enthält, nicht distributiv (denn für alle Elemente dieses Teilverbandes müßte das Distributivgesetz gelten). Interessanterweise läßt sich dieser Sachverhalt umkehren. Ohne Beweis geben wir an:

<u>Satz 8.6</u>: *Ein modularer Verband ist genau dann distributiv, wenn er keinen zu M_3 isomorphen Teilverband besitzt.*

So wie man an Hand eines zu M_3 isomorphen Teilverbandes die distributiven unter den modularen Verbänden erkennen kann, so gibt es auch einen Verband, mit dessen Hilfe die modularen unter allen Verbänden charakterisierbar sind. Es ist der in Abb.8.3 dargestellte Verband N_5. Wiederum ohne Beweis halten wir fest:

<u>Satz 8.7</u>: *Ein Verband ist genau dann modular, wenn er keinen zu N_5 isomorphen Teilverband besitzt.*

Als unmittelbare Konsequenz der Sätze 8.6 und 8.7 ergibt sich die

<u>Folgerung</u>: *Ein Verband ist genau dann distributiv, wenn er keinen zu M_3 oder N_5 isomorphen Teilverband besitzt.*

Warum heißt ein modularer Verband "modular"?

Der Name kommt daher, daß die *Untermoduln eines Moduls*, d.h. einer abelschen Gruppe, bezüglich der mengentheoretischen Inklusion als Verbandshalbordnungsrelation *einen modularen Verband bilden*.

Sei $\langle M;+,-,0 \rangle$ ein Modul und U_M die Menge aller Untermoduln von M. Die mengentheoretische Inklusion $\subseteq$ ist offensichtlich eine Halbordnungsrelation in U_M. Die Halbordnung $\langle U_M;\subseteq \rangle$ ist nach oben (durch M) beschränkt und durchschnittsvollständig, denn mit jeder Menge $\{A_i \mid i \in I\}$ von Untermoduln $A_i \in U_M$ ist auch der mengentheoretische Durchschnitt $\bigcap_{i \in I} A_i$ wie man sofort sieht ein Untermodul von M, und $\bigcap_{i \in I} A_i$ ist sicher die größte unter den unteren Schranken der Untermoduln A_i. Nach Satz 6.2 folgt daher, daß $\langle U_M;\subseteq \rangle$ vollständig, also insbesondere ein Verband ist. Die Operationen Vereinigung und Durchschnitt dieses Verbandes bezeichnen wir (um Verwechslungen vorzubeugen) mit $\vee$ und $\wedge$.

Wir zeigen, daß für $A,B \in U_M$ das Supremum $A \vee B = A + B := \{a+b \mid a \in A, b \in B\}$ ist. Wie man unmittelbar nachprüft, ist $A+B$ Untermodul von M. Angenommen, für einen Untermodul S von M gilt $A \subseteq S$ und $B \subseteq S$, dann muß mit $a \in A$ und $b \in B$ auch $a+b$ zu S gehören, also $A+B \subseteq S$ sein, woraus wegen $A,B \subseteq A+B$ folgt $A \vee B = A+B$. Nun fehlt noch der Nachweis des modularen Gesetzes

$$A \supseteq C \rightarrow A \wedge (B \vee C) = (A \wedge B) \vee C .$$

Wie weiter oben erwähnt, genügt es zu zeigen, daß $A \supseteq C \rightarrow A \wedge (B \vee C) \subseteq (A \wedge B) \vee C$, d.h., $A \supseteq C \rightarrow A \cap (B+C) \subseteq (A \cap B) + C$. Nun gilt: $x \in A \cap (B+C) \rightarrow x \in A$ und $x = b+c$ mit $b \in B, c \in C \rightarrow b = x+(-c)$ mit $x \in A$ und $-c \in C \rightarrow b \in A+C$. Da $A \supseteq C$, muß also $b \in A$ sein neben $b \in B$, was $b \in A \cap B$ nach sich zieht. Daher ist $x = b+c$ aus $(A \cap B) + C$, woraus die Behauptung folgt.

In der nachfolgenden Abb.8.4 sind die Untermodulverbände von $\langle \mathbb{Z}/\Theta_4 ; +,-,\bar{0} \rangle$ sowie der sogenannten Kleinschen Vierergruppe V (siehe die danebenstehende Operationstafel) wiedergegeben.

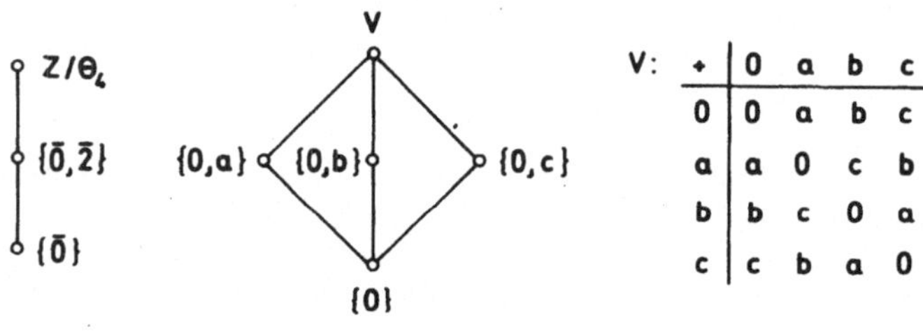

V:	+	0	a	b	c
	0	0	a	b	c
	a	a	0	c	b
	b	b	c	0	a
	c	c	b	a	0

Abb.8.4

Die Elemente eines Vektorraumes bilden (wie man in der Linearen Algebra zeigt) zusammen mit der Vektoraddition einen Modul. Es ist daher nicht überraschend, daß man zeigen kann, daß auch die *Untervektorräume eines gegebenen Vektorraumes einen modularen Verband bilden*.

Wie in der Projektiven Geometrie gezeigt wird, besteht ein enger Zusammenhang zwischen diesem Beispiel für einen modularen Verband und dem folgenden Satz (den wir ohne Beweis angeben):

Die Unterräume eines projektiven Raumes bilden einen modularen Verband.

Wir diskutieren diesen Satz nun am Sonderfall des *dreidimensionalen projektiven Raumes*. Die Unterräume des Raumes sind dann der leere Raum, die Punkte, Geraden und Ebenen des Raumes sowie der Raum selbst. Der verbandstheoretische Durchschnitt $\cap$ in der Menge der Unterräume ist der Schnitt im geometrischen Sinn, die verbandstheoretische Vereinigung $\cup$

zweier Unterräume ist gegeben durch den kleinsten Unterraum, welcher
die beiden Unterräume enthält.
Ist z.B. x eine Ebene und y eine Gerade, welche nicht auf der Ebene
liegt, dann ist $x \cap y$ der Schnittpunkt von x und y und $x \cup y$ der ganze
Raum. Liegt hingegen y auf x, so ist $y \cap x = y$ und $y \cup x = x$; d.h., $y \leq x$.
Der geometrischen Relation "liegt auf" entspricht also die Verbandshalbordnungsrelation $\leq$ (vgl. auch Abschnitt 6).
Ordnen wir einem Punkt die Dimension 0, einer Geraden die Dimension 1
und einer Ebene die Dimension 2 zu (der ganze Raum hat nach Voraussetzung die Dimension 3) und kürzen das Wort "Dimension" durch "dim" ab,
so kann man in unserem Beispiel mit der Ebene x und der Geraden y leicht
nachprüfen, daß in jedem Fall die sogenannte *Dimensionsgleichung*

$$\dim x + \dim y = \dim (x \cup y) + \dim (x \cap y)$$

erfüllt ist. (Man beachte, daß in einem projektiven Raum eine Gerade
und eine Ebene stets einen nicht-leeren Durchschnitt haben.) Diese
Dimensionsgleichung gilt, wie man in der projektiven Geometrie bzw.
Linearen Algebra zeigt, für beliebige Unterräume x,y eines beliebigen
endlich dimensionalen projektiven Raumes und auch für Untervektorräume
eines endlich dimensionalen Vektorraumes. Die Dimensionsgleichung ist
aber - wie wir abschließend zeigen werden - nicht charakteristisch für
projektive Räume bzw. Vektorräume, sondern folgt aus einer einfachen
Tatsache über modulare Verbände.

Sei V ein Verband, und seien $i,j \in V$ mit $i \leq j$. Dann wird die Menge aller
$x \in V$ mit $i \leq x \leq j$ als *Intervall* $[i,j]$ von V bezeichnet. (Im Gegensatz zu
der von der Analysis her bekannten Verwendung des Begriffs ist ein Intervall aber im allgemeinen keine Kette!)
Ein Intervall $[i,j]$ eines Verbandes V ist offensichtlich ein Teilverband von V.

<u>Satz 8.8</u>: *In einem modularen Verband* V *sind die Intervalle* $[a \cap b, b]$ *und*
$[a, a \cup b]$ *für alle* $a, b \in V$ *isomorph.*

Beweis: Die Funktion $h(x) = x \cup a$ bildet wegen $a = (a \cap b) \cup a \leq x \cup a \leq b \cup a$
das Intervall $[a \cap b, b]$ in das Intervall $[a, a \cup b]$ ab, und umgekehrt ist
$g(y) = y \cap b$ wegen $a \cap b \leq y \cap b \leq (a \cup b) \cap b = b$ eine Abbildung von $[a, a \cup b]$
in $[a \cap b, b]$. Nun ist $g(h(x)) = h(x) \cap b = (x \cup a) \cap b$. Da $x \in [a \cap b, b]$ und
daher $a \cap b \leq x \leq b$, folgt unter Berücksichtigung des modularen Gesetzes
weiter $(x \cup a) \cap b = x \cup (a \cap b) = x$, also $g(h(x)) = x$. Andererseits gilt
$h(g(y)) = g(y) \cup a = (y \cap b) \cup a$. Mit $y \in [a, a \cup b]$ und unter Heranziehung
des modularen Gesetzes folgt weiter $(y \cap b) \cup a = y \cap (b \cup a) = y$, d.h.,
$h(g(y)) = y$.
Also ist $g \circ h$ die identische Abbildung von $[a \cap b, b]$ und $h \circ g$ die iden-

tische Abbildung von $[a, a \cup b]$, woraus folgt, daß h und g zueinander invers und damit bijektiv sind.

h ist Ordnungsisomorphismus, denn aus $x_1, x_2 \in [a \cap b, b]$ mit $x_1 \leq x_2$ erhalten wir $h(x_1) = x_1 \cup a \leq x_2 \cup a = h(x_2)$ und für $y_1, y_2 \in [a, a \cup b]$ mit $y_1 \leq y_2$ können wir schließen: $h^{-1}(y_1) = g(y_1) = y_1 \cap b \leq y_2 \cap b = g(y_2) = h^{-1}(y_2)$. Da jeder Ordnungsisomorphismus ein (Verbands-)Isomorphismus ist, ist damit der Satz 8.8 bewiesen.

Für nicht-modulare Verbände gilt Satz 8.8 nicht, denn wie man sofort sieht, versagt der Satz für den die nicht-modularen Verbände charakterisierenden Verband N_5.

Folgerung aus Satz 8.8: *In einem modularen Verband gilt: Haben zwei Elemente einen gemeinsamen oberen Nachbarn, so haben sie auch einen gemeinsamen unteren Nachbarn und umgekehrt.*

Beweis: Haben zwei Elemente a,b einen gemeinsamen oberen Nachbarn, so muß dieser $a \cup b$ sein; ein gemeinsamer unterer Nachbar hingegen ist $a \cap b$.

Eine Kette mit $n+1$ Elementen ($n \in \mathbb{N}_0$) heißt eine *Kette der Länge* n.

Haben alle Teilketten eines Verbandes höchstens die Länge n, $n \in \mathbb{N}_0$, und gibt es mindestens eine Teilkette der Länge n, so sagt man, der *Verband hat die Länge* n.

Gibt es für einen Verband ein $n \in \mathbb{N}_0$, sodaß der Verband die Länge n hat, so heißt der *Verband von endlicher Länge;* andernfalls sprechen wir von einem *Verband unendlicher Länge.*

Ein Verband endlicher Länge kann natürlich auch unendlich viele Elemente haben, wie etwa der in Abb.8.5 dargestellte Verband der Länge 2 zeigt.

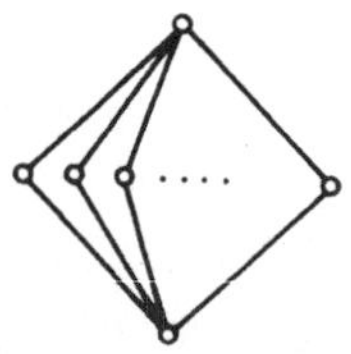

Abb.8.5

Der Verband N_5 hat die Länge 3, die Kette K_5 (Abb.8.3) hat die Länge 4; $\langle \mathbb{N}; \leq \rangle$ ist hingegen von unendlicher Länge. Ein Verband endlicher Länge ist notwendigerweise nach obern beschränkt, denn besitzt ein Verband kein größtes Element, so kann man zu jedem Element stets ein Element finden, das echt größer ist, wodurch eine unendlich aufsteigende Kette entsteht. - Das duale Argument stellt sicher, daß ein Verband endlicher

Länge auch nach unten beschränkt, also (beiderseits) beschränkt ist.

Die maximalen Teilketten eines beschränkten Verbandes sind genau diejenigen Teilketten, welche 0 und 1 "verbinden" und in keiner weiteren
Teilkette des Verbandes echt enthalten sind. (Zum Begriff der maximalen Teilkette siehe Abschnitt 6.) In einem Verband der Länge n gibt
es also stets eine maximale Teilkette der Länge n, und die Länge jeder
anderen maximalen Teilkette ist kleiner oder gleich n.

<u>Satz 8.9</u>: *In einem modularen Verband endlicher Länge haben alle maxi-
malen Teilketten dieselbe Länge.*

Beweis durch vollständige Induktion nach der Länge n des Verbandes:
Für $n \leq 1$ ist die Behauptung offensichtlich richtig. Angenommen, die
Behauptung stimmt für alle $m < n$ $(n \geq 2)$ und V ist ein modularer Verband
der Länge n. Dann gibt es in V eine maximale Teilkette $0 = a_0 \lessdot a_1 \lessdot \ldots \lessdot$
$\lessdot a_n = 1$ der Länge n. Sei $0 = b_0 \lessdot b_1 \lessdot \ldots \lessdot b_m = 1$ eine weitere maximale Teilkette von V.

Ist $b_1 = a_1$, dann sind $a_1 \lessdot a_2 \lessdot \ldots \lessdot a_n$ und $b_1 \lessdot b_2 \lessdot \ldots \lessdot b_m$ beides maximale Teilketten des Intervalls $[a_1,1]$, die nach Induktionsvoraussetzung
gleich lang sein müssen, da das Intervall $[a_1,1]$ ein modularer Teilverband der Länge $n-1$ von V ist. Also muß $n-1 = m-1$, d.h., $m = n$ sein.

Ist $a_1 \neq b_1$, so betrachten wir das Intervall $[a_1 \cup b_1,1]$. Wir wählen in
$[a_1 \cup b_1,1]$ eine maximale Teilkette K. Da a_1,b_1 beide obere Nachbarn der
0 sind, ist nach der Folgerung von Satz 8.8 $a_1 \cup b_1$ gemeinsamer oberer
Nachbar von a_1 und b_1. $K \cup \{a_1\}$ ist eine maximale Teilkette von $[a_1,1]$
und hat als solche nach Induktionsvoraussetzung die Länge $n-1$. Also
muß K die Länge $n-2$ haben. Da b_1 unterer Nachbar von $a_1 \cup b_1$ ist, folgt,
daß $K \cup \{b_1\}$ eine maximale Teilkette der Länge $n-1$ im Intervall $[b_1,1]$
ist. Also ist $[b_1,1]$ ein modularer Teilverband der Länge $n-1$ von V.
Wiederum nach Induktionsvoraussetzung können wir daher schließen, daß
die Kette $b_1 < b_2 < \ldots < b_m$ ebenfalls die Länge $n-1$ hat, woraus sich
ergibt, daß $m = n$ ist, w.z.z.w.

Nun definieren wir: Die *Länge (Dimension)* $d(x)$ *eines Elementes* x eines
Verbandes V endlicher Länge sei gleich der Länge des Intervalls $[0,x]$.

Ist V modular, so sind gemäß Satz 8.9 alle maximalen Ketten, welche
ein Element von V mit 0 verbinden, gleich lang, und daher gilt, daß die
Länge eines Intervalls $[a,b]$ von V gleich $d(b) - d(a)$ ist.

Setzen wir $a = x$ und $b = x \cup y$, so folgt, daß die Länge von $[x, x \cup y]$
gleich $d(x \cup y) - d(x)$ ist. Mit $a = x \cap y$ und $b = y$ erhalten wir: die
Länge von $[x \cap y,y] = d(y) - d(x \cap y)$. Da das Intervall $[x, x \cup y]$ gemäß
Satz 8.8 isomorph zum Intervall $[x \cap y,y]$ ist, ist die Länge von

[x,x ∪ y] gleich der Länge von [x ∩ y,y], und wir können weiter schließen:
d(x ∪ y) - d(x) = Länge von [x,x ∪ y] = Länge von [x ∩ y,y] = d(y) - d(x ∩ y).
Also ist d(x ∪ y) - d(x) = d(y) - d(x ∩ y), womit bewiesen ist:

<u>Satz 8.10</u>: *In einem modularen Verband endlicher Länge gilt für alle Elemente x,y die "Dimensionsgleichung"*

$$d(x) + d(y) = d(x \cup y) + d(x \cap y).$$

Man kann zeigen, daß in einem Verband endlicher Länge aus der Gültigkeit der Dimensionsgleichung folgt, daß der Verband modular ist. Die Dimensionsgleichung ist also charakteristisch für modulare Verbände endlicher Länge.

Ist V der Verband der Untervektorräume eines endlichdimensionalen Vektorraumes, so stellt die Dimensionsgleichung gerade die (oben zitierte) Dimensionsgleichung für Vektorräume dar.

Ist V der Verband der Unterräume eines endlichdimensionalen projektiven Raumes, so ist d(x) = dim x + 1, d.h., die verbandstheoretische Dimension ist um eins größer als die geometrische. (Dies ergibt sich daraus, daß ein Punkt als oberer Nachbar von 0 die verbandstheoretische Dimension 1, aber die geometrische Dimension 0 hat, eine Gerade daher die verbandstheoretische Dimension 2, aber die geometrische Dimension 1 hat, usw. Wegen

$$d(x) + d(y) = d(x \cup y) + d(x \cap y) \;\Rightarrow\; \dim x + 1 + \dim y + 1 =$$
$$= \dim(x \cup y) + 1 + \dim(x \cap y) + 1 \;\Rightarrow\; \dim x + \dim y = \dim(x \cup y) + \dim(x \cap y)$$

kann auch in diesem Fall die bei der Besprechung des Unterraumverbandes eines projektiven Raumes angegebene Dimensionsgleichung als ein Spezialfall der allgemeinen verbandstheoretischen Dimensionsgleichung angesehen werden.

Ein anderes *Beispiel* für einen Spezialfall der Dimensionsgleichung in modularen Verbänden erhalten wir, wenn wir einen distributiven Verband ⟨P(Ω);∪,∩⟩ betrachten, wobei Ω eine endliche Menge ist. Für M ∈ P(Ω) ist d(M) = |M|, die Anzahl der Elemente von M, denn eine Teilmenge A von Ω ist genau dann unterer Nachbar einer Teilmenge B von Ω, wenn B = A ∪ {b} mit b ∉ A und b ∈ Ω ist, und d(∅) = 0. Die Dimensionsgleichung lautet dann

$$|A| + |B| = |A \cup B| + |A \cap B|.$$

Diese Gleichung ist aus der Mengenlehre wohlbekannt.

Angesichts der aufgezeigten Berührungspunkte zwischen der Theorie der modularen Verbände und der Gruppentheorie, Linearen Algebra und Projektiven Geometrie fragt es sich, ob die Zusammenhänge nicht noch um vieles weitreichender sind. Dies ist tatsächlich der Fall: So kann man z.B. wichtige gruppentheoretische Sätze, wie etwa die Sätze von *Schreier* und *Jordan-Hölder*, weitgehend verbandstheoretisch herleiten, man kann den Begriff der linearen Abhängigkeit gänzlich im verbandstheoretischen Modell studieren, oder man kann die Theorie der projektiven Räume rein verbandstheoretisch aufziehen. Für projektive Räume ist es sogar möglich, deren Unterraumverbände mit einer bestimmten Teilklasse von modularen Verbänden (den sogenannten atomaren, komplementären, nach oben stetigen modularen Verbänden) zu identifizieren.

Auf Zusammenhänge zwischen der Theorie der modularen Verbände und der Theorie algebraischer Strukturen (im allgemeinen) wollen wir im nächsten Abschnitt etwas genauer eingehen.

<u>Übungen</u>

1. Eine Operationstafel eines Verbandes legt in eindeutiger Weise die andere fest. Warum?

2. Ist ein Verband von endlicher Länge, falls jede seiner Teilketten endliche Länge hat?

3. Ist ein Teilverband eines vollständigen Verbandes vollständig?

4. Gibt es einen (Verbands-)Homomorphismus von M_3 auf die dreielementige Kette K_3?

5. Welcher Zusammenhang besteht zwischen den in Abb.8.3 angegebenen Verbänden D_5 und $D_5^!$? Hat dieser Zusammenhang etwas mit dem Dualitätsprinzip zu tun?

6. An Hand der durch die nachstehenden Operationstafeln definierten Algebra $\langle\{x,y\};\cup,\cap\rangle$ zeige man, daß das Kommutativgesetz für $\cap$ von den übrigen in Abschnitt 8 angegebenen Verbandsaxiomen unabhängig ist.

$\cup$	x	y
x	x	x
y	x	y

$\cap$	x	y
x	x	x
y	y	y

7. Man zeichne die Hasse-Diagramme der Teilerverbände T_n für n = 8,9,12.

8. Man zeige, daß ein Verband V genau dann eine Kette ist, wenn jede nicht-leere Teilmenge von V einen Teilverband bildet.

9. Man zeige: Ein Verband V ist genau dann modular, wenn für alle a,b,c aus V, wobei b und c miteinander vergleichbar sind, gilt: Aus $a \cup b = a \cup c$ und $a \cap b = a \cap c$ folgt b = c.

10. Man beweise, daß ein Verband V genau dann distributiv ist, wenn für alle a,b,c aus V gilt: Aus $a \cup b = a \cup c$ und $a \cap b = a \cap c$ folgt b = c.

11. Man zeige, daß in einem distributiven Verband das Gesetz

$$(x \cap y) \cup (y \cap z) \cup (z \cap x) = (x \cup y) \cap (y \cup z) \cap (z \cup x)$$

gilt.

12. Man bestimme den Untermodulverband von $\langle \mathbb{Z}/\Theta_6 ; + \rangle$.

13. Man beweise: Besitzt ein Verband keine unendlichen Ketten als Teilverbände, so ist er vollständig.

14. Man zeige, daß die Dimensionsgleichung für den dreidimensionalen (affinen) Anschauuungsraum nicht gilt.

9. VERBÄNDE UND UNIVERSELLE ALGEBRA

Halbgruppen, Gruppen, Ringe, Verbände usw. haben viele Eigenschaften gemeinsam, welche nicht von der speziellen Struktur der betrachteten Algebra abhängen. Die Theorie, deren Ziel die Erfassung solcher Eigenschaften von einem allgemeinen Standpunkt aus ist, wird *Universelle Algebra* genannt. Der Homomorphiesatz aus Abschnitt 5 etwa ist ein für die Universelle Algebra typischer Satz.

Viele Sätze der Universellen Algebra können verbandstheoretisch formuliert werden oder sind mit verbandstheoretischen Methoden beweisbar. Welcherart die Zusammenhänge dabei sind, wollen wir im folgenden aufzeigen.

In Abschnitt 8 haben wir gesehen, daß die Untergruppen einer abelschen Gruppe einen Verband bilden. Dieses Beispiel läßt sich verallgemeinern:

Sei $\langle M;\Omega \rangle$ eine beliebige Algebra, und sei U_M die Menge aller Unteralgebren von M. Ordnen wir die Unteralgebren von M bezüglich der mengentheoretischen Inklusion, so wird U_M offensichtlich zu einer Halbordnung $\langle U_M;\subseteq \rangle$, welche ein größtes Element, nämlich M, besitzt.

Ist $\{U_i \mid i \in I\}$, wobei I eine nicht-leere Indexmenge ist, eine Menge von Unteralgebren von M, so ist unschwer einzusehen, daß $\langle \bigcap_{i \in I} U_i ; \Omega \rangle$ (mit $\cap$ für den mengentheoretischen Durchschnitt) gleich $\inf \{ U_i \mid i \in I \}$ in $\langle U_M;\subseteq \rangle$ ist. - Gibt es in Ω nullstellige Operationen, so ist $\bigcap_{i \in I} U_i$ stets $\neq \emptyset$, andernfalls kann $\bigcap_{i \in I} U_i$ auch $\emptyset$ sein. (Man beachte, daß wir bei der Definition einer algebraischen Struktur in Abschnitt 2 auch $\emptyset$ als Trägermenge zugelassen haben.)

Da $\langle U_M;\subseteq \rangle$ eine nach oben beschränkte, durchschnittsvollständige Halbordnung ist, folgt auf Grund von Satz 6.2, daß $\langle U_M;\subseteq \rangle$ ein vollständiger Verband ist. Dieser Verband wird als *Unter* (oder *Teil-)strukturenverband von* M bezeichnet.

Um die Suprema in diesem Verband explizit bestimmen zu können, benötigen wir den Begriff des Erzeugnisses einer Teilmenge von M.

Sei B eine beliebige (eventuell auch leere) Teilmenge von M. Dann ist
der Durchschnitt aller Unteralgebren von M, welche B als Teilmenge enthalten, auf Grund der Durchschnittsvollständigkeit von U_M eine Unteralgebra von M (welche B enthält). Diese Unteralgebra, welche wir mit
$[B]_M$ oder - falls eine Verwechslung nicht möglich ist - kurz mit [B]
bezeichnen, heißt das *Erzeugnis von* B *in* M.

Ist z.B. M gleich dem Teilerverband T_{12} (siehe Abb.9.1) und B = {2,3}
so sind (wie man aus dem Hasse-Diagramm von T_{12} sofort abliest)
{1,2,3,6}, {1,2,3,6,12} und T_{12} alle Unterverbände von T_{12}, welche {2,3}
enthalten. Daher ist [{2,3}] der durch {1,2,3,6} gebildete Unterverband.

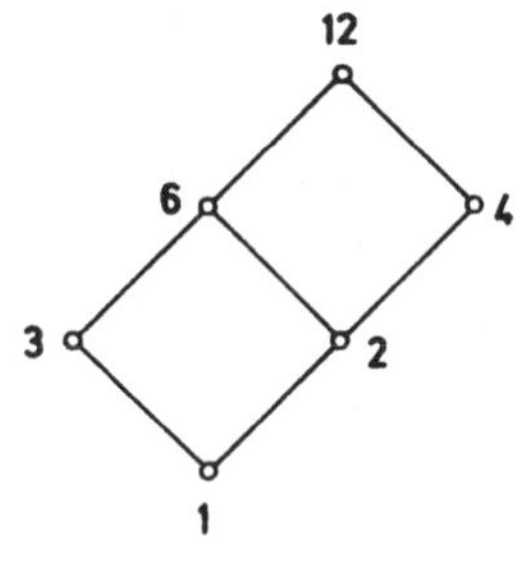

Abb.9.1

Das Erzeugnis [B] einer Teilmenge B von M ist Unteralgebra von $\langle M;\Omega\rangle$.
Also muß für jede k-stellige Operation ω aus Ω (mit $k \neq 0$) und alle
$x_1,x_2,\ldots,x_k \in B$ $\omega(x_1,x_2,\ldots,x_k) \in [B]$ sein; desgleichen muß für jede
nullstellige Operation $\omega_0 \in \Omega$ $\omega_0(\emptyset)$ zu [B] gehören. Wendet man auf die
Elemente der Menge $B \cup \{\omega(x_1,x_2,\ldots,x_k)$, $\omega_0(\emptyset)|\omega,\omega_0 \in \Omega, x_1,x_2,\ldots,x_k \in B\}$
die Operationen von Ω erneut an, so erhält man wiederum Elemente von
[B], auf die man wieder die Operationen von Ω ausüben kann, usf., ohne
jemals andere Elemente als Elemente von [B] zu erhalten. Die Elemente,
die man auf die beschriebene Art und Weise bekommt, sind alle darstellbar durch Ausdrücke (*formale Worte*) in den Elementen von B und Symbolen von Operationen aus Ω (sowie Klammern), und ihre Gesamtheit T
bildet auf Grund ihres Bildungsgesetzes eine Unteralgebra von M, welche
in [B] enthalten ist.

Da umgekehrt [B] der Durchschnitt aller Unteralgebren ist, welche B
als Teilmenge enthalten, und T eine B umfassende Unteralgebra ist, muß
auch gelten T enthält [B], woraus T = [B] folgt. Damit aber haben wir
bewiesen:

Das Erzeugnis $[B]_M$ *von einer Teilmenge* B *in einer Algebra* M *ist gleich*
der Menge aller Elemente, welche durch Worte in den Elementen von B *und*

Operationssymbolen von M dargestellt werden können.

In dem obigen Beispiel mit $M = T_{12}$ und $B = \{2,3\}$ etwa sind alle Elemente, die aus 2 und 3 durch wiederholte Verknüpfung mittels der Operationen U und ∩ gewonnen werden können, wie man leicht nachprüft, die Elemente 2,3,1 und 6.

Nun zurück zu unserem *Teilstrukturenverband* U_M. Für eine nicht-leere Menge von Unteralgebren U_i, $i \in I$, ist der Durchschnitt aller Unteralgebren, welche die mengentheoretische Vereinigung $\bigcup_{i \in I} U_i$ enthalten, sicherlich die kleinste unter allen Unteralgebren, welche alle U_i umfassen, d.h., $\sup\{U_i | i \in I\} = [\bigcup_{i \in I} U_i]$. Also ist $\sup\{U_i | i \in I\}$ gleich der Menge aller Elemente von M, welche durch Worte in den Elementen von $\bigcup_{i \in I} U_i$ und Operationssymbolen aus Ω dargestellt werden können.

Ist M eine abelsche Gruppe und $I = \{1,2\}$, so kann auf Grund des Kommutativgesetzes jedes Element von M, welches eine Darstellung durch ein Wort in Elementen von $U_1 \cup U_2$ und Operationen der Algebra M besitzt, in der Form $u_1 + u_2$ mit $u_1 \in U_1$ und $u_2 \in U_2$ geschrieben werden (nötigenfalls ist u_1 oder u_2 gleich 0 zu setzen), woraus folgt, daß $\sup\{U_1,U_2\} = U_1 + U_2$ ist, ein Ergebnis, das wir in Abschnitt 8 auf anderem Weg gefunden hatten.

Als Beispiel für einen Teilstrukturverband einer nicht-kommutativen algebraischen Struktur betrachten wir den Verband der Untergruppen der Symmetriegruppe des SF_5Cl-Moleküls. Das SF_5Cl-Molekül ist in Abschnitt 2, wo die Bestimmung seiner Symmetriegruppe als Übungsaufgabe gestellt ist, abgebildet (Übungsaufgabe 3, Abb.2.2). - Indizieren wir die vier F-Atome des SF_5Cl-Moleküls, welche in einer Ebene liegen, mit 1,2,3,4 und schreiben - wie üblich - eine Permutation π von n Zahlen $1,2,\ldots,n$ in der Form $\begin{pmatrix} 1 & 2 & \cdots & n \\ \pi(1) & \pi(2) & \cdots & \pi(n) \end{pmatrix}$ an, dann sind alle Symmetrieabbildungen des Moleküls durch folgende Permutationen von 1,2,3,4 bestimmt: $\rho_0 = \begin{pmatrix} 1 & 2 & 3 & 4 \\ 1 & 2 & 3 & 4 \end{pmatrix}$, $\rho_1 = \begin{pmatrix} 1 & 2 & 3 & 4 \\ 2 & 3 & 4 & 1 \end{pmatrix}$, $\rho_2 = \begin{pmatrix} 1 & 2 & 3 & 4 \\ 3 & 4 & 1 & 2 \end{pmatrix}$, $\rho_3 = \begin{pmatrix} 1 & 2 & 3 & 4 \\ 4 & 1 & 2 & 3 \end{pmatrix}$, $\mu_1 = \begin{pmatrix} 1 & 2 & 3 & 4 \\ 2 & 1 & 4 & 3 \end{pmatrix}$, $\mu_2 = \begin{pmatrix} 1 & 2 & 3 & 4 \\ 4 & 3 & 2 & 1 \end{pmatrix}$, $\delta_1 = \begin{pmatrix} 1 & 2 & 3 & 4 \\ 3 & 2 & 1 & 4 \end{pmatrix}$, $\delta_2 = \begin{pmatrix} 1 & 2 & 3 & 4 \\ 1 & 4 & 3 & 2 \end{pmatrix}$.

Diese Elemente bilden bez. der Hintereinanderausführung ∘ von Abbildungen eine Gruppe mit nebenstehender Operationstafel:

∘	ρ_0	ρ_1	ρ_2	ρ_3	μ_1	μ_2	δ_1	δ_2
ρ_0	ρ_0	ρ_1	ρ_2	ρ_3	μ_1	μ_2	δ_1	δ_2
ρ_1	ρ_1	ρ_2	ρ_3	ρ_0	δ_1	δ_2	μ_1	μ_2
ρ_2	ρ_2	ρ_3	ρ_0	ρ_1	μ_2	μ_1	δ_2	δ_1
ρ_3	ρ_3	ρ_0	ρ_1	ρ_2	δ_2	δ_1	μ_1	μ_2
μ_1	μ_1	δ_2	μ_2	δ_1	ρ_0	ρ_2	ρ_3	ρ_1
μ_2	μ_2	δ_1	μ_1	δ_2	ρ_2	ρ_0	ρ_1	ρ_3
δ_1	δ_1	μ_1	δ_2	μ_2	ρ_1	ρ_3	ρ_0	ρ_2
δ_2	δ_2	μ_2	δ_1	μ_1	ρ_3	ρ_1	ρ_2	ρ_0

Wie man (mit etwas Rechenmühe) nachprüfen kann, hat der Verband der Untergruppen dieser als "*Diedergruppe* D_4" bezeichneten Gruppe folgendes Aussehen (Abb.9.2):

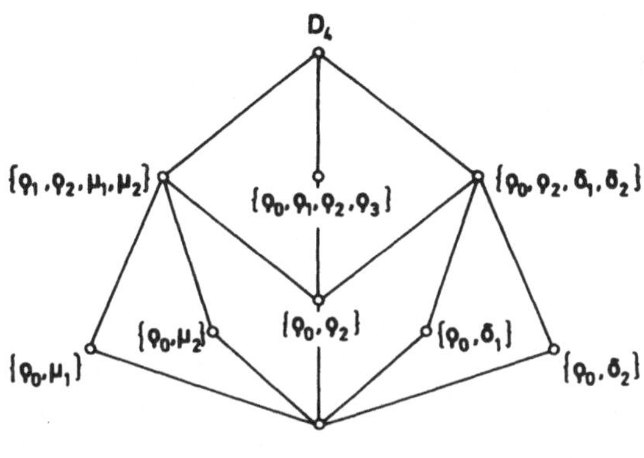

Abb.9.2

Als nächstes wenden wir uns der Menge A(M) aller Äquivalenzrelationen einer Menge M zu, von der wir in Abschnitt 6 bereits gezeigt haben, daß sie bezüglich der mengentheoretischen Inklusion eine Halbordnung bildet, welche durch die identische Relation δ_M und durch die Allrelation α_M nach unten bzw. oben beschränkt ist.

Da der mengentheoretische Durchschnitt von Äquivalenzrelationen von M wieder eine Äquivalenzrelation von M ist (vgl. Abschnitt 3, Übungsaufgabe 3) ist nach Satz 6.2 A(M) ein vollständiger Verband, genannt der *Äquivalenzverband* von M. - Weil die Äquivalenzrelationen und Klasseneinteilungen von M einander umkehrbar eindeutig entsprechen, wird A(M) auch als *Zerlegungsverband* von M bezeichnet.

Man beachte, daß das Supremum einer Teilmenge von A(M) im allgemeinen nicht die mengentheoretische Vereinigung ist! (Siehe Abschnitt 3, Übungsaufgabe 3.) - In einem Sonderfall wollen wir das Supremum von zwei Äquivalenzrelationen explizit bestimmen:

Seien $\Theta_1,\Theta_2 \in$ A(M) und bedeute $x\Theta_1\Theta_2 y$ für $x,y \in$ M: Es gibt ein $t \in$ M, sodaß gilt $x\Theta_1 t$ und $t\Theta_2 y$. Durch $x\Theta_1\Theta_2 y$ ist dann eine zweistellige Relation $\Theta_1\Theta_2$ in M definiert, welche im allgemeinen aber keine Äquivalenzrelation ist. Gilt jedoch $\Theta_1\Theta_2 = \Theta_2\Theta_1$, wofür man sagt, daß Θ_1 *und* Θ_2 *(miteinander) vertauschbar* sind, dann kann man zeigen, daß $\Theta_1\Theta_2 \in$ A(M) ist.

Seien Θ_1,Θ_2 vertauschbar. Wegen $x\Theta_1 y \Rightarrow x\Theta_1 y$, $y\Theta_2 y \Rightarrow x\Theta_1\Theta_2 y$ und $u\Theta_2 v \Rightarrow u\Theta_1 u$, $u\Theta_2 v \Rightarrow u\Theta_1\Theta_2 v$ folgt $\Theta_1,\Theta_2 \subseteq \Theta_1\Theta_2$. Ist Θ eine (beliebige) obere Schranke von Θ_1,Θ_2 in A(M) und gilt für ein Paar $x,y \in$ M $x\Theta_1\Theta_2 y$, dann gibt es ein t, sodaß $x \, \Theta_1 \, t$ und $t \, \Theta_2 \, y$, woraus $x \, \Theta \, t$ und $t \, \Theta \, y$ folgt. Auf Grund der Transitivität von Θ ist daher $x \, \Theta \, y$, d.h., $\Theta_1 \Theta_2 \subseteq \Theta$. Also ist $\Theta_1 \Theta_2$ das Supremum von Θ_1 und Θ_2 in $A(M)$. - In Satz 9.1 werden wir davon Gebrauch machen.

Sei nun M die Trägermenge einer algebraischen Struktur $\langle M; \Omega \rangle$. Da jede Kongruenzrelation von M insbesondere eine Äquivalenzrelation von M ist, bildet die Menge K(M) aller Kongruenzrelationen von M eine Teilhalbordnung von $\langle A(M); \subseteq \rangle$.

Die trivialen Kongruenzrelationen δ_M und α_M sind das kleinste bzw. größte Element von $\langle K(M); \subseteq \rangle$. Der mengentheoretische Durchschnitt $\bigcap_{i \in I} \Theta_i$ einer nicht-leeren Menge von Kongruenzrelationen Θ_i von M ist wieder eine Kongruenzrelation, denn $\bigcap_{i \in I} \Theta_i$ ist eine Äquivalenzrelation von M, und ist ω eine k-stellige Operation von Ω ($k \neq 0$), so gilt: $a_j \, (\bigcap_{i \in I} \Theta_i) \, b_j$ für $a_j, b_j \in M$, $j = 1,2,\ldots,k \rightarrow a_j \, \Theta_i \, b_j$ für alle $i \in I$ und $j = 1,2,\ldots,k \rightarrow$ $\rightarrow \omega(a_1,a_2,\ldots,a_k) \, \Theta_i \, \omega(b_1,b_2,\ldots,b_k)$ für alle $i \in I$. Es gilt also wie behauptet $\omega(a_1,a_2,\ldots,a_k) \, (\bigcap_{i \in I} \Theta_i) \, \omega(b_1,b_2,\ldots,b_k)$.

Also ist $\langle K(M); \subseteq \rangle$ eine durchschnittsvollständige, nach oben beschränkte Halbordnung, woraus folgt, daß K(M) ein vollständiger Verband ist. Dieser Verband heißt der *Kongruenzverband* der Algebra M.

Der Kongruenzverband K(M) ist somit eine Teilhalbordnung des Äquivalenzverbandes A(M), wobei Infima von Teilmengen in K(M) und A(M) auf dieselbe Weise gebildet werden. Es gilt jedoch wesentlich mehr (ohne Beweis):

Der Kongruenzverband K(M) *einer Algebra* M *ist ein vollständiger Teilverband des Äquivalenzverbandes* A(M).

Ein Verband T ist *vollständiger Teilverband* eines Verbandes bedeutet dabei, daß Infima und Suprema von beliebigen Teilmengen von T in T existieren und mit den Infima bzw. Suprema dieser Teilmengen in V übereinstimmen.

Als *Beispiele* für Kongruenzverbände betrachten wir die Kongruenzverbände der dreielementigen Kette K_3 und der Kleinschen Vierergruppe V.

Im Fall von K_3 sind die Kongruenzrelationen in Abb.9.3 durch Kennzeichnung der entsprechenden Klasseneinteilungen graphisch wiedergegeben. Aus der angegebenen Darstellung ist das Diagramm von $K(K_3)$ unmittelbar ersichtlich. - Bei der Kleinschen Vierergruppe kann man sich an Hand ihrer Operationstafel (Abschnitt 8) leicht davon überzeugen, daß durch die den Klasseneinteilungen $\{\{0,a\},\{b,c\}\},\{\{0,b\},\{a,c\}\}$ und $\{\{0,c\},\{a,b\}\}$ entsprechenden Äquivalenzrelationen $\Theta_1, \Theta_2, \Theta_3$ sämtliche Kongruenzrelationen $\neq \alpha_V, \delta_V$ gegeben sind. Daraus ergibt sich das Diagramm des Ver-

bandes K(V) in Abb.9.4. (Daß der Kongruenzverband von V isomorph zu
dem in Abb.8.4 angegebenen Untergruppenverband ist, ist kein Zufall;
der Grund wird durch die Ausführungen über Normalteiler in Abschnitt 19
ersichtlich.)

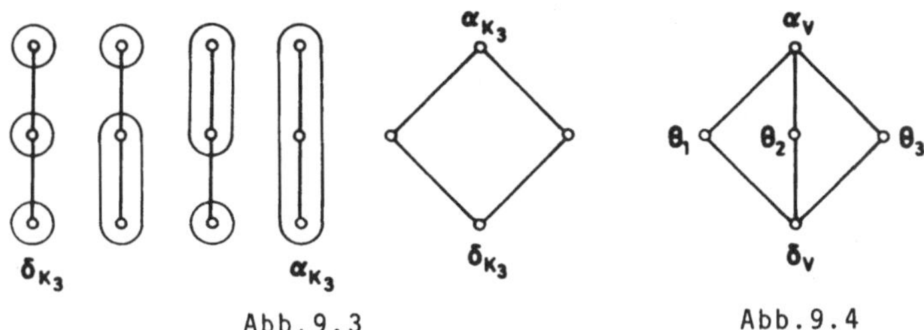

Abb.9.3   Abb.9.4

Die Kenntnis des Kongruenzverbandes K(M) einer Algebra M gestattet oft
Rückschlüsse auf die Algebra. Ein einfaches Beispiel hierfür ist, daß
aus der Tatsache, daß K(M) eine zweielementige Kette ist, folgt, daß
M einfach ist.

Um weitere Zusammenhänge zwischen K(M) und M kennenzulernen, benötigen
wir folgende Begriffsbildung:

Sei V eine Varietät, und seien $\langle M_1;\Omega\rangle$, $\langle M_2;\Omega\rangle$,..., $\langle M_r;\Omega\rangle$ r Algebren
aus V (deren Operationen o.B.d.A. jeweils alle gleich bezeichnet seien).
Dann definieren wir im *kartesischen Produkt* $M_1 \times M_2 \times \ldots \times M_r$ der Mengen
$M_1, M_2, \ldots, M_r$, d.i. die Menge aller r-tupel $(m_1, m_2, \ldots, m_r)$ mit $m_i \in M_i$
für $i = 1, 2, \ldots, r$, Operationen $\omega \in \Omega$ wie folgt: Ist ω eine k-stellige
Operation mit $k \neq 0$ und sind $(m_1^{(1)}, m_2^{(1)}, \ldots, m_r^{(1)}), (m_1^{(2)}, m_2^{(2)}, \ldots, m_r^{(2)}), \ldots$
$\ldots, (m_1^{(k)}, m_2^{(k)}, \ldots, m_r^{(k)})$ k Elemente aus $M_1 \times M_2 \times \ldots \times M_r$, so sei

$$\omega((m_1^{(1)}, m_2^{(1)}, \ldots, m_r^{(1)}), (m_1^{(2)}, m_2^{(2)}, \ldots, m_r^{(2)}), \ldots, (m_1^{(k)}, m_2^{(k)}, \ldots, m_r^{(k)})) =$$
$$= (\omega(m_1^{(1)}, m_1^{(2)}, \ldots, m_1^{(k)}), \omega(m_2^{(1)}, m_2^{(2)}, \ldots, m_2^{(k)}), \ldots, \omega(m_r^{(1)}, m_r^{(2)}, \ldots, m_r^{(k)})).$$

Ist ω eine nullstellige Operation aus Ω und gilt in der Algebra M_i
$\omega(\emptyset) = \omega_i$ für $i = 1, 2, \ldots, r$, so sei in $M_1 \times M_2 \times \ldots \times M_r$ $\omega(\emptyset) = (\omega_1, \omega_2, \ldots, \omega_r)$.

Beispiele:

1) Ist V die Varietät der Booleschen Algebren, $r = 2$ und $M_1 = \langle P(\alpha,\beta); \cup, \cap, ', 0, 1\rangle$,
$M_2 = \langle \{0,1\}; \cup, \cap, ', 0, 1\rangle$ (zu M_2 vgl. Abschnitt 2, Übungsaufgabe 7), so ist
$M_1 \times M_2 = \{(\emptyset,0), (\{\alpha\},0), (\{\beta\},0), (\{\alpha,\beta\},0), (\emptyset,1), (\{\alpha\},1), (\{\beta\},1), (\{\alpha,\beta\},1)\}$
und es gilt etwa

$\quad (\{\alpha\},0) \cup (\{\beta\},1) = (\{\alpha\} \cup \{\beta\}, 0 \cup 1) = (\{\alpha,\beta\},1)$
$\quad (\{\alpha\},1)' = (\{\alpha\}',1') = (\{\beta\},0).$

Das Nullelement von $M_1 \times M_2$ ist $(\emptyset,0)$ und das Einselement $(\{\alpha,\beta\},1)$.

2) Ist V die Varietät der kommutativen Ringe mit Einselement, $r = 3$ und $M_1 = \mathbb{Z}/\Theta_2$, $M_2 = \mathbb{Z}/\Theta_3$, $M_3 = \mathbb{Z}/\Theta_2$, so ist

$$M_1 \times M_2 \times M_3 = \{(i,j,k) \mid i,k \in \{\overline{0},\overline{1}\}, \; j \in \{\overline{0},\overline{1},\overline{2}\}\},$$

und es gilt z.B. $(\overline{1},\overline{1},\overline{1}) + (\overline{1},\overline{1},\overline{1}) = (\overline{0},\overline{2},\overline{0})$ (man beachte, daß die zweite Komponente aus $\mathbb{Z}/\Theta_3$ ist!), oder $(\overline{0},\overline{1},\overline{1}) \cdot (\overline{1},\overline{2},\overline{1}) = (\overline{0},\overline{2},\overline{1})$; ferner ist etwa $-(\overline{0},\overline{1},\overline{1}) = (-\overline{0},-\overline{1},-\overline{1}) = (\overline{0},\overline{2},\overline{1})$.

Wir haben im kartesischen Produkt $M_1 \times M_2 \times \ldots \times M_r$ der Trägermengen M_i der Algebren $\langle M_i;\Omega \rangle \in V$, $i = 1,2,\ldots,r$, die Operationen $\omega \in \Omega$ "komponentenweise" definiert. Aus dieser Definition ist unmittelbar ersichtlich, daß $\langle M_1 \times M_2 \times \ldots \times M_r;\Omega \rangle$ eine algebraische Struktur ist, welche wieder zu V gehört. Denn gilt ein Gesetz von V in jeder Komponente, so gilt es auch für Elemente des kartesischen Produkts.

Die Algebra $\langle M_1 \times M_2 \times \ldots \times M_r;\Omega \rangle$ heißt das *direkte Produkt der Algebren* $\langle M_i;\Omega \rangle$, $i = 1,2,\ldots,r$, und jede Algebra M_i wird *Faktor* (oder *Komponente*) des direkten Produkts genannt. Ist $M_1 = M_2 = \ldots = M_r =: M$, so sprechen wir von der r-*ten direkten Potenz* M^r.

Da das direkte Produkt von Algebren einer Varietät V wieder zu V gehört, ist also das direkte Produkt von Gruppen, Ringen, Verbänden, usw. wieder eine Gruppe, ein Ring, ein Verband, usf. Damit haben wir neben der Bildung von Unteralgebren und homomorphen Bildern ein neues Konstruktionsprinzip gefunden, aus gegebenen Algebren einer Varietät neue Algebren zu gewinnen.

Verallgemeinert man den Begriff des direkten Produkts auf beliebig viele Faktoren, d.h., erklärt man das direkte Produkt für eine Menge $\{M_i \mid i \in I\}$ von Algebren, wobei I eine Indexmenge beliebiger Kardinalität ist, so kann man zeigen, daß die Eigenschaft, daß zu einer Klasse von Algebren alle Unteralgebren, homomorphen Bilder und direkten Produkte dazugehören, die gleichungsdefinierten Klassen, also die Varietäten, charakterisiert.

Neben der Konstruktion von neuen Algebren mittels direkter Produkte ist natürlich auch die Frage interessant, wann eine gegebene Algebra in Algebren (einfacherer Bauart) vom gleichen Typ "zerlegbar" ist.

Um auf diese Frage eine Antwort geben zu können, präzisieren wir zunächst:

Sei φ ein Isomorphismus einer Algebra M auf das direkte Produkt $M_1 \times M_2$ zweier Algebren M_1 und M_2, wobei für $x \in M$ gelte $\varphi(x) = (\varphi_1(x),\varphi_2(x))$. Dann sind die durch $x \to \varphi_i(x)$, $i = 1,2$, erklärten Abbildungen - wie un-

mittelbar aus der Definition dieser Abbildungen und aus der Definition
des direkten Produkts folgt - Homomorphismen von M auf M_i, welche (zugehörige) *Zerlegungshomomorphismen* genannt werden. Eine Algebra M heißt
nun *direkt zerlegbar* in zwei Algebren M_1 und M_2, wenn es einen Isomorphismus φ von M auf $M_1 \times M_2$ gibt, wobei keiner der zugehörigen Zerlegungshomomorphismen ein Isomorphismus ist. (An einer Zerlegung, bei der ein
Faktor z.B. eine einelementige Algebra und der zweite die gegebene Algebra ist, ist man nicht interessiert.)

Ferner benötigen wir noch folgenden Begriff:

Sei V ein Verband mit 0 und 1. Ein Element $y \in V$ heißt ein *Komplement
eines Elements* $x \in V$, wenn gilt $x \cup y = 1$ und $x \cap y = 0$.

Ein Element eines Verbandes kann kein, ein eindeutig bestimmtes oder
mehrere Komplemente haben.

Das (einzige) Atom der Kette K_3 besitzt z.B. kein Komplement; im Verband
$K_2 \times K_2$ hat jedes Element ein eindeutig bestimmtes Komplement, und im Verband M_3 hat jedes Atom die beiden anderen Atome als Komplemente. (Bezüglich der Diagramme von K_3, $K_2 \times K_2$ und M_3 siehe Abb.8.4.)

Ist x Komplement von y, so ist y Komplement von x. x und y können daher
als *zueinander komplementär* bezeichnet werden. 0 und 1 sind stets zueinander komplementär.

<u>Satz 9.1</u>: *Eine Algebra M ist dann und nur dann direkt zerlegbar, wenn
sie zwei miteinander vertauschbare, nicht-triviale Kongruenzrelationen
besitzt, von denen die eine Komplement der anderen im Kongruenzverband
K(M) ist. - Hat M zwei solche Kongruenzrelationen, so ist M isomorph
zum direkten Produkt der Faktoralgebren von M nach diesen Kongruenzrelationen.*

Beweis: Angenommen, M ist direkt zerlegbar in M_1 und M_2 und φ ist der
Isomorphismus von M auf $M_1 \times M_2$ bei dieser direkten Zerlegung. Dann entsprechen den zugehörigen Zerlegungshomomorphismen φ_1, φ_2 gemäß dem Homomorphiesatz (Satz 5.2) Kongruenzrelationen Θ_1 und Θ_2 von M, welche ungleich den trivialen Kongruenzrelationen δ_M und α_M sind.

$\Theta_1 \cap \Theta_2 = \delta_M$, denn $x \, \Theta_1 \cap \Theta_2 \, y \Rightarrow (x \, \Theta_1 \, y$ und $x \, \Theta_2 \, y) \Rightarrow (\varphi_1(x) = \varphi_1(y)$ und
$\varphi_2(x) = \varphi_2(y)) \Rightarrow \varphi(x) = \varphi(y) \Rightarrow x = y$.

$\Theta_1 \Theta_2 = \Theta_2 \Theta_1 = \alpha_M$, denn sind x,y beliebig aus M und ist $\varphi(x) = (x_1, x_2)$,
$\varphi(y) = (y_1, y_2)$, dann gibt es auf Grund der Surjektivität von φ Elemente
t und u aus M, sodaß $\varphi(t) = (x_1, y_2)$ und $\varphi(u) = (y_1, x_2)$, woraus $x \, \Theta_1 \, t$,
$t \, \Theta_2 \, y$ und $x \, \Theta_2 \, u$, $u \, \Theta_1 \, y$, und damit $x \, \Theta_1 \Theta_2 \, y$ und $x \, \Theta_2 \Theta_1 \, y$ folgt.

Wie weiter oben ausgeführt, ist im Fall der Vertauschbarkeit von Θ_1 und

Θ_2 $\Theta_1\Theta_2$ das Supremum von Θ_1 und Θ_2 in $A(M)$ und daher auch - da $K(M)$ Teilverband von $K(M)$ ist (siehe oben) - in $K(M)$.

Also haben wir gezeigt, daß Θ_1,Θ_2 zwei miteinander vertauschbare, nicht-triviale Kongruenzrelationen sind, für die im Kongruenzverband $\langle K(M);\cup,\cap\rangle$ gilt $\Theta_1 \cap \Theta_2 = \delta_M$ und $\Theta_1 \cup \Theta_2 = \alpha_M$, womit die Notwendigkeit der Behauptung von Satz 9.1 bewiesen ist.

Seien nun umgekehrt Θ_1,Θ_2 zwei Kongruenzrelationen von M mit den genannten Eigenschaften. Wir zeigen, daß M isomorph zu $M/\Theta_1 \times M/\Theta_2$ ist. Dazu bezeichnen wir die Klasse, in der ein $x \in M$ bei Θ_i, $i = 1,2$, liegt, mit $[x]_{\Theta_i}$ und definieren eine Abbildung $h:M \to M/\Theta_1 \times M/\Theta_2$ durch $h(x) =$ $= ([x]_{\Theta_1},[x]_{\Theta_2})$. Wie auf Grund der Definition des direkten Produkts und der Faktoralgebra unmittelbar folgt, ist h ein injektiver Homomorphismus, denn ist $h(x) = h(y)$, d.h., $([x]_{\Theta_1},[x]_{\Theta_2}) = ([y]_{\Theta_1},[y]_{\Theta_2})$, dann ist $[x]_{\Theta_1} = [y]_{\Theta_1}$ und $[x]_{\Theta_1} = [y]_{\Theta_2}$, also $x\,\Theta_1\,y$ und $x\,\Theta_2\,y$. Daraus folgt $x\,\Theta_1 \cap \Theta_2\,y$, was wegen $\Theta_1 \cap \Theta_2 = \delta_M$ $x = y$ nach sich zieht.

h ist surjektiv, denn ist $([x]_{\Theta_1},[y]_{\Theta_2})$ ein beliebiges Element von $M/\Theta_1 \times M/\Theta_2$, so gilt wegen $\Theta_1 \cup \Theta_2 = \Theta_1\Theta_2 = \alpha_M$ $x\,\Theta_1\Theta_2\,y$, woraus wir schließen können, daß ein $t \in M$ existiert mit $x\,\Theta_1\,t$ und $t\,\Theta_2\,y$. Für dieses t gilt dann wegen $[x]_{\Theta_1} = [t]_{\Theta_1}$ und $[y]_{\Theta_2} = [t]_{\Theta_2}$ $h(t) = ([x]_{\Theta_1},[y]_{\Theta_2})$.
Die zum Isomorphismus h definierten Zerlegungshomomorphismen sind keine Isomorphismen, da Θ_1,Θ_2 als nicht-trivial vorausgesetzt wurden. Damit ist Satz 9.1 vollständig bewiesen.

Als *Beispiel* betrachten wir die weiter oben definierten Kongruenzrelationen Θ_1 und Θ_2 der Kleinschen Vierergruppe V. Wie aus Abb.9.4 ersichtlich ist, ist $\Theta_1,\Theta_2 \neq \delta_M,\alpha_M$, und Θ_1 und Θ_2 sind zueinander komplementär. Θ_1 und Θ_2 sind auch miteinander vertauschbar, denn - wie weiter oben ausgeführt - sind zwei Kongruenzrelationen einer beliebigen Gruppe stets vertauschbar. (Bei unserem Beispiel ist dies auch leicht direkt nachzuprüfen.) Gemäß Satz 9.1 ist daher V isomorph zu $V/\Theta_1 \times V/\Theta_2$. - Wir wollen diesen Isomorphismus explizit angeben.

Mit den in diesem Abschnitt gewählten Bezeichnungen für die Elemente von V und mit der Symbolik aus dem Beweis von Satz 9.1 gilt:

$K_{\Theta_1} = \{\{0,a\},\{b,c\}\} = \{[0]_{\Theta_1},[b]_{\Theta_1}\}$, $K_{\Theta_2} = \{\{0,b\},\{a,c\}\} = \{[0]_{\Theta_2},[x]_{\Theta_2}\}$.
$V/\Theta_1 \times V/\Theta_2 = \{([0]_{\Theta_1},[0]_{\Theta_2}),([0]_{\Theta_1},[a]_{\Theta_2}),([b]_{\Theta_1},[0]_{\Theta_1}),([b]_{\Theta_1},[a]_{\Theta_2})\}$.
$h(0) = ([0]_{\Theta_1},[0]_{\Theta_2})$; $h(a) = ([a]_{\Theta_1},[a]_{\Theta_2}) = ([0]_{\Theta_1},[a]_{\Theta_2})$,
$h(b) = ([b]_{\Theta_1},[b]_{\Theta_2}) = ([b]_{\Theta_1},[0]_{\Theta_2})$, $h(c) = ([c]_{\Theta_1},[c]_{\Theta_2}) = ([b]_{\Theta_1},[a]_{\Theta_2})$.

Hat man eine direkte Zerlegung einer Algebra in zwei Faktoren gefunden, so ist es naheliegend, zu fragen, ob die einzelnen Faktoren weiter direkt zerlegbar sind.

Wie man sofort sieht, sind für drei Algebren M_1, M_2, M_3 vom selben Typ die direkten Produkte $(M_1 \times M_2) \times M_3$ und $M_1 \times (M_2 \times M_3)$ isomorph. Daher kann man bei einer Zerlegung einer Algebra in mehr als zwei Faktoren (soferne die Anzahl der Faktoren endlich ist) auf eine Klammernsetzung verzichten.

Eine Verallgemeinerung des Konzepts der direkten Zerlegbarkeit, welche ebenfalls in engem Zusammenhang mit dem Kongruenzverband der Algebra steht, ist die subdirekte Zerlegbarkeit.

Eine Algebra M heißt *subdirektes Produkt* der Algebren M_1 und M_2, falls M isomorph zu einer Unteralgebra M' von $M_1 \times M_2$ ist und die Zerlegungshomomorphismen surjektiv sind, d.h., unter den Paaren (x_1, x_2) von M' müssen alle Elemente x_1 aus M_1 und alle Elemente x_2 aus M_2 vorkommen. Ohne weiter auf die subdirekte Zerlegbarkeit einzugehen, sei erwähnt, daß eine Algebra M genau dann subdirekt unzerlegbar ist (wobei die subdirekte Zerlegbarkeit analog zur direkten Zerlegbarkeit definiert ist), falls der Kongruenzverband K(M) genau ein Atom besitzt.

Eine einfache Algebra ist demgemäß subdirekt unzerlegbar (wohingegen das Umgekehrte im allgemeinen nicht richtig ist).

Ein injektiver Homomorphismus h einer Algebra M in eine Algebra L heißt eine *Einbettung* von M in L.

Aus der Definition des Homomorphismus folgt unmittelbar, daß das Bild $h(M) = \{h(x) \mid x \in M\}$ von M unter einer Einbettung h eine Unteralgebra von M ist. Also bedeutet "M ist einbettbar in L", daß M isomorph zu einer Unteralgebra von L ist.

Ist M subdirektes Produkt von M_1 und M_2, so ist M in das direkte Produkt $M_1 \times M_2$ einbettbar.

Der Frage nach der Einbettbarkeit einer Struktur in eine andere werden wir in den folgenden Abschnitten noch mehrmals begegnen. Im Zusammenhang mit unseren Ausführungen über Äquivalenzverbände sei der (tiefliegende) *Satz von Whitman* erwähnt:

Jeder Verband ist in den Äquivalenzverband einer geeigneten Menge einbettbar.

Lange Jahre war die Frage offen, ob auch gilt, daß jeder endliche Verband in den Äquivalenzverband einer endlichen Menge einbettbar ist. Jüngst gelang es *Pudlák* und *Tuma*, diese Frage positiv zu beantworten.

Abschließend sei darauf' hingewiesen, daß auch Kongruenzverbände algebraischer Strukturen vom rein verbandstheoretischen Standpunkt aus von Interesse sind. So kann man z.B. zeigen, daß die Kongruenzverbände von Gruppen und Ringen stets modular und die Kongruenzverbände von Verbänden distributiv sind, wodurch man große Klassen von Beispielen für modulare und distributive Verbände zur Verfügung hat.

<u>Übungen</u>

1. Ist der Kongruenzverband einer Unteralgebra einer Algebra M stets Unterverband des Kongruenzverbandes von M?

2. Welcher Zusammenhang besteht zwischen subdirekter Unzerlegbarkeit, direkter Unzerlegbarkeit und Einfachheit einer Algebra?

3. Man bestimme im Ring $\mathbb{Z}/\Theta_n$, $n \in \mathbb{N}$, das Erzeugnis der leeren Menge.

4. Man bestimme den Teilstrukturenverband der Booleschen Algebra $P(\{\alpha,\beta,\gamma\})$.

5. Sei $M_1 = \langle\mathbb{Z}/\Theta_2;+,-,\overline{0}\rangle$ und $M_2 = \langle\mathbb{Z}/\Theta_3;+,-,\overline{0}\rangle$. Man zeige: Der Teilstrukturenverband von $M_1 \times M_2$ ist isomorph zum direkten Produkt der Teilstrukturenverbände von M_1 und M_2.

6. Mit Hilfe der Bildung von formalen Worten in Elementen und Operationssymbolen bestimme man alle Elemente der Diedergruppe D_4, welche

   a) durch die Menge $\{\rho_0,\delta_1,\delta_2\}$,
   b) durch die Menge $\{\rho_0,\rho_1,\mu_2\}$

   erzeugt werden.

7. Man zeige: Sind $\Theta_1,\Theta_2 \in A(M)$ vertauschbar, so ist auch $\Theta_1\Theta_2 \in A(M)$.

8. Man bestimme den Kongruenzverband der vierelementigen Kette K_4.

9. Man zeige: Der Teilerverband T_{12} ist isomorph zum direkten Produkt der Ketten K_3 und K_2.

10. Sei $M = \langle\mathbb{Z}/\Theta_2;+,-,\overline{0}\rangle$. Man bestimme den Kongruenzverband von M^2.

10. BOOLESCHE ALGEBREN UND ORTHOVERBÄNDE

In diesem Abschnitt behandeln wir Verbände mit 0 und 1, bei denen noch eine zusätzliche einstellige Operation definiert ist.

Ein Verband mit 0 und 1 heißt ein *komplementärer* (oder *komplementierter*) *Verband*, falls jedes Element von V ein Komplement in V besitzt.

Wie erinnerlich ist die Komplementbildung im allgemeinen nicht eindeutig. Es gilt jedoch

<u>Satz 10.1</u>: *In einem distributiven, komplementären Verband besitzt jedes*

Element ein eindeutig bestimmtes Komplement.

Beweis: Seien x' und x* beides Komplemente eines Elements x eines distributiven, komplementären Verbandes, dann gilt $1 = x \cup x' = x \cup x^* \Rightarrow$
$\Rightarrow (x \cup x') \cap x' = (x \cup x^*) \cap x' \Rightarrow x' = (x \cap x') \cup (x^* \cap x') \Rightarrow x' = x^* \cap x'$.

Genauso sieht man: $x^* = x' \cap x^*$, also ist $x' = x^* \cap x' = x' \cap x^* = x^*$.

Da in einem distributiven, komplementären Verband V die Komplementbildung ' eindeutig ist, können wir sie als einstellige Operation in V auffassen. Damit wird V zu einer Booleschen Algebra $\langle V; \cup, \cap, ', 0, 1\rangle$. Der einer Booleschen Algebra V zu Grunde liegende distributive, komplementäre Verband $\langle V; \cup, \cap, 0, 1\rangle$ vom Typ $(2,2,0,0)$ wird als *Boolescher Verband* bezeichnet.

Interessant ist die Frage, ob ein Verband V mit der Eigenschaft, daß jedes seiner Elemente ein eindeutig bestimmtes Komplement besitzt (eindeutig komplementärer Verband) distributiv sein muß, d.h., ein Boolescher Verband ist. Wie gezeigt werden kann, ist dies z.B. der Fall, falls V endlich oder falls V modular ist. 1945 bewies (der amerikanische Mathematiker) *Dilworth* den tiefliegenden

<u>Satz 10.2</u>: *Jeder Verband ist in einen eindeutig komplementären Verband einbettbar.*

Demgemäß ist jeder nicht-distributive Verband in einen eindeutig komplementären Verband, der dann folglich nicht-distributiv ist, einbettbar, sodaß die Antwort auf unsere Frage im allgemeinen nein ist.

In einer Booleschen Algebra $\langle B; \cup, \cap, ', 0, 1\rangle$ gelten folgende *Rechenregeln:*

(1) $(x')' = x$ für alle $x \in B$.
(2) $(x \cup y)' = x' \cap y'$ und $(x \cap y)' = x' \cup y'$ für alle $x, y \in B$.

(*Regeln von De Morgan,* benannt nach dem englischen Mathematiker Augustus De Morgan (1806-1871)).

Die Richtigkeit von (1) ist an Hand der Definition und der Eindeutigkeit der Komplementbildung sofort einzusehen. Zum Nachweis der Regeln von De Morgan rechnen wir nach:

$(x \cup y) \cup (x' \cap y') = (x \cup y \cup x') \cap (x \cup y \cup y') = 1 \cap 1 = 1$,
$(x \cup y) \cap (x' \cap y') = (x \cap x' \cap y') \cup (y \cap x' \cap y') = 0 \cup 0 = 0$.

Die zweite Gleichung von (2) folgt nach dem Dualitätsprinzip, welches auf Grund der Definition der Booleschen Algebra (siehe Abschnitt 2), auch für Boolesche Algebren richtig ist.

Beispiele von Booleschen Algebren:

1) Sei Ω eine beliebige Menge. Eine nicht-leere Teilmenge T der Potenz-

menge $P(\Omega)$ heißt ein *Mengenkörper*, wenn mit $A,B \in T$ auch $A \cup B$, $A \cap B$ und
$A - B = A \cap B'$ zu T gehören. Wegen $A \cap A' = \emptyset$, ist auch $\emptyset \in T$. Enthält T
die Vereinigung M aller seiner Elemente, d.h., ist $\langle T; \subseteq \rangle$ durch M nach
oben beschränkt, so gilt: Definiert man für $A \in T$ $A^* = A' \cap M$, so ist
$\langle T; \cup, \cap, *, \emptyset, M \rangle$ eine Boolesche Algebra. Denn, da $\langle T; \cup, \cap \rangle$ ein Unterverband
des distributiven Verbandes $\langle P(\Omega); \cup, \cap \rangle$ ist, ist T distributiv, und wegen
$A \cup A^* = A \cup (A' \cap M) = (A \cup A') \cap (A \cup M) = M$ und $A \cap A^* = A \cap (A' \cap M) = \emptyset$ für
$A \in T$ ist T komplementär.

Die Potenzmenge $P(\Omega)$ ist ein Spezialfall eines beschränkten Mengenkör-
pers. Die aus der Wahrscheinlichkeitstheorie bekannten *Ereignisfelder*
sind ebenfalls Beispiele von beschränkten Mengenkörpern.

2) Sei $n \in \mathbb{N}$ eine quadratfreie Zahl, d.h., in der Prinzahlzerlegung von
n komme keine Primzahl mit höherer als der ersten Potenz vor. Wie bereits in Abschnitt 2 erwähnt, ist der *Teilerverband* $\langle T_n; k.g.V., g.g.T. \rangle$
distributiv. Wegen $k.g.V.(t,1) = t$ und $g.g.T.(t,n) = t$ für alle $t \in T_n$,
ist die Zahl 1 Nullelement und die Zahl n Einselement von T_n. Da n qua-
dratfrei ist, ist $k.g.V.(t,\frac{n}{t}) = n$ und $g.g.T.(t,\frac{n}{t}) = 1$ für jedes $t \in T_n$,
also ist der Teiler $\frac{n}{t}$ von n ein Komplement von t, d.h., der beschränkte
distributive Verband T_n bildet mit $t' = \frac{n}{t}$ eine Boolesche Algebra.

3) Die zweielementige Kette K_2, welche aus einem Nullelement 0 und Einselement 1 allein besteht, ist ein distributiver, komplementärer Verband.
Die Boolesche Algebra $\langle K_2; \cup, \cap, ', 0, 1 \rangle$ bezeichnen wir fortan mit B_2. - Mit
B_2 ist auch die n-te direkte Potenz B_2^n eine Boolesche Algebra. Legen
wir fest, daß B_2^0 die genau aus einem Element bestehende Boolesche Algebra ist (in diesem Fall fallen 0 und 1 zusammen), dann ist B_2^n für
jedes $n \in \mathbb{N}_0$ definiert.

In B_2^n ist das Rechnen besonders einfach, denn es ist für $n > 1$ immer
auf das Rechnen in B_2 zurückzuführen. - Abbildung 10.1 zeigt die Hasse-
Diagramme von B_2^0, B_2^1, B_2^2 und B_2^3. Aus der Tatsache, daß in B_2^n (für
$n \geq 1$) offensichtlich gilt $(x_1, x_2, \ldots, x_n) \leq (y_1, y_2, \ldots, y_n) \leftrightarrow x_i \leq y_i$ für
$i = 1, 2, \ldots, n$, ist unschwer zu erkennen, daß das Hasse-Diagramm von B_2^n
die Projektion des Kantengraphen eines n-dimensionalen Würfels auf die
Zeichenebene ist.

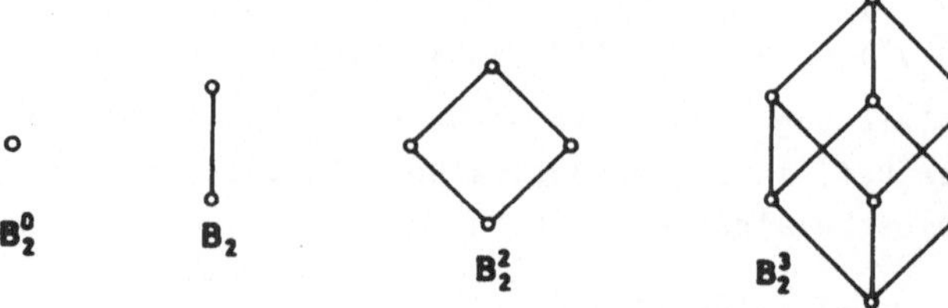

Abb.10.1

4) Sei B eine beliebige Boolesche Algebra, $n \in \mathbb{N}$ und $F_n(B)$ die *Menge aller Abbildungen von B^n in B*. In $F_n(B)$ definieren wir - wie bei Funktionen üblich - die Operationen aus B "punktweise", d.h., für $f,g \in F_n(B)$ und $(x_1,x_2,\ldots,x_n) \in B^n$ legen wir fest:

$$(f \cup g)(x_1,x_2,\ldots,x_n) = f(x_1,x_2,\ldots,x_n) \cup g(x_1,x_2,\ldots,x_n),$$
$$(f \cap g)(x_1,x_2,\ldots,x_n) = f(x_1,x_2,\ldots,x_n) \cap g(x_1,x_2,\ldots,x_n),$$
$$f'(x_1,x_2,\ldots,x_n) = (f(x_1,x_2,\ldots,x_n))',$$
$$0(x_1,x_2,\ldots,x_n) = 0,$$
$$1(x_1,x_2,\ldots,x_n) = 1.$$

Damit wird $F_n(B)$ zu einer Booleschen Algebra. Diese enthält insbesondere die *Projektionen* π_i von B^n auf B, welche definiert sind durch

$$\pi_i(x_1,x_2,\ldots,x_n) = x_i \quad \text{für } i = 1,2,\ldots,n,$$

und die *konstanten Funktionen* $k_c, c \in B$, welche erklärt sind durch

$$k_c(x_1,x_2,\ldots,x_n) = c \quad \text{für alle } (x_1,x_2,\ldots,x_n) \in B^n.$$

Der Kürze halber verwenden wir für die Projektionen und deren Bilder dasselbe Symbol, nämlich x_i, und identifizieren die konstanten Funktionen k_c mit den Elementen c von B.

Das Erzeugnis der Projektionen und konstanten Funktionen von $F_n(B)$ in der Booleschen Algebra $F_n(B)$ ist eine Boolesche Unteralgebra $P_n(B)$ von $F_n(B)$, deren Elemente als *n-stellige Polynomfunktionen von B* bezeichnet werden. (Statt "Unter-Boolesche Algebra" sagt man üblicherweise *Boolesche Unteralgebra*.) Auf Grund der Ausführungen über das Erzeugnis einer Teilmenge in einer Algebra in Abschnitt 9 sind die Polynomfunktionen genau diejenigen Funktionen, welche sich als formale Worte in den Projektionen x_i, konstanten Funktionen und Operationssymbolen der Algebra B darstellen lassen.

$((a \cup x_1) \cap (b \cap x_2)') \cap 1$ mit $a,b \in B$ ist z.B. eine zweistellige Polynomfunktion von B.

Ein System N von formalen Worten mit der Eigenschaft, daß alle n-stelligen Polynomfunktionen einer Algebra durch ein Wort aus N dargestellt werden und verschiedene Worte von N verschiedene Polynomfunktionen darstellen, heißt ein *Normalformensystem* für die Polynomfunktionen.

Vereinbaren wir, daß $x^1 = x$ und $x^{-1} = x'$ bedeute und daß die Zeichen $\cup, \cap$ für die Bildung von Suprema und Infima von Teilmengen eines Verbandes nach der Art des Gebrauches von Summenzeichen verwendet werden, dann können wir beweisen:

<u>Satz 10.3</u>: *Sei B eine Boolesche Algebra, und sei S die Menge aller ge-*

ordneten n-*tupel* $(i_1, i_2, \ldots, i_n)$, *welche aus den Zahlen* 1 *und* -1 *gebildet werden können. Dann ist die Menge der formalen Worte*

$$\omega = \bigcup_{(i_1, i_2, \ldots, i_n) \in S} a_{i_1 i_2 \ldots i_n} \cap x_1^{i_1} \cap x_2^{i_2} \cap \ldots \cap x_n^{i_n} \qquad (a_{i_1 i_2 \ldots i_n} \in B)$$

ein Normalformensystem für die n-*stelligen Polynomfunktionen von* B.

Beweis für den Fall n = 2. - Für allgemeines n kann man analog vorgehen. Die Behauptung des Satzes für n = 2 lautet, daß die Menge N aller Worte

$$\omega = (a_{11} \cap x_1 \cap x_2) \cup (a_{1-1} \cap x_1 \cap x_2') \cup (a_{-11} \cap x_1' \cap x_2) \cup (a_{-1-1} \cap x_1' \cap x_2')$$

mit $a_{11}, a_{1-1}, a_{-11}, a_{-1-1} \in B$ ein Normalformensystem für $P_2(B)$ ist.

Sei P_N die Menge aller Polynomfunktionen, welche durch Worte $\omega \in N$ darge-stellt werden. Wir zeigen zunächst, daß x_1, x_2 und jede konstante Funktion c aus P_N ist, und daß die Vereinigung, der Durchschnitt und das Komplement von Polynomfunktionen aus P_N wieder zu P_N gehören, woraus dann folgt, daß $P_2(B) \subseteq P_N$. Da umgekehrt $P_N \subseteq P_2(B)$, erhalten wir damit $P_2(B) = P_N$.

$$x_1 = x_1 \cap (x_2 \cup x_2') = (x_1 \cap x_2) \cup (x_1 \cap x_2') =$$
$$= (1 \cap x_1 \cap x_2) \cup (1 \cap x_1 \cap x_2') \cup (0 \cap x_1' \cap x_2) \cup (0 \cap x_1' \cap x_2'),$$

$$x_2 = (x_1 \cup x_1') \cap x_2 = (x_1 \cap x_2) \cup (x_1' \cap x_2) =$$
$$= (1 \cap x_1 \cap x_2) \cup (0 \cap x_1 \cap x_2') \cup (1 \cap x_1' \cap x_2) \cup (0 \cap x_1' \cap x_2'),$$

$$c = c \cap (x_1 \cup x_1') = (c \cap x_1 \cap (x_2 \cup x_2')) \cup (c \cap x_1' \cap (x_2 \cup x_2')) =$$
$$= (c \cap x_1 \cap x_2) \cup (c \cap x_1 \cap x_2') \cup (c \cap x_1' \cap x_2) \cup (c \cap x_1' \cap x_2').$$

Seien $p, q \in P_N$ mit

$$p = (a_{11} \cap x_1 \cap x_2) \cup (a_{1-1} \cap x_1 \cap x_2') \cup (a_{-11} \cap x_1' \cap x_2) \cup (a_{-1-1} \cap x_1' \cap x_2'),$$
$$q = (b_{11} \cap x_1 \cap x_2) \cup (b_{1-1} \cap x_1 \cap x_2') \cup (b_{-11} \cap x_1' \cap x_2) \cup (b_{-1-1} \cap x_1' \cap x_2').$$

Dann ist

$$p \cup q = ((a_{11} \cup b_{11}) \cap x_1 \cap x_2) \cup ((a_{1-1} \cup b_{1-1}) \cap x_1 \cap x_2') \cup ((a_{-11} \cup b_{-11}) \cap x_1' \cap x_2) \cup$$
$$\cup ((a_{-1-1} \cup b_{-1-1}) \cap x_1' \cap x_2'),$$

$$p \cap q = (p \cap b_{11} \cap x_1 \cap x_2) \cup (p \cap b_{1-1} \cap x_1 \cap x_2') \cup (p \cap b_{-11} \cap x_1' \cap x_2) \cup$$
$$\cup (p \cap b_{-1-1} \cap x_1' \cap x_2') =$$
$$= (a_{11} \cap b_{11} \cap x_1 \cap x_2) \cup (a_{1-1} \cap b_{1-1} \cap x_1 \cap x_2') \cup (a_{-11} \cap b_{-11} \cap x_1' \cap x_2) \cup$$
$$\cup (a_{-1-1} \cap b_{-1-1} \cap x_1' \cap x_2'),$$

denn

$$p \cap x_1 \cap x_2 = (a_{11} \cap x_1 \cap x_2 \cap x_1 \cap x_2) \cup (a_{1-1} \cap x_1 \cap x_2' \cap x_1 \cap x_2) \cup$$
$$\cup (a_{-11} \cap x_1' \cap x_2 \cap x_1 \cap x_2) \cup (a_{-1-1} \cap x_1' \cap x_2' \cap x_1 \cap x_2) = a_{11} \cap x_1 \cap x_2,$$
$$p \cap x_1 \cap x_2' = \ldots = a_{1-1} \cap x_1 \cap x_2', \qquad p \cap x_1' \cap x_2 = \ldots = a_{-11} \cap x_1' \cap x_2$$
und $p \cap x_1' \cap x_2' = \ldots = a_{-1-1} \cap x_1' \cap x_2'.$

$$p' = (a_{11}' \cup x_1' \cup x_2') \cap (a_{1-1}' \cup x_1' \cup x_2) \cap (a_{-11}' \cup x_1 \cup x_2') \cap (a_{-1-1}' \cup x_1 \cup x_2).$$

Wegen

$$x_1' = (0 \cap x_1 \cap x_2) \cup (0 \cap x_1 \cap x_2') \cup (1 \cap x_1' \cap x_2) \cup (1 \cap x_1' \cap x_2') \quad \text{und}$$
$$x_2' = (0 \cap x_1 \cap x_2) \cup (1 \cap x_1 \cap x_2') \cup (0 \cap x_1' \cap x_2) \cup (1 \cap x_1' \cap x_2')$$

(vgl. die Darstellungen von x_1 und x_2 oben) sind x_1' und x_2' aus P_N, und da die Vereinigung und der Durchschnitt von Polynomfunktionen aus P_N wieder eine Polynomfunktion aus P_N ist, ist daher $p' \in P_N$.

Verschiedene Worte aus N stellen verschiedene Funktionen dar. Angenommen,

$$(a_{11} \cap x_1 \cap x_2) \cup (a_{1-1} \cap x_1 \cap x_2') \cup (a_{-11} \cap x_1' \cap x_2) \cup (a_{-1-1} \cap x_1' \cap x_2') =$$
$$= (b_{11} \cap x_1 \cap x_2) \cup (b_{1-1} \cap x_1 \cap x_2') \cup (b_{-11} \cap x_1' \cap x_2) \cup (b_{-1-1} \cap x_1' \cap x_2').$$

Setzen wir für (x_1,x_2) hintereinander $(1,1),(1,0),(0,1)$ und $(0,0)$ ein, so erhalten wir $a_{11} = b_{11}$, $a_{1-1} = b_{1-1}$, $a_{-11} = b_{-11}$ und $a_{-1-1} = b_{-1-1}$. Also ist N ein Normalformensystem.

Die in Satz 10.3 angegebene Darstellung für eine Polynomfunktion heißt die *disjunktive Normalform* der Polynomfunktion. Die dazu duale Form

$$\bigcap_{(i_1,i_2,\ldots,i_n) \in S} a_{i_1 i_2 \cdots i_n} \cup x_1^{i_1} \cup x_2^{i_2} \cup \ldots \cup x_n^{i_n}$$

wird *konjunktive Normalform* genannt.

Die disjunktive bzw. konjunktive Normalform einer Polynomfunktion $p \in P_n(B)$ kann unmittelbar hingeschrieben werden, wenn man die Werte von p an den 2^n Stellen

$$(1^{i_1},1^{i_2},\ldots,1^{i_n}) \quad \text{bzw.} \quad (0^{i_1},0^{i_2},\ldots,0^{i_n})$$

kennt, denn wie aus der disjunktiven Normalform unmittelbar abzulesen ist, gilt

$$a_{i_1 i_2 \cdots i_n} = p(1^{i_1},1^{i_2},\ldots,1^{i_n})$$

(davon haben wir im letzten Schritt des Beweises von Satz 10.3 bereits Gebrauch gemacht), und für die konjunktive Normalform gilt dual dazu

$$a_{i_1 i_2 \cdots i_n} = p(0^{i_1},0^{i_2},\ldots,0^{i_n}).$$

Ist z.B. $n = 5$ und $p(0,1,1,0,1) = 0$, $p(0,0,1,1,0) = 1$, so ist in der disjunktiven Normalform der Koeffizient $a_{-111-11}$ von $x_1' \cap x_2 \cap x_3 \cap x_4' \cap x_5$ gleich 0 und der Koeffizient $a_{-1-111-1}$ von $x_1' \cap x_2' \cap x_3 \cap x_4 \cap x_5'$ gleich 1, und für die konjunktive Normalform bedeuten die angegeben Werte von p, daß der Koeffizient $a_{1-1-11-1}$ von $x_1 \cup x_2' \cup x_3' \cup x_4 \cup x_5'$ gleich 0 ist und der Koeffizient $a_{11-1-11}$ von $x_1 \cup x_2 \cup x_3' \cup x_4' \cup x_5$ den Wert 1 hat.

Ist B eine endliche Boolesche Algebra mit g Elementen, so ist die Anzahl der Elemente von $F_n(B)$ gleich g^{g^n}. Hingegen zeigt das Normalformensystem für $P_n(B)$ aus Satz 10.3, daß die Ordnung von $P_n(B)$ gleich g^{2^n} ist (denn jeder der 2^n Koeffizienten in der Normalform kann g verschiedene Werte annehmen). Also ist $F_n(B) = P_n(B)$ genau dann, falls $g = 1$ oder $g = 2$ ist. Damit aber haben wir bewiesen:

<u>Satz 10.4</u>: *Jede n-stellige Funktion der zweielementigen Booleschen Algebra B_2 in sich ist eine Polynomfunktion.*

Ist f eine n-stellige Funktion von B_2 in sich, welche durch ihre Wertetabelle gegeben ist, so ist also f eine Polynomfunktion von B_2, die man sofort in disjunktiver oder konjunktiver Normalform hinschreiben kann. Die Koeffizienten in beiden Normalformen sind entweder 0 oder 1. In der disjunktiven Normalform läßt man üblicherweise Glieder der Form

$$0 \cap x_1^{i_1} \cap x_2^{i_2} \cap \ldots \cap x_n^{i_n}$$

weg und schreibt bei $1 \cap x_1^{i_1} \cap x_2^{i_2} \cap \ldots \cap x_n^{i_n}$ die 1 nicht an, bei der konjunktiven Normalform verfährt man dual dazu.

Beispiel: Sei f die durch die nachstehende Wertetabelle definierte Funktion von B_2^3 in B_2. Dann lautet die disjunktive Normalform:

x_1	x_2	x_3	f
1	1	1	0
1	1	0	1
1	0	1	1
1	0	0	0
0	1	1	1
0	1	0	0
0	0	1	1
0	0	0	1

$$(x_1 \cap x_2 \cap x_3') \cup (x_1 \cap x_2' \cap x_3) \cup (x_1' \cap x_2 \cap x_3) \cup$$
$$\cup (x_1' \cap x_2' \cap x_3) \cup (x_1' \cap x_2' \cap x_3'),$$

und als konjunktive Normalform von f erhalten wir:

$$(x_1' \cup x_2' \cup x_3') \cap (x_1' \cup x_2 \cup x_3) \cap (x_1 \cup x_2' \cup x_3).$$

Als Beispiele für Boolesche Algebren haben wir bisher Mengenkörper, Teilerverbände T_n mit quadratfreiem n, direkte Potenzen von B_2 und die "Funktionenalgebren" $F_n(B)$ und $P_n(B)$ kennengelernt. Unser Ziel ist es, einen Überblick über alle Booleschen Algebren zu gewinnen. Dazu zeigen wir als erstes

<u>Satz 10.5</u>: *Jede endliche Boolesche Algebra ist isomorph zu einer direkten Potenz zweielementiger Boolescher Algebren.*

Beweis: Sei $\langle B;\cup,\cap,',0,1\rangle$ eine endliche Boolesche Algebra der Ordnung n. Ist $n = 1$ oder $n = 2$, so ist B isomorph zu B_2^0 bzw. B_2^1, und die Behauptung des Satzes ist richtig. Sei also $n > 2$. Dann hat B mindestens die Länge 2, und wir können in B ein Element d wählen, das echt zwischen 0 und 1 liegt.

Die Intervalle $[0,d]$ und $[d,1]$ von B sind als Teilverbände des distributiven Verbandes $\langle B;\cup,\cap\rangle$ distributive Verbände; ferner sind diese Verbände beschränkt. Definiert man für $y \in [0,d]$ $y^* = y' \cap d$ und für $z \in [d,1]$ $z^+ = z' \cup d$, so ist $y^* \in [0,d]$ und $z^+ \in [d,1]$, und es gilt in $[0,d]$ bzw. $[d,1]$:

$$y \cup y^* = y \cup (y' \cap d) = (y \cup y') \cap (y \cup d) = d, \quad y \cap y^* = y \cap (y' \cap d) = 0;$$
$$z \cup z^+ = z \cup (z' \cup d) = 1, \quad z \cap z^+ = z \cap (z' \cup d) = (z \cap z') \cup (z \cap d) = d.$$

Also sind * bzw. $^+$ Komplementbildungen in $[0,d]$ bzw. $[d,1]$, und daher sind $C_1 := \langle [0,d];\cup,\cap,*,0,d\rangle$ und $C_2 := \langle [d,1];\cup,\cap,^+,d,1\rangle$ Boolesche Algebren. Mit C_1 und C_2 ist auch das direkte Produkt $C_1 \times C_2$ eine Boolesche Algebra.

Nun definieren wir für $x \in B$: $h(x) = (x \cap d, x \cup d)$. Wegen $0 \leq x \cap d \leq d \leq x \cup d \leq 1$ ist h eine Abbildung von B in $C_1 \times C_2$.

h ist injektiv, denn $h(x_1) = h(x_2)$ bedeutet $x_1 \cap d = x_2 \cap d$ und $x_1 \cup d =$
$= x_2 \cup d$, woraus folgt $x_1 = x_1 \cap (x_1 \cup d) = x_1 \cap (x_2 \cup d) = (x_1 \cap x_2) \cup (x_1 \cap d) =$
$= (x_1 \cap x_2) \cup (x_2 \cap d) = x_2 \cap (x_1 \cup d) = x_2 \cap (x_2 \cup d) = x_2$ (vgl. Abschnitt 8, Übungsaufgabe 10).

h ist surjektiv, denn ist $(y,z) \in C_1 \times C_2$ gewählt, so gilt für das Element $x = z \cap (d' \cup y) \in B$: $h(x) = (z \cap (d' \cup y) \cap d, (z \cap (d' \cup y)) \cup d) =$
$= ((z \cap d \cap d') \cup (z \cap d \cap y), (z \cup d) \cap (d' \cup y \cup d)) = (y,z)$, da $0 \leq y \leq d \leq z \leq 1$.

h ist ein Homomorphismus:

$$h(x_1 \cup x_2) = ((x_1 \cup x_2) \cap d, x_1 \cup x_2 \cup d) = ((x_1 \cap d) \cup (x_2 \cap d), (x_1 \cup d) \cup (x_2 \cup d)) =$$
$$= (x_1 \cap d, x_1 \cup d) \cup (x_2 \cap d, x_2 \cup d) = h(x_1) \cup h(x_2),$$

$$h(x_1 \cap x_2) = (x_1 \cap x_2 \cap d, (x_1 \cap x_2) \cup d) = ((x_1 \cap d) \cap (x_2 \cap d), (x_1 \cup d) \cap (x_2 \cup d)) =$$
$$= (x_1 \cap d, x_1 \cup d) \cap (x_2 \cap d, x_2 \cup d) = h(x_1) \cap h(x_2),$$

$$h(x') = (x' \cap d, x' \cup d) = ((x' \cap d) \cup (d' \cap d), (x' \cup d) \cap (d' \cup d)) =$$
$$= ((x' \cup d') \cap d, (x' \cap d') \cup d) = ((x \cap d)' \cap d, (x \cup d)' \cup d) =$$
$$= ((x \cap d)^*, (x \cup d)^+) = (h(x))', \text{ wenn } ' \text{ die Komplementbildung}$$
$$\text{in } C_1 \times C_2 \text{ bezeichnet.}$$

$$h(0) = (0 \cap d, 0 \cup d) = (0,d) \text{ und } h(1) = (1 \cap d, 1 \cup d) = (d,1), \text{ d.h.,}$$
$$h(0) \text{ ist das Null- und } h(1) \text{ das Einselement von } C_1 \times C_2.$$

Damit ist gezeigt, daß h ein Isomorphismus, also B direkt zerlegbar in C_1 und C_2 ist.

Da d echt zwischen 0 und 1 liegt, sind die Ordnungen der Algebren C_i, $i = 1,2$, mindestens 2 und höchstens $n-1$, also kleiner als die Ordnung von B.

Jeder Faktor C_i der Ordnung größer als 2 läßt sich nach dem eben Gezeigten weiter direkt in Faktoren kleinerer Ordnung zerlegen, usw., bis wir auf Grund der Endlichkeit der Algebra B in endlich vielen Schritten als

Faktoren nur Boolesche Algebren der Ordnung 2 erhalten. Da die Bildung von direkten Produkten bis auf Isomorphie assoziativ ist, ist damit Satz 10.5 bewiesen.

Bemerkung 10.6: Beim Beweis von Satz 10.5 hätten wir es uns ersparen können, die Homomorphieeigenschaft von h gegenüber den Operationen ', 0 und 1 nachzuprüfen, denn es gilt:

Zwei Boolesche Algebren sind genau dann isomorph, wenn sie als Verbände isomorph sind.

Beweis: Seien $\langle B_i; \cup, \cap, ', 0, 1 \rangle$, $i = 1, 2$, zwei Boolesche Algebren und h ein Isomorphismus von $\langle B_1; \cup, \cap \rangle$ auf $\langle B_2; \cup, \cap \rangle$. Dann ist für $x \in B_1$ $h(x) =$ $= h(x \cup 0) = h(x) \cup h(0)$, woraus wegen $B_2 = \{h(x) \mid x \in B_1\}$ folgt: $h(0)$ ist das Nullelement von B_2. - Dual dazu ergibt sich $h(1) = 1$.

Aus $x \cup x' = 1$ und $x \cap x' = 0$ für $x \in B_1$ können wir schließen $h(x) \cup h(x') =$ $= h(1) = 1$ und $h(x) \cap h(x') = h(x \cap x') = h(0) = 0$, was auf Grund der Eindeutigkeit der Komplementbildung $h(x') = (h(x))'$ nach sich zieht.

Also sind B_1 und B_2 als Boolesche Algebren isomorph.

Da auf Grund von Satz 10.5 jede endliche Boolesche Algebra isomorph zu B_2^n für ein geeignetes $n \in \mathbb{N}_0$ ist, die Ordnung von B_2^n gleich 2^n ist und die Isomorphie von Booleschen Algebren eine Äquivalenzrelation ist (vgl. Abschnitt 5, Übungsaufgabe 4), erhalten wir:

Satz 10.7: *Die Anzahl der Elemente einer endlichen Booleschen Algebra ist stets von der Form 2^n mit $n \in \mathbb{N}_0$, und zu jeder Potenz 2^n, $n \in \mathbb{N}_0$, gibt es bis auf Isomorphie genau eine Boolesche Algebra mit 2^n Elementen.*

Da auch die Potenzmenge $P(\Omega)$ einer n-elementigen Menge Ω eine Boolesche Algebra mit 2^n Elementen ist, können wir aus Satz 10.7 die Folgerung ziehen:

Satz 10.8: *Jede endliche Boolesche Algebra ist isomorph zur Potenzmenge einer Menge.*

Es fragt sich, ob Satz 10.8 auch für unendliche Boolesche Algebren gültig ist. Ohne auf Beweise einzugehen sei erwähnt, daß das nicht der Fall ist, daß aber gilt:

Satz 10.9: *Jede Boolesche Algebra ist isomorph zu einem beschränkten Mengenkörper.*

Auf Grund der Sätze 10.8 und 10.9 ist es möglich, das Rechnen in Booleschen Algebren zur Gänze auf das von der (naiven) Mengenlehre her vertraute Rechnen in Potenzmengen von Mengen zurückzuführen. Im Fall einer endlichen Booleschen Algebra erweist sich auch die Algebra B_2^n als günstig zum Rechnen. Hierzu ein einfaches *Beispiel:*

T_{210} ist eine Boolesche Algebra, denn $210 = 2 \cdot 3 \cdot 5 \cdot 7$. Jeder Teiler t von 210 hat die Form $t = 2^i 3^j 5^k 7^l$ mit $i,j,k,l \in \{0,1\}$. M_t sei gleich $\{p \mid p \in \{2,3,5,7\}, p|t\}$. Dann ist leicht zu sehen, daß die Abbildungen $h(t) = (i,j,k,l)$ für $t = 2^i 3^j 5^k 7^l$ und $g(t) = M_t$ Isomorphismen von T_{210} auf B_2^n bzw. $P(\{2,3,5,7\})$ sind.

Die Aufgabe, etwa das k.g.V. von 6 und 21 sowie den g.g.T. von 30 und 105 zu bestimmen, kann dann mit Hilfe der Rechenregeln in B_2^n bzw. $P(\{2,3,5,7\})$ folgendermaßen gelöst werden:

$h(\text{k.g.V.}(6,21)) = h(6) \cup h(21) = (1,1,0,0) \cup (0,1,0,1) = (1,1,0,1) = h(42)$,
$h(\text{g.g.T.}(30,105)) = h(30) \cap h(105) = (1,1,1,0) \cap (0,1,1,1) = (0,1,1,0) = h(15)$,
$g(\text{k.g.V.}(6,21)) = g(6) \cup g(21) = \{2,3\} \cup \{3,7\} = \{2,3,7\} = g(42)$,
$g(\text{g.g.T.}(30,105)) = g(30) \cap g(105) = \{2,3,5\} \cap \{3,5,7\} = \{3,5\} = g(15)$.

Abschließend sei zum Rechnen in einer Booleschen Algebra bemerkt, daß das Hasse-Diagramm einer Booleschen Algebra mit 2^n Elementen auf Grund von Satz 10.5 und des Aussehens des Hasse-Diagramms von B_2^n gleich der Projektion des Kantengraphen eines n-dimensionalen Würfels auf die Zeichenebene ist (siehe Abb.10.1).

Boolesche Algebren sind Spezialfälle einer größeren Klasse von Verbänden mit Komplementbildung, nämlich den sogenannten Orthoverbänden.

Eine Algebra $\langle V; \cup, \cap, ^\perp, 0, 1 \rangle$ heißt ein *Orthoverband,* falls $\langle V; \cup, \cap, 0, 1 \rangle$ ein Verband mit 0 und 1 und $^\perp$ eine einstellige Operation in V ist, welche *Orthokomplementbildung* genannt wird und folgende Gesetze erfüllt: Für alle $x,y \in V$ ist

(0) $\quad x \cup x^\perp = 1, \qquad x \cap x^\perp = 0$
(1) $\quad (x^\perp)^\perp = x$
(2) $\quad (x \cup y)^\perp = x^\perp \cap y^\perp, \qquad (x \cap y)^\perp = x^\perp \cup y^\perp.$

Aus den einen Orthoverband definierenden Gesetzen folgt unmittelbar:

(3) $\quad x \leq y \iff x^\perp \geq y^\perp,$

denn $x \leq y \implies x \cap y = x \implies (x \cap y)^\perp = x^\perp \implies x^\perp \cup y^\perp = x^\perp \implies y^\perp \leq x^\perp \implies$
$\implies (y^\perp)^\perp \geq (x^\perp)^\perp \implies y \geq x.$

Im Axiomensystem für Orthoverbände kann man die *De Morgan-Regeln* (2) durch die Forderung (3) ersetzen. Es gilt nämlich

$$x,y \leq x \cup y \implies x^\perp, y^\perp \geq (x \cup y)^\perp \implies x^\perp \cap y^\perp \geq (x \cup y)^\perp$$

und

$$x^\perp, y^\perp \ge x^\perp \cap y^\perp \;\rightarrow\; (x^\perp)^\perp, (y^\perp)^\perp \le (x^\perp \cap y^\perp)^\perp \;\rightarrow\; x \cup y \le (x^\perp \cap y^\perp)^\perp \;\rightarrow\; (x \cup y)^\perp \ge x^\perp \cap y^\perp.$$

Also ist $(x \cup y)^\perp = x^\perp \cap y^\perp$. Dual dazu folgt $(x \cap y)^\perp = x^\perp \cup y^\perp$. (Die Gesetze (1) und (3) sind selbstdual, sodaß das Dualitätsprinzip anwendbar ist.)

Aus den Axiomen, durch welche ein Orthoverband definiert ist, lesen wir ab:

Die Klasse der Orthoverbände ist eine Varietät, und in Orthoverbänden gilt das Dualitätsprinzip.

In Abb.10.2 sind zwei Orthoverbände dargestellt, welche keine Booleschen Algebren sind. Diese Orthoverbände sind endlich.

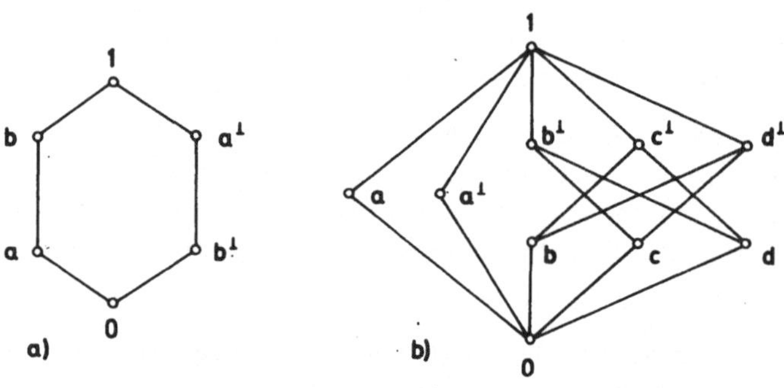

Abb.10.2

Ein wichtiges Beispiel eines unendlichen Orthoverbandes ist der *Verband der Unterräume eines dreidimensionalen Euklidischen Raumes* E_3.

O.B.d.A. sei E_3 gleich der Menge der Vektoren des Anschauungsraumes, in welchem ein rechtwinkeliges Koordinatensystem gewählt sei. Die Teilräume von E_3 sind dann der aus dem Nullvektor $o = (0,0,0)$ bestehende Nullvektorraum, die eindimensionalen Unterräume $\{cx \mid c \in \mathbb{R}\}$ für $x \in E_3 - \{o\}$, welche die Geraden durch den Ursprung darstellen, die zweidimensionalen Unterräume $\{c_1 x_1 + c_2 x_2 \mid c_1, c_2 \in \mathbb{R}\}$ für linear unabhängige Vektoren $x_1, x_2 \in E_3$, das sind die Ebenen durch den Ursprung, und der Raum E_3 selbst. Daß die Teilräume von E_3 bezüglich der mengentheoretischen Inklusion einen beschränkten (modularen) Verband U_{E_3} bilden, haben wir bereits in Abschnitt 8 gesehen. Definiert man in U_{E_3}: $0^\perp = 1$, $1^\perp = 0$, und für eine Gerade G: $G^\perp$ sei die Ebene durch den Ursprung, welche orthogonal zu G ist, sowie für eine Ebene E: $E^\perp$ sei die Gerade durch den Ursprung orthogonal zu E, so ist leicht zu sehen, daß $\perp$ eine Orthokomplementbildung in U_{E_3} ist und damit U_{E_3} zu einem Orthoverband wird.

Ist E_n, $n \in \mathbb{N}$, ein n-dimensionaler Euklidischer Raum, so erhält man
analog, daß der Verband der Unterräume von E_n einen Orthoverband U_{E_n}
bildet. Das Orthokomplement $U^\perp$ eines Unterraumes U von E_n ist dabei
das orthogonale Komplement im geometrischen Sinn, d.i. die Menge aller
Vektoren $x \in E_n$, welche zu jedem Vektor $y \in U$ orthogonal sind. (Orthogonal sein bedeutet, daß das innere Produkt Null ist.) $U^\perp$ ist wieder
ein Teilraum von E_n.

Der Orthoverband U_{E_n} hat die (geometrische und verbandstheoretische)
Dimension n. Die unendlich dimensionale Verallgemeinerung von U_{E_n}
ist der *Verband U_{H_∞} der abgeschlossenen Teilräume eines unendlichdimen-
sionalen Hilbertraumes H_∞* (David Hilbert, deutscher Mathematiker (1862-
1943)). Beide Orthoverbände, U_{E_n} und U_{H_∞}, sind Sonderfälle von Orthoverbänden U_H von abgeschlossenen Teilräumen eines Hilbertraumes H (über
dessen Dimension nichts vorausgesetzt wird). Da wir in diesem und dem
nächsten Abschnitt nichts anderes benötigen, nehmen wir stets an, daß
H (also insbesondere auch H_∞) ein separabler Raum über $\mathbb{R}$, $\mathbb{C}$ (dem Körper
der komplexen Zahlen) oder den Quaternionen ist. (Separabel bedeutet,
daß H eine Hilbertraum-Basis aus höchstens abzählbar vielen Elementen
besitzt.) - Leser, welche mit der Theorie der Hilberträume nicht vertraut sind, mögen sich bei allen Aussagen über Verbände U_H stets des
Verbandes U_{E_3} als Vorstellungshilfe bedienen. Zum Verständnis des Folgenden, insbesondere des algebraischen Aspekts, sind keinerlei Kennt-
nisse aus Funktionalanalysis erforderlich.

Strukturtheoretisch ist der Hauptunterschied zwischen den Orthoverbänden
U_{E_n} und U_{H_∞}, daß U_{E_n} - wie wir in Abschnitt 8 gesehen haben - modular
ist, wohingegen das für U_{H_∞} nicht der Fall ist. Das Infimum von Teilmengen sowie das Orthokomplement wird in beiden Verbänden auf dieselbe
Weise gebildet. Für das Supremum $M \cup N$ von zwei Unterräumen M und N hingegen gilt in U_{E_n}: $M \cup N = M + N$ (siehe Abschnitt 8) und in U_{H_∞}: $M \cup N =$
$=$ Abschluß von $(M + N)$, d.h., $M \cup N$ ist der kleinste abgeschlossene Unterraum, welcher $M + N$ enthält. - Im Sonderfall, daß $M \subseteq N^\perp$, ist auch in U_{H_∞}
$M \cup N = M + N$.

Gemeinsam ist beiden Verbänden, daß sie vollständig sind (denn sie sind
durchschnittsvollständig und nach oben beschränkt), daß sie *atomar* sind,
d.h., daß jedes Element $\neq 0$ oberhalb eines Atoms liegt (denn die eindimensionalen Unterräume sind Atome, und jeder Unterraum ungleich dem
Nullvektorraum umfaßt einen eindimensionalen Unterraum), und daß sie
folgende wichtige Eigenschaft haben, die - wie man zeigen kann - jedem
Verband U_H zukommt:

Für zwei Unterräume M,N *gilt:* $M \subseteq N \rightarrow N = M \cup (M^\perp \cap N)$. (Siehe Abb.10.3.)

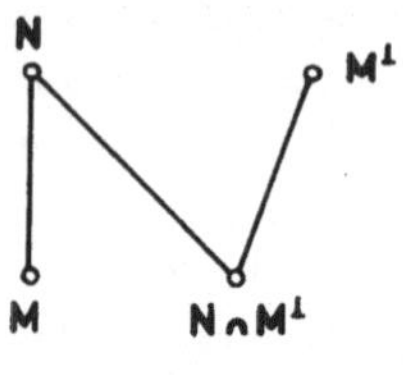

Abb.10.3

(Für U_{E_n} folgt die angegebene Eigenschaft unmittelbar aus der Tatsache,
daß U_{E_n} modular ist.)

Ein Orthoverband, in dem das Gesetz

$$(OM) \qquad x \leq y \rightarrow y = x \cup (x^{\perp} \cap y)$$

gilt, heißt ein *orthomodularer Verband*. (Genauer müßte es heißen orthomodularer Orthoverband, jedoch spricht man der Kürze halber nur von
einem orthomodularen Verband.)

Die Orthoverbände U_H, also insbesondere U_{E_n} und U_{H_∞}, sind orthomodulare
Verbände.

Aus dem Gesetz (OM) folgt mit $x^{\perp}$ und $y^{\perp}$ für x bzw. y:

$x^{\perp} \leq y^{\perp} \rightarrow y^{\perp} = x^{\perp} \cup ((x^{\perp})^{\perp} \cap y^{\perp}) = x^{\perp} \cup (x^{\perp} \cup y)^{\perp} = (x \cap (x^{\perp} \cup y))^{\perp}$, woraus
wir erhalten: $x \geq y \rightarrow y = x \cap (x^{\perp} \cup y)$. Das ist die zu (OM) duale Forde-
rung (OM'). Da (OM') in jedem orthomodularen Verband gilt, kann das
Dualitätsprinzip für Orthoverbände also *auch auf orthomodulare Verbände*
ausgedehnt werden.

Ferner sehen wir an Hand des Gesetzes (OM), daß *die orthomodularen Verbände eine Varietät* bilden. Ersetzen wir nämlich in (OM) x durch $x \cap y$,
so ist die so erhaltene Gleichung $y = (x \cap y) \cup ((x \cap y)^{\perp} \cap y)$ offensichtlich äquivalent zu (OM).

Zwei Unterräume M und N von H heißen *orthogonal* – in Zeichen $M \perp N$ –
falls für alle Vektoren $x \in M$ und $y \in N$ gilt, daß x und y orthogonal sind.
Dies ist gleichbedeutend damit, daß jedes $x \in M$ aus dem Orthogonalraum
$N^{\perp}$ von N bzw. jedes $y \in N$ aus dem Orthogonalraum $M^{\perp}$ von M ist, d.h., daß
$M \subseteq N^{\perp}$ bzw. $N \subseteq M^{\perp}$. (Die Inklusionen $M \subseteq N^{\perp}$ und $N \subseteq M^{\perp}$ sind zueinander äquivalent.)

Davon abstrahiert man für Elemente x,y eines beliebigen Orthoverbandes:

$$x \perp y \leftrightarrow x \leq y^{\perp}.$$

Da $x \leq y^{\perp} \leftrightarrow y \leq x^{\perp}$, ist $x \perp y$ auch äquivalent zu $y \leq x^{\perp}$, woraus folgt, daß
$x \perp y$ und $y \perp x$ dasselbe bedeuten. Ist $x \perp y$, so heißen x und y *(zueinan-
der) orthogonal*.

Aus $x \perp y$ folgt wegen $x \leq y^{\perp} \Rightarrow x \cap y \leq y^{\perp} \cap y = 0$, daß $x \cap y = 0$ ist, das Umgekehrte ist aber im allgemeinen nicht richtig!

Lediglich in Booleschen Algebren können wir schließen:

$$x \cap y = 0 \Rightarrow y^{\perp} = y^{\perp} \cup (x \cap y) = (y^{\perp} \cup x) \cap (y^{\perp} \cup y) = y^{\perp} \cup x \Rightarrow y^{\perp} \geq x \Rightarrow x \perp y.$$

<u>Satz 10.10</u>: *Ein Orthoverband* V *ist genau dann orthomodular, wenn für alle* $x,y,z \in V$ *gilt:*

$$x \geq z , y \perp z \Rightarrow x \cap (y \cup z) = (x \cap y) \cup z.$$

Beweis: Sei V orthomodular, $x,y,z \in V$ mit $x \geq z$, $y \perp z$, und sei $u = x \cap (y \cup z)$, $v = (x \cap y) \cup z$. Auf Grund der modularen Ungleichung ist $u \geq v$. Setzen wir $w = u^{\perp} \cup v$, so gilt daher wegen (OM'): $u \cap w = u \cap (u^{\perp} \cup v) = v$.

$w \geq u^{\perp} = x^{\perp} \cup (y^{\perp} \cap z^{\perp}) \geq y^{\perp} \cap z^{\perp}$ und $w \geq v = (x \cap y) \cup z \geq z$. Also ist $w \geq z \cup (z^{\perp} \cap y^{\perp})$. Wegen $y \perp z$ ist $z \leq y^{\perp}$, sodaß wir das Gesetz (OM) anwenden können: $w \geq z \cup (z^{\perp} \cap y^{\perp}) = y^{\perp}$. Daneben ist $w \geq x^{\perp}$, denn $w \geq u^{\perp} = x^{\perp} \cup (y^{\perp} \cap z^{\perp})$. Damit erhalten wir $w \geq x^{\perp} \cup y^{\perp} = (x \cap y)^{\perp}$, was wegen $v^{\perp} = (x \cap y)^{\perp} \cap z^{\perp}$ die Ungleichung $w \geq v^{\perp}$ nach sich zieht. Aus $w = u^{\perp} \cup v$ folgt $w \geq v$, also ist $w \geq v \cup v^{\perp} = 1$, d.h., $w = 1$. Die Gleichung $u \cap w = v$ bedeutet demnach $u = v$.

Gilt umgekehrt: $x \geq z , y \perp z \Rightarrow x \cap (y \cup z) = (x \cap y) \cup z$, so folgt für $x \geq z$ und $y = z^{\perp}$: $x \cap (z^{\perp} \cup z) = (x \cap z^{\perp}) \cup z$, also $x = z \cup (z^{\perp} \cap x)$; d.i. (OM).

Satz 10.10 verdeutlicht, woher der Name orthomodularer Verband kommt.

Man beachte, daß jeder modulare Orthoverband orthomodular ist, daß aber das Umgekehrte nicht gilt! Der orthomodulare Verband $U_{H_{\infty}}$ sowie der in Abb.10.2 b) dargestellte Verband sind Beispiele hierfür. (Der Verband aus Abb.10.2 a) ist ein Orthoverband, der nicht orthomodular ist.)

Ist U ein abgeschlossener Unterraum eines Hilbertraumes H, so läßt sich jedes $x \in H$ in eindeutiger Weise darstellen in der Form $x = x_1 + x_2$, wo $x_1 \in U$ und $x_2 \in U$ ist. Das Element x_1 heißt die *Projektion von* x *auf* U, und die Abbildung P_U, welche jedem $x \in H$ seine Projektion auf U zuordnet, *Projektor* von H auf U. P_U ist ein sog. selbstadjungierter linearer Operator von H. Die Projektoren P von H sind unter allen selbstadjungierten linearen Operatoren von H dadurch gekennzeichnet, daß gilt $P^2 = P \circ P = P$ ($\circ$ ist die Hintereinanderausführung von Abbildungen; dieses Operationszeichen werden wir aber so wie bei Multiplikationen üblich im folgenden nicht anschreiben).

Sei $P(H) = \{P_U \mid U \in U_H\}$. Definieren wir in $P(H)$ eine Relation $\leq$ durch $P_U \leq P_V \Leftrightarrow U \leq V$ in U_H, so ist $\langle P(H); \leq \rangle$ offensichtlich isomorph zu $\langle U_H; \leq \rangle$, und daher bilden die Projektoren von H einen zu U_H isomorphen Verband. Legen wir ferner fest $(P_U)^{\perp} = P_{U^{\perp}}$, so wird $P(H)$ zu einem zu U_H isomorphen Orthoverband. Da U_H orthomodular ist, ist auch $P(H)$ orthomodular, und wir erhalten:

$P(H)$ *und* U_H *sind zwei zueinander isomorphe orthomodulare Verbände.*

Wenngleich wir mit $P(H)$ eigentlich keinen neuen orthomodularen Verband (bis auf Isomorphie) gefunden haben, so gibt es in $P(H)$ doch andere Möglichkeiten als in U_H, strukturtheoretische Aussagen zu gewinnen, denn in $P(H)$ sind außer den Verbandsoperationen unter gewissen Voraussetzungen auch noch folgende für lineare Operatoren von H erklärten Operationen definiert: Für zwei lineare Operatoren S und T deren *Produkt* ST $(= S \circ T)$, ferner die *Summe* $S + T$, welche erklärt ist durch $(S + T)(x) = S(x) + T(x)$ für alle $x \in H$, sowie mit c aus dem H zugrunde liegenden Körper das *Produkt* cS: $(cS)(x) = c(S(x))$ für $x \in H$.

Insbesondere gilt, daß die Produktbildung $\circ$ von linearen Operatoren assoziativ und distributiv gegenüber $+$ ist, und daß die identische Abbildung I das neutrale Element bezüglich $\circ$ ist. Der alles in den Nullvektorraum abbildende Projektor 0 ist neutrales Element gegenüber $+$.

Für zwei Projektoren $P, Q \in P(H)$ ist im allgemeinen weder PQ, noch $P + Q$ oder $P - Q$ ein Projektor. Man kann jedoch beweisen:

(a) $PQ = QP \Rightarrow PQ \in P(H)$, $PQ = 0 \Rightarrow P + Q \in P(H)$ und $P \le Q \Rightarrow P - Q \in P(H)$.

Welcher Zusammenhang besteht zwischen den Verbandsoperationen von $P(H)$ und den für lineare Operatoren erklärten Operationen?

Ohne Beweis führen wir an:

(b) $P \le Q \Leftrightarrow PQ = P$

(c) $PQ = QP \Rightarrow P \cap Q = PQ$, $P \cup Q = P + Q - PQ$

(d) $P^{\perp} = I - P$

Zu (c) sei bemerkt, daß es außer im Fall $PQ = QP$ keine so einfache Beschreibung des Infimums und Supremums gibt.

Aus (b) und (d) folgt unmittelbar

(e) $P \perp Q \Leftrightarrow PQ = 0$

Denn $P \perp Q \Leftrightarrow P \le Q^{\perp} \Leftrightarrow PQ^{\perp} = P \Leftrightarrow P(I - Q) = P \Leftrightarrow P - PQ = P \Leftrightarrow PQ = 0$.

(f) $P \perp Q \Rightarrow P \cup Q = P + Q$

(f) folgt aus (c) wenn wir berücksichtigen, daß $P \perp Q \Rightarrow PQ = QP = 0$. Gilt für zwei Projektoren, $P, Q \in P(H)$ $PQ = QP$, so sagt man, daß P und Q vertauschbar sind (oder kommutieren). - Wir zeigen als nächstes, daß diese für die Anwendungen in der Quantenmechanik sehr bedeutsame Eigenschaft rein verbandstheoretisch charakterisiert werden können.

Seien P und Q vertauschbar, und sei $PQ = R$, $P - PQ = P_1$ und $Q - PQ = Q_1$.

Wegen $(PQ)P = (PP)Q = PQ$ und $(PQ)Q = P(QQ) = PQ$ ist $R \leq P$, $R \leq Q$, und daher sind nach (a) R, P_1 und Q_1 aus $P(H)$.

$$RP_1 = PQ(P - PQ) = PQP - (PQ)^2 = P^2Q - PQ = 0,$$
$$RQ_1 = PQ(Q - PQ) = PQ^2 - (PQ)^2 = 0,$$
$$P_1Q_1 = (P - PQ)(Q - PQ) = PQ - PQ^2 - P^2Q + (PQ)^2 = 0.$$

Da $RP_1 = RQ_1 = P_1Q_1 = 0$, ist gemäß (e) und (f)

$$R \cup P_1 = R + P_1 = PQ + P - PQ = P \quad \text{und} \quad R \cup Q_1 = R + Q_1 = PQ + Q - PQ = Q.$$

Damit haben wir gezeigt: Ist $PQ = QP$, so gibt es $P_1, Q_1, R \in P(H)$, sodaß P_1, Q_1, R paarweise orthogonal sind und $P = P_1 \cup R$, $Q = Q_1 \cup R$ ist.

Gilt in einem beliebigen orthomodularen Verband V für zwei Elemente $x, y \in V$, daß $x_1, y_1, z \in V$ existieren, sodaß x_1, y_1, z paarweise orthogonal sind und $x = x_1 \cup z$, $y = y_1 \cup z$ ist (siehe Abb.10.4), so heißen x und y *vertauschbar*, wofür wir schreiben $x\, C\, y$. (Mit $x\, C\, y$ ist auch $y\, C\, x$.)

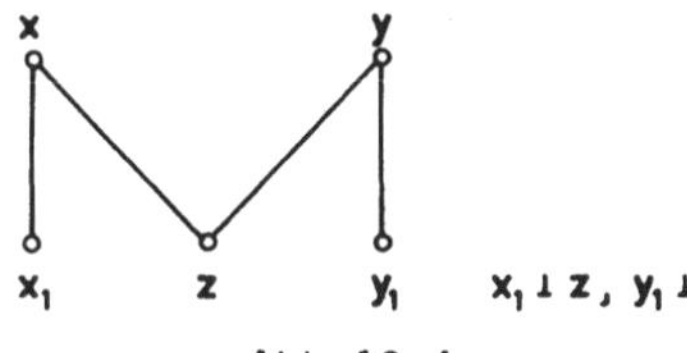

Abb.10.4

Also gilt in $P(H)$: $PQ = QP \rightarrow P\, C\, Q$.

<u>Satz 10.11:</u> *Für zwei Projektoren P und Q ist genau dann $PQ = QP$, wenn P und Q im verbandstheoretischen Sinn vertauschbar sind.*

Beweis: Wir müssen zeigen $P\, C\, Q \rightarrow PQ = QP$. - Angenommen, in $P(H)$ gilt $P\, C\, Q$, dann gibt es paarweise orthogonale Projektoren P_1, Q_1, R, sodaß $P = P_1 \cup R$, $Q = Q_1 \cup R$.

$P_1 \perp R$ und $Q_1 \perp R \rightarrow P_1 \cup R = P_1 + R$, $Q_1 \cup R = Q_1 + R$. Daraus folgt
$PQ = (P_1 + R)(Q_1 + R) = P_1Q_1 + RQ_1 + P_1R + R^2 = R$ (denn $P_1Q_1 = RQ_1 = P_1R = 0$
wegen $P_1 \perp Q_1$, $R \perp Q_1$, $P_1 \perp R$) und $QP = (Q_1 + R)(P_1 + R) = Q_1P_1 + RP_1 + Q_1R + R^2 = R$
(denn $Q_1P_1 = RP_1 = Q_1R = 0$ wegen $Q_1 \perp P_1$, $R \perp P_1$, $Q_1 \perp R$). Also ist $PQ = QP$.

<u>Hilfssatz 10.12:</u> *In einem Orthoverband gilt $u \perp v \rightarrow u \perp v \cap x$ für alle $x \in V$, und $u \perp v, u \perp w \rightarrow u \perp v \cup w$.*

Beweis: $u \perp v \rightarrow u \leq v^\perp \rightarrow u \leq v^\perp \cup x^\perp = (v \cap x)^\perp \rightarrow u \perp v \cap x$, und $u \perp v, u \perp w \rightarrow$
$\rightarrow u \leq v^\perp, u \leq w^\perp \rightarrow u \leq v^\perp \cap w^\perp \rightarrow u \leq (v \cup w)^\perp \rightarrow u \perp v \cup w$.

Wie wir im Beweis von Satz 10.11 gesehen haben, ist das Element R, dessen Existenz wir auf Grund von $P\, C\, Q$ angenommen haben, eindeutig bestimmt. Es war nämlich $R = PQ = QP$, woraus sich nach (c) ergibt $R = P \cap Q$.

Dies ist keine.spezielle Eigenschaft des Verbandes $P(H)$, denn es gilt ganz allgemein:

Hilfssatz 10.13: *Die in der Definition der Vertauschbarkeit in orthomodularen Verbänden als existent vorausgesetzten Elemente z, x_1 und y_1 sind eindeutig bestimmt, und zwar gilt $z = x \cap y$, $x_1 = x \cap (x \cap y)^{\perp}$ und $y_1 = y \cap (x \cap y)^{\perp}$.*

Beweis: Seien x_1, y_1, z paarweise orthogonale Elemente, so daß gilt $x_1 \cup z = x$ und $y_1 \cup z = y$. Da $x_1 \cup z \geq z$ und $y_1 \perp z$ ist, ist nach Satz 10.8 $x \cap y = (x_1 \cup z) \cap (y_1 \cup z) = ((x_1 \cup z) \cap y_1) \cup z$. Da ferner $y_1 \perp x_1$ und $y_1 \perp z$ ist nach Hilfssatz 10.12 $y_1 \perp x_1 \cup z$, woraus folgt $(x_1 \cup z) \cap y_1 = 0$. Damit aber erhalten wir $x \cap y = z$.

$x = x_1 \cup z \Rightarrow x = x_1 \cup (x \cap y) \Rightarrow x \cap (x \cap y)^{\perp} = (x \cap y)^{\perp} \cap ((x \cap y) \cup x_1) =$
$= ((x \cap y)^{\perp} \cap (x \cap y)) \cup x_1 = x_1$, denn wegen $(x \cap y)^{\perp} = z \geq x_1$ ist Satz 10.10 anwendbar.

Symmetrisch dazu folgt $y \cap (x \cap y)^{\perp} = y_1$, w.z.z.w.

Satz 10.14: *In einem orthomodularen Verband V gilt für $x, y \in V$:*

$$x \, C \, y \leftrightarrow x \perp y \cap (x \cap y)^{\perp} \leftrightarrow y \perp x \cap (x \cap y)^{\perp}.$$

Beweis: Sei $x \, C \, y$, dann erhalten wir mit x_1, y_1, z in der Bedeutung von oben gemäß Hilfssatz 10.12 $y_1 \perp x_1$, $y_1 \perp z \Rightarrow y_1 \perp x_1 \cup z = x$, woraus auf Grund von Hilfssatz 10.13 folgt $x \perp y \cap (x \cap y)^{\perp}$.

Gilt umgekehrt $x \perp y \cap (x \cap y)^{\perp}$ für zwei Elemente $x, y \in V$, so definieren wir $x_1 = x \cap (x \cap y)^{\perp}$, $y_1 = y \cap (x \cap y)^{\perp}$ und $z = x \cap y$. Dann ist $x_1 \leq x$, $y_1 \leq y$, $z \leq x, y$, und es gilt $x \perp y \cap (x \cap y)^{\perp} \Rightarrow x \perp y_1 \Rightarrow x_1 = x_1 \cap x \perp y_1$, also $x_1 \perp y_1$. Ferner $x \perp y_1 \Rightarrow z = z \cap x \perp y_1$, d.h., $z \perp y_1$.

Wegen $z \perp z^{\perp}$ erhalten wir weiter $z \perp (x \cap y)^{\perp} \Rightarrow z \perp (x \cap y)^{\perp} \cap y = x_1 \Rightarrow z \perp x_1$. $x_1 \cup z = (x \cap (x \cap y)^{\perp}) \cup (x \cap y) = x \cap ((x \cap y)^{\perp} \cup (x \cap y)) = x$ gemäß Satz 10.10, und genauso $y_1 \cup z = (y \cap (x \cap y)^{\perp}) \cup (x \cap y) = y$. Also ist $x \, C \, y$.

Da $x \, C \, y$ auf Grund der Definition von C äquivalent zu $y \, C \, x$ ist, können wir die Rollen von x und y tauschen, womit Satz 10.14 bewiesen ist.

Durch Satz 10.14 haben wir die Relation C mit Hilfe der Relation $\perp$ ausgedrückt. Eine weitere (besonders wichtige) Charakterisierung der Vertauschbarkeit von Elementen in orthomodularen Verbänden geben wir ohne Beweis an:

Satz 10.15: *Zwei Elemente x, y eines orthomodularen Verbandes V sind genau dann vertauschbar, wenn sie in einer Booleschen Unteralgebra von V enthalten sind.*

Dabei heißt eine Unteralgebra eines orthomodularen Verbandes V eine

Boolesche Unteralgebra von V, wenn sie bezüglich der Operationen von V einen Booleschen Verband bildet.

<u>Folgerung</u> aus Satz 10.15: *Alle Elemente einer Booleschen Unteralgebra eines orthomodularen Verbandes sind paarweise vertauschbar.*

Viele Ergebnisse über die Relationen $\perp$ und C können auf sogenannte σ-Verbände verallgemeinert werden.

Ein Verband V heißt σ-*Verband*, wenn mit jeder Folge $x_1, x_2, \ldots$ von Elementen aus V sowohl das Supremum $\bigcup_{i=1}^{\infty} x_i$ als auch das Infimum $\bigcap_{i=1}^{\infty} x_i$ dieser Elemente zu V gehört. Ist dies der Fall, so sagt man auch: der Verband ist σ-*vollständig*.

Ein σ-vollständiger Orthoverband heißt σ-*Orthoverband*, ein σ-vollständiger orthomodularer Verband wird *orthomodularer σ-Verband* genannt. Bildet eine Boolesche Algebra einen σ-Verband, so sprechen wir von einer *(Booleschen) σ-Algebra*.

Ein σ-vollständiger Unterverband U eines σ-Verbandes heißt ein σ-*Unterverband* von V, falls die Bildung von Suprema und Infima in U und V übereinstimmen. Analoge Bezeichnungen werden für die σ-vollständigen Unterstrukturen der übrigen Typen von Orthoverbänden verwendet. - Ist ein σ-Unterverband eines σ-Orthoverbandes V bezüglich der Operationen von V eine Boolesche Algebra, so sprechen wir von einer *Booleschen σ-Unteralgebra* von V.

Die *Borelmengen* $B(\mathbb{R})$ von $\mathbb{R}$ (das sind die Elemente der kleinsten σ-Unteralgebra von $P(\mathbb{R})$, welche die Intervalle von $\mathbb{R}$ enthält) sind ein Beispiel für eine Boolesche σ-Algebra. (Ganz allgemein ist jedes Ereignisfeld eine Boolesche σ-Algebra. Dies erklärt, warum man in der Wahrscheinlichkeitstheorie ein Ereignisfeld auch σ-Algebra nennt.)

Die orthomodularen Verbände U_H und $P(H)$ sind vollständig und daher a forteriori σ-Verbände.

Als Beispiel für die Verallgemeinerung eines Resultats von Verbänden auf σ-Verbände führen wir ohne Beweis an:

<u>Satz 10.16</u>: *Sei $x_1, x_2, \ldots$ eine Folge von Elementen eines σ-Orthoverbandes. Dann gilt*

a) $\left(\bigcup_{i=1}^{\infty} x_i \right)^{\perp} = \bigcap_{i=1}^{\infty} x_i^{\perp}$ *und* $\left(\bigcap_{i=1}^{\infty} x_i \right)^{\perp} = \bigcup_{i=1}^{\infty} x_i^{\perp}$.

b) *Ist $y \perp x_i$ für ein $i \in \mathbb{N}$, so ist $y \perp \bigcap_{i=1}^{\infty} x_i$. Ist $y \perp x_i$ für alle $i \in \mathbb{N}$, so ist $y \perp \bigcup_{i=1}^{\infty} x_i$.*

Die Aussage von Satz 10.16a) ist eine Verallgemeinerung der De Morgan-
schen Regeln, b) eine Verallgemeinerung von Hilfssatz 10.12.

Die Eigenschaften der Vertauschbarkeitsrelation C in orthomodularen
σ-Verbänden werden wir im nächsten Abschnitt behandeln.

<u>Übungen</u>

1. Können zwei Strukturen als Orthoverbände verschieden, aber als Verbände gleich
   sein?

2. Welcher Zusammenhang besteht zwischen einer endlichen Booleschen Algebra und
   der Potenzmenge ihrer Atome?

3. Man zeige: Eine nicht-leere Teilmenge M von $P(\Omega)$ ist schon dann ein Mengenkörper, wenn mit $A, B \in M$ auch $A \cup B$ und $A \cap B'$ zu M gehören.

4. Wir bezeichnen ein bei x offenes und bei y abgeschlossenes Intervall von $\mathbb{R}$ mit
   $(x, y]$. Man beweise, daß die Menge

$$\{\emptyset,\ \bigcup_{i=1}^{n} (a_i, b_i] \mid 0 \le a_i \le b_i \le 1,\ n \in \mathbb{N}\}$$

   ein beschränkter Mengenkörper ist.

5. Man zeige, daß $P_2(B_2)$ und $P_1(B_2^2)$ zueinander isomorph sind und gebe einen Isomorphismus von $P_2(B_2)$ auf $P_1(B_2^2)$ explizit an.

6. Man schreibe die durch die nachstehende Tabelle gegebenen Polynomfunktionen
   f_1, f_2, f_3, f_4 von $P_3(B_2)$ in disjunktiver und konjunktiver Normalform an.

x_1	x_2	x_3	f_1	f_2	f_3	f_4
1	1	1	1	0	0	1
1	1	0	1	0	1	1
1	0	1	0	1	1	0
1	0	0	1	0	0	1
0	1	1	1	0	1	1
0	1	0	0	1	1	1
0	0	1	1	0	0	1
0	0	0	0	1	1	0

7. Man zeige an Hand eines Beispiels, daß die Relation $\perp$ nicht transitiv ist.

8. Analog zu der bei der Einführung des Verbandes U_{E_3} gegebenen Erklärung beschreibe
   man den Verband U_{E_2}.

9. Man beweise: Ein Orthoverband V ist genau dann orthomodular, wenn es zu $x, y \in V$
   mit $x \le y$ stets ein $z \in V$ gibt, sodaß $z \perp x$ und $y = z \cup x$ ist.

10. Man beweise: Ein Orthoverband V ist genau dann orthomodular, falls für alle $x, y \in V$
    gilt:

$$x \le y,\ x^{\perp} \cap y = 0 \Rightarrow x = y.$$

11. Man zeige an Hand des Verbandes in Abb. 10.5, daß die Relation C nicht transitiv ist.

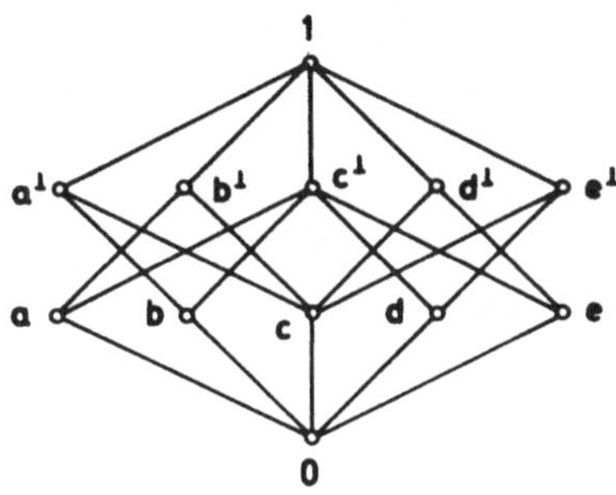

Abb.10.5

11. ANWENDUNGEN IN DER QUANTENMECHANIK

Für Partikel von der Größenordnung eines Planeten bis hin zur Sichtbar-
keitsgrenze unter einem optischen Mikroskop gelten die Gestze der
Newtonschen Mechanik (Sir Isaac Newton, englischer Naturwissenschaftler
(1643-1727)). Ein Hauptmerkmal der Newtonschen Mechanik ist, daß das
Verhalten eines Partikels als streng deterministisch angesehen wird.
Im atomaren und subatomaren Bereich versagt aber die klassische Mechanik. Sie wird durch die Quantenmechanik ersetzt, im Rahmen derer nur
noch statistische Aussagen über Messwerte getroffen werden können.

Ist A eine beobachtbare physikalische Größe *(Observable)*, so können in
der Quantenmechanik nur noch Resultate von folgender Art erzielt werden: "Die Wahrscheinlichkeit, daß eine Messung von A einen Messwert
aus einer Borelmenge E (Emile Borel, französischer Mathematiker (1871-
1956)) ergibt, falls sich das physikalische System im Zustand ψ befindet, ist so und so groß."

Zur mathematischen Erfassung von Observablen und Messung von Observablen
im Bereich der Quantenmechanik gibt es ein funktionalanalytisches und
ein rein verbandstheoretisches Modell. Das verbandstheoretische Modell
ist eine Verallgemeinerung und Abstraktion des funktionalanalytischen
Modells. Wir wollen daher das funktionalanalytische Modell zuerst kennenlernen.

Der Hilbertraum-Formalismus der Quantenmechanik:

Jedem quantenmechanischen System wird ein separabler Hilbertraum H
über $\mathbf{R}$, $\mathbf{C}$ oder den Quaternionen zugeordnet. (Ist H n-dimensional über
$\mathbf{R}$, $n \in \mathbf{N}$, so ist H ein Euklidischer Raum E_n.) Die normierten Vektoren

($\neq$ o) von der Länge 1 aus H stellen die *Zustände* des quantenmechanischen Systems dar, und jeder *Observablen* A des Systems entspricht ein selbstadjungierter, linearer Operator A von H. Die Eigenwerte λ von A, d.h. die Werte λ, für die gilt $A(\psi_\lambda) = \lambda\psi_\lambda$ für ein $\psi_\lambda \in H$, $\psi_\lambda \neq o$, repräsentieren die (möglichen) exakten Werte der Observablen A und die zugehörigen "Eigenzustände" ψ_λ (und nur solche) die Zustände, bei denen die exakten Werte von A angenommen werden.

Bezeichne $\langle\rho,\varphi\rangle$ das innere Produkt zweier Elemente ρ und φ von H. Nimmt man eine Messung von A vor, während sich das System in dem (beliebigen) Zustand ψ befindet, so ist (nach Voraussetzung) der Erwartungswert für den Meßwert von A gleich $\langle\psi, A(\psi)\rangle$.

Ist ψ_λ ein Eigenzustand zum Eigenwert λ von A, so gilt $\langle\psi_\lambda, A(\psi_\lambda)\rangle = \lambda\langle\psi_\lambda, \psi_\lambda\rangle = \lambda$. Dies bedeutet, daß der Erwartungswert für den Meßwert von A gleich λ ist, falls sich das System im Eigenzustand ψ_λ befindet.

Beispiele:

1) Ist ein monochromatischer Lichtstrahl um einen Winkel Θ mit $0 \leq \Theta < \pi$ gegenüber einem festen Vektor $\mathfrak{a}$ polarisiert, so sagen wir, der Zustand eines jeden Photons des Lichtstrahls ist Z_Θ. Wir ordnen Z_Θ in E_2 den Vektor $\psi_\Theta = (\cos\Theta, \sin\Theta)$ zu und identifizieren anschließend Z_Θ mit ψ_Θ.

Nun denken wir uns eine Versuchsanordnung, bei der sich hinter einem Polarisator P_Θ, welcher den Lichtstrahl um einen Winkel Θ polarisiert, noch ein weiterer Polarisator P_Φ befindet, welcher nicht-polarisiertes Licht um den Winkel Φ (gegenüber $\mathfrak{a}$) polarisiert. (Siehe Abb.11.1.)

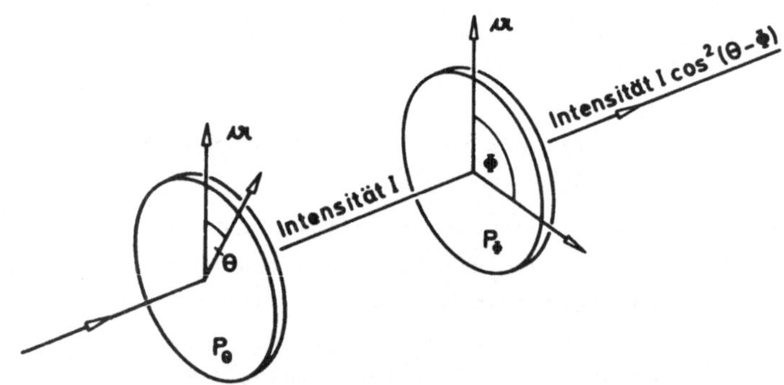

Abb.11.1

Wir fragen uns: Mit welcher Wahrscheinlichkeit wird ein Photon im Zustand ψ_Θ den Polarisator P_Φ überleben (und nach dem Durchlaufen von P_Φ den Zustand ψ_Φ haben)?

Die Observable, um die es geht, ist das Überleben U_Φ des Photons beim

Durchqueren von P_Φ. U_Φ kann nur zwei mögliche Werte annehmen , nämlich
Überleben = 1 und Nicht-Überleben = 0.

Es kann gezeigt werden, daß U_Φ der durch die Matrix

$$U_\Phi = \begin{pmatrix} \cos^2\Phi & \cos\Phi\sin\Phi \\ \cos\Phi\sin\Phi & \sin^2\Phi \end{pmatrix}$$

dargestellte selbstadjungierte lineare Operator von E_2 entspricht. (U_Φ
ist sogar ein Projektor, denn wie eine kurze Rechnung zeigt, ist $U_\Phi^2 = U_\Phi$.)
Der Erwartungswert dafür, daß ein Photon im Zustand ψ_Φ den Polarisator
P_Φ überlebt (d.i. die Überlebenswahrscheinlichkeit des Photons) ist
daher $<(\cos\Theta, \sin\Theta), U_\Phi(\cos\Theta, \sin\Theta)^*> = \ldots = \cos^2(\Theta-\Phi)$. (Der
Stern bedeutet, daß der Vektor zu transponieren ist.)

Das gefundene Ergebnis entspricht dem experimentellen Befund, daß die
Intensität der Photonen beim Durchqueren von P_Φ um den Faktor $\cos^2(\Theta-\Phi)$
abnimmt.

2) Die zeitliche Evolution eines quantenmechanischen Systems wird mit
Hilfe der Schrödinger Gleichung (Erwin Schrödinger, österreichischer
Physiker (1887-1961)) $i\hbar\frac{d\psi}{dt} = \mathbf{H}(\psi)$ beschrieben. Dabei ist $\mathbf{H}$ der sog.
Hamiltonoperator (Sir William Rowan Hamilton, englischer Mathematiker
und Physiker (1805-1865)), ψ eine von der Zeit und dem Ort abhängige
(Wellen-)Funktion, i die imaginäre Einheit und $\hbar$ eine Konstante. Die
zur Konkurrenz zugelassenen Funktionen ψ entstammen einem Hilbertraum H,
dessen Wahl von dem speziellen Problem abhängt. (H ist z.B. der Raum
der quadratisch Lebesque-integrierbaren Funktionen über $\mathbf{C}^n$ (Henri Le-
besque, französischer Mathematiker (1875-1941)). Der Hamiltonoperator $\mathbf{H}$
ist ein selbstadjungierter linearer Operator von H, welcher die Observable "Energie" repräsentiert. Die Eigenwerte von $\mathbf{H}$ stellen die möglichen Energiewerte dar.

Wie in der Funktionalanalysis gezeigt wird, entspricht jedem selbstadjungierten linearen Operator A von H (und damit jeder Observablen A) in
umkehrbar eindeutiger Weise ein *Spektralmaß*, d.i. eine Abbildung α von
den Borelmengen $\mathcal{B}(\mathbf{R})$ in den Verband P(H) der Projektoren von H, sodaß
gilt

(S1) $\alpha(\emptyset) = 0, \quad \alpha(\mathbf{R}) = I$.

(S2) $E,F \in \mathcal{B}(\mathbf{R})$ mit $E \cap F = \emptyset \rightarrow \alpha(E)\alpha(F) = 0$.

(S3)   Ist $E_1, E_2, \ldots$ eine Folge von paarweise fremden Elementen aus
        $\mathcal{B}(\mathbf{R})$, so ist

$$\alpha\left(\bigcup_{i=1}^\infty E_i\right) = \sum_{i=1}^\infty \alpha(E_i).$$

Der alles auf den Nullvektor abbildende Projektor 0 und die Identische
Abbildung I sind das Nullelement 0 und das Einselement 1 des Verbandes

P(H). Nun ist $\alpha(E)\alpha(F) = 0 \leftrightarrow \alpha(E) \perp \alpha(F)$. (Siehe (e) bei der verbands-
theoretischen Beschreibung des Produkts zweier linearer Operatoren,
Ende Abschnitt 10.) Die Summe $\sum_{i=1}^{\infty} \alpha(E_i)$ in (S3) ist der sog. starke
Limes für $n \to \infty$ von $\sum_{i=1}^{n} \alpha(E_i)$; von diesem kann bewiesen werden, daß er
im Verband P(H) gleich ist dem Projektor $\bigcup_{i=1}^{\infty} \alpha(E_i)$. (Vgl. hierzu (f),
Abschn. 10.)

Also können wir (S1), (S2), (S3) durch folgende Bedingungen ersetzen

(i) $\alpha(\emptyset) = 0$, $\alpha(\mathbf{R}) = 1$.

(ii) $E,F \in \mathcal{B}(\mathbf{R})$ mit $E \cap F = \emptyset \to \alpha(E) \perp \alpha(F)$.

(iii) Ist $E_1, E_2, \ldots$ eine Folge von paarweise fremden Elementen aus $\mathcal{B}(\mathbf{R})$,
      so ist

$$\alpha\left(\bigcup_{i=1}^{\infty} E_i\right) = \bigcup_{i=1}^{\infty} \alpha(E_i).$$

Ordnet man einer Observablen A bzw. dem ihr entsprechenden selbstadjungierten linearen Operator A das zu A gehörige Spektralmaß α zu, so kann
das innere Produkt $\langle \psi, (\alpha(E))(\psi) \rangle$ im quantenmechanischen Modell physikalisch folgendermaßen interpetiert werden: Befindet sich das System im
Zustand ψ, so ist die Wahrscheinlichkeit dafür, daß eine Messung von A
zu einem innerhalb der Borelmenge E liegenden Meßwert führt, gleich
$\langle \psi, (\alpha(E))(\psi) \rangle$.

Jeder Projektor P von H ist ein selbstadjungierter linearer Operator.
Ist P der Projektor P_M auf den abgeschlossenen (nicht-trivialen) Unter-
raum M von H, so hat P wegen $P_M(\psi) = \psi = 1\psi$ für $\psi \in M$ und $P_M(\psi) = o = 0\psi$
für $\psi \in M^{\perp}$ die Eigenwerte 0 und 1 und - wie man leicht zeigen kann -
keine weiteren Eigenwerte, d.h., die durch P dargestellte Observable P
kann als Werte nur 0 oder 1 annehmen. So eine Observable heißt eine
"Frage" an das quantenmechanische System.

Die in Beispiel 1) betrachtete Observable U_Φ ist z.B. eine "Frage".

Ohne Beweis sei bemerkt, daß eine Frage P bzw. der sie darstellende
Projektor P mit Hilfe von Spektralmaßen dadurch charakterisiert werden
kann, daß für das P entsprechende Spektralmaß π gilt $\pi(\{0,1\}) = 1$ und
$\pi(\{1\}) = P$ (woraus insbesondere folgt $\pi(\{0\}) = P^{\perp}$).

Seien P und Q "Fragen". Folgt daraus, daß P den Wert 1 hat, stets auch,
daß Q den Wert 1 hat, so sagen wir P *impliziert* Q.

Seien P_M und P_N diejenigen Projektoren von H, welche die Fragen P bzw. Q
darstellen. Dann gilt:

"P impliziert Q" $\leftrightarrow \{\psi | P_M(\psi) = \psi\} \subseteq \{\psi | P_N(\psi) = \psi\} \leftrightarrow M \subseteq N \leftrightarrow P_M \leq P_N$.

Also ist die Menge der "Fragen" zusammen mit der für Fragen erklärten
Relation "impliziert" eine Halbordnung, welche zu $\langle P(H); \leq \rangle$ isomorph ist

und daher mit $\langle P(H); \leq \rangle$ identifiziert werden kann.

Mit Hilfe der Relation "impliziert" ist es möglich, in $P(H)$ eine Art von logischem Kalkül aufzuziehen (siehe z.B. Übungsaufgabe 4). Aus diesem Grund wird $P(H)$ auch als *(Quanten-)Logik* bezeichnet. Ist H der Hilbertraum H_∞ (siehe Abschnitt 10), so wird $P(H)$ oft auch *Standardlogik* genannt.

Das verbandstheoretische Modell

Vom funktionalanalytischen Modell abstrahierend bezeichnen wir jeden orthomodularen Verband L, welcher σ-vollständig ist, als *Logik* - die Vollständigkeit von $P(H)$ wird also zur σ-Vollständigkeit abgeschwächt - und definieren:

Eine Abbildung α von den Borèlmengen $\mathcal{B}(\mathbb{R})$ in eine Logik L heißt eine *(zu L gehörige) Observable*, falls sie die Bedingungen (i), (ii), (iii) von oben erfüllt.

Ein Homomorphismus h eines (beliebigen) σ-vollständigen Orthoverbandes V in einen σ-vollständigen Orthoverband W wird ein *σ-Homomorphismus* von V in W genannt, falls für jede Folge $x_1, x_2, \ldots$ von Elementen aus V gilt

$$h(\bigcup_{i=1}^{\infty} x_i) = \bigcup_{i=1}^{\infty} h(x_i) \quad \text{und} \quad h(\bigcap_{i=1}^{\infty} x_i) = \bigcap_{i=1}^{\infty} h(x_i).$$

Satz 11.1: *Sei L eine Logik. Die zu L gehörigen Observablen sind genau die σ-Homomorphismen von $\mathcal{B}(\mathbb{R})$ in L.*

Beweis: Ist h ein σ-Homomorphismus von $\mathcal{B}(\mathbb{R})$ in L, so erfüllt h die Bedingungen (i) und (iii). Ist $E, F \in \mathcal{B}(\mathbb{R})$ und $E \cap F = \emptyset$, dann ist $E \perp F$, da $\mathcal{B}(\mathbb{R})$ eine Boolesche Algebra ist (siehe Abschnitt 10), und es gilt:

$$E \perp F \rightarrow E \subseteq F^\perp \rightarrow h(E) = h(E \cap F^\perp) = h(E) \cap (h(F))^\perp \rightarrow h(E) \perp h(F).$$

Also ist auch (ii) erfüllt.

Sei umgekehrt α eine zu L gehörige Observable. Dann ist $\alpha(\emptyset) = 0$ und $\alpha(\mathbb{R}) = 1$ auf Grund von (i).

Wegen $E' \cap E = \emptyset$ folgt nach (ii) $\alpha(E') \perp \alpha(E)$, was $\alpha(E') \leq (\alpha(E))^\perp$ und damit $\alpha(E') \cap \alpha(E) \leq (\alpha(E))^\perp \cap \alpha(E) = 0$ nach sich zieht. Also ist $\alpha(E') \cap \alpha(E) = 0$. Daneben gilt wegen (i) und (iii): $1 = \alpha(E' \cup E) = \alpha(E') \cup \alpha(E)$, woraus man mit Hilfe von Satz 10.10 erhält:

$$\alpha(E)^\perp = \alpha(E)^\perp \cap (\alpha(E) \cup \alpha(E')) = (\alpha(E)^\perp \cap \alpha(E)) \cup \alpha(E') = \alpha(E').$$

α ist ordnungstreu, denn ist in $\mathcal{B}(\mathbb{R})$ $M \subseteq N$, so können wir N in der Form $M \cup (N - M)$ darstellen und wegen $M \cap (N - M) = \emptyset$ gemäß (iii) schließen $\alpha(M) \leq \alpha(M) \cup \alpha(N - M) = \alpha(M \cup (N - M)) = \alpha(N)$.

Sei nun $E_1, E_2, \ldots$ eine Folge von Elementen aus $\mathcal{B}(\mathbb{R})$ und $E = \bigcup_{i=1}^{\infty} E_i$.

Wegen der Ordnungstreue von α ist $\alpha(E_i) \leq \alpha(E)$ und daher $\bigcup\limits_{i=1}^{\infty} \alpha(E_i) \leq \alpha(E)$. Um zu zeigen, daß auch umgekehrt $\alpha(E) \leq \bigcup\limits_{i=1}^{\infty} \alpha(E_i)$ ist, woraus dann folgt $\alpha(\bigcup\limits_{i=1}^{\infty} E_i) = \bigcup\limits_{i=1}^{\infty} \alpha(E_i)$, definieren wir Mengen F_i für $i \in \mathbb{N}$ wie folgt:

$$F_1 = E_1 \quad \text{und} \quad F_i = E_i - \bigcup_{j=1}^{i-1} E_j \quad \text{für } i = 2,3,\ldots$$

Für $i \neq j$, $i,j \in \mathbb{N}$, ist dann $F_i \cap F_j = \emptyset$, woraus wir auf Grund von (iii) erhalten

$$\alpha(\bigcup_{i=1}^{\infty} F_i) = \bigcup_{i=1}^{\infty} \alpha(F_i).$$

Berücksichtigen wir, daß gilt $\bigcup\limits_{i=1}^{\infty} F_i = E$ und $F_i \leq E_i$ für $i \in \mathbb{N}$, so ergibt sich damit

$$\alpha(E) = \bigcup_{i=1}^{\infty} \alpha(F_i) \leq \bigcup_{i=1}^{\infty} \alpha(E_i).$$

Aus $\alpha(\bigcup\limits_{i=1}^{\infty} E_i) = \bigcup\limits_{i=1}^{\infty} \alpha(E_i)$ folgt mit E_i' an Stelle von E_i unter Beachtung der Regeln a) aus Satz 10.16 und wegen $\alpha(E') = (\alpha(E))^{\perp}$:

$$\alpha(\bigcap_{i=1}^{\infty} E_i) = \alpha((\bigcup_{i=1}^{\infty} E_i')') = (\alpha(\bigcup_{i=1}^{\infty} E_i'))^{\perp} = (\bigcup_{i=1}^{\infty} \alpha(E_i'))^{\perp} = [\bigcup_{i=1}^{\infty} (\alpha(E_i))^{\perp}]^{\perp} = \bigcap_{i=1}^{\infty} \alpha(E_i),$$

womit auch die letzte Bedingung dafür, daß α ein σ-Homomorphismus ist, nachgewiesen ist.

Außer der Beschreibung von Observablen ist auch das Konzept des Zustandes eines quantenmechanischen Systems vom funktionalanalytischen in das abstrakte verbandstheoretische Modell übertragbar, und zwar derart, daß man im verbandstheoretischen Modell die Wahrscheinlichkeit dafür berechnen kann, daß ein Meßwert einer Observablen α innerhalb einer Borelmenge E liegt, falls sich das System in einem vorgegebenen Zustand befindet. Wir wollen darauf allerdings nicht weiter eingehen, sondern uns dem Problem zuwenden, diejenigen Logiken unter allen Logiken zu bestimmen, welche Überlegungen der klassischen Newtonschen Mechanik zu Grunde liegen.

Ein Charakteristikum der klassischen Mechanik ist, daß je zwei beliebige Observable A und B gleichzeitig meßbar sind. Dieser physikalische Sachverhalt kommt im Hilbertraum-Formalismus der Quantenmechanik dadurch zum Ausdruck, daß für die Spektralmaße α und β, welche zu den den Observablen A und B entsprechenden Operatoren A und B gehören, gilt: $\alpha(E)\beta(F) = \beta(F)\alpha(E)$ für alle $E,F \in \mathcal{B}(\mathbb{R})$. Auf Grund von Satz 10.11 ist $\alpha(E)\beta(F) = \beta(F)\alpha(E)$ genau dann, wenn $\alpha(E)$ und $\beta(F)$ im Verband P(H) vertauschbar sind. Dies nehmen wir zum Anlaß für folgende abstrakte Formulierung der gleichzeitigen Meßbarkeit:

Zwei zu einer Logik L gehörige Observable α und β heißen *gleichzeitig meßbar*, falls gilt $\alpha(E) \, C \, \beta(F)$ für alle $E,F \in \mathcal{B}(\mathbb{R})$.

Beispiel:

Bei einer ähnlichen Versuchsanordnung wie in Beispiel 1), von wo wir auch die Bezeichnungsweise übernehmen, lassen wir eben polarisiertes Licht zunächst einen Polarisator $P_{\frac{\pi}{4}}$ und sodann einen Polarisator $P_{\frac{\pi}{2}}$ durchqueren. (Siehe Abb.11.2.)

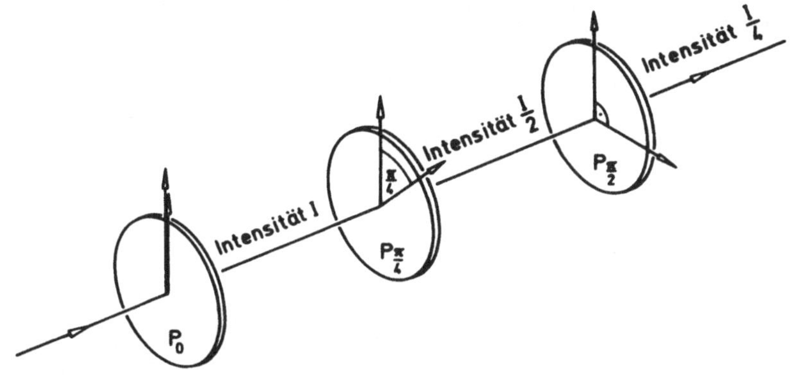

Abb.11.2

Die Wahrscheinlichkeit, daß ein Photon des eben polarisierten Lichtstrahls den Polarisator $P_{\frac{\pi}{4}}$ überlebt, ist gemäß Beispiel 1) $\cos^2(0-\frac{\pi}{4}) = \frac{1}{2}$, und die Wahrscheinlichkeit, daß ein Photon im Zustand $\psi_{\frac{\pi}{4}}$ den Polarisator $P_{\frac{\pi}{2}}$ überlebt, ist $\cos^2(\frac{\pi}{4}-\frac{\pi}{2}) = \frac{1}{2}$. Also ist die Gesamtwahrscheinlichkeit, daß ein einzelnes Photon des eben polarisierten Lichtstrahls überlebt, gleich $\frac{1}{4}$.

Ändern wir die Versuchsanordnung, indem wir die Polarisatoren $P_{\frac{\pi}{4}}$ und $P_{\frac{\pi}{2}}$ untereinander vertauschen, so ist die Gesamtwahrscheinlichkeit des Überlebens eines Photons 0, denn wegen $\cos^2(0-\frac{\pi}{2}) = 0$ überlebt das Photon bereits den ersten Polarisator nicht (mit Wahrscheinlichkeit 1).

Offensichtlich ergibt die aufeinanderfolgende Messung der Observablen $U_{\frac{\pi}{2}}$ und $U_{\frac{\pi}{4}}$, wenn sich das System im Zustand ψ_0 befindet, einen anderen Erwartungswert, als wenn zuerst $U_{\frac{\pi}{4}}$ und dann $U_{\frac{\pi}{2}}$ gemessen wird. Wie die Rechnung zeigt, würden wir zu diesem Ergebnis auch dann kommen, wenn es eine Versuchsanordnung gäbe, bei der ein Photon gleichzeitig beide Polarisatoren passiert. Es ist einfach prinzipiell nicht möglich, die Observablen $U_{\frac{\pi}{2}}$ und $U_{\frac{\pi}{4}}$ gleichzeitig zu messen!

Daß $U_{\frac{\pi}{2}}$ und $U_{\frac{\pi}{4}}$ nicht gleichzeitig meßbar sind, können wir auch rein verbandstheoretisch verifizieren.

Die unserem Beispiel zu Grunde liegende Logik L ist $P(E_2)$. Wie eine kurze Rechnung zeigt, ist die durch die Matrix U_Φ vermittelte Abbildung die Projektion von E_2 auf den Unterraum $M_\Phi = \{c(\cos\Phi, \sin\Phi) \mid c \in \mathbb{R}\}$. Wir bezeichnen diese Projektion ebenfalls mit U_Φ. Da jedes Zahlenpaar $(a,b) \in \mathbb{R}^2$ in der Form $(c\cos\Phi, c\sin\Phi)$ darstellbar ist (denn die Glei-

chungen a = c cos Φ, b = c sin Φ sind stets nach c und Φ auflösbar) ist
$\{M_\Phi \mid 0 \leq \Phi < \pi\}$ die Menge aller linearen Unterräume von E_2, und daher
sind die U_Φ abgesehen von 0 und I sämtliche Elemente von L. (Siehe
Abb.11.3.) Für $0 \leq \Phi < \frac{\pi}{2}$ ist $U_\Phi^\perp = U_{\Phi+\frac{\pi}{2}}$, wie aus $(\cos\Phi, \sin\Phi)(\cos\Theta, \sin\Theta) =$
$= \cos(\Phi - \Theta) = 0$ unmittelbar folgt.

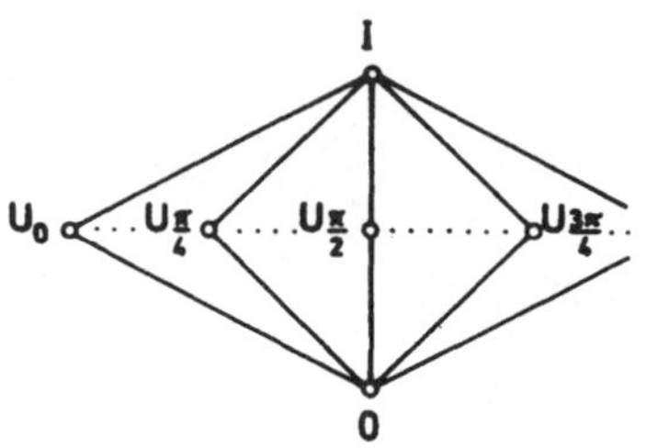

Abb.11.3

Ist $\alpha_{\frac{\pi}{4}}$ bzw. $\alpha_{\frac{\pi}{2}}$ das der Observablen $U_{\frac{\pi}{4}}$ bzw. $U_{\frac{\pi}{2}}$ zugeordnete Spektralmaß,
so ist $\alpha_{\frac{\pi}{4}}(\{1\}) = U_{\frac{\pi}{4}}$ und $\alpha_{\frac{\pi}{2}}(\{0\}) = U_{\frac{\pi}{2}}^\perp = U_0$. Die durch U_0 und $U_{\frac{\pi}{4}}$ erzeugte
Unteralgebra L_1 von L besteht wegen $U_0^\perp = U_{\frac{\pi}{2}}$ und $U_{\frac{\pi}{4}}^\perp = U_{\frac{3\pi}{4}}$ außer aus 0
und I aus den Elementen U_0, $U_{\frac{\pi}{4}}$, $U_{\frac{\pi}{2}}$ und $U_{\frac{3\pi}{4}}$. L_1 ist die kleinste Unterstruktur von L, welche U_0 von $U_{\frac{\pi}{4}}$ enthält. Da L_1 offensichtlich keine
Boolesche Algebra ist, kann gemäß Satz 10.15 nicht gelten $U_0 \, C \, U_{\frac{\pi}{4}}$. Damit
aber ist gezeigt, daß $\alpha_{\frac{\pi}{4}}(E) \, C \, \alpha_{\frac{\pi}{2}}(F)$ nicht für alle $E,F \in \mathcal{B}(\mathbb{R})$ gilt,
woraus folgt, daß die Observablen $U_{\frac{\pi}{4}}$ und $U_{\frac{\pi}{2}}$ nicht gleichzeitig meßbar
sind.

Wir wollen nun eine Antwort auf die Frage geben, welche Logiken Problemen der klassischen Mechanik zu Grunde liegen. Dazu vereinbaren wir
zunächst, daß für zwei Teilmengen M und N einer Logik L $M \, C \, N$ bedeute,
daß $x \, C \, y$ für alle $x \in M$ und $y \in N$ gilt, und geben ohne Beweis folgenden
(tiefliegenden) Satz an:

Satz 11.2: *Sei L eine Logik und $\{B_i \mid i \in I\}$ eine Menge von Booleschen
σ-Unteralgebren von L, sodaß gilt $B_i \, C \, B_j$ für alle $i,j \in I$. Dann existiert
eine Boolesche σ-Unteralgebra B von L, sodaß $B_i \subseteq B$ für alle $i \in I$.*

Gemäß den Ausführungen am Anfang von Abschnitt 9 bilden die Unterstrukturen der Logik L einen vollständigen Verband U_L. Sind B_1 und B_2 zwei
Boolesche σ-Unteralgebren von L, so kann man leicht einsehen, daß $B_1 \cap B_2$
wieder eine Boolesche σ-Unteralgebra von L ist, daß aber im allgemeinen
das Supremum von B_1 und B_2 in U_L keine Boolesche Unteralgebra und damit
erst recht keine σ-Unteralgebra ist. (Siehe Übungsaufgabe 5.)

Hilfssatz 11.3: *Sei h ein σ-Homomorphismus einer Booleschen σ-Algebra B
in eine Logik L. Dann ist h(B) eine Boolesche σ-Unteralgebra von L.*

Beweis: Wie am Ende von Abschnitt 8 ausgeführt wurde, gilt für einen Homomorphismus g einer Algebra M in eine Algebra N desselben Typs, daß g(M) eine Unteralgebra von N ist. Daher ist h(B) Unter-modularer Verband von L. Insbesondere stimmen deswegen auch die Verbandshalbordnungen in h(B) und L überein.

h(B) ist distributiv, denn zu $x,y,z \in h(B)$ existieren $a,b,c \in B$ mit h(a) = = x, h(b) = y und h(c) = z, und daher erhalten wir:

$$x \cup (y \cap z) = h(a) \cup (h(b) \cap h(c)) = h(a \cup (b \cap c)) = h((a \cup b) \cap (a \cup c)) =$$
$$= (h(a) \cup h(b)) \cap (h(a) \cup h(c)) = (x \cup y) \cap (x \cup z).$$

Dual dazu folgt $x \cap (y \cup z) = (x \cap y) \cup (x \cap z)$.

Ist $x_1, x_2, \ldots$ eine beliebige Folge von Elementen aus h(B), so existiert eine Folge $a_1, a_2, \ldots$ von Elementen aus B, sodaß $h(a_i) = x_i$ für $i = 1, 2, \ldots$, und mit $x = \bigcup_{i=1}^{\infty} x_i$ können wir schließen:

$$\bigcup_{i=1}^{\infty} a_i = \bigcup_{i=1}^{\infty} h(x_i) = h(x) \in h(B),$$

womit Hilfssatz 11.3 bewiesen ist.

Gehorcht ein System mit der Logik L den Gesetzen der klassischen Mechanik, so sind je zwei Observablen α und β aus der Menge $O(L)$ aller zu L gehörigen Observablen gleichzeitig meßbar, d.h. $\alpha(E) \, C \, \beta(F)$ für alle $E, F \in B(\mathbb{R})$. Daraus aber folgt, daß für alle $\alpha, \beta \in O(L)$ die Beziehung $\alpha(B(\mathbb{R})) \, C \, \beta(B(\mathbb{R}))$ gilt.

Da die Observablen nach Satz 11.1 σ-Homomorphismen sind und gemäß Hilfssatz 11.3 jedes σ-homomorphe Bild der Booleschen σ-Algebra $B(\mathbb{R})$ eine Boolesche σ-Unteralgebra von L ist, existiert daher nach Satz 11.2 eine Boolesche σ-Unteralgebra B von L, sodaß $\alpha(B(\mathbb{R})) \subseteq B$ für alle $\alpha \in O(L)$. Die Elemente von L, welche außerhalb von B gelegen sind, spielen also gar keine Rolle, und wir können daher B an Stelle von L bei sämtlichen Überlegungen zu Grunde legen, d.h., wir können jedem System der Newtonschen Mechanik als Logik eine Boolesche σ-Algebra zuordnen.

Ist umgekehrt die Logik L eines beliebigen quantenmechanischen Systems eine Boolesche σ-Algebra, dann gilt gemäß der Folgerung aus Satz 10.15 für jedes Paar x,y von Elementen aus L $\quad x \, C \, y$, woraus folgt: Für alle Observablen α, β, welche zur Logik L gehören, ist $\alpha(B(\mathbb{R})) \, C \, \beta(B(\mathbb{R}))$. Dies aber bedeutet, daß je zwei Observablen gleichzeitig meßbar sind, womit bewiesen ist:

<u>Satz 11.4</u>: *Die Aussagen der klassischen Mechanik zu Grunde liegenden Logiken sind genau die Booleschen σ-Algebren.*

<u>Übungen</u>

1. Eine Observable A kann die Werte $a_1, a_2, \ldots, a_n$ (und sonst keine Werte) annehmen. Es ist möglich, A durch n "Fragen" zu ersetzen. Durch welche?

2. Man zeige: Ordnet man in Beispiel 1 den Zuständen Z_Θ eines Photons an Stelle des (reellen) Vektors $(\cos\Theta, \sin\Theta)$ den komplexen Vektor

$$\left(\frac{1}{\sqrt{2}} e^{i\Theta}, \frac{1}{\sqrt{2}} e^{-i\Theta}\right)$$

und der Observablen U_Φ die Matrix

$$\begin{pmatrix} 1 & e^{2i\Theta} \\ e^{-2i\Theta} & 1 \end{pmatrix}$$

zu, so erhält man dieselben Resultate.

3. Für das einem Projektor P zugeordnete Spektralmaß π gilt $\pi(\{0,1\}) = 1$, $\pi(\{1\}) = P$. Man zeige, daß dadurch das Spektralmaß eindeutig bestimmt ist.

4. Man weise nach, daß $I - P$ derjenige Projektor ist, welcher die Negation einer Frage P darstellt, die dem Projektor P zugeordnet ist.

5. Man zeige an Hand des in Abb.10.2 b) dargestellten orthomodularen Verbandes V, daß im Verband der Unterstrukturen von V das Supremum zweier Boolescher Unteralgebren von V keine Boolesche Unteralgebra von V zu sein braucht.

12. AUSSAGENLOGIK

Aussagen sind sprachliche Gebilde, mit welchen wir den *Wahrheitswert* "wahr" oder "falsch" verbinden. "Tertium non datur" - eine dritte Möglichkeit lassen wir nicht zu (obwohl es auch von Interesse ist, "mehrwertige Logiken" zu betrachten).

"Weihnachten fällt heuer auf den 15. November" oder "$6 \equiv 4 \bmod 2$" sind Aussagen im vorgenannten Sinn, wohingegen "das interessante Buch" keine Aussage ist.

Wahren Aussagen ordnen wir das Einselement 1 aus der zweielementigen Booleschen Algebra B_2 zu, falschen Aussagen das Nullelement 0.

Aussagen können untereinander verknüpft werden: "$3\cdot 3 = 10$ oder Wien ist die Hauptstadt von Österreich" ist etwa eine Verknüpfung der Aussagen "$3\cdot 3 = 10$" und "Wien ist die Hauptstadt von Österreich".

Obwohl wir intuitiv eine Vorstellung vom Wahrheitsgehalt einer zusammengesetzten Aussage haben, ist es auf Grund von sprachlichen Mehrdeutigkeiten notwendig - manchmal sogar unerläßlich - den Wahrheitswert von zusammengesetzten Aussagen genau zu definieren. Dies kann mit Hilfe

von Tabellen geschehen, in denen angegeben wird, welcher Wahrheitswert
einer zusammengesetzten Aussage in Abhängigkeit von den Wahrheitswerten
der gegebenen Aussagen zukommt.

Für die Verknüpfungen "oder" (die *Disjunktion*), "und" (die *Konjunktion*)
und "nicht" (die *Negation*), für welche wir als Abkürzung die Symbole
$\vee, \wedge$ bzw. $\neg$ verwenden, sehen diese Tabellen für Aussagen A und B folgendermaßen aus:

A	B	$A \vee B$
1	1	1
1	0	1
0	1	1
0	0	0

A	B	$A \wedge B$
1	1	1
1	0	0
0	1	0
0	0	0

A	$\neg A$
1	0
0	1

Aus den angegebenen Tabellen entnehmen wir z.B., daß die Aussage "$3 \cdot 3 =$
$= 10$ oder Wien ist die Hauptstadt von Österreich" den Wahrheitswert 1
hat.

Durch wiederholte Anwendung der Verknüpfungen $\vee, \wedge, \neg$ kann man aus Aussagen $A_1, A_2, \ldots, A_n$ neue (zusammengesetzte) Aussagen $F(A_1, A_2, \ldots, A_n)$
bilden. (Um Klammern zu sparen vereinbaren wir, daß $\neg$ "stärker" binde
als die zweistelligen Verknüpfungen $\vee$ und $\wedge$.)

$((\neg A_1 \vee A_2) \wedge A_3) \vee A_1$ ist ein Beispiel für eine aus den Aussagen A_1, A_2
und A_3 "aufgebaute" Aussage. Diese Aussage ist schwer sprachlich exakt
formulierbar, wie etwa die Mehrdeutigkeit von "Nicht A_1 oder A_2 und A_3
oder A_1" zeigt. - Bei sprachlichen Formulierungen von Aussagen ist
stets Vorsicht geboten, da abgesehen davon, daß Verknüpfungen wie "oder",
"es sei denn" usw. verschiedene Interpretationsmöglichkeiten zulassen,
der Sinn oft auch nur von der Betonung abhängt.

Der Wahrheitswert einer Aussage $F(A_1, A_2, \ldots, A_n)$ läßt sich (bis auf den
Schreibaufwand) leicht mit Hilfe einer "*Wahrheitstafel*" ermitteln. -
Für die Aussage $((\neg A_1 \vee A_2) \wedge A_3) \vee A_1$ sieht diese folgendermaßen aus:

A_1	A_2	A_3	$\neg A_1$	$\neg A_1 \vee A_2$	$(\neg A_1 \vee A_2) \wedge A_3$	$((\neg A_1 \vee A_2) \wedge A_3) \vee A_1$
1	1	1	0	1	1	1
1	1	0	0	1	0	1
1	0	1	0	0	0	1
1	0	0	0	0	0	1
0	1	1	1	1	1	1
0	1	0	1	1	0	0
0	0	1	1	1	1	1
0	0	0	1	1	0	0

Für die zusammengesetzte Aussage $\neg A \lor B$ schreibt man (abkürzend) $A \to B$. Wie die Wahrheitstafel weiter unten zeigt, entspricht die Aussagenverknüpfung $\to$ der sprachlichen Wendung "wenn, dann". Die Verknüpfung $\to$ heißt *Subjunktion* (oder Implikation).

$A \leftrightarrow B$, die *Bijunktion* (oder Äquivalenz) von A und B steht als Abkürzung von $(A \to B) \land (B \to A)$ und bedeutet "A genau dann, wenn B" (siehe nachstehende Tabelle).

A	B	$A \to B$
1	1	1
1	0	0
0	1	1
0	0	1

A	B	$A \leftrightarrow B$
1	1	1
1	0	0
0	1	0
0	0	1

Ersetzen wir in einer zusammengesetzten Aussage $F(A_1, A_2, \ldots, A_n)$ die Aussagen $A_1, A_2, \ldots, A_n$ durch "*Aussagenvariable*" $X_1, X_2, \ldots, X_n$, welche Platzhalter für beliebige Aussagen sind, so erhalten wir eine "*Aussageform*" $F(X_1, X_2, \ldots, X_n)$ in $X_1, X_2, \ldots, X_n$.

Die Aussageform, welche wir auf diese Weise etwa aus der Aussage $((\neg A_1 \lor A_2) \land A_3) \lor A_1$ erhalten, ist $F(X_1, X_2, X_3) = ((\neg X_1 \lor X_2) \land X_3) \lor X_1$. Auch jede einzelne Aussagenvariable X_i, $i = 1, 2, \ldots, n$, wollen wir als Aussagenform in $X_1, X_2, \ldots, X_n$ betrachten.

Aussageformen können mittels der Operationen $\lor, \land$ und $\neg$ zu neuen Aussageformen verknüpft werden. Sei W_n die Menge aller Aussageformen in $X_1, X_2, \ldots, X_n$. W_n zusammen mit $\lor, \land$ und $\neg$ bildet eine algebraische Struktur. Man beachte, daß in dieser Struktur z.B. weder das Kommutativgesetz gegenüber $\lor$ noch das Assoziativgesetz gilt, denn $F_1 \lor F_2$ ist formal verschieden von $F_2 \lor F_1$ ("3·3 = 10 oder Wien ist die Hauptstadt von Österreich" ist ein anderes Satzgebilde als "Wien ist die Hauptstadt von Österreich oder 3·3 = 10"), und dasselbe gilt entsprechend für $F_1 \lor (F_2 \lor F_3)$ und $(F_1 \lor F_2) \lor F_3$.

Was sich einem beim Vergleich von $F_1 \lor F_2$ und $F_2 \lor F_1$ aufdrängt, ist die Assoziation, daß $F_1 \lor F_2$ und $F_2 \lor F_1$ denselben Wahrheitsgehalt haben, d.h., daß die durch die Wahrheitstafeln von $F_1 \lor F_2$ und $F_2 \lor F_1$ definierten Funktionen von B_2^n in B_2 gleich sind.

Durch jede Aussageform $F(X_1, X_2, \ldots, X_n)$ ist nämlich eine Funktion f von B_2^n in B_2 dadurch festgelegt, daß man jedem n-tupel $(x_1, x_2, \ldots, x_n)$ aus Wahrheitswerten 0 oder 1 denjenigen Wert $f(x_1, x_2, \ldots, x_n)$ zuordnet, welcher bei Belegung der Aussagenvariablen X_1 mit $x_1, \ldots, X_n$ mit x_n in der

Wahrheitstafel der zusammengesetzten Aussageform zukommt. Die Funktion f heißt die zu F gehörige *Wahrheitsfunktion*.

Die zur Aussageform $F(X_1,X_2,X_3) = (\neg X_1 \vee X_2) \wedge X_3) \vee X_1$ gehörige Wahrheitsfunktion ist z.B. $f(x_1,x_2,x_3) = x_1 \vee x_3$. Dies zeigt uns ein Vergleich der Wahrheitstafel von $F(X_1,X_2,X_3)$ (siehe oben) und der nachstehenden Funktionstabelle für f:

x_1	x_2	x_3	$x_1 \vee x_3$
1	1	1	1
1	1	0	1
1	0	1	1
1	0	0	1
0	1	1	1
0	1	0	0
0	0	1	1
0	0	0	0

Da gemäß Satz 10.4 jede n-stellige Funktion von B_2 eine Polynomfunktion ist, ist die Abbildung h, welche jeder Aussageform F in $X_1,X_2,\ldots,X_n$ ihre zugehörige Wahrheitsfunktion f zuordnet, eine Abbildung von der Algebra W_n (welche keine Boolesche Algebra ist - siehe oben) in die Boolesche Algebra $P_n(B_2)$ der n-stelligen Polynomfunktionen über B_2.

<u>Satz 12.1</u>: *Die Abbildung h, welche jeder Aussageform in $X_1,X_2,\ldots,X_n$ ihre zugehörige Wahrheitsfunktion zuordnet, ist ein surjektiver Homomorphismus der Algebra $\langle W_n;\vee,\wedge,\neg\rangle$ auf die Algebra $\langle P_n(B_2);\cup,\cap,'\rangle$.*

Beweis: Seien $F,F_1,F_2 \in W_n$, und sei $h(F) = f$, $h(F_1) = f_1$, $h(F_2) = f_2$. Dann gilt $h(F_1 \vee F_2) = f_1 \cup f_2$, $h(F_1 \wedge F_2) = f_1 \cap f_2$ und $h(\neg F) = f'$, wie die nachstehenden Wahrheitstafeln bzw. Funktionstabellen zeigen:

F_1	F_2	$F_1 \vee F_2$	$F_1 \wedge F_2$	f_1	f_2	$f_1 \cup f_2$	$f_1 \cap f_2$
1	1	1	1	1	1	1	1
1	0	1	0	1	0	1	0
0	1	1	0	0	1	1	0
0	0	0	0	0	0	0	0

F	$\neg$F	f	f'
1	0	1	0
0	1	0	1

Also ist h ein Homomorphismus.

h ist surjektiv, denn ist $p \in P_n(B_2)$ mit $p \neq 0$ und $\neq 1$, so gibt es eine Darstellung $w_p(x_1,x_2,\ldots,x_n)$ von p, in welcher keine Konstante vorkommt (etwa eine der beiden Normalformen), und wir erhalten eine Aussageform P, für welche gilt $h(P) = p$, wenn wir in $w_p(x_1,x_2,\ldots,x_n)$ alle x_i durch X_i, $i = 1,2,\ldots,n$, ersetzen. Ist aber $p = 0$ oder $p = 1$, so existieren wegen

$h(X_i \wedge \neg X_i) = 0$ und $h(X_i \vee \neg X_i) = 1$ für $i = 1,2,\ldots,n$ stets Elemente aus W_n, welche auf p abgebildet werden, w.z.z.w.

Eine Aussageform F, welche als zugehörige Wahrheitsfunktion die konstante Funktion 1 hat, heißt eine *Identität* (oder *Tautologie*). Eine Aussageform, welche 0 als zugehörige Wahrheitsfunktion hat, wird *Kontradiktion* genannt.

Zwei Aussageformen F_1 und F_2, welche bei dem (in Satz 12.1 erklärten) Homomorphismus auf dieselbe Wahrheitsfunktion abgebildet werden, heißen *semantisch äquivalent*.

Die semantische Äquivalenz ist gemäß dem Homomorphiesatz 5.2 bzw. dessen Beweis eine Äquivalenzrelation.

Um zu überprüfen, ob zwei gegebene Aussageformen F_1 und F_2 semantisch äquivalent sind, kann man die Wahrheitstafeln von F_1 und F_2 aufstellen und vergleichen. Einfacher ist es zumeist allerdings, zuerst $F_1(h(X_1), h(X_2),\ldots,h(X_n))$ und $F_2(h(X_1),h(X_2),\ldots,h(X_n))$ zu bilden, wobei die Operationszeichen von W_n entsprechend durch $\cup, \cap$ und $'$ ersetzt werden, die so erhaltenen Ausdrücke für $h(F_1)$ und $h(F_2)$ zu vereinfachen und anschließend die durch die vereinfachten Ausdrücke dargestellten Funktionen zu vergleichen.

Viele Beispiele der Unterhaltungsmathematik im Bereich der Aussagenlogik beruhen darauf, daß man zu einer durch eine Reihe von zumeist komplizierten Vorschriften gegebenen Aussageform eine dazu semantisch äquivalente Aussageform sucht, durch welche sich die Vorschriften erheblich vereinfachen lassen.

Beispiel (Vgl. [3]): Zu einer Besprechung sind drei Personen A,B und C eingeladen. C teilt mit: Wenn A kommt, dann komme ich auch. B informiert: Wenn A kommt, komme ich nicht, und C läßt die Veranstalter wissen: Wenn B nicht kommt, kommt auch C nicht.

Wird A an der Besprechung teilnehmen, und was kann man daraus schließen, wenn C zur Besprechung kommt?

Ist X_1 die Aussage "A kommt" und stehen X_2 und X_3 für "B kommt" bzw. "C kommt", so haben die Veranstalter die Information erhalten: $F(X_1,X_2,X_3) = (X_1 \rightarrow X_3) \wedge (X_1 \rightarrow \neg X_2) \wedge (\neg X_2 \rightarrow \neg X_3)$. Dies soll eine wahre Aussage sein. Wir trachten, die Aussage zu vereinfachen, indem wir F als Aussageform auffassen und mit Hilfe der zugehörigen Wahrheitsfunktion f eine zu F semantisch äquivalente, einfachere Aussageform suchen.

$$f(x_1,x_2,x_3) = (x_1' \cup x_3) \cap (x_1' \cup x_2') \cap ((x_2')' \cup x_3') =$$
$$= (x_1' \cup (x_3 \cap x_2')) \cap (x_2 \cap x_3)' =$$

$$= (x_1' \cap (x_2' \cap x_3)') \cup 0 = x_1' \cap (x_2 \cup x_3').$$

Also ist $G(X_1, X_2, X_3) = \neg X_1 \wedge (X_3 \to X_2)$ eine zu F semantisch äquivalente Aussageform. Ist F wahr, muß auch G wahr sein. Dies ist genau dann der Fall, wenn $\neg X_1$ und $X_3 \to X_2$ wahre Aussagen sind, womit gezeigt ist: A kommt auf keinen Fall zur Besprechung, und wenn C kommt, kommt auch B.

Die *Theorie des richtigen Schließens*, und zwar in dem Sinn, wie wir in der Mathematik Schlüsse ziehen, ist ebenfalls auf das Studium von Aussageformen und Wahrheitsfunktionen zurückzuführen.

Wir sagen (in der Mathematik): Die Aussageformen $F_1, F_2, \ldots, F_m$ *implizieren* eine Aussageform G oder aus den "Prämissen" $F_1, F_2, \ldots, F_m$ *folgt* G, u.Ä. - in Zeichen: $F_1, F_2, \ldots, F_m \Rightarrow G$ - wenn für jede Belegung der in G und $F_1, F_2, \ldots, F_m$ vorkommenden Aussagenvariablen durch Wahrheitswerte, bei denen jedes F_i, $i = 1, 2, \ldots, m$, den Wert 1 hat, auch G den Wert 1 annimmt. D.h., für jedes n-tupel $(x_1, x_2, \ldots, x_n)$ von Wahrheitswerten, für das gilt

$$h(F_1)(x_1, x_2, \ldots, x_n) = h(F_2)(x_1, x_2, \ldots, x_n) = \ldots =$$
$$= h(F_m)(x_1, x_2, \ldots, x_n) = 1,$$

muß auch $h(G)(x_1, x_2, \ldots, x_n) = 1$ sein. (G kann natürlich auch noch für andere Belegungen von Wahrheitswerten den Wert 1 haben; dies ist aber ohne Belang.)

Wir lassen auch zu, daß $\{F_1, F_2, \ldots, F_m\}$ die leere Menge ist. In diesem Fall muß G eine Identität sein.

Man beachte, daß in der Alltagssprache zwischen der Implikation $\Rightarrow$ und der Subjunktion $\to$ (welche oft ebenfalls Implikation genannt wird) nicht unterschieden wird! Während $F \Rightarrow G$ bedeutet, daß G aus F logisch korrekt gefolgert werden kann, darf aus $F \to G$ nicht mehr herausgelesen werden, als daß die Aussagen F und G zu einer neuen Aussage $F \to G = \neg F \vee G$ verknüpft wurden. - $F \Rightarrow G$ ist keine Aussage aus W_n, sondern eine Aussage über Aussageformen!

Ob $F_1, F_2, \ldots, F_m \Rightarrow G$ gilt, kann an Hand der Wahrheitstafeln von F_i, $i = 1, 2, \ldots, m$, und G nachgeprüft werden. Wir geben dafür ein

Beispiel: Zu überprüfen ist die Richtigkeit des Schlusses $X_1 \vee X_2, \neg X_1 \Rightarrow X_2$.

X_1	X_2	$X_1 \vee X_2$	$\neg X_1$	X_2
1	1	1	0	1
1	0	1	0	0
0	1	<u>1</u>	<u>1</u>	<u>1</u>
0	0	0	1	1

Sei $F_1 = X_1 \vee X_2$, $F_2 = \neg X_1$, $G = X_2$. Wir entnehmen der Wahrheitstafel, daß für alle Belegungen von X_1 und X_2, bei denen die Prämissen F_1 und F_2 den Wert 1 haben, auch G den Wert 1 hat (diese Werte sind in der Wahrheitstafel unterstrichen). Also ist der Schluß korrekt.

Weitere Möglichkeiten, die Gültigkeit eines Schlusses zu überprüfen, ergeben sich aus dem

<u>Satz 12.2</u>: *Folgende Bedingungen sind für Aussageformen $F_1, F_2, \ldots, F_m, G$ gleichbedeutend:*

(1) $F_1, F_2, \ldots, F_m \to G$.
(2) $F_1 \wedge F_2 \wedge \ldots \wedge F_m \to G$.
(3) $h(F_1) \cap h(F_2) \cap \ldots \cap h(F_m) \leq h(G)$.
(4) $h((F_1 \wedge F_2 \wedge \ldots \wedge F_m) \to G) = 1$.

Beweis: Daß (1) und (2) äquivalent sind, ergibt sich unmittelbar aus den Definitionen von $\to$ und $\wedge$.

Sei $F = F_1 \wedge F_2 \wedge \ldots \wedge F_m$. $F \to G$ bedeutet, daß für jede Belegung mit Wahrheitswerten, bei der F den Wert 1 hat, auch G den Wert 1 hat, woraus wegen $1 \leq 1$ und $0 \leq 1$ folgt $h(F) \leq h(G)$. Also erhalten wir aus (2) unter Berücksichtigung von $h(F) = h(F_1) \cap h(F_2) \cap \ldots \cap h(F_m)$ die Bedingung (3).

(3) zieht (4) nach sich, denn $h(F \to G) = h(\neg F \vee G) = h(F)' \cup h(G) = h(F)' \cup (h(F) \cup h(G)) = 1$, wegen $h(F) \leq h(G)$.

Aus (4) wiederum folgt (2), denn $h(F \to G) = h(F)' \cup h(G) = 1$ bedeutet, daß aus $h(F)' = 0$ stets $h(G) = 1$ folgt, was wegen der Äquivalenz von $h(F)' = 0$ und $h(F) = 1$ $F \to G$ nach sich zieht.

Damit aber ist gezeigt, daß die Bedingungen (1),(2),(3) und (4) äquivalent sind.

Weitere wichtige Schlußregeln, die häufig in der Mathematik Verwendung finden, sind:

$$F_1, F_2, \ldots, F_m \to F_i \quad \text{für } i = 1, 2, \ldots, m,$$
$$F_1, F_2, \ldots, F_m \to F_1 \wedge F_2 \wedge \ldots \wedge F_m.$$

Ferner: Gilt $F_1, F_2, \ldots, F_m \to G_j$ für $j = 1, 2, \ldots, r$ und $G_1, G_2, \ldots, G_r \to H$, so gilt auch $F_1, F_2, \ldots, F_m \to H$.

Die Richtigkeit dieser Schlußregeln ist unmittelbar einzusehen.

Unter einer *Schlußkette* aus der Prämissenmenge $\{F_1, F_2, \ldots, F_m\}$ versteht man eine endliche Folge von Aussageformen $S_1, S_2, \ldots, S_n$, bei der jedes S_i Prämisse ist oder aus einer Menge von vorhergehenden S_j gefolgert werden kann.

Wie man sofort sieht, gilt für das letzte Glied S_n einer Schlußkette aus $\{F_1, F_2, \ldots, F_m\}$: $F_1, F_2, \ldots, F_m \rightarrow S_n$.

<u>Satz 12.3</u>: $F_1, F_2, \ldots, F_m \rightarrow G$ *gilt sicher dann, wenn es eine Schlußkette aus der Prämissenmenge* $\{F_1, F_2, \ldots, F_m, \neg G\}$ *gibt, welche mit einer Kontradiktion endet.*

Beweis: Ist K das letzte Glied einer Schlußkette aus $\{F_1, F_2, \ldots, F_m, \neg G\}$, so gilt $F_1, F_2, \ldots, F_m, \neg G \rightarrow K$, woraus wegen Satz 12.2 folgt

$$h(F_1) \cap h(F_2) \cap \ldots \cap h(F_m) \cap h(\neg G) \leq h(K).$$

Ist K eine Kontradiktion, so ist $h(K) = 0$. In diesem Fall ist aber wegen $h(\neg G) = h(G)'$ der Ausdruck $h(F_1) \cap h(F_2) \cap \ldots \cap h(F_m) \cap h(G)' = 0$, woraus wir schließen können: Wann auch immer alle F_i, $i = 1,2,\ldots,m$, zugleich den Wert 1 haben, muß $h(G)' = 0$ sein. $h(G)' = 0$ ist aber gleichbedeutend mit $h(G) = 1$, sodaß wir erhalten: $F_1, F_2, \ldots, F_m \rightarrow G$.

Satz 12.3 ist die logische Grundlage für den indirekten Beweis.

Man kann versuchen, die Theorie des richtigen Schließens zu "formalisieren", indem man eine Menge von Schlußregeln angibt, aus denen nach gewissen Vorschriften weitere Schlußregeln hergeleitet werden können. Da nach Satz 12.2 $F \rightarrow G$ äquivalent zu $h(F \rightarrow G) = 1$ ist, genügt es dabei, eine Menge von Identitäten zu kennen und Regeln, nach denen aus diesen Identitäten neue gewonnen werden. Um alle möglichen Identitäten zu erhalten, muß allerdings sichergestellt sein, daß der *"formalisierte Aussagenkalkül"* vollständig ist, d.h., daß aus den vorgegebenen (zumeist sehr wenigen) Identitäten mit Hilfe der zugelassenen Regeln wirklich alle Identitäten, die es gibt, herleitbar sind. Ein Beispiel eines vollständigen formalisierten Aussagenkalküls mit vier Identitäten und drei Vorschriften zur Bildung neuer Identitäten ist u.a. in [3] angegeben.

In der Mathematik kommen häufig Aussagen der Art vor "es gibt höchstens ein x, sodaß" oder "für alle x gilt" oder "wenn es ein x gibt mit der Eigenschaft ..., dann ...". Solche Aussagen sind Aussagen mit *Quantifikatoren (Quantoren)*, welche in der sogenannten Prädikatenlogik untersucht werden.

<u>Übungen</u>

1. Seien F_1 und F_2 Aussageformen. Welcher Unterschied besteht zwischen $F_1 \leftrightarrow F_2$ und $F_1 \leftrightarrow F_2$?[1]

2. Was bedeutet $(F \rightarrow G) \rightarrow H$? Man gebe ein Beispiel für einen derartigen Schluß an.

3. Für zwei Aussagenvariable X_1 und X_2 sei $X_1 \mid X_2 = \neg(X_1 \wedge X_2)$. Man zeige, daß es zu $X_1 \vee X_2$, $X_1 \wedge X_2$ und $\neg X_1$ jeweils eine semantisch äquivalente Aussageform gibt, in welcher außer der Verknüpfung $\mid$ kein weiteres Verknüpfungszeichen vorkommt.

4. Man stelle zu der folgenden Aussageform F die Wahrheitstafel auf und gebe die
zu F gehörige Wahrheitsfunktion durch einen möglichst einfachen Ausdruck an.

$$F = ((X_1 \vee \neg X_2) \rightarrow (\neg X_1 \leftrightarrow X_3)) \vee \neg X_3$$

5. Man zeige, daß zwei Aussageformen F_1 und F_2 genau dann semantisch äquivalent
sind, wenn $F_1 \leftrightarrow F_2$ eine Identität ist.

6. Ein Polizeibericht enthält folgende Informationen bezüglich eines Einbruchs:
Der Täter ist mit Sicherheit aus dem Kreis der Personen A,B und C. Wenn A und
B nicht beide zugleich am Einbruch beteiligt waren, scheidet C als Täter aus.
Ist B schuldig oder C unschuldig, so kommt auch A als Täter nicht in Frage.
Wer von den drei Personen hat den Einbruch begangen?

7. Ist der Schluß $\neg(\neg F \vee G) \vee H, F \rightarrow \neg G \vee H$ korrekt?

13. SCHALTALGEBRA

In Abschnitt 1 haben wir die einfachsten elektrischen Schaltungen,
nämlich *Zweipol-Serienparallelschaltungen* kennengelernt. Diese haben
nach außen hin zwei Anschlüsse (Pole) und lassen sich aus Schaltern
(Kontakten) $X_1, X_2, \ldots$ mittels der Grundverbindungen *"Hintereinanderschalten"* und *"Parallelschalten"* aufbauen. Wir setzen voraus, daß
Schalter in beiden Richtungen Strom durchlassen können. Wie bereits
in Abschnitt 1 vereinbart, werden Schalter, die stets gleichzeitig
geöffnet oder geschlossen sind, mit demselben Buchstaben bezeichnet.
Ist ein Schalter genau dann geöffnet, wenn ein (anderer) Schalter X
geschlossen ist, so verwenden wir für ihn das Symbol X'.

Wir ordnen einer Zweipol-Serienparallelschaltung das Einselement 1
der zweielementigen Booleschen Algebra B_2 als *"Schaltwert"* zu, falls
(auf Grund der Stellungen der einzelnen Schalter) Strom von einem
Pol zum anderen fließen kann, und das Nullelement 0 aus B_2, wenn dies
nicht der Fall ist.

Fassen wir einzelne Schalter als "triviale" Zweipol-Serienparallel-
Schaltungen auf (siehe Abb.13.1), so ist dadurch jedem einzelnen
Schalter ein Schaltwert zugeordnet, nämlich 1, falls der Schalter ge-
schlossen ist, und 0, falls er geöffnet ist.

Abb.13.1

Schreiben wir $X_1 \vee X_2$ für die Parallelschaltung zweier Schalter bzw.
trivialer Schaltungen X_1 und X_2 und $X_1 \wedge X_2$ für deren Hintereinander-

schaltung, so haben die *"zusammengesetzten" Schaltungen* $X_1 \vee X_2$ und
$X_1 \wedge X_2$ in Abhängigkeit von den Schaltwerten von X_1 und X_2 folgende
Schaltwerte:

X_1	X_2	$X_1 \vee X_2$
1	1	1
1	0	1
0	1	1
0	0	0

X_1	X_2	$X_1 \wedge X_2$
1	1	1
1	0	0
0	1	0
0	0	0

Beachten wir ferner, daß die *"Schaltwerttafel"* von X' lautet

X	X'
1	0
0	1

so sehen wir, daß die angegebenen Tabellen genau mit den in Abschnitt 12
erklärten Wahrheitstafeln für $\vee, \wedge$ und $\neg$ übereinstimmen. Wir können daher die in Abschnitt 12 entwickelte Theorie der Aussageformen und Wahrheitsfunktionen auf Zweipol-Serienparallelschaltungen übertragen, mit
der (unwesentlichen) Einschränkung, daß beim Aufbau von Serienparallelschaltungen mittels der Grundverbindung $\vee, \wedge$ und ' die Operation ' stets
nur auf triviale Schaltungen ausgeübt werden darf, d.h., ' soll nur unmittelbar neben dem Symbol für einen Schalter stehen.

Bei der Übertragung der Überlegungen des letzten Abschnitts auf Serienparallelschaltungen wird der Begriff "Aussageform" durch *"Schaltungsform"* ersetzt, und an Stelle von "Wahrheitsfunktionen" sprechen wir
von *"Schaltfunktionen"*.

Eine Schaltungsform ist eine symbolische Darstellung einer Zweipol-
Serienparallelschaltung und hat genau denselben Informationsgehalt
wie die *"Schaltskizze"* der Schaltung. (Wir werden daher vielfach die
Begriffe "Schaltungsform" einer Schaltung und "Schaltung" als Synonyme
gebrauchen.)

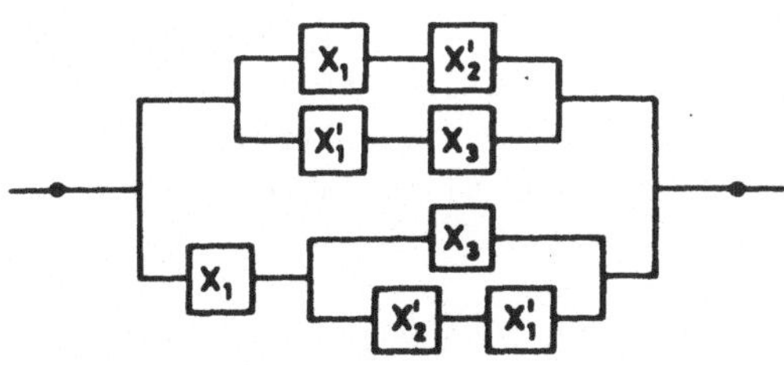

Abb.13.2

Die Schaltungsform der in Abb.13.2 wiedergegebenen Schaltung etwa
lautet: $F(X_1,X_2,X_3) = [(X_1 \wedge X_2') \vee (X_1' \wedge X_3)] \vee [X_1 \wedge (X_3 \vee (X_2' \wedge X_1'))]$.

Die Einschränkung des in Satz 12.1 definierten Homomorphismus h von
W_n in $P_n(B_2)$ auf die Menge der Schaltungsformen in $X_1,X_2,\ldots,X_n$ ist
eine surjektive Abbildung auf $P_n(B_2)$ (wie etwa die Normalformen der
Funktionen aus $P_n(B_2)$ unmittelbar zeigen). Also gilt:

*Für jede Schaltungsform $F(X_1,X_2,\ldots,X_n)$ ist $h(F) \in P_n(B_2)$, und umge-
kehrt existiert zu jeder Funktion p aus $P_n(B_2)$ eine Schaltungsform P,
sodaß $h(P) = p$. Ferner ist für zwei Schaltungsformen F_1 und F_2
$h(F_1 \vee F_2) = h(F_1) \cup h(F_2)$ und $h(F_1 \wedge F_2) = h(F_1) \cap h(F_2)$, und es ist
$h(X') = h(X)'$ für jeden Schalter X.*

Gilt für zwei Schaltungsformen F und G: $h(F) = h(G)$, so heißen die
Schaltungsformen bzw. Schaltungen F und G *äquivalent*.

Für die in Abb.13.2 wiedergegebene Schaltung berechnen wir als zugehörige Schaltfunktionen:

$$h(F) = [(x_1 \cap x_2') \cup (x_1' \cap x_3)] \cup [x_1 \cap (x_3 \cup (x_2' \cap x_1'))] =$$
$$= [(x_1 \cap x_2') \cup (x_1' \cap x_3) \cup x_1] \cap [(x_1 \cap x_2') \cup (x_1' \cap x_3) \cup x_3 \cup (x_2' \cap x_1')] =$$
$$= (x_1 \cup x_3) \cap [(x_2' \cap (x_1 \cup x_1')) \cup x_3] = (x_1 \cap x_2') \cup x_3 .$$

Da für die Schaltungsform $G(X_1,X_2,X_3) = (X_1 \wedge X_2') \vee X_3$ offensichtlich
$h(G) = h(F)$ gilt, sind die in Abb.13.2 und Abb.13.3 dargestellten
Schaltungen äquivalent.

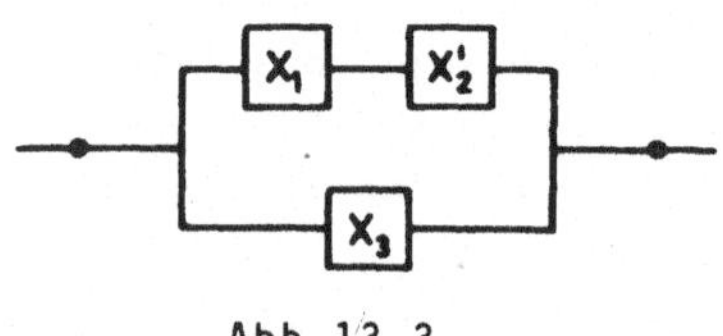

Abb.13.3

Bei unserem Beispiel sind wir auf zwei Grundprobleme der Theorie der
Serienparallelschaltungen gestoßen, nämlich auf die Analyse und die
Synthese von Schaltungen.

Bei der *Analyse einer Schaltung* geht es darum, zu einer gegebenen
Schaltung die zugehörige Schaltfunktion zu finden, bei der *Synthese
einer Schaltung* hingegen ist eine Schaltfunktion gegeben, und es wird
eine Schaltung gesucht, welche die gegebene Funktion als zugehörige
Schaltfunktion hat.

Das Problem der Synthese von Schaltungen, dem wir uns im folgenden
zuwenden wollen, ist im Prinzip stets dadurch lösbar, daß man zu der

(etwa durch ihre Wertetabelle) gegebenen Schaltfunktion eine ihrer
Normalformen bestimmt und in dieser die Variablen $x_1, x_2, \ldots, x_n$ und
die Operationen $\cup, \cap, '$ durch $X_1, X_2, \ldots, X_n$ bzw. $\vee, \wedge$ und $'$ ersetzt,
wodurch man eine Schaltungsform erhält, die technisch realisiert wer-
den kann. Dieses Verfahren stellt allerdings nur eine theoretische
Lösung des Problems dar, denn zumeist ist die aus der Normalform ge-
wonnene Schaltungsform sehr aufwendig und daher die so gefundene
Schaltung kompliziert. Man muß deshalb versuchen, zunächst eine möglichst einfache Darstellung der gegebenen Schaltfunktion zu finden.
Dies führt uns auf das Problem der "Minimalform". Um eine für technische Anwendungen "optimale" Darstellung einer Schaltfunktion (ihre
Minimalform) zu finden, gibt es mehrere Algorithmen, von denen das
Quine-Mc Clusky-Verfahren und die Methode der Minimierung mittels *Kar-
naugh-Diagrammen* erwähnt seien. Während das erste Verfahren darauf
abzielt, daß an der Darstellung der Schaltfunktion so viele Variable
als möglich ausgeschieden werden, wird bei der zweiten Methode auch
noch berücksichtigt, daß die Anzahl der auftretenden Glieder so gering
wie möglich ist.

Zu dem Minimierungs-Problem kommt in der Praxis oft noch dazu, daß eine
Schaltfunktion nur unvollständig gegeben ist und ihre Wertetabelle
erst geeignet ergänzt werden muß. Auch hierfür gibt es systematische
Verfahren.

Bei den folgenden Beispielen für die Synthese von Schaltungen wollen
wir bei der Ergänzung unvollständig gegebener Schaltfunktionen allerdings nicht systematisch vorgehen, sondern "nach dem Gefühl". Das gleiche gilt für Fragen der Minimierung.

Beispiel 1: In einem Kühlschrank soll stets eine Temperatur zwischen
6 und 9 Grad herrschen. Ist die Temperatur auf 9 Grad angestiegen,
soll das Kühlaggregat des Kühlschranks zu arbeiten anfangen und dann
solange in Betrieb bleiben, bis die Temperatur auf 6 Grad gesunken
ist. - Man konstruiere eine Schaltung, welche das Ein- und Ausschalten
des Kühlaggregats regelt, unter der Voraussetzung, daß ein Kontakt X_1
vorhanden ist, der bei Temperaturen unter 9 Grad den Schaltwert 0 und
bei Temperaturen über 9 Grad den Schaltwert 1 annimmt, ein Kontakt X_2
existiert, der bei Temperaturen über 6 Grad den Schaltwert 0 und sonst
den Schaltwert 1 hat, und es einen Kontakt X_3 gibt, der genau dann 1
als Schaltwert hat, wenn das Aggregat arbeitet. (Siehe nachstehendes
Schema.)

X_2 hat Wert 1		X_1 hat Wert 1	
	$6°$		$9°$

Die Zustände, welcher der Kühlschrank annehmen kann, sind durch die (möglichen) Werte der Kontakte X_1, X_2 und X_3 bestimmt. Sei $F(X_1, X_2, X_3)$ eine Schaltung, welche folgendes bewirkt: Fat F den Schaltwert 1, so wird der Schalter des Kühlaggregats betätigt, d.h., ist das Aggregat gelaufen, so wird es abgeschaltet, und war es abgeschaltet, so wird es in Betrieb gesetzt; hat F hingegen den Schaltwert 0, so wird der Schalter des Aggregats nicht betätigt.

Für die $F(X_1, X_2, X_3)$ zugeordnete Schaltfunktion $f(x_1, x_2, x_3)$ gilt dann:

$f(1,0,1) = 0$, $f(1,0,0) = 1$, $f(0,1,1) = 1$, $f(0,1,0) = 0$,
$f(0,0,1) = 0$, $f(0,0,0) = 0$.

Die Zustände $(1,1,1)$ und $(1,1,0)$ kommen nicht vor; wir können daher $f(1,1,1)$ und $f(1,1,0)$ willkürlich wählen. Setzen wir $f(1,1,1) = 1$ und $f(1,1,0) = 1$, so ist f vollkommen bestimmt. Die disjunktive Normalform von f lautet: $(x_1 \cap x_2 \cap x_3) \cup (x_1 \cap x_2 \cap x_3') \cup (x_1 \cap x_2' \cap x_3') \cup (x_1' \cap x_2 \cap x_3)$. Damit erhalten wir:

$$f = ((x_2 \cap x_3) \cap (x_1 \cup x_1')) \cup ((x_1 \cap x_3') \cap (x_2 \cup x_2')) = (x_1 \cap x_3') \cup (x_2 \cap x_3).$$

Durch "Probieren" ist zu erkennen, daß weder eine andere Wahl der unbestimmten Werte von f noch eine Umformung der gefundenen Darstellung eine "einfachere" Darstellung von f liefert. Also haben wir in $F(X_1, X_2, X_3) = (X_1 \wedge X_3') \vee (X_2 \wedge X_3)$ eine (nicht zu vereinfachende) Schaltung gefunden, welche das Kühlaggregat wie gewünscht steuert.

Beispiel 2: Gesucht ist eine Schaltung, durch die eine Lichtquelle mittels n verschiedener Schalter $X_1, X_2, \ldots, X_n$ von jedem einzelnen Schalter aus unabhängig von den übrigen Schaltern ein- und ausgeschaltet werden kann.

Sei $F_n(X_1, X_2, \ldots, X_n)$ eine solche Schaltung und $f_n(x_1, x_2, \ldots, x_n)$ die der Schaltung $F_n(x_1, x_2, \ldots, x_n)$ entsprechende Schaltfunktion. Wir nehmen $n \geq 2$ an, denn für $n = 1$ ist das Problem trivial.

Ist $n = 2$ und geht man davon aus, daß $f_2(1,1) = 0$ ist, so muß im Hinblick auf die übrigen Schalterstellungen gelten: $f_2(1,0) = 1$, $f_2(0,0) = 0$, $f_2(0,1) = 1$. Dadurch ist f_2 eindeutig bestimmt. Die disjunktive Normalform von f_2 lautet:

$$(x_1 \cap x_2') \cup (x_1' \cap x_2).$$

Setzt man (im Gegensatz zu vorhin) voraus, daß $f_2(1,1) = 1$ ist, so erhält man analog:

$$f_2 = (x_1' \cup x_2) \cap (x_1 \cup x_2') = (x_1 \cap x_2) \cup (x_1' \cap x_2').$$

Sei für $x, y \in P_n(B_2)$ eine Operation $\bullet$ definiert durch

$$x \bullet y := (x \cap y') \cup (x' \cap y).$$

Wie man (etwa unter Zuhilfenahme von Funktionstabellen) leicht nachprüft, ist die Operation $\oplus$ assoziativ. Ferner sieht man sofort, daß
$\oplus$ kommutativ ist und daß gilt $x' = x \oplus 1$. Damit ergibt sich weiters:
$1 \oplus 1 = 0$ (denn $1' = 1 \oplus 1$), $x' \oplus y' = x \oplus y$ (denn $x' \oplus y' = x \oplus 1 \oplus y \oplus 1$) und
$(x \oplus y)' = x' \oplus y = x \oplus y'$ (denn $(x \oplus y)' = x \oplus y \oplus 1 = x \oplus (y \oplus 1) = (x \oplus 1) \oplus y$).

Mit Hilfe der Operation $\oplus$ können wir die Funktion f_2 folgendermaßen
darstellen: $f_2 = x_1 \oplus x_2$ oder $f_2 = x_1 \oplus x_2 \oplus 1$.

Wir zeigen nun durch vollständige Induktion nach n, daß für $n \geq 2$ gilt:

$$f_n = x_1 \oplus x_2 \oplus \ldots \oplus x_n \quad \text{oder} \quad f_n = x_1 \oplus x_2 \oplus \ldots \oplus x_n \oplus 1.$$

Für $n = 2$ haben wir die Behauptung schon bewiesen. - Angenommen, die
Behauptung ist richtig für $n - 1$, und wir fügen zu einer Schaltung
$F_{n-1}(X_1, X_2, \ldots, X_{n-1})$, welche f_{n-1} als zugehörige Schaltfunktion hat,
noch einen Schalter X_n hinzu, sodaß die so entstehende Schaltung
$F_n(X_1, X_2, \ldots, X_n)$ das Gewünschte leistet, dann muß für die F_n zugehörige
Schaltfunktion f_n gelten:

$$f_n = f_{n-1} \oplus x_n \quad \text{oder} \quad f_n = f_{n-1} \oplus x_n \oplus 1.$$

Daraus aber folgt unmittelbar wegen $1 \oplus 1 = 0$:

$$f_n = x_1 \oplus x_2 \oplus \ldots \oplus x_n \quad \text{oder} \quad f_n = x_1 \oplus x_2 \oplus \ldots \oplus x_n \oplus 1.$$

Beide gefundenen Schaltfunktionen erfüllen die an die gesuchte Schaltung gestellten Bedingungen. Welche der Schaltfunktionen man als Schaltung realisieren wird, hängt davon ab, ob das Licht brennen sollte,
wenn $X_1, X_2, \ldots, X_n$ gleichzeitig geschlossen sind, oder nicht.

Für $n = 3$ ist $x_1 \oplus x_2 \oplus x_3 = (x_1 \cap (x_2 \oplus x_3)') \cup (x_1' \cap (x_2 \oplus x_3)) =$
$= [x_1 \cap ((x_2 \cap x_3) \cup (x_2' \cap x_3'))] \cup [x_1' \cap ((x_2 \cap x_3') \cup (x_2' \cap x_3))]$, woraus
wir ersehen, daß die in Abb.13.4 wiedergegebene Schaltung eine
Lösung unserer Aufgabe darstellt.

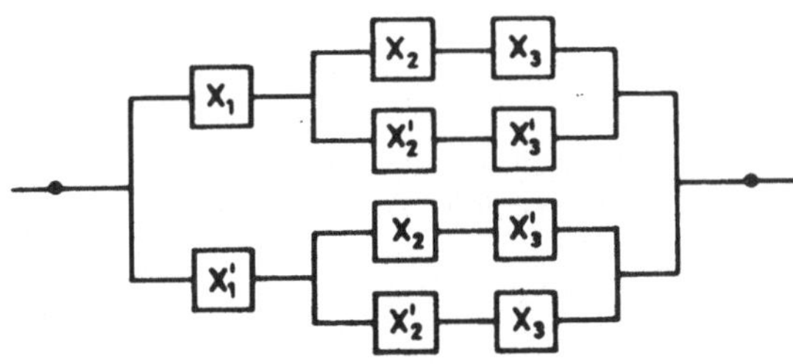

Abb.13.4

Zur technischen Realisierung einer Schaltungsform $F_n(X_1, X_2, \ldots, X_n)$
verwendet man vielfach *Kreuz-* und *Wechselschalter* (siehe Abb.13.5),

durch welche alle mit X_i und X_i' bezeichneten Kontakte zu einem Schalter S_i zusammengefaßt werden können, für i = 1,2,...,n.

Abb.13.5

Bei Verwendung von Kreuz- und Wechselschaltern hat die in Abb.13.4 dargestellte Schaltung das in Abb.13.6 wiedergegebene Schaltbild, und die Lösung unserer Aufgabe für n = 6 ist in Abb.13.7 dargestellt. (Davon, daß die Schaltungen tatsächlich f_3 bzw. f_6 als zugehörige Schaltfunktionen haben, überzeugt man sich leicht an Hand der möglichen Wege, in denen Strom von einem Pol zum anderen fließen kann.)

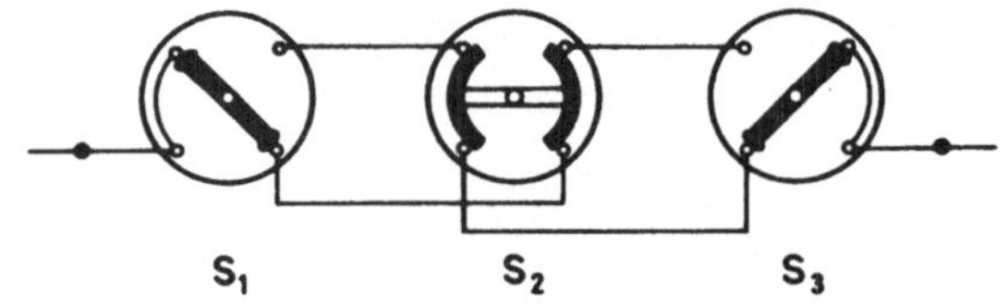

Abb.13.6.

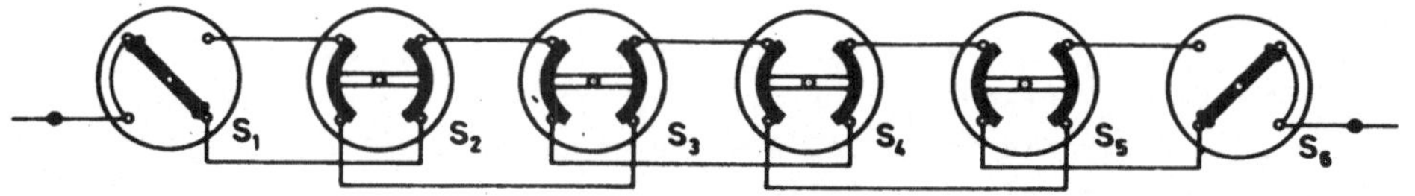

Abb.13.7

Wir haben uns hier auf Zweipol-Serienparallelschaltungen beschränkt. In der Praxis werden aber vielfach auch andere als Serienparallelschaltungen, wie z.B. Brückenschaltungen, verwendet, wodurch sich Schaltungen oft erheblich vereinfachen lassen. Darüber hinaus sind Zweipol-Schaltungen nur als Spezialfälle von n-Pol-Schaltungen mit n Anschlüssen nach außen anzusehen. Die Beschränkung auf Zweipol-Schaltungen ist aber insofern - zumindestens theoretisch - keine wesentliche Einschränkung, als sich n-Polschaltungen aus Zweipol-Schaltungen aufbauen lassen. Freilich ergeben sich bei der Analyse und Synthese von n-Pol-Schaltungen wegen der oft großen Anzahl n von Polen Probleme, die bei Zweipol-Schaltungen nicht auftreten. Zur Lösung derartiger Probleme gibt es aber ebenfalls mathematische Verfahren (siehe z.B. [3]).

<u>Übungen</u>

1. Gibt es in jeder Klasse von äquivalenten Schaltungen stets eine "optimale"
   Schaltung, wenn man die in Abschnitt 13 bei den Minimierungsverfahren angeführten Optimalitätskriterien zu Grunde legt?

2. Man fasse die in Abschnitt 12 durch Wahrheitstafeln gegebenen Wahrheitsfunktionen
   zu den Aussageformen

$$((\neg A_1 \vee A_2) \wedge A_3 \vee A_1, \quad A \rightarrow B \quad \text{und} \quad A \leftrightarrow B$$

   als Schaltfunktionen auf und realisiere diese durch Schalungen.

3. Man gebe eine Schaltung an, welche zu der in Abb.13.4 dargestellten Schaltung
   äquivalent ist.

4. Man zeige: Setzt man bei der in Beispiel 1 aus Abschnitt 13 (unvollständig)
   gegebenen Schaltfunktion f :

$$f(1,1,1) = f(1,1,0) = 0,$$

   so erhält man keine "Minimalform".

5. Man beweise: Definiert man in einer beliebigen Booleschen Algebra B

$$x \circ y = (x \cap y') \cup (x' \cap y) \quad \text{für } x,y \in B,$$

   so ist $\circ$ assoziativ.

6. Man löse das in Beispiel 2 aus Abschnitt 13 gestellte Schalt-Problem für den
   Fall n = 4 (mit und ohne Verwendung von Kreuz- und Wechselschaltern).

7. Man entwerfe eine Schaltung zur Addition zweier Zahlen, welche in Dualdarstellung
   gegeben sind.

EINLEITUNG

In Abschnitt 2 wurde der Begriff Halbgruppe eingeführt und an Hand von Beispielen erläutert. Im folgenden wollen wir zunächst einige *Elemente der Theorie der Halbgruppen*, insbesondere die Halbgruppen mit Einselement, vorstellen und uns sodann Anwendungen zuwenden. Eine der wichtigsten Anwendungen im Zusammenhang mit der Theorie der Halbgruppen, die *Automatentheorie*, ist allerdings derart umfangreich, daß wir sie nur in Ansätzen besprechen können. Das gleiche gilt von der mit der Automatentheorie in enger Beziehung stehenden *Theorie der formalen Sprachen*. Auch hier wollen wir nur einige Grundbegriffe vermitteln. In Kap. III gilt unser besonderes Interesse Anwendungen in der Biologie: Neben dem *DNS-Protein-Codierungsproblem*, bei dem ein biologischer Sachverhalt unmittelbar in die Sprache der Halbgruppen übertragen werden kann, werden wir ein mathematisches Modell für das *Wachstum von Zellsystemen* besprechen, zu dessen Darstellung wir die Theorie der formalen Sprachen heranziehen werden.

14. MONOIDE

Ist eine (endliche) Algebra $\langle H; \cdot \rangle$ durch ihre Operationstafeln gegeben, so ist es oft sehr langwierig nachzuprüfen, ob $\langle H; \cdot \rangle$ eine Halbgruppe, d.h., die Operation $\cdot$ assoziativ ist. Das Verfahren vereinfacht sich aber, wenn man ein Erzeugendensystem G von H kennt. In diesem Fall genügt es nämlich nachzuprüfen, ob für alle $x, y \in H$ und $g \in G$ gilt

$$x(gy) = (xg)y,$$

was für jedes $g \in G$ mit Hilfe von zwei aus der Operationstafel von H unmittelbar konstruierbaren Multiplikationstafeln für $x \cdot (gy)$ bzw. $(xg) \cdot y$ leicht durchführbar ist. (Siehe Beispiel weiter unten.) Die Richtigkeit dieses als *Assoziativitäts-Test von Light* bekannten Verfahrens ist folgendermaßen einzusehen: Angenommen, $x(gy) = (xg)y$ für alle $x, y \in H$ und $g \in G$, dann folgt insbesondere, daß das Assoziativgesetz für alle Elemente aus G gültig und daher bei Produkten von Elementen aus G eine Klammersetzung nicht notwendig ist bzw. Klammern willkürlich (sinnvoll) einfügbar sind (siehe Abschnitt 2), und wir erhalten:

Ist $z = g_1 g_2 \ldots g_n$ mit $g_i \in G$ für $i = 1, 2, \ldots, n$, dann ist

$$x(zy) = x[(g_1 g_2 \ldots g_n)y] = x[(g_1 g_2 \ldots g_{n-1})(g_n y)] =$$
$$= x\,[g_1 g_2 \ldots g_{n-2})(g_{n-1}(g_n y))] = \ldots = x[g_1(g_2 \ldots (g_n y) \ldots)] =$$
$$= [xg_1][g_2(g_3 \ldots (g_n y) \ldots)] = \ldots = [(\ldots (xg_1)g_2 \ldots)g_n]y =$$
$$= [(\ldots (xg_1)g_2 \ldots)g_{n-2})(g_{n-1}g_n)]y = \ldots =$$
$$= [x(g_1 g_2 \ldots g_n)]y = (xz)y$$

Also gilt das Assoziativgesetz für alle $x, y, z \in H$.

Beispiel: Wir testen die in der nachstehenden Operationstafel angegebene Operation auf Assoziativität:

·	a	b	c
a	a	b	c
b	b	c	a
c	c	a	b

Wegen $bb = c$ und $(bb)b = cb = a$, ist $\{b\}$ ein Erzeugendensystem der Algebra. Ersetzen wir in einem Fall in der Indexzeile der Operationstafel (oberste Zeile) die Elemente a, b, c durch $ba = b$, $bb = c$, $bc = a$ und im zweiten Fall in der Indexspalte (linke Spalte) die Elemente a, b, c durch $ab = b$, $bb = c$ und $cb = a$, so können wir aus der Operationstafel durch Umstellungen von Spalten bzw. Zeilen unmittelbar die folgenden beiden Multiplikationstafeln für $x \cdot (by)$ bzw. $(xb) \cdot y$ erhalten.

	b	c	a
a	b	c	a
b	c	a	b
c	a	b	c

	a	b	c
b	b	c	a
c	c	a	b
a	a	b	c

Da beide Tafeln übereinstimmen, ist die Operation · assoziativ. (Falls das Erzeugendensystem aus mehr als einem Element bestanden hätte, hätte das Verfahren auch noch für die übrigen erzeugenden Elemente durchgeführt werden müssen.)

In Abschnitt 2 haben wir gesehen, daß die Menge F_M aller Abbildungen von M in sich mit der Hintereinanderausführung $\circ$ von Abbildungen als Operation eine Halbgruppe bildet. Dieser als *symmetrische Halbgruppe von* M bezeichneten Halbgruppe kommt insofern spezielle Bedeutung zu, als gilt:

<u>Satz 14.1</u>: *Jede Halbgruppe ist in eine symmetrische Halbgruppe einbettbar.*

Beweis: Gegeben sei eine Halbgruppe $\langle H; \cdot \rangle$ und ein (beliebiges) Element $x_0 \notin H$. Wir bilden die Menge $M := H \cup \{x_0\}$ und definieren für jedes $h \in H$ eine Abbildung $t_h : M \to M$ durch $t_h(x_0) = h$ und $t_h(x) = hx$ für $x \neq x_0$. Die Menge $T_H = \{t_h \mid h \in H\}$ bildet dann eine Unterhalbgruppe von $\langle F_M; \cdot \rangle$, denn für $h, k \in H$ gilt:

$(t_h \circ t_k)(x_0) = t_h(t_k(x_0)) = t_h(k) = hk = t_{hk}(x_0)$ und

$(t_h \circ t_k)(x) = t_h(t_k(x)) = t_h(kx) = hkx = t_{hk}(x)$ für $x \in M$ mit $x \neq x_0$;

also ist $t_h \circ t_k = t_{hk} \in T_H$.

Nun betrachten wir die durch $g(h) = t_h$ definierte Abbildung von H in T_H. g ist offensichtlich bijektiv, und wegen

$g(hk) = t_{hk} = t_h \circ t_k = g(h) \circ g(k)$ für $h,k \in H$ ist g

ein Homomorphismus. Also ist H isomorph zur Unterhalbgruppe T_H von F_M, w.z.z.w.

Auf Grund von Satz 14.1 ist es möglich, die Elemente einer Halbgruppe als Abbildungen einer geeigneten Menge in sich aufzufassen. Dies ist manchmal als Vorstellungshilfe (insbesondere bei der Konstruktion von Beispielen) willkommen, bringt aber für das Rechnen in Halbgruppen kaum nennenswerte Vorteile.

Ein wichtiger Begriff in der Theorie der Halbgruppen ist der Begriff der *freien Halbgruppe*.

Wir betrachten die durch die weiter oben angegebene Operationstafel definierte Halbgruppe H mit der Trägermenge {a,b,c} und dem Erzeugendensystem {b}. Wie man sich mittels der Operationstafel sofort überzeugt, gilt in H: $xxxx = x$ für alle $x \in H$. Insbesondere folgt also für das H erzeugende Element b, daß b, bb, bbb alle möglichen verschiedenen Produkte sind, die man mit b bilden kann. Wegen $bb = c$ und $bbb = a$ sind b, bb, bbb paarweise verschieden. – Fällt bei einer durch ein Element b erzeugten Halbgruppe eine Beschränkung der Art $x^m = x^n$ mit $m,n \in \mathbb{N}$, $m \neq n$, weg – wie üblich schreiben wir abkürzend x^n für das n-fache Produkt von x mit sich selbst – d.h., sind b, bb, bbb, bbbb, ... alle paarweise verschieden, so wird die Halbgruppe eine *durch b frei erzeugte Halbgruppe* bzw. eine *freie Halbgruppe mit freiem Erzeugendensystem* {b} genannt.

Nun nehmen wir an, eine Halbgruppe H_B werde durch n Elemente $b_1, b_2, \ldots, b_n$ mit $\{b_1, b_2, \ldots, b_n\} = B$ erzeugt. Wiederum betrachten wir alle möglichen (endlichen) Produkte, die man aus Elementen von B bilden kann. Falls gilt, daß zwei solche Produkte genau dann dasselbe Element von H_B darstellen, falls sie bis auf die Klammersetzung formal gleich sind, d.h., dieselbe Zeichenfolge (dasselbe "*Wort*") sind, dann heißt H_B eine *freie Halbgruppe mit freiem Erzeugendensystem* B bzw. eine *durch B frei erzeugte Halbgruppe*.

Ist H_A eine durch $A = \{a_1, a_2, \ldots, a_n\}$ frei erzeugte Halbgruppe (mit ebenfalls n freien Erzeugenden), so kann man vermöge der Abbildung $h(a_i) = b_i$ für $i = 1,2,\ldots,n$ leicht einsehen, daß H_A und H_B isomorph sind. *Bis auf Isomorphie gibt es also nur eine freie Halbgruppe mit n freien Erzeugenden.*

Nun konstruieren wir aus der freien Halbgruppe H_B eine neue Halbgruppe M_B, indem wir zu H_B noch die Bildung des "leeren Wortes" $\emptyset$ als null-stellige Operation hinzunehmen und festlegen: Für $x,y \in H_B$ sei xy in M_B gleich dem Produkt xy in H_B, und für $\emptyset$ gelte: $\emptyset x = x\emptyset = x$ für alle $x \in H_B$ sowie $\emptyset\emptyset = \emptyset$. Offensichtlich ist M_B eine Halbgruppe mit Einselement. Diese wird als *freies Monoid mit dem freien Erzeugendensystem* B bzw. als *durch B frei erzeugtes Monoid* bezeichnet. - Der Name freies Monoid kommt daher, daß eine Halbgruppe mit Einselement auch *Monoid* genannt wird.

Analog wie bei den freien Halbgruppen erkennt man, daß es *bis auf Isomorphie genau ein freies Monoid mit* n *freien Erzeugenden* gibt, welches wir mit M_n bezeichnen. Sprechen wir im folgenden vom freien Monoid M_n, so meinen wir stets ein freies Monoid mit n freien Erzeugenden, für welche wir noch keine Bezeichnungen festgelegt haben. Für das Eins-element von M_n verwenden wir immer das Symbol $\emptyset$.

Betrachten wir nun wieder das weiter oben besprochene Beispiel der Halb-gruppe H mit der Trägermenge $\{a,b,c\}$ welche durch b erzeugt wird. H ist ein Monoid, denn a ist ein Einselement. Definieren wir $h(x_1) = b$, wobei x_1 das frei erzeugende Element von M_1 bezeichne, so läßt sich leicht einsehen, daß h durch die Festlegung $\bar{h}(x_1^k) = (h(x_1))^k$ für $k \in \mathbb{N}$ und $\bar{h}(\emptyset) = a$ zu einem Homomorphismus $\bar{h}$ von M_1 auf H fortsetzbar ist. Auf analoge Weise erkennt man, daß jedes beliebige durch ein Element erzeugte Monoid homomorphes Bild von M_1 ist, ja es gilt noch mehr: Jedes Monoid mit n Erzeugenden ist homomorphes Bild von M_n. Dies folgt aus dem nachstehenden

<u>Satz 14.2</u>: *Ein Monoid* M *ist genau dann ein freies Monoid mit (endlichem) freien Erzeugendensystem* B, *wenn gilt:* B *erzeugt* M, *und jede Abbildung* h *von* B *in ein beliebiges Monoid* H *läßt sich in eindeutiger Weise zu einem Homomorphismus von* M *in* H *fortsetzen.*

Beweis: Sei M ein freies Monoid mit freiem Erzeugendensystem $B = \{b_1, b_2, \ldots, b_n\}$ und Einselement $\emptyset$ und h eine Abbildung von B in ein Monoid H mit Einselement e. Jedes $w \in M$ mit $w \neq \emptyset$ ist dann eindeutig darstellbar in der Form $b_{i_1} b_{i_2} \ldots b_{i_k}$ mit $b_{i_v} \in B$ für $v = 1, 2, \ldots, k$.

Definieren wir $\bar{h}(w) = h(b_{i_1}) h(b_{i_2}) \ldots h(b_{i_k})$ und $\bar{h}(\emptyset) = e$, so hat $\bar{h}$ offen-sichtlich die Eigenschaft: $\bar{h}(w_1 w_2) = \bar{h}(w_1) \cdot \bar{h}(w_2)$ für $w_1, w_2 \in M$. - Angenommen, h' ist ein weiterer Homomorphismus, welcher h fortsetzt, so folgt

$$h'(w) = h'(b_{i_1} b_{i_2} \ldots b_{i_k}) = h'(b_{i_1})\, h'(b_{i_2}) \ldots h'(b_{i_k}) =$$
$$= h(b_{i_1}) h(b_{i_2}) \ldots h(b_{i_k}) = \bar{h}(b_{i_1} b_{i_2} \ldots b_{i_k}) = \bar{h}(w) \text{ und } h'(\emptyset) = e = \bar{h}(\emptyset).$$

Also ist $\bar{h}$ eindeutig.

Hat umgekehrt ein durch $B = \{b_1, b_2, \ldots, b_n\}$ erzeugtes Monoid M mit Einselement e die Eigenschaft, daß jede Abbildung h von B in ein beliebiges Monoid H (in eindeutiger Weise) zu einem Homomorphismus $\bar{h}$ fortsetzbar ist, so wählen wir H gleich M_n, wobei wir die freien Erzeugenden von M_n mit $x_1, x_2, \ldots, x_n$ bezeichnen, und betrachten sodann die Abbildung $h(b_i) = x_i$ für $i = 1, 2, \ldots, n$. Angenommen, in M würde für zwei verschiedene Zeichenfolgen $b_{i_1} b_{i_2} \ldots b_{i_k}$ und $b_{j_1} b_{j_2} \ldots b_{j_l}$ mit $i_1, i_2, \ldots, i_k,$ $j_1, j_2, \ldots, j_l \in \{1, 2, \ldots, n\}$ gelten $b_{i_1} b_{i_2} \ldots b_{i_k} = b_{j_1} b_{j_2} \ldots b_{j_l}$, so wäre in M_n $x_{i_1} x_{i_2} \ldots x_{i_k} = x_{j_1} x_{j_2} \ldots x_{j_l}$ im Widerspruch dazu, daß M_n frei ist.

Also ist M ein freies Monoid mit freien Erzeugendensystem B.

Als *Beispiel* zu Satz 14.2 betrachten wir die Abbildung ℓ des freien Erzeugendensystems $X = \{x_1, x_2, \ldots, x_n\}$ des freien Monoids M_n in das Monoid $\langle \mathbb{N}_0 ; +, 0 \rangle$, welche erklärt ist durch $\ell(x_i) = 1$ für $i = 1, 2, \ldots, n$. Gemäß Satz 14.2 läßt sich ℓ in eindeutiger Weise zu einem Homomorphismus λ von M_n in $\mathbb{N}_0$ fortsetzen. Für den Homomorphismus λ gilt dann $\lambda(\emptyset) = 0$, und $\lambda(w) = $ Anzahl der in w vorkommenden x_i, wobei jedes x_i mit seiner Vielfachheit gezählt wird, für $w \neq \emptyset$. $\lambda(w)$ heißt die *Länge des Elements (Wortes)* w. Im nächsten Abschnitt wird für uns die Frage von Interesse sein, inwiefern eine injektive Abbildung h des Erzeugendensystems eines freien Monoids in ein anderes freies Monoid zu einem *injektiven* Homomorphismus $\bar{h}$ fortsetzbar ist. (Ohne die Forderung, daß der Homomorphismus $\bar{h}$ injektiv zu sein braucht, ist nach Satz 14.2 eine Fortsetzung stets möglich.)

Bei der Definition der frei erzeugten Halbgruppe bzw. des freien Monoids haben wir vorausgesetzt, daß das Erzeugendensystem eine endliche Menge ist. Diese Voraussetzung ist für die Theorie der freien Halbgruppen ohne Bedeutung (und könnte daher in unserer Darstellung nach einigen wenigen formalen Änderungen fallen gelassen werden).

<u>Übungen</u>

1. Wie sehen alle Elemente des freien Monoids M_2 aus? Wieviele Elemente hat das freie Monoid M_2?

2. Man führe den Assoziativitäts-Test von Light für die in Abschnitt 2 angegebene Operationstafel der Symmetriegruppe des Ammoniaks durch.

3. Man zeige: Die Restklassen $\bar{0}, \bar{3}, \bar{6}, \bar{9}$ mod 12 bilden bezüglich der Multiplikation ein Monoid, welches jedoch kein Untermonoid von $\langle \mathbb{Z}/\Theta_{12} ; \cdot, \bar{1} \rangle$ ist.

4. Man bette die im vorangegangenen Abschnitt betrachtete Halbgruppe mit der
Trägermenge $\{a,b,c\}$ in eine symmetrische Halbgruppe ein. Wie sehen die Abbildungen
aus, welche den Elementen a,b,c entsprechen?

5. Man zeige: M_n ist für $n < m$ ein Untermonoid von M_m.

15. DAS DNS-PROTEIN-CODIERUNGSPROBLEM

Beim Aufbau und der Steuerung von Organismen spielen *Proteine* (Eiweiß-
stoffe) eine bedeutende Rolle. Proteine sind "Riesenmoleküle", welche
sog. Polypeptidketten bilden, bei denen Aminosäuren-Reste in einer
gewissen Reihenfolge, welche Struktur und Eigenschaften des Proteins
bestimmt, vorkommen. Insgesamt (etwa) 20 verschiedene Aminosäuren-Reste
- jeder davon in vielfacher Wiederholung - treten in einer Polypeptid-
kette auf. Die Folge der Aminosäuren-Reste in einem Protein wird ihrer-
seits durch sog. *Desoxyribonukleinsäure (DNS)* bestimmt. Ein DNS-Molekül
ist ebenfalls ein "linear polymerisiertes" Großmolekül, welches sich aus
vier Grundbestandteilen, genannt Nukleotide, aufbaut. Durch die Angabe
einer Folge von (größenordnungsmäßig etwa 2.10^5) Nukleotiden, ist ein
DNS-Molekül in seiner Struktur eindeutig bestimmt. Gleichsam wie von
einer Matrize wird bei der Bildung eines Proteins von der Folge der
Nukleotiden der DNS die Folge der Aminosäuren-Reste des Proteins abge-
lesen. Mathematisch gesprochen bedeutet dies, daß jeder Folge von
Aminosäuren-Resten, welche einer 20-elementigen Menge entstammen, umkehrbar eindeutig eine Folge von Nukleotiden, welche einer vier-elementigen
Menge angehören, entspricht. Diese umkehrbar eindeutige Zuordnung wird
als eine *DNS-Protein-Codierung* bezeichnet.

Wenngleich auch bekannt ist, welches Protein durch ein gegebenes DNS-
Molekül bestimmt wird (*genetischer Code*), so gibt es umgekehrt
(theoretisch?) mehrere DNS-Moleküle, welche dasselbe Protein erzeugen,
so daß sich die Frage stellt, welche DNS in der Natur zur Bildung eines
gegebenen Proteins verwendet wird, d.h., welche DNS einem Protein bei
der Codierung zugeordnet ist.

Im folgenden wollen wir die Frage beantworten, *wieviele DNS-Protein-
Codierungen a priori theoretisch möglich sind* und wie es sich mit der
Anzahl der theoretisch möglichen Codes verhält, wenn man vom DNS-Protein
Code noch eine gewisse Gesetzmäßigkeit (die "Ergodizität") verlangt.

Als mathematisches Modell zur Beschreibung eines DNS-Protein Codes
bietet sich eine Übertragung in den Formalismus der freien Monoide an.

Fassen wir jede Folge von Aminosäuren-Resten als Element des freien
Monoids M_{20} und jede Folge von Nukleotiden als Element des freien

Monoids M_4 auf, wobei im ersten Fall die 20 verschiedenen Aminosäuren-Reste und im zweiten Fall die vier Nukleotide den freien Erzeugenden entsprechen, so ist ein DNS-Protein-Code eine eineindeutige Abbildung h. von M_{20} in M_4 mit $h(\emptyset) = \emptyset$. Sind w_1, w_2 (bzw. v_1, v_2) zwei Folgen von Aminosäuren-Resten (von Nukleotiden), so ist $w_1 w_2$ ($v_1 v_2$) diejenige Folge von Aminosäuren-Resten (Nukleotiden), die man erhält, wenn man zuerst die Elemente von w_1 (von v_1) und dann die Elemente von w_2 (von v_2) als Folgenglieder betrachtet. In der Biochemie nimmt man (als gesichert) an, daß für jede aus w_1 und w_2 zusammengesetzte Folge $w = w_1 w_2$ das durch w bestimmte Protein durch diejenige Folge von Nukleotiden codiert wird, die man erhält, wenn man die Folgen von Nukleotiden aneinanderreiht, welche die durch w_1 bzw. w_2 bestimmten Proteine codieren. Mathematisch heißt das, daß $h(w_1 w_2) = h(w_1) \, h(w_2)$, also die Abbildung h ein injektiver Homomorphismus von M_{20} in M_4 ist.

Die Frage, wieviele DNS-Protein-Codierungen theoretisch möglich sind, lautet daher im mathematischen Modell: "Wieviele verschiedene injektive Homomorphismen von M_{20} in M_4 existieren?
Antwort gibt der folgende Satz (den wie hier nicht beweisen; zum Beweis verweisen wir auf [31]).

<u>Satz 15.1</u>: *Es gibt abzählbar-unendlich viele injektive Homomorphismen von* M_{20} *in* M_4.

Also gibt es theoretisch (abzählbar-) unendlich viele DNS-Protein-Codes. Um dem Problem näherzukommen, wieviele Codes in der Natur realisiert sind, versucht man, durch Voraussetzung vermuteter Eigenschaften des DNS-Protein-Codes die Anzahl der potentiell möglichen Codes einzuengen.

Eine dieser Eigenschaften ist die *Ergodizität* des Codes.

Bei der Übermittlung von Nachrichten werden von einer Nachrichtenquelle stets Folgen von Symbolen ausgesendet. Sind $a_1, a_2, \ldots, a_n$ die Elemente, aus denen die Nachrichten-Folgen gebildet werden, so heißt die Nachrichtenquelle ergodisch, falls für alle gesendeten Wörter v von "hinreichend großer Länge" die relative Häufigkeit des Vorkommens der einzelnen "Buchstaben" jeweils konstant ist, d.h., ist $\lambda(v)$ die Gesamtzahl der in v vorkommenden Symbole ($v \neq \emptyset$) und $\lambda_i(v)$ die Zahl, die angibt, wie oft a_i in v auftritt, so ist für alle gesendeten Wörter v von hinreichend großer Länge $\dfrac{\lambda_i(v)}{\lambda(v)}$ konstant für $i = 1, 2, \ldots, n$.

Setzen wir $\dfrac{\lambda_i(v)}{\lambda(v)} = p_i$, so ist $\sum_{i=1}^{n} p_i = 1$.

Seien nun n rationale Zahlen $p_1, p_2, \ldots, p_n$ mit $p_i \geq 0$ und $\sum_{i=1}^{n} p_i = 1$ gegeben, und lassen wir den Zusatz, daß nur Wörter aus M_n von hin-

reichend großer Länge betrachtet werden, fallen. Man kann dann leicht
beweisen (siehe Obungsaufgabe 2.), daß die Menge $E(p_1, p_2, \ldots, p_n) =$

$$= \{v \mid v \in M_n, \; v \neq \emptyset \; \frac{\lambda_i(v)}{\lambda(v)} = p_i \text{ für } i = 1, 2, \ldots, n\} \cup \{\emptyset\} \text{ ein Untermonoid von}$$

M_n bildet. Ein derartiges Untermonoid wird ein *ergodisches Untermonoid*
von M_n genannt.
Bei der DNS-Protein-Codierung werden Polypeptidketten durch Folgen von
Nukleotiden codiert, welche man als Nachrichten, die von einer Quelle
ausgesendet werden, auffassen kann.

Eine DNS-Protein-*Codierung* h heißt *ergodisch*, falls $\{h(w) \mid w \in M_{20}\}$ ein
ergodisches Untermonoid von M_4 bildet.

Im Hinblick darauf, daß viele natürliche Codierungsprozesse annähernd
ergodischen Charakter haben (vgl. hierzu Obungsaufgabe 3.) gilt etwas
überraschend folgender Satz (für dessen Beweis wir auf [31] verweisen):

<u>Satz 15.2</u>: *Kein DNS-Protein-Code ist ergodisch.*

Diese auf mathematischem Weg gefundene Tatsache ist folgendermaßen
interpretierbar:
1. Die in der Natur vorkommenden Codes sind nicht ergodisch (was der
   Vorstellung eines einfachen statistischen Charakters der Codes
   widerspricht), oder
2. Die in der Natur realisierten DNS-Protein-Codes sind wohl ergodisch,
   aber nicht alle Polypeptidketten können codiert werden (auch wenn
   sie in der Natur vorkommen).

Mathematisch gesehen bedeutet die Annahme 2., daß nur für eine Teilmenge
von M_{20} (nämlich der Menge der tatsächlich durch h codierten Polypeptidketten) gilt, daß das Bild unter h ein ergodisches Untermonoid von M_4
ist.

Natürlich hängt die Eigenschaft "ergodisch sein", eines DNS-Protein-
Codes sehr wesentlich von der Definition der Ergodizität ab, und es
wurde auch schon versucht, diese Definition geeignet zu modifizieren
(siehe [32]). - Bisher ist allerdings noch kein mathematisches Modell
gefunden worden, mit dessen Hilfe die Frage nach der Anzahl der
DNS-Protein-Codes hinlänglich geklärt werden hätte können.

<u>Obungen</u>

1. Man zeige: Es existiert ein injektiver Homomorphismus von M_4 in M_2. (Hinweis: Sind
   a_1, a_2 die Erzeugenden von M_2, so betrachte man die Elemente $b_1 = a_1 a_1$, $b_2 = a_2 a_2$,
   $b_3 = a_1 a_2$, $b_4 = a_2 a_1$.)

2. Man zeige: Die Menge $E(p_1, p_2, \ldots, p_n)$(siehe oben) bildet ein Untermonoid von M_n.

3. Für zwei (oder drei) Buchstaben überprüfe man an Hand einiger Seiten eines Buches (wobei der Text jeder Seite als ein einziges "Wort" aufgefaßt werde), die Deutsche Sprache in Hinblick auf Ergodizität.

16. ELEMENTE DER AUTOMATENTHEORIE

Allen aus dem Alltag bekannten Automaten wie z.B. Telefonautomat, automatischer Waschmaschine, Computer usw. sind in ihrer Arbeitsweise Prinzipien gemeinsam, welche Gegenstand der *algebraischen Automatentheorie* sind.

Der einfachste Typ eines Automaten ist der endliche, deterministische, vollständige Halbautomat - im folgenden kurz als Halbautomat bezeichnet.

Ein *Halbautomat* ist eine Apparatur, die endlich viele *Zustände* annehmen kann, welche durch Eingabe von Signalen veränderbar sind. Die Signale kann man als Zeichen eines nicht-leeren *"Eingabealphabetes"* $X = \{x_1, x_2, \ldots, x_n\}$ ansehen, welche aufeinanderfolgend - wobei jedes Zeichen beliebig, aber nur endlich oftmalig vorkommen kann - in den Halbautomaten "eingegeben" und von diesem verarbeitet werden. Die (nicht-leere) Menge der möglichen Zustände des Halbautomaten sei $S = \{s_1, s_2, \ldots, s_m\}$. Hat sich der Halbautomat vor Eingabe eines Zeichens x_i im Zustand s_j befunden, so wird er durch Eingabe von x_i in eindeutiger Weise in einen eventuell neuen Zustand übergeführt, den wir mit $t(s_j, x_i)$ bezeichnen. t ist also eine Funktion, welche jedem Paar (s_j, x_i) mit $s_j \in S$ und $x_i \in X$ ein Element aus S zuordnet, d.h. $t : S \times X \rightarrow S$. Diese Funktion wird *Überführungsfunktion* des Halbautomaten genannt. Durch die Angabe von X,S und t ist der Halbautomat vollständig bestimmt. Wie können Halbautomaten daher stets als Tripel (X,S,t) von zwei nicht-leeren endlichen Mengen X und S sowie einer Abbildung $t : S \times X \rightarrow S$ beschreiben.

Als erstes *Beispiel* betrachten wir einen Halbautomaten mit dem Eingabealphabet $X = \{e, 0, 1\}$ und der Zustandsmenge $S = \{s_1, s_2\}$. Die Eingabe von e verändere nichts am jeweiligen Zustand des Automaten, wohingegen die Eingabe von 0 jeden beliebigen vorangegangenen Zustand in s_1 und die Eingabe von 1 jeden Zustand in s_2 überführe (*IR-Flip-Flop*). Die Überführungsfunktion lautet also: $t(s_1, e) = s_1$, $t(s_2, e) = s_2$, $t(s_1, 0) = s_1$, $t(s_2, 0) = s_1$, $t(s_1, 1) = s_2$, $t(s_2, 1) = s_2$.

Die Überführungsfunktion t eines Halbautomaten (X,S,t) kann man übersichtlich entweder in Form einer Tabelle angeben - bei unserem Beispiel

t	e	0	1
s_1	s_1	s_1	s_2
s_2	s_2	s_1	s_2

oder mit Hilfe eines gerichteten Graphen: Als Knoten des Graphen wählt man dabei die möglichen Zustände, und eine gerichtete Kante wird genau dann von einem Knoten s_j zu einem Knoten s_k gezeichnet, falls für ein $x_i \in X$ gilt $t(s_j, x_i) = s_k$. Gibt es mehrere $x \in X$, sodaß $t(s_j, x) = s_k$, so zeichnen wir nur eine Kante ein und markieren die gerichtete Kante mit allen jenen $x \in X$, für die gilt $t(s_j, x) = s_k$, d.h., wir schreiben zur Kante alle x mit $t(s_j, x) = s_k$ dazu. Der so erhaltene Graph heißt der *Zustandsgraph des Halbautomaten*.

Der oben beschriebene Halbautomat (IR-Flip-Flop) hat folgenden Zustands-graphen (Abb. 16.1).

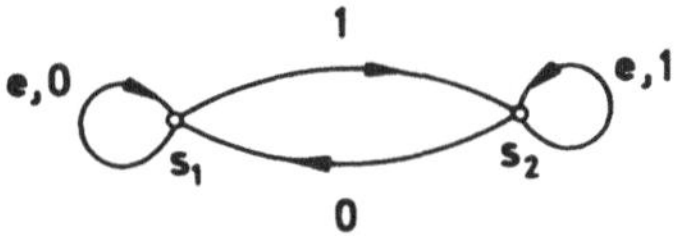

Abb.16.1

Als nächstes betrachten wir die *Stoffwechselvorgänge im Tricarbonsäure-zyklus* (Abb. 16.2). $E_1, E_2, \ldots, E_9$ sind Enzyme, C_1, C_2, C_3 Coenzyme, welche jeweils allein oder gemeinsam Reaktionen auslösen, was in Abb. 16.2 durch Pfeile angedeutet ist. Kombinieren wir jeweils Reaktionen, welche ohne Einwirkungen von Coenzymen ablaufen, mit den vorangegangenen coenzymatisch ausgelösten Reaktionen, so erhalten wir das in Abb. 16.3 dargestellte vereinfachte Schema des Tricarbonsäure-Zyklus, bei dem folgende Abkürzungen gewählt wurden: S_1: Oxalessigsäure, S_2: Iso-Zitronensäure, S_3: α-Ketoglutarsäure, S_4: Succinyl Coenzym A, S_5: Fumarsäure. Ergänzen wir das vereinfachte Schema des Tricarbonsäure-Zyklus noch so, wie in Abb. 16.4 ausgeführt, so erhalten wir einen Graphen, welcher der Zustandsgraph eines Halbautomaten ist. Dieser Halb-automat ist ein sehr brauchbares Modell für den vereinfachten Tricarbon-säure-Zyklus. - Die zusätzlich zum Schema Abb. 16.3 eingeführten Über-gänge (Werte der Übergangsfunktion) sind realistisch gewählt, da bei Anwesenheit der die Schlingen markierenden Coenzyme keinerlei Reaktionen stattfinden.

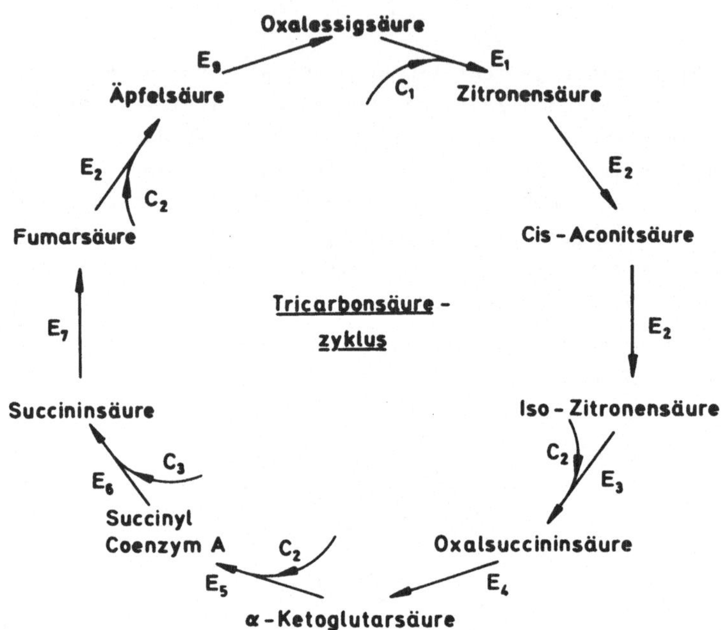

Abb. 16.2

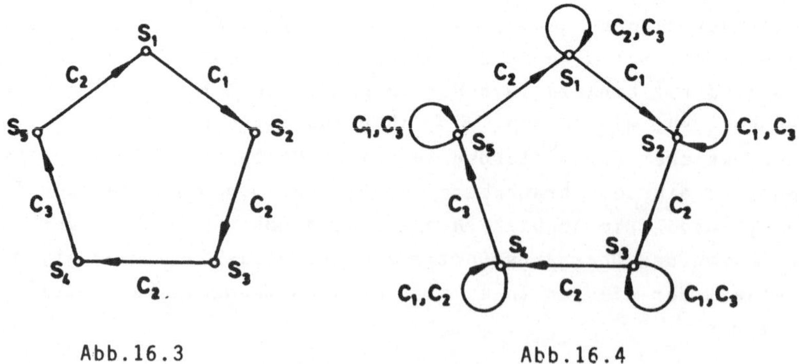

Abb. 16.3   Abb. 16.4

Der Halbautomat "Tricarbonsäurezyklus" hat als Eingabealphabet
$X = \{C_1, C_2, C_3\}$, als Zustandsmenge $S = \{s_1, s_2, s_3, s_4, s_5\}$ und als Überführungsfunktion t die nachstehend tabellierte Abbildung von S x X in S:

t	C_1	C_2	C_3
s_1	s_2	s_1	s_1
s_2	s_2	s_3	s_2
s_3	s_3	s_4	s_3
s_4	s_4	s_4	s_5
s_5	s_5	s_1	s_5

Ein spezieller Typ von Halbautomat ist der *Akzeptor*, d.i. ein Halbautomat (X,S,t), bei dem sowohl ein spezieller Zustand $s_a \in S$ als *Anfangszustand* als auch eine Menge E von speziellen Zuständen als *Endzustände*
ausgezeichnet sind. Symbolisch schreiben wir für einen Akzeptor das
Quintupel (X,S,t,s_a,E); im zugehörigen Graphen markieren wir den
Anfangszustand durch einen Pfeil, Endzustände durch kleine Kreise.

Als *Beispiel* betrachten wir die Arbeitsweise eines Schlosses an einem
Tresor, das aus einem Drehknopf mit den Markierungen 0,1,2,...,9 besteht
und welches durch Eingabe der Ziffernfolge 1,9,8,2 den Tresor öffnet.
(Ist eine Ziffer falsch eingestellt worden, so muß mit der Eingabe der
gesamten Ziffernkombination von neuem begonnen werden.)
Die Zustände des Schlosses sind: s_a: das Schloß versperrt den Tresor,
s_1: 1 wurde eingestellt, s_2: die Folge 1,9 wurde eingestellt,
s_3: die Folge 1,9,8 und s_4: die Folge 1,9,8,2 wurde eingestellt.
Bei s_4 ist das Schloß geöffnet, d.h., s_4 ist der einzige (zum Zweck des
Öffnens) angestrebte Endzustand, also $E = \{s_4\}$.
Das Eingabealphabet X besteht aus den Ziffern 0 bis 9. Zur Abkürzung
schreiben wir für jede Ziffer $\neq 1,9,8,2$ stellvertretend f. Die Übergangsfunktion t, welche die Arbeitsweise des Schlosses simuliert, entnehmen
wir dem Zustandsgraphen aus Abb. 16.5 .

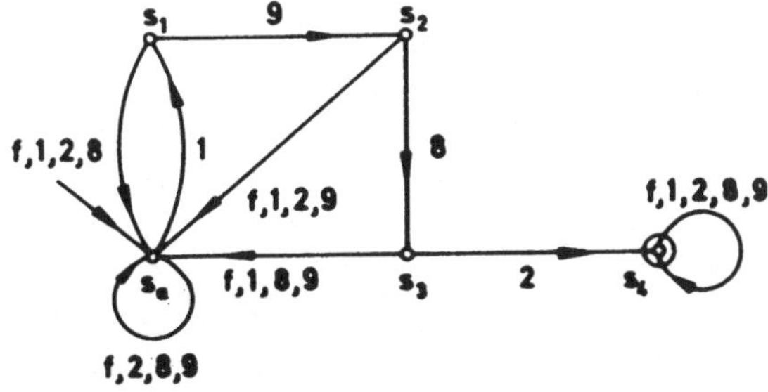

Abb.16.5

Eine Ziffernfolge, welche das Schloß öffnet ist z.B. 3,2,1,9,5,8,2,1,9,
8,2,3.

Bevor wir auf die Bedeutung der Beschreibung von (technischen, biologischen u.a.) Systemen durch Halbautomaten eingehen, wollen wir
zunächst einen *Zusammenhang zwischen der Theorie der Halbgruppen und
der Theorie der Halbautomaten* herstellen.
Bei Halbautomaten ist vielfach nicht der Zustand des Halbautomaten nach
Eingabe eines einzelnen Zeichens von Interesse, sondern der Zustand nach
Eingabe einer ganzen Folge von Zeichen, einer *"Inputfolge"* (welche als
endlich vorausgesetzt wird). Zum Rechnen mit Inputfolgen aus dem
Eingabealphabet $X = \{x_1, x_2, \ldots, x_n\}$ bietet sich das durch X frei erzeugte
Monoid M_n an. $\emptyset$ entspricht die Eingabe von keinem Zeichen, der Hinter-
einandereingabe von zwei Inputfolgen das Produkt in M_n.
Wir erweitern nun die Überführungsfunktion t von $S \times X$ zu einer Funktion
t^* von $S \times M_n$ in S, indem wir für alle $s \in S$ und $x, x_{i_1}, x_{i_2}, \ldots, x_{i_k} \in X$
definieren:

$$t^*(s, \emptyset) = s$$

$$t^*(s, x) = t(s, x)$$

$$t^*(s, x_{i_1} x_{i_2}) = t(t(s, x_{i_1}), x_{i_2})$$

$$\vdots$$

$$t^*(s, x_{i_1} x_{i_2} \cdots x_{i_k}) = t(t^*(s, x_{i_1} x_{i_2} \cdots x_{i_{k-1}}), x_{i_k})$$

$t^*(s, x_{i_1} x_{i_2} \cdots x_{i_k})$ zu bilden bedeutet, daß ausgehend vom Zustand s des

Halbautomaten sukzessive die Zeichen $x_{i_1}, x_{i_2}, \ldots, x_{i_k}$ eingegeben werden,

also die Inputfolge $x_{i_1} x_{i_2} \cdots x_{i_k}$ "eingelesen" wird. Als Ergebnis

dieses Prozesses erhalten wir den Zustand $t^*(s, x_{i_1} x_{i_2} \cdots x_{i_k})$.

Sind w und v zwei Inputfolgen, d.h. Elemente von M_n, so ist leicht einzusehen, daß $t^*(t^*(s, w), v) = t^*(s, wv)$ ist.
Jede Inputfolge w definiert eine Abbildung $g_w : S \to S$ durch die Fest-
setzung $g_w(s) = t^*(s, w)$. Die Menge M_H der Abbildungen $g_w, w \in M_n$, ist eine
Teilmenge der Halbgruppe F_S aller Abbildungen $S \to S$ (siehe Abschnitt 2).
Mit o für die Hintereinanderausführung von Abbildungen gilt für $w, v \in M_n$:
$(g_w \circ g_v)(s) = g_w(g_v(s)) = g_w(t^*(s, v)) = t^*(t^*(s, v), w) = t^*(s, vw) = g_{vw}(s)$
für alle $s \in S$; d.h. $g_w \circ g_v$ ist wieder aus M_H. Ferner gilt wegen
$g_\emptyset(s) = t^*(s, \emptyset) = s$, daß $g_w \circ g_\emptyset = g_\emptyset \circ g_w$ für alle $w \in M_n$. M_H ist also eine
Unterhalbgruppe von F_S mit dem Einselement $g_\emptyset$. Diese Unterhalbgruppe
wird *das zum Halbautomaten* $H = (X, S, t)$ *gehörige Monoid* bzw. *das Monoid
des Halbautomaten* H genannt.

Man beachte, daß es auf Grund der Endlichkeit der Menge S für gewisse w immer mehr als eine Inputfolge gibt (sogar unendlich viele Inputfolgen), welche angewendet auf alle Zustände jeweils dasselbe Ergebnis liefert. Setzen wir für $w,v \in M_n$ $w\theta v$, falls $g_w = g_v$, so ist θ offensichtlich eine Äquivalenzrelation in M_n, welche sogar eine Kongruenzrelation ist, denn aus $w_1 \theta v_1$ und $w_2 \theta v_2$ folgt wegen $g_{w_1} = g_{v_1}$ und $g_{w_2} = g_{v_2}$, daß $g_{w_1 w_2} =$

$= g_{w_2} \circ g_{w_1} = g_{v_2} \circ g_{v_1} = g_{v_1 v_2}$ ist, d.h., $w_1 w_2 \theta v_1 v_2$. (Daß $g_{vw} = g_w \circ g_v$, haben wir weiter oben gezeigt.)

Die Elemente der Faktoralgebra M_n/θ entsprechen umkehrbar eindeutig den Elementen des Monoids M_H, aber wegen $g_{vw} = g_w \circ g_v$ ist diese Zuordnung kein Isomorphismus. Definiert man in der Trägermenge von M_H allerdings eine neue Operation $*$ durch $g_v * g_w = g_w \circ g_v$, so ist $<M_H;*>$ ein Monoid, welches zu M_n/θ isomorph ist.

Um das Monoid M_H eines Halbautomaten $H = (X,S,t)$ zu berechnen, kann man folgendermaßen vorgehen: Man tabelliert für alle $x \in X$ die Funktionen g_x sowie $g_\emptyset$, wobei man mehrfach vorkommende Funktionen nur einmal aufnimmt. Sodann verknüpft man die so erhaltenen und jene durch Verknüpfungen neu entstehenden Funktionen solange paarweise miteinander (wobei mehrfach auftretende Funktionen nur einmal berücksichtigt werden), bis auf diese Weise keine neuen Funktionen mehr gefunden werden können. Dieser Prozeß ist allerdings sehr rechenaufwendig. Wir wollen ihn an einem Halbautomaten mit sehr wenigen Elementen in X und S durchführen: Sei $H = (X,S,t)$ der durch den Zustandsgraphen in Abb. 16.6 gegebene Halbautomat.

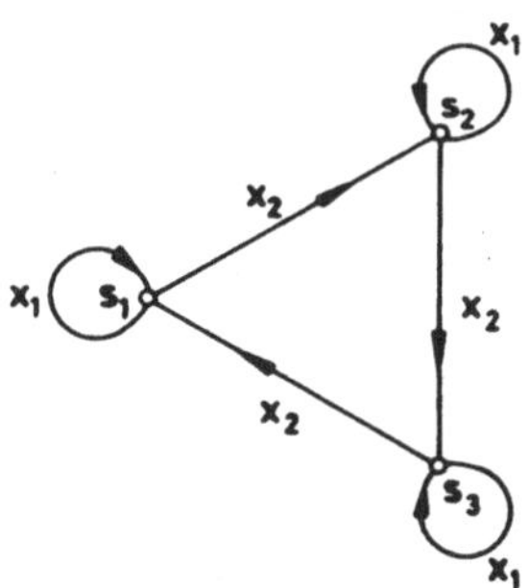

Abb. 16.6

Offensichtlich ist $g_{x_1} = g_\emptyset$ und für x_2 gilt: $g_{x_2}(s_1) = s_2$, $g_{x_2}(s_2) = s_3$ und $g_{x_2}(s_3) = s_1$. Da $g_{x_1} = g_\emptyset$, kann eine Verknüpfung mit g_{x_1} keine neue Funktion mehr liefern. Wir bilden daher $g_{x_2 x_2}(s) = (g_{x_2} \circ g_{x_2})(s) =$

$= g_{x_2}(g_{x_2})(s))$ für $s = s_1, s_2, s_3$. Dabei erhalten wir die (neue) Funktion

$g_{x_2x_2}(s_1) = s_3$, $g_{x_2x_2}(s_2) = s_1$, $g_{x_2x_2}(s_3) = s_2$. Weiter berechnen wir

$g_{x_2x_2} \circ g_{x_2} = g_{x_1}$, $g_{x_2} \circ g_{x_2x_2} = g_{x_1}$ und $g_{x_2x_2} \circ g_{x_2x_2} = g_{x_2}$. Also sind g_{x_1}, g_{x_2}

und $g_{x_2x_2}$ alle Elemente des Monoids von H. Die Operationstafel von M_H

lautet daher (siehe die nachfolgend links stehende Tabelle):

$\circ$	g_{x_1}	g_{x_2}	$g_{x_2x_2}$
g_{x_1}	g_{x_1}	g_{x_2}	$g_{x_2x_2}$
g_{x_2}	g_{x_2}	$g_{x_2x_2}$	g_{x_1}
$g_{x_2x_2}$	$g_{x_2x_2}$	g_{x_1}	g_{x_2}

$\circ$	e	a	b
e	e	a	b
a	a	b	e
b	b	e	a

Setzen wir $g_{x_1} = e$, $g_{x_2} = a$ und $g_{x_3} = b$, so geht die Operationstafel von

M_H in die oben rechts stehende Tabelle (welche wir noch später benötigen) über.

<u>Satz 16.1</u>: *Zu jedem endlichen Monoid* $\langle M; \cdot, e \rangle$ *gibt es einen Halbautomaten H, dessen Monoid* M_H *isomorph zu M ist.*

Beweis: Wir bilden den Halbautomaten H = (M,M,t) mit t(s,x) = xs für alle x,s ∈ M. Um M_H zu bestimmen, berechnen wir zunächst für $x_1, x_2 \in$ M und s ∈ M

$(g_{x_1} \circ g_{x_2})(s) = g_{x_1}(g_{x_2}(s)) = g_{x_1}(x_2 s) = x_1(x_2 s) = (x_1 x_2)s = g_{x_1 x_2}(s)$.

Daraus erhalten wir, daß $g_{x_1} \circ g_{x_2} = g_{x_3}$ mit $x_3 = x_1 x_2$, woraus wegen

$g_\emptyset(s) = s = es = g_e(s)$ folgt, daß $\{g_x \mid x \in M\}$ die Menge aller Elemente von

M_H ist. g_e ist das Einselement gegenüber $\circ$.

Sei nun $x_1 \neq x_2$, $x_1, x_2 \in$ M. Dann gilt:

$g_{x_1}(e) = x_1 e = x_1 \neq x_2 = x_2 e = g_{x_2}(e)$, d.h., $g_{x_1} \neq g_{x_2}$.

Also sind die Elemente g_x mit x ∈ M alle paarweise verschieden. Definieren wir daher eine Abbildung f : M → M_H durch f(x) = g_x für x ∈ M, so ist f bijektiv, und auf Grund von $g_{x_1} \circ g_{x_2} = g_{x_1 x_2}$ folgt $f(x_1) \circ f(x_2) = g_{x_1} \circ g_{x_2} = g_{x_1 x_2} = f(x_1 x_2)$. Mit $f(e) = g_e = g_\emptyset$ ergibt sich also, daß f ein Isomorphismus ist.

Ist $\langle M; \cdot, e \rangle$ das durch die oben stehende Operationstafel gegebene Monoid mit der Trägermenge {e,a,b}, so ergibt die in Satz 16.1 angegebene Konstruktion (wie man sofort nachprüft) den in Abb. 16.7 dargestellten Zustandsgraphen:

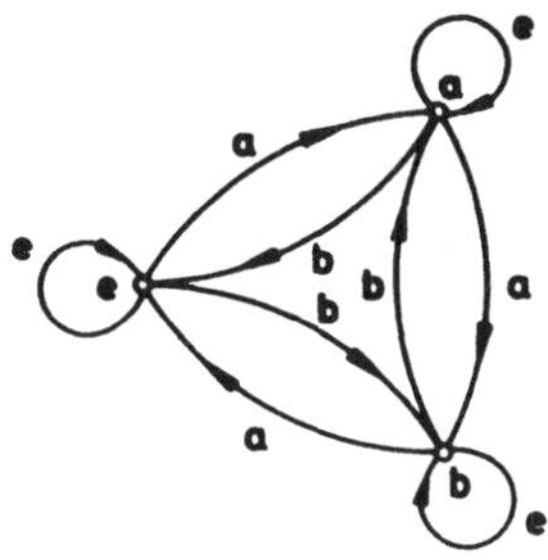

Abb. 16.7

Wie wir sehen, haben die in den Abb. 16.6 und 16.7 dargestellten Halbautomaten dasselbe zugehörige Monoid! Daher gilt: Jedem Halbautomaten
entspricht ein Monoid (nämlich das zum Halbautomaten gehörige Monoid)
und jedem Monoid entspricht (gemäß Satz 16.1) ein Halbautomat, aber die
Zuordnung ist nicht umkehrbar eindeutig. Trotzdem ist es möglich, große
Teile der Strukturtheorie der Halbautomaten in die Theorie der Monoide
zu übertragen und mit Hilfe der Halbgruppentheorie Sätze über Halbautomaten zu gewinnen. Ein sehr eindrucksvolles Beispiel ist dabei der
Satz von Krohn-Rhodes. Bei diesem Satz geht es um folgendes:

Ein Halbautomat, der - grob gesprochen - mindestens dasselbe leistet wie
ein gegebener Halbautomat H, wird als ein H überdeckender Halbautomat
bezeichnet. Der Satz von Krohn-Rodes besagt nun, daß jeder Halbautomat H
von einem Halbautomaten überdeckt wird, welcher mittels einer sog.
Kaskadenschaltung aus gewissen "einfacheren, nicht weiter zerlegbaren"
Halbautomaten aufgebaut werden kann, wobei diese als "Grundbausteine"
dienenden Halbautomaten IR-Flip-Flops (siehe oben) und Halbautomaten mit
folgender Eigenschaft sind: Das Monoid des Halbautomaten ist eine endliche, einfache Gruppe, welche homomorphes Bild einer Untergruppe des
zum gegebenen Halbautomaten gehörigen Monoids M_H ist.

Wie der Begriff Halbautomat vermuten läßt, werden neben Halbautomaten
auch (abstrakte) *Automaten* betrachtet, das sind Halbautomaten, bei denen
es neben der Eingabe von Zeichen auch eine Ausgabe von Zeichen gibt.

Beim IR-Flip-Flop ist z.B. jeweils einer der Zustände s_1 oder s_2
"gespeichert". Versieht man den IR-Flip-Flop mit einer Ausgabe-
vorrichtung, die bei jeder neuen Eingabe den jeweils gespeicherten
Zustand durch 0 ausgibt, falls s_1 gespeichert war und durch 1, falls s_2
gespeichert war, so erhalten wir einen Automaten mit folgender Ausgabe:
Befindet sich der Automat im Zustand s_1 und wird e,0 oder 1 eingegeben,
so folgt als Ausgabe 0, war der Automat hingegen im Zustand s_2, so
bewirkt die Eingabe von e ,0 oder 1 die Ausgabe 1, d.h., den Paaren

(s_1,e), $(s_1,0)$, $(s_1,1)$ wird 0 und den Paaren (s_2,e), $(s_2,0)$, $(s_2,1)$ das Zeichen 1 zugeordnet. Wir bezeichnen diese Zuordnung mit r.

Ganz allgemein ist ein (endlicher, deterministischer, vollständiger) *Automat* ein Quintupel (X,S,Z,t,r), sodaß (X,S,t) ein Halbautomat, Z eine nichtleere endliche Menge von Ausgabezeichen (genannt *Ausgabealphabet*) und r eine Abbildung von $S \times X$ in Z ist. Die Funktion r, welche wir zumeist in Form einer Tabelle angeben werden, heißt *Ausgabefunktion*. (Es ist auch möglich, die Ausgabefunktion im Zustandsgraphen von (X,S,t) einzutragen, der Übersichtlichkeit halber machen wir aber davon keinen Gebrauch.)

Als (weiteres) *Beispiel* für einen Automaten betrachten wir einen Warenautomaten, bei dem die möglichen Eingaben aus "Geld einwerfen" (E), "Rückgabeknopf drücken" (R) und "Warentaste drücken" (W) bestehen und als Ausgaben "Warenausgabe" (w), "Geldrückgabe" (v) und "keine Reaktion" (k) in Betracht gezogen werden. Die beiden möglichen Zustände des Warenautomaten seien s_1: "die Warenausgabe ist blockiert" und s_2: "die Warenentnahme kann erfolgen".
Der Automat hat dann als Eingabealphabet $X = \{E,R,D\}$, als Ausgabealphabet $Z = \{w,v,k\}$, und die Überführungs- und Ausgabefunktion t bzw. r lauten:

t	E	R	W
s_1	s_2	s_1	s_1
s_2	s_2	s_1	s_1

r	E	R	W
s_1	k	k	k
s_2	k	v	w

Da jeder Automat auch ein Halbautomat ist, kann die Theorie der Halbautomaten als ein (sehr wesentlicher) Teil der Theorie der Automaten verstanden werden. Die Theorie der Halbautomaten ist aber auch in anderer Hinsicht von Bedeutung. Bei unserem Modell des Tricarbonsäure-Zyklus etwa - und dies gilt für viele ähnliche, oft auch wesentlich kompliziertere Stoffwechselvorgänge - ist es möglich, mit Hilfe des Satzes von Krohn-Rhodes den Reaktionszyklus in einfachere Reaktionssysteme zu zerlegen. Es ist daher von Interesse, solche Zerlegungen von Halbautomaten zu kennen. -

Ein weiterer Aspekt der Theorie der Halbautomaten ergibt sich aus dem Studium von Inputfolgen, welche von einem Halbautomaten (Akzeptor) angenommen werden: Sei $A = (X,S,t,s_a,E)$ ein Akzeptor und M_n das durch (die n-elementige Menge) X frei erzeugte Monoid.
Die Menge $W(A) = \{w \in M_n \mid t^*(s_a,w) \in E\}$, d.h. die Menge derjenigen Inputfolgen w, welche ausgehend vom Anfangszustand s_a den Halbautomaten in

einen Zustand überführen, welcher in E liegt, heißt die Menge der *von A akzeptierten Inputfolgen* oder *Worte*.

Bei dem Akzeptor z.B., welcher die Arbeitsweise eines Tresorschlosses simuliert, besteht W(A) aus allen Folgen, welche 1,9,8,2 als Teilabschnitt enthalten.

Die Menge der von einem Halbautomaten akzeptierten Worte bildet eine sog. *formale Sprache*. - Mit formalen Sprachen werden wir uns im nächsten Abschnitt beschäftigen.

Abschließend verweisen wir darauf, daß es neben den von uns betrachteten endlichen, deterministischen, vollständigen Halbautomaten bzw. Automaten noch eine Reihe anderer *Automatenmodelle* gibt. Fordert man nicht von allen einen Automatentyp definierenden Mengen Endlichkeit, so spricht man von einem *nicht-endlichen Automaten*. Sind die Zustandsübergänge nicht eindeutig, so haben wir es mit einem *nicht-deterministischen Automaten* zu tun, sind die Funktionen t bzw. r nicht überall definiert, so heißt der *Automat unvollständig*. Ein Halbautomat, der ein Speicherband (Keller genannt) besitzt, auf das (in einer gewissen Weise) Zeichen abgespeichert bzw. von dem Symbole "entnommen" werden können, heißt ein *Kellerautomat*. Hat ein Automat ein "Maschinenband", welches zugleich die Funktion eines Eingabe-Ausgabe- und Speicherbandes hat, so handelt es sich (bei Vorliegen einer bestimmten Arbeitsweise) um eine *Turingmaschine*. Turingmaschinen sind unter den von uns besprochenen bzw. erwähnten Automatentypen die universellsten.

Übungen

1. Kann man zu jedem endlichen Monoid M einen Automaten (X,S,Z,t,r) finden, sodaß M isomorph zu $M_{(X,S,t)}$ ist?

2. Man entwerfe einen Akzeptor, der Inputfolgen aus Nullen und Einsen genau dann akzeptiert, falls die Anzahl der Einsen in der Inputfolge gerade ist.

3. Man konstruiere das Monoid des durch folgenden Zustandsgraphen (Abb. 16.8) gegebenen Halbautomaten.

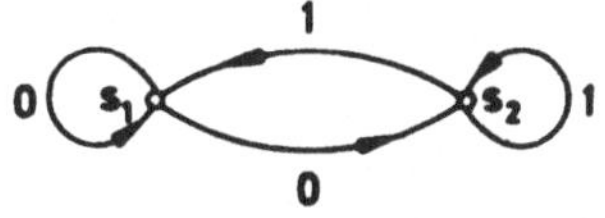

Abb. 16.8

4. Ein Halbautomat $H_1 = (X_1,S,t_1)$ heißt Teilhalbautomat des Halbautomaten $H = (X,S,t)$, falls $X_1 \subseteq X$ und t_1 die Einschränkung von t auf $S \times X_1$ ist. Man zeige: M_{H_1} ist ein homomorphes Bild von M_H.

5. Man entwerfe einen Automaten, der die Arbeitsweise eines öffentlichen Münzfernsprechers simuliert.

6. Es soll ein Automat entworfen werden, der eine Inputfolge aus Nullen und Einsen um ein Zeichen versetzt derart reproduziert, daß jedes Ausgabewort mit a beginnt und das letzte Zeichen der Inputfolge verloren geht.

7. Für $X = S = Z = \{0,1\}$ soll ein Automat gefunden werden, der das Einserkomplement einer Inputfolge bildet, d.h., aus 1,1,0,1,0 soll z.B. 0,0,1,0,1 werden.

8. Für einen Automaten (X,S,Z,t,r) seien M_X und M_Z die durch X bzw. Z frei erzeugten Monoide. Man setze die Ausgabefunktion r derart zu einer Funktion r^* von $S \times M_X$ in M_Z fort, daß $r^*(w)$ die Folge von Ausgabezeichen ist, welche die Eingabe von w bewirkt. Die Funktion r^* ist in Form einer Rekursionsformel anzugeben.

17. FORMALE SPRACHEN UND EIN BEISPIEL AUS DER BIOLOGIE

"Ich lerne Algebra" ist ein Satz, welcher sich aus den Wörtern "ich" (als Subjekt), "lerne" (als Prädikat) und "Algebra" (als Objekt) zusammensetzt. Ersetzen wir Subjekt, Prädikat und Objekt unseres Satzes durch die Worte bzw. Wortgruppen "Studenten", "hören gerne" und "gute Musik", so erhalten wir einen weiteren sinnvollen Satz, wohingegen die Ersetzungen "Algebraische Strukturen", "gehen" und "ein rotes Auto" keinen Sinn ergeben. Alle sinnvollen Sätze, die sich auf die genannte Art und Weise von dem ursprünglichen Satzgebilde herleiten lassen, sind Teil unserer Sprache. Um diesen Teil unserer Sprache zu erfassen, benötigen wir dreierlei: Erstens eine Menge von Wörtern, zweitens einen Satz - genauer ein Satz-Schema -, von dem wir ausgehen, und drittens eine Menge von Regeln, mit deren Hilfe man alle vom Ausgangsschema ableitbaren Sätze erhalten kann.

Wir vereinbaren, die Menge "aller in Frage kommenden Wörter" mit Σ zu bezeichnen und Wörter jeweils durch einzelne Symbole zu charakterisieren. Jeder sinnvolle Satz kann dann aufgefaßt werden als eine Folge von Symbolen aus Σ, also als ein Element des durch Σ frei erzeugten Monoids, welches wir (einer Konvention in der Theorie formaler Sprachen folgend) mit Σ^* bezeichnen. - Die durch Σ frei erzeugte Halbgruppe sei Σ^+ , und für das leere Wort schreiben wir (wie in der Theorie der formalen Sprachen eher üblich) Λ statt $\emptyset$. Also ist dann $\Sigma^* = \Sigma' \cup \{\Lambda\}$.

Die Menge aller aus einem gegebenen Satz-Schema ableitbaren sinnvollen Sätze bildet eine Teilmenge von Σ^*. Anweisungen wie man alle Elemente dieser Teilmenge erhalten kann, sind sehr schwer mathematisch zu formulieren, denn ob ein Satz zu gegebenen Teilmengen gehört, hängt nicht nur von einer Reihe von grammatikalischen Regeln (der Syntax) ab, sondern insbesondere von der einem Satz innewohnenden Bedeutung (der Semantik).

Die Situation ist einfacher, wenn es sich nicht um eine natürliche
Sprache, sondern um eine "künstliche" ("formale") Sprache handelt, wie
sie etwa zur Programmierung eines Computers verwendet wird. Für diesen
Fall wollen wir zwei Wege aufzeigen, wie man Anweisungen zur Bildung
"sinnvoller Sätze" formalisieren kann. Das eine Verfahren orientiert
sich an natürlichen Sprachen, das andere ist auf eine Problemstellung
aus der Biologie zugeschnitten.

Zunächst erklären wir abstrahierend von obigem Beispiel, für eine
beliebige endliche nicht leere Menge Σ:

Unter einer *formalen Sprache* über einem "Alphabet" Σ versteht man eine
Teilmenge des freien Monoids Σ^*.

Sodann definieren wir in Anlehnung an die bei natürlichen Sprachen verwendete Terminologie:

Eine *Regelgrammatik* (kurz *Grammatik*) G ist ein Quadrupel (Σ,θ,P,S)
bestehend aus einem Alphabet Σ, dessen Elemente *Basiszeichen* oder
Terminals genannt werden, einer zu Σ disjunkten, endlichen Menge θ,
der Menge der *grammatikalischen Symbole* oder *Nonterminals*, einer end-
lichen Teilmenge P von $\theta^+ \times (\Sigma \cup \theta)^*$, deren Elemente *Ersetzungsregeln*
oder *Produktionen* heißen, und einem "*Startsymbol*" S aus θ.
P ist eine Menge von Paaren (w,v), wobei w ein aus grammatikalischen
Symbolen gebildetes nicht-leeres Wort ist und v sich aus Terminals und
Nonterminals zusammensetzt; v kann auch das leere Wort sein. - Ist
$(w,v) \in P$, so schreibt man zumeist $w \to v$, gesprochen "w wird ersetzt
durch v".

Beispiel: Ist $\Sigma = \{a,b\}$, $\theta = \{A,B,S\}$ und P gegeben durch:
$S \to aA$, $S \to bB$, $S \to a$, $A \to aA$, $A \to aS$, $A \to bB$, $B \to bB$, $B \to b$, $B \to a$,
So ist $G = (\Sigma,\theta,P,S)$ eine Grammatik.

Wie wir sehen, sind bei unserem Beispiel alle Produktionen von der
speziellen Form $X \to z$ oder $X \to zY$ mit $X,Y \in \theta$ und $z \in \Sigma$. - Eine Grammatik,
welche diese Eigenschaft hat, heißt *rechtslinear* (oder *regulär*).

Zu den Produktionen einer rechtslinearen Grammatik kann auch noch die
Produktion $S \to \Lambda$ hinzugenommen werden, allerdings nur dann, falls S auf
keiner rechten Seite einer anderen Produktion auftritt.

Unser Ziel ist es, mit Hilfe der Grammatik aus S "herleitbare" Elemente
von Σ^* zu erhalten. Zu diesem Zweck müssen wir die Ersetzungsregeln
allerdings noch weiter fassen:
Ist $w = v_1 u v_2$ ein Wort mit $v_1,v_2 \in (\Sigma \cup \theta)^*$, $u \in \theta^+$ und gilt $u \to t$, so sei
$v = v_1 t v_2$ aus w herleitbar. In diesem Fall schreiben wir $w \Rightarrow v$ und nennen

w *unmittelbar überführbar* in v oder v *unmittelbar ableitbar* aus w.
$\rightarrow$ ist eine Relation in $(\Sigma \cup \theta)^*$, welche wir noch wie folgt zu einer transitiven und reflexiven Relation $\overset{*}{\rightarrow}$ erweitern:
$w \overset{*}{\rightarrow} v$, falls $w = v$ oder falls es $t_0, t_1, \ldots, t_n \in (\Sigma \cup \theta)^*$, $n \geq 1$, gibt, sodaß $t_0 = w$, $t_n = v$ und $t_0 \rightarrow t_1$, $t_1 \rightarrow t_2, \ldots, t_{n-1} \rightarrow t_n$. (Für letzteres schreiben wir kürzer: $t_0 \rightarrow t_1 \rightarrow t_2 \rightarrow \ldots \rightarrow t_{n-1} \rightarrow t_n$.) Ist $w \overset{*}{\rightarrow} v$, so heißt w *überführbar* in v bzw. v *ableitbar* aus w und $t_1, t_2, \ldots, t_n$ *Ableitung* von v aus w.
– Für $w \overset{*}{\rightarrow} v$, $v \overset{*}{\rightarrow} z$ verwenden wir nachfolgend die Abkürzung: $w \overset{*}{\rightarrow} v \overset{*}{\rightarrow} z$.

Bei obigem *Beispiel* etwa gilt:
$S \overset{*}{\rightarrow} a^n$ mit $n \in \mathbb{N}$, $n \neq 2$, denn aus $S \rightarrow aA$ und $A \rightarrow aA$ erhalten wir $S \rightarrow aaA$, woraus durch wiederholte Anwendung der Ersetzungsregel $A \rightarrow aA$ folgt $S \overset{*}{\rightarrow} a^m A$. Mit $A \rightarrow aS$ und $S \rightarrow a$ ergibt sich daraus $S \overset{*}{\rightarrow} a^{m+2}$ für $m \in \mathbb{N}$. Wegen $S \rightarrow a$ gilt auch $S \overset{*}{\rightarrow} a$.

Analog sieht man:
$S \rightarrow bB \rightarrow \ldots \rightarrow b^{n-1} B \rightarrow b^n$, also $S \overset{*}{\rightarrow} b^n$ für $n \in \mathbb{N}$, $n \neq 1$.
Damit erhält man etwa weiter:
$S \overset{*}{\rightarrow} a^m A \overset{*}{\rightarrow} a^m bB \overset{*}{\rightarrow} a^m b^n$, d.h. $S \overset{*}{\rightarrow} a^m b^n$ für $m, n \in \mathbb{N}$, $n \neq 1$.

Die Menge $L(G)$ aller Wörter aus Σ^*, welche aus S ableitbar sind, also

$$L(G) = \{x \mid x \in \Sigma^*, S \overset{*}{\rightarrow} x\}$$

heißt die von der Grammatik G erzeugte *Regelsprache* (kurz *Sprache*).

Ist G rechtslinear (= regulär), so heißt $L(G)$ *rechtslinear (= regulär)*.

Wie sieht bei obigem *Beispiel* die von G erzeugte Sprache aus?
Bisher haben wir gesehen, daß die Mengen
$M_1 = \{a^n \mid n \in \mathbb{N}, n \neq 2\}$, $M_2 = \{b^n \mid n \in N, n \neq 1\}$ und $M_3 = \{a^m b^n \mid m, n \in \mathbb{N}, n \neq 1\}$
zu $L(G)$ gehören. Wegen $S \overset{*}{\rightarrow} b^n B \overset{*}{\rightarrow} b^n a$ gilt ferner, daß $M_4 = \{b^n a \mid n \in \mathbb{N}\}$
Teilmenge von $L(G)$ ist, und auf Grund von $S \overset{*}{\rightarrow} a^m A \overset{*}{\rightarrow} a^m bB \overset{*}{\rightarrow} a^m bB \overset{*}{\rightarrow} a^m b^n a$ ist auch $M_5 = \{a^m b^n a \mid m, n \in \mathbb{N}\}$ in $L(G)$ enthalten.
Wie man durch Probieren unschwer sieht, gibt es außer den gefundenen Wörtern keine weiteren, die aus S ableitbar sind, also
$L(G) = M_1 \cup M_2 \cup M_3 \cup M_4 \cup M_5$. Da G rechtslinear ist, ist die Sprache $L(G)$ rechtslinear.

Zwischen rechtslinearen Sprachen und den Wortmengen $W(A)$, welche von (endlichen) Halbautomaten A akzeptiert werden, besteht ein enger Zusammenhang.

Nennen wir eine formale Sprache L *Akzeptorsprache*, falls es einen Akzeptor A gibt, so daß $W(A) = L$ ist, so gilt der

<u>Satz 17.1</u>: *Eine formale Sprache ist genau dann eine rechtslineare Sprache, wenn sie eine Akzeptorsprache ist.*

Ohne auf den Beweis des Satzes genauer einzugehen - man benötigt u.a. den Begriff des nicht-deterministischen Halbautomaten - geben wir an, wie man zu einem Akzeptor $A = (X,S,t,s_a,E)$ mit $s_a \notin E$ eine rechtslineare Grammatik G finden kann, so daß $L(G) = W(A)$. O.B.d.A. nehmen wir dabei an, daß für die Zustandsmenge S von A gilt $X \cap S = \emptyset$ (was durch Umbezeichnen stets unmittelbar zu erreichen ist).

Wir definieren nun $G = (X,S,P,s_a)$, wobei P folgendermaßen festgelegt sei: Für $s \in S$ und $x \in X$ seien $s \rightarrow x\,t(x,s)$ Elemente von P; ferner sollen die Produktionen $s \rightarrow x$ für alle jene $s \in S$ und $x \in X$ zu P gehören, für die gilt $t(x,s) \in E$.

Wie man leicht nachprüfen kann, leistet die Grammatik G das Gewünschte.

Als *Beispiel* betrachten wir den in Abb. 17.1 dargelegten Akzeptor
$A = (\{0,1\},\{s_a,s_e\},t,s_a,\{s_e\})$

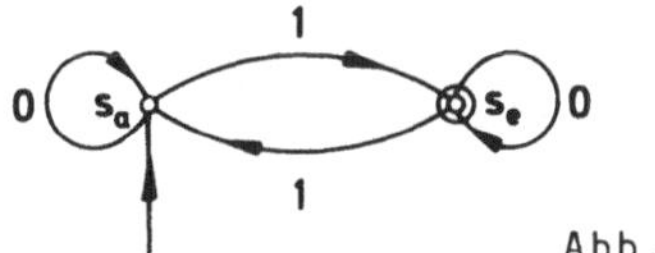

Abb. 17.1

Gemäß unserem Verfahren sind dann die Produktionen von G gegeben durch:

$s_a \rightarrow 0s_a$, $s_a \rightarrow 1s_e$, $s_e \rightarrow 0s_e$, $s_e \rightarrow 1s_a$, $s_a \rightarrow 1$, $s_e \rightarrow 0$. - Wie man mit Hilfe dieser Regeln sofort nachprüft, ist $L(G)$ gleich der Menge von Wörtern aus 0 und 1, bei denen die Anzahl der Einser ungerade ist. - Dies ist auch an Hand des Zustandsgraphen von A einzusehen, und zwar in diesem Fall besonders leicht.

Eine Klasse von Grammatiken, welche keine Regelgrammatiken sind, sind die sog. *Lindenmayer-Systeme*. Diese haben ihren Ursprung in Fragestellungen aus der Biologie. Als typisches Beispiel betrachten wir die Entwicklung eines Systems von Zellen, welche zeitlich diskret, und zwar in gleichgroßen Zeitintervallen, ablaufe und bei der für jede Zelle nur zwei Zustände unterscheidbar seien, nämlich, daß die Zelle während eines ganzen Zeitintervalls vorhanden ist oder nicht. Das Nichtvorhandensein einer Zelle kann dabei so aufgefaßt werden, daß aus der Zelle neue Zellen (durch Zellteilungen) entstanden sind, daß die Zelle abgestorben ist, oder aber daß die Zelle noch nicht existiert.

Wir wollen ferner annehmen, daß bei der Entwicklung des Systems kein Informationsaustausch zwischen einzelnen Zellen stattfindet und daß die Entwicklung unter stets gleichen Bedingungen erfolgt. (Letztere Voraussetzungen müssen bei etwas komplizierteren als den von uns betrachteten Modellen nicht gemacht werden.)

Als konkretes Beispiel für so einen Wachstumsprozeß verfolgen wir die
Entwicklung der Rotalge *Callithamnion roseum*, welche - schematisch dar-
gestellt - in den ersten sieben Entwicklungsstadien (nach geeigneter
Wahl eines Zeitintervalls) wie folgt verläuft (Abb. 17.2) :

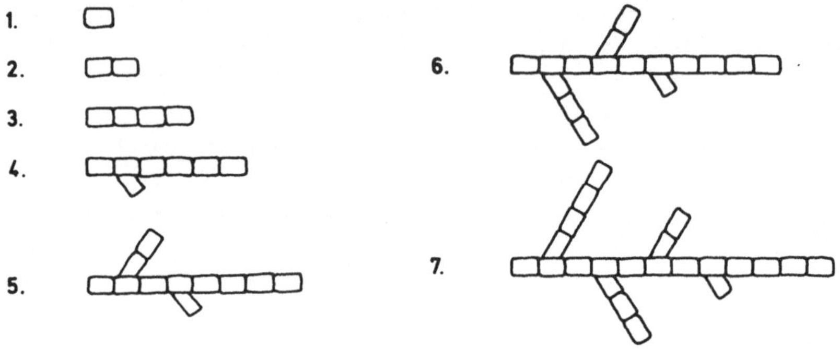

Abb. 17.2

Setzen wir an die Stelle jeder Zelle das Symbol z und vereinbaren, daß
eine linke Klammer den Beginn eines "Astes" und eine rechte Klammer das
Ende eines Astes und damit die Rückkehr zu der Zelle, von der der Ast
ausgegangen ist, anzeige, so können wir den obigen Entwicklungsprozeß
folgendermaßen darstellen:

1. z
2. zz
3. zzzz
4. zz(z)zzzz
5. zz(zz)zz(z)zzzz
6. zz(zzz)zz(zz)zz(z)zzzz
7. zz(zzzz)zz(zzz)zz(zz)zz(z)zzzz

Um aus dieser Darstellung ersehen zu können, auf welcher Seite des
Stammes sich ein Ast befindet, benötigt man die zusätzliche Information,
daß sich Äste jeweils alternierend links und rechts eines Stammes ent-
wickeln und sich der oberste Ast immer rechts befindet. - Im folgenden
wollen wir auf diese Information allerdings verzichten.

Liegen mehr als die ersten sieben der oben angegebenen Entwicklungsstadien von Callithamnion roseum vor, so kann man ein Bildungsgesetz
für das Wachstum der Alge erkennen, das folgendermaßen mathematisch
formulierbar ist:
Man unterscheidet zehn Zustände 0,1,2,...,9, in denen sich eine Zelle
während des Wachstums des Gesamtorganismus befinden kann. Für den Übergang von einer Entwicklungsstufe in die nächste bedeute für
$a,b,c \in \{0,1,...,9\}$ $a \to bc$, daß an die Stelle einer Zelle, die sich im

Zustand a befindet, Zellen in den Zuständen b und c treten, und $a \to b(c)$, daß bei den entsprechenden Ersetzungen ein Ast gebildet wird; ferner erkläre $(\to x, \;)\to x$ die Ersetzung von Klammern. Nunmehr legen wir fest: $0 \to 10$, $1 \to 32$, $2 \to 3(4)$, $3 \to 3$, $4 \to 56$, $5 \to 37$, $6 \to 58$, $7 \to 3(9)$, $8 \to 50$, $9 \to 39$, $(\to (, \;) \to)$. Weiters vereinbaren wir: Der Wachstumsprozeß beginne mit einer Zelle im Zustand 4, d.h. mit dem Symbol 4, und jede durch ein formales Wort w in Zeichen aus $\{0,1,2,\ldots,9,(,)\}$ dargestellte Entwicklungsstufe werde in die nächstfolgende Entwicklungsstufe dadurch übergeführt, daß in w sämtliche Symbole *gleichzeitig (parallel)* gemäß der obigen Regel ersetzt werden.

Durch diese Vorschrift erhalten wir nachstehende Folge

1. 4
2. 56
3. 3758
4. 33(9)3750
5. 33(39)33(9)3710
6. 33(339)33(39)33(9)3210
7. 33(3339)33(339)33(39)33(4)3210

    .
    .
    .

Ersetzen wir die Ziffern $0,1,\ldots,9$ unter Beibehaltung der Klammern alle durch z, so erhalten wir das obige Schema.

Das vorgestellte Modell für das Wachstum von Callithamnion roseum ist ein Beispiel für ein sog. *nullseitiges Lindenmayer-System* (Lindenmayer-System ohne Interaktionen), kurz OL-System.

Ein *OL-System* ist ein Tripel $G = (\Sigma,w,P)$, wobei Σ eine endliche, nicht-leere Menge, das "Alphabet" von G, w ein ausgezeichnetes Element von Σ^*, welches das *Axiom* von G genannt wird, und P eine endliche, nicht-leere Teilmenge von $\Sigma \times \Sigma^*$ ist, sodaß zu jedem $a \in \Sigma$ ein Element (a,u) aus P existiert. Die Elemente aus P heißen *Produktionen* oder *Ersetzungsregeln* und werden zumeist in der Form $a \to u$ (an Stelle von (a,u)) angeschrieben.

Mit Hilfe der Produktion erklären wir für $u = a_1 a_2 \ldots a_m$ mit $a_i \in \Sigma$ und für $v \in \Sigma^*$: v ist *direkt ableitbar* aus u - in Zeichen $u \to v$, falls es $w_1, w_2, \ldots, w_m \in \Sigma^*$ gibt, sodaß $a_i \to w_i$ für $i = 1,2,\ldots,m$ und $v = w_1 w_2 \ldots w_m$; ferner gelte $\Lambda \to \Lambda$.

Mit Hilfe der Relation $\to$ kommen wir zur Relation $\overset{*}{\to}$: Es gelte $u \overset{*}{\to} v$, falls es $t_1, t_2, \ldots, t_n \in \Sigma^*$ gibt mit $u = t_1 \to t_2 \ldots \to t_n = v$; weiters sei die Relation $\overset{*}{\to}$ reflexiv, d.h., es gelte $u \overset{*}{\to} u$ für alle $u \in \Sigma^*$

Damit können wir (weiter in Analogie zu den durch Grammatiken erzeugten Sprachen) erklären: Die durch ein OL-System $G = (\Sigma, w, P)$ erzeugte *OL-Sprache* sei gleich der Menge $L(G) = \{x \mid w \overset{*}{\Rightarrow} x\}$.

Das weiter oben vorgestellte Modell des Wachstums von Callithamnion roseum ist ein OL-System mit $\Sigma = \{0,1,\ldots,9,(,)\}$, $w = 4$ und den oben durch $\rightarrow$ festgelegten Produktionen. Die die einzelnen Entwicklungsstadien repräsentierenden Elemente aus Σ^* sind Elemente der durch das OL-System erzeugten Sprache.

Das der betrachteten Sprache zu Grunde liegende OL-System hat die Eigenschaft, daß es zu jedem $a_i \in \Sigma$ genau ein $u \in \Sigma^*$ gibt, sodaß $a_i \rightarrow u$. So ein OL-System heißt *deterministisch*.

Ein Beispiel für ein nicht-deterministisches OL-System ist etwa $G = (\{a,b\}, a, \{a \rightarrow a, a \rightarrow b, a \rightarrow aa, b \rightarrow b\})$. - Wie man sofort nachprüft, besteht $L(G)$ genau aus den Elementen der durch a und b erzeugten freien Halbgruppe.

Wir haben gesehen, daß zwischen Regelsprachen und OL-Sprachen viele Analogien bestehen. Es ist daher die Frage naheliegend, ob eine Beschreibung von OL-Sprachen mit Hilfe von Regelsprachen möglich ist. Man kann zeigen, daß dies der Fall ist (auf Grund der sog. Church-Turingschen These ergibt sich sogar, daß jede formale Sprache, die durch einen Algorithmus aufzählbar ist, durch eine Regelgrammatik erzeugt werden kann), jedoch bringt eine Rückführung von OL-Sprachen auf Regelsprachen keine nennenswerten Vorteile. - Diesbezüglich und hinsichtlich einer Weiterführung der Theorie der Lindenmayer Systeme sowie weiteren biologischen Anwendungen verweisen wir auf [13].

Übungen

1. Können verschiedene Grammatiken dieselbe Sprache erzeugen? Man suche nach einem Beispiel.

2. Welches sind die Hauptunterschiede zwischen Regelsprachen und OL-Sprachen?

3. Man bestimme die durch die Grammatik $G = (\{0,1\}, \{A,S\}, \{A \rightarrow OS, S \rightarrow OA, A \rightarrow 1\}, S)$ erzeugte Sprache.

4. Wie lautet die von der Grammatik $G = (\{a,b\}, \{A,B,S\}, \{A \rightarrow a, A \rightarrow Aa, B \rightarrow b, B \rightarrow Ab, S \rightarrow Ba\}, S)$, erzeugte Sprache?

5. Sei $A = (\{0,1\}, \{a,e\}, t, a, \{e\})$ ein Akzeptor mit $t(a,0) = a$, $t(a,1) = e$, $t(e,0) = a$, $t(e,1) = e$. Man gebe eine Grammatik G an, sodaß die von G erzeugte Sprache $L(G)$ gleich der Menge der von A akzeptierten Wörter ist. Wie lautet $L(G)$?

6. Man bestimme die durch das OL-System $G = (\{a\}, a, \{a \rightarrow a, a \rightarrow aaa\}$ erzeugte OL-Sprache.

7. Gegeben sei das 0L-System
   $G = (\{S,a,b,c,d,e,f,g,h,i,j,k,m,0,1,2\},S,$
   $\{S \to ab,\ a \to dg,\ b \to e0,\ c \to 22,\ d \to 0e,\ e \to cf,\ f \to 1c,\ g \to hb,\ h \to di,\ i \to jk,\ j \to m1,$
   $k \to c0,\ m \to 0c,\ 0 \to 0,\ 1 \to 1,\ 2 \to 2\})$.

Dieses System kann als Modell für die Entwicklung der sich am Rand eines Blattes
befindlichen Zellen betrachtet werden. Wie sieht die Folge der Zellen am Blattrand
aus, wenn das Blatt ausgewachsen ist?

IV GRUPPEN

EINLEITUNG

Der Begriff der Gruppe ist einer der zentralen Begriffe der neuzeitlichen Mathematik.
Erste Anfänge über Gruppen findet man bei Carl Friedrich Gauss (1777 - 1855) in seinen
Untersuchungen über quadratische Formen. Als Begründer der Gruppentheorie werden zu-
meist der Norweger Niels Henrik Abel (1802 - 1829) - nach ihm sind die abelschen Grup-
pen benannt - und vor allem der Franzose Évariste Galois (1811 - 1832) angesehen.
Galois führte 1830 als erster den Namen Gruppe ein und entwickelte die Theorie der
Permutationsgruppen. Eine erste abstrakte Definition der Gruppe im heute üblichen Sinn
findet sich beim englischen Mathematiker Arthur Cayley (1821 - 1895). In den letzten
Jahren hat der ungarische Architekt Ernö Rubik mit der Erfindung seines Zauberwürfels
1975 eine weltweite Beschäftigung mit Gruppen (genauer: mit Permutationsgruppen) auch
unter Nichtmathematikern ausgelöst.

In der Geometrie erhält man Gruppen beim Studium von Deckabbildungen eines geometrischen Objektes. In der Schule lernt man Gruppen üblicherweise bei der Diskussion
von Eigenschaften von Zahlen kennen und zeigt z.B., daß $\langle Z;+\rangle$, $\langle Q;+\rangle$, $\langle R;+\rangle$, $\langle Q-\{0\};\cdot\rangle$
und $\langle R-\{0\};\cdot\rangle$ Gruppen sind. Allgemein kommt man auch zum Begriff der Gruppe, wenn man
in einer algebraischen Struktur $\langle G;o\rangle$ mit einer binären Operation o nach Eigenschaften
von o sucht, so daß die linearen Gleichungen $aox = b$ und $yoa = b$ für beliebig vorgegebene $a,b \in G$ stets eindeutig gelöst werden können (vgl. Satz 1.3).

Die ersten Anwendungen der Gruppentheorie waren innermathematisch. Galois gelang es
mit Hilfe der Gruppentheorie zu zeigen, daß es für die Nullstellen von Polynomglei-
chungen vom Grad größer als vier keine allgemeine Auflösungsformel geben kann. Auch
für die Lösbarkeit der klassischen geometrischen Probleme der Griechen (Dreiteilung
des Winkels, Verdoppelung des Würfels, ...) konnten mit Hilfe der Gruppentheorie genaue Kriterien aufgestellt werden. Bei den heutigen Anwendungen der Gruppentheorie
geht es vor allem um die Beschreibung gewisser Symmetrien von Objekten, welche in den
verschiedensten Wissenschaften untersucht werden.

Ziel des Kapitels ist eine Einführung in die Gruppentheorie und in die Anwendungsmöglichkeiten dieser Theorie zu geben. Im ersten Teil (Abschnitte 18 bis 21) werden
Grundkenntnisse über Gruppen vermittelt und ein Einblick in die Strukturtheorie gegeben. Durch zahlreiche Beispiele soll der Leser erkennen, daß der Gruppenbegriff und
Eigenschaften von Gruppen in sehr vielen mathematischen Disziplinen eine tragende
Rolle spielen. Der zweite Teil (Abschnitte 22 bis 26) ist einigen wichtigen außermathematischen Anwendungen der Gruppentheorie gewidmet.

18. ELEMENTARE EIGENSCHAFTEN

In Abschnitt 2 wurde eine Gruppe als Algebra $\langle G;\cdot,^{-1},1\rangle$ vom Typ $(2,1,0)$
definiert, in der die folgenden Axiome gelten:

(1) $(x\cdot y)\cdot z = x\cdot(y\cdot z)$ für alle $x,y,z \in G$,

(2) $1\cdot x = x\cdot 1 = x$ für alle $x \in G$,

(3) $x\cdot x^{-1} = x^{-1}\cdot x = 1$ für alle $x \in G$.

Wie wir aus Abschnitt 1 wissen, gibt es in einer Algebra $\langle G;\cdot\rangle$ mit einer assoziativen binären Operation $\cdot$ höchstens ein Einselement 1 und auch höchstens eine einstellige Operation $^{-1}$, welche das Gruppenaxiom (3) erfüllt. Wir schreiben für eine Gruppe $\langle G;\cdot,^{-1},1\rangle$ daher auch oft nur $\langle G;\cdot\rangle$ (da die Inversenbildung und das Einselement dann schon eindeutig bestimmt sind) oder, falls kein Anlaß zur Verwechslung besteht, nur G.
Weiters halten wir fest, daß nach Satz 1.3 in jeder Gruppe $\langle G;\cdot,^{-1},1\rangle$ die Operation $\cdot$ invertierbar ist, d.h. die linearen Gleichungen $a\cdot x = b$ und $y\cdot a = b$ für alle $a,b \in G$ lösbar sind.

Es ist möglich, eine Gruppe bereits durch formal schwächere Axiome als die Axiome (1),(2),(3) festzulegen, nämlich:

<u>Satz 18.1</u>: *Die Algebra $\langle G;\cdot,^{-1},1\rangle$ ist genau dann eine Gruppe, wenn*

(1) $\quad (x\cdot y)\cdot z = x\cdot(y\cdot z)$ *für alle* $x,y,z \in G$,
(L_2) $\ 1\cdot x = x$ $\qquad\qquad$ *für alle* $x \in G$,
(L_3) $\ x^{-1}\cdot x = 1$ $\qquad\quad$ *für alle* $x \in G$.

Beweis: Sei x^{-1} ein *linksinverses Element* von x, d.h. ein Element x^{-1}, sodaß gilt $x^{-1}\cdot x = 1$ (Analog definiert ist ein Element x^{-1} als *rechtsinvers*, falls $x\cdot x^{-1} = 1$.). Dabei ist 1 ein *Linkseinselement* in $\langle G;\cdot\rangle$, d.h. es gilt $1\cdot x = x$ für alle $x \in G$ (Analog definiert man ein *Rechtseinselement*.). Dann ist $x^{-1} = 1\cdot x^{-1} = x^{-1}\cdot x\cdot x^{-1}$. Multipliziert man diese Gleichung von links mit einem linksinversen Element $(x^{-1})^{-1}$ von x^{-1}, so bekommt man

$$1 = (x^{-1})^{-1}\cdot x^{-1} = (x^{-1})^{-1}\cdot x^{-1}\cdot x\cdot x^{-1} = x\cdot x^{-1}\;.$$

Für jedes x^{-1} mit $x^{-1}\cdot x = 1$ gilt also auch $x\cdot x^{-1} = 1$, was bedeutet, daß jedes linksinverse Element auch rechtsinverses Element ist. Man kann daher einfach von inversen Elementen sprechen. Zugleich sieht man damit, daß x das inverse Element von x^{-1} ist.
Weiters gilt nun

$$x\cdot 1 = x\cdot x^{-1}\cdot x = 1\cdot x = x \qquad \text{für alle } x \in G,$$

d.h. 1 ist das Einselement.

Klarerweise erfüllt jede Gruppe die Bedingungen (1),(L_2) und (L_3).

Damit folgt, daß die Bedingungen (1),(L_2) und (L_3) äquivalent zu den Bedingungen (1),(2) und (3) sind und es daher sachlich nicht ganz richtig ist, von "schwächeren Bedingungen" zu reden.
Man kann eine Gruppe auch als Algebra vom Typ (2,2,2) auffassen. Dies zeigt der

<u>Satz 18.2</u>: *Eine Algebra* $\langle G;\cdot,o,*\rangle$ *vom Typ* $(2,2,2)$ *ist eine Gruppe bezüglich* $\cdot$, *wenn G nicht-leer ist und*

(1) $(x\cdot y)\cdot z = x\cdot(y\cdot z)$ *für alle* $x,y,z \in G$,
(D_2) $x\cdot(xoy) = y$ $\qquad$ *für alle* $x,y \in G$,
(D_3) $(x*y)\cdot y = x$ $\qquad$ *für alle* $x,y \in G$.
Definiert man umgekehrt in einer Gruppe $\langle G;\cdot,^{-1},1\rangle$ *die Operationen* o *und* $*$ *durch* $xoy := x^{-1}\cdot y$ *und* $x*y := x\cdot y^{-1}$, *so erfüllt die Algebra* $\langle G;\cdot,o,*\rangle$ *die Gleichungen* (1), (D_2) *und* (D_3).

Beweis: Sei G eine nicht-leere Menge mit den binären Operationen $\cdot$, o und $*$, welche (1),(D_2) und (D_3) erfüllen. Wegen (D_2) gibt es zu $a,b \in G$ stets ein $x \in G$, nämlich $x := aob$, mit $a\cdot x = b$. Analog gewährleistet (D_3) für alle $a,b \in G$ die Lösbarkeit der Gleichung $y\cdot a = b$. Damit ist die Operation $\cdot$ in G invertierbar. Nach Satz 1.3 besitzt dann $\cdot$ ein Eins-element und zu jedem Element von G muß ein Inverses bezüglich $\cdot$ exi-stieren. Damit folgt, daß G bezüglich $\cdot$ eine Gruppe bildet.

Die zweite Behauptung des Satzes ist unmittelbar ersichtlich.

Man erhält nun unmittelbar die sogenannten

<u>Kürzungsregeln 18.3</u>: *Sei* $\langle G;\cdot\rangle$ *eine Gruppe, und seien* $x,y,a \in G$. *Dann gilt:*

(L) $a\cdot x = a\cdot y \Rightarrow x = y$,
(R) $x\cdot a = y\cdot a \Rightarrow x = y$.

Beweis: Nach dem Beweis von Satz 18.2 ist $\cdot$ invertierbar. Damit ist $\cdot$ nach Bemerkung 1.4 auch regulär, was äquivalent zu (L) und (R) ist.

Umgekehrt gilt

<u>Satz 18.4</u>: *Jede endliche Halbgruppe, deren binäre Operation* (L) *und* (R) *erfüllt* (man nennt so eine Halbgruppe *regulär*), *ist eine Gruppe.*

Beweis: Seien $a_1,\ldots,a_n$ alle Elemente der endlichen regulären Halbgruppe $\langle H;\cdot\rangle$. Wir bilden dann für ein beliebiges Element $a_i \in H$ die Produkte $a_i\cdot a_1$, $a_i\cdot a_2$, $\ldots$, $a_i\cdot a_n$. Wegen (L) gilt für $a_r,a_s \in H$ mit $a_r \neq a_s$ stets auch $a_i\cdot a_r \neq a_i\cdot a_s$, d.h. $a_i\cdot a_1,\ldots$, $a_i\cdot a_n$ sind wieder alle Elemente von H. Es muß daher auch ein $a_j \in H$ mit $a_i\cdot a_j = a_i$ geben. Dann ist jedoch a_j ein Linkseinselement in $\langle H;\cdot\rangle$, denn aus der Beziehung $a_i\cdot a_j\cdot a_k = a_i\cdot a_k$, welche für alle $a_k \in H$ gilt, folgt $a_j\cdot a_k = a_k$ für alle $a_k \in H$. Wegen (R) sind für ein beliebiges a_k aus H auch $a_1 a_k,\ldots,a_n\cdot a_k$ wieder alle Elemente von H. Damit muß es zu jedem $a_k \in H$ ein $a_t \in H$ geben, sodaß $a_t\cdot a_k = a_j$ ist. Damit gelten in der Halbgruppe $\langle H;\cdot\rangle$ die Gesetze (L_1) und (L_2) aus Satz 18.1 und $\langle H;\cdot\rangle$ ist eine Gruppe.

In der Praxis verwendet man entsprechend der gegebenen Problemstellung
und Sachlage ein passendes Axiomensystem für eine Gruppe. In der Literatur sind hunderte äquivalente Axiomensysteme für Gruppen angegeben.

Nun verschaffen wir uns einen Überblick über Gruppen von kleiner Ordnung,
indem wir ihre Multiplikationstafeln angeben. Dabei kommt es uns nur auf
die Struktur der Gruppen an und nicht darauf, wie deren Elemente bezeichnet werden. Wir lassen also isomorphe Gruppen außer acht. Sind zwei
Gruppen G_1 und G_2 isomorph, so schreiben wir $G_1 \simeq G_2$.
Da jede Gruppe ein Einselement besitzt, kann die Trägermenge einer Gruppe
nicht leer sein.

<u>Gruppen mit einem Element</u>

G enthält nur das Einselement 1, und es gilt $1 \cdot 1 = 1$. Damit bekommt man
genau eine mögliche Gruppentafel, nämlich

$$Z_1 \qquad \begin{array}{c|c} \cdot & 1 \\ \hline 1 & 1 \end{array}$$

Wie man sofort sieht, erfüllt Z_1 auch wirklich die Gruppenaxiome (1),
(2) und (3).

<u>Gruppen mit zwei Elementen</u>

Wir nehmen an, die Trägermenge von G sei $\{1, a\}$. Das Einselement 1 erfüllt dann die Gleichungen $1 \cdot 1 = 1$ und $1 \cdot a = a \cdot 1 = a$. Für die Festlegung
von $a \cdot a$ stehen theoretisch 1 und a zur Verfügung. Damit jedoch ein
Inverses zu a existiert, muß $a \cdot a = 1$ sein. a ist dann zu sich selbst
invers. Als einzig mögliche Tafel erhält man damit

$$Z_2 \qquad \begin{array}{c|cc} \cdot & 1 & a \\ \hline 1 & 1 & a \\ a & a & 1 \end{array}$$

Bei der Überprüfung, daß durch Z_2 eine Gruppe definiert wird, ist nur
das Assoziativgesetz etwas aufwendiger.

<u>Bemerkung 18.5</u>: *Wie man sich leicht überlegt, müssen in einer Gruppen-
tafel infolge der eindeutigen Lösbarkeit der Gleichungen* $a \cdot x = b$ *und*
$y \cdot a = b$ *für alle* $a, b \in G$ *alle Elemente genau einmal in jeder Zeile und in
jeder Spalte vorkommen.*

<u>Gruppen mit drei Elementen</u>

Wir nehmen G als die Menge $\{1, a, b\}$ an.
Unter Berücksichtigung der Multiplikationseigenschaften des Einselements 1 folgt
sofort nebenstehende Tafel.

$$\begin{array}{c|ccc} \cdot & 1 & a & b \\ \hline 1 & 1 & a & b \\ a & a & \cdot & \cdot \\ b & b & \cdot & \cdot \end{array}$$

Wegen Bemerkung 18.5 muß $a \cdot b = 1$ sein und $b \cdot a = 1$ sein. Damit bleibt nur mehr $a \cdot a = b$ und $b \cdot b = a$ übrig und wir erhalten als einzige mögliche Gruppentafel:

$$Z_3 \qquad \begin{array}{c|ccc} \cdot & 1 & a & b \\ \hline 1 & 1 & a & b \\ a & a & b & 1 \\ b & b & 1 & a \end{array}$$

Man kann sich wieder durch Nachrechnen der Axiome davon überzeugen, daß Z_3 eine Gruppe definiert.

Gruppen mit vier Elementen

Wir nehmen G als die Menge $\{1,a,b,c\}$ an. Unter Berücksichtigung der Multiplikationseigenschaften des Einselements 1 erhalten wir nebenstehende Tafel.

$$\begin{array}{c|cccc} \cdot & 1 & a & b & c \\ \hline 1 & 1 & a & b & c \\ a & a & \cdot & \cdot & \cdot \\ b & b & \cdot & \cdot & \cdot \\ c & c & \cdot & \cdot & \cdot \end{array}$$

(i) Ist $a \cdot a = 1$, so muß $a \cdot b = c$ und $a \cdot c = b$ sein. Damit folgt $b \cdot a = c$.

   a) Setzt man nun $b \cdot b = 1$, so ergibt sich $b \cdot c = a$, $c \cdot a = b$, $c \cdot b = a$ und $c \cdot c = 1$, und wir erhalten die Multiplikationstafel

$$V \qquad \begin{array}{c|cccc} \cdot & 1 & a & b & c \\ \hline 1 & 1 & a & b & c \\ a & a & 1 & c & b \\ b & b & c & 1 & a \\ c & c & b & a & 1 \end{array}$$

   b) Setzt man $b \cdot b = a$, so folgt $b \cdot c = 1$, $c \cdot a = b$, $c \cdot b = 1$ und $c \cdot c = a$. In diesem Fall erhalten wir die Tafel

$$Z_4 \qquad \begin{array}{c|cccc} \cdot & 1 & a & b & c \\ \hline 1 & 1 & a & b & c \\ a & a & 1 & c & b \\ b & b & c & a & 1 \\ c & c & b & 1 & a \end{array}$$

(ii) Der Fall $a \cdot a = a$ ist wegen der Kürzungsregel 18.3 (bzw. wegen Bemerkung 18.5) nicht möglich.

(iii) Setzt man $a \cdot a = b$, so folgt $a \cdot b = c$ und $a \cdot c = 1$. Damit muß $b \cdot a = c$, $b \cdot b = 1$, $b \cdot c = a$, $c \cdot a = 1$, $c \cdot b = a$ und $c \cdot c = b$ sein. Die so erhaltene Tafel geht jedoch aus der Tafel Z_4 durch Vertauschen der Elemente a und b hervor. Daher ist die durch diese Multiplikationstafel definierte Algebra isomorph zu der durch Z_4 definierten Algebra.

(iv) Setzt man nun auch noch $a \cdot a = c$, so erhält man eine Tafel, welche aus Z_4 durch Vertauschen der Elemente a und c hervorgeht. Somit ist auch die durch diese Multiplikationstafel definierte Algebra isomorph zu der durch Z_4 definierten Algebra.

Wie man durch Überprüfung der Gruppenaxiome feststellen kann, beschreiben die beiden Tafeln V und Z_4 wirklich Gruppen. Diese beiden Gruppen sind nicht isomorph, da für einen Isomorphismus
$\varphi : V = \{1,a,b,c\} \rightarrow Z_4 = \{1',a',b',c'\}$ für alle Elemente $x \in V$
$1' = \varphi(1) = \varphi(x \cdot x) = \varphi(x) \cdot \varphi(x)$ gelten müßte, was aber nicht der Fall ist.
Damit haben wir zwei strukturell verschiedene Gruppen mit vier Elementen
gefunden. Die Gruppe V heißt nach dem deutschen Geometer Felix Klein
(1849 - 1925) die Kleinsche Vierergruppe. Wir sind ihr in additiver
Schreibweise bereits in Abschnitt 8 begegnet.

Man kann diese Untersuchungen ohne allzu große Schwierigkeiten auch
noch für Gruppen höherer Ordnung fortsetzen und erhält folgende Ergebnisse:

Ordnung von G	Anzahl der nichtisomorphen Gruppen
1	1
2	1
3	1
4	2
5	1
6	2
7	1
8	5

Tabelle 18.1

Nach diesem Blick auf die "kleinen" Gruppen wollen wir nun auch noch
kurz etwas zu den "großen" endlichen Gruppen sagen. Seit etwa 100 Jahren
weiß man, daß sich alle endlichen Gruppen aus einfachen Gruppen "aufbauen". Erst seit 1981 kennt man alle einfachen Gruppen. Neben drei
Serien einfacher Gruppen gibt es nur 26 sogenannte *"sporadische"*
einfache Gruppen. Die größte davon, das sogenannte *"Monster"*, hat etwa
10^{50} Elemente.

Aus dem folgenden Beispiel erkennt man, daß es Gruppen jeder endlichen
Ordnung gibt.

<u>Restklassengruppe mod m</u>

Sei $m \in \mathbb{N}$. Dann bildet die Menge $\mathbb{Z}/\theta_m$ aller Restklassen modulo m bezüglich der Addition eine Gruppe. Die von uns eingeführten Gruppen Z_1, Z_2, Z_3
und Z_4 sind isomorph zu den Gruppen $\langle \mathbb{Z}/\theta_1; +\rangle$, $\langle \mathbb{Z}/\theta_2; +\rangle$, $\langle \mathbb{Z}/\theta_3; +\rangle$ bzw.
$\langle \mathbb{Z}/\theta_4; +\rangle$. Wir können daher für die Gruppe $\langle \mathbb{Z}/\theta_m; +, -, \bar{0}\rangle$ auch kurz Z_m
schreiben, da dieser Isomorphismus für beliebige m gilt.

Wir wollen nun noch einige weitere wichtige Klassen von Gruppen betrachten.

Abbildungsgruppen

Wir haben schon in Abschnitt 2 die Symmetriegruppe des Ammoniakmoleküls und in Abschnitt 9 die Symmetriegruppe des SF_5Cl-Moleküls kennengelernt. Ähnlich wie dort studiert man allgemein bei verschiedenen ebenen und räumlichen Objekten T (z.B. geometrische Gebilden, Kristallen, Molekülen, ...) die Menge aller *Deckabbildungen* S_T von T. Dabei versteht man ganz allgemein unter einer Deckabbildung von T eine Abbildung der Ebene oder des Raumes in sich, welche Längen und Winkel unverändert läßt und T deckungsgleich auf sich abbildet. Bildet S_T bezüglich der Hintereinanderausführung von Abbildungen eine Gruppe, so nennt man diese die *Symmetriegruppe* S_T von T.

a) Permutationsgruppen S_M

Die symmetrische Gruppe $\langle S_M; \circ, {}^{-1}, \varepsilon \rangle$ ist uns bereits aus Abschnitt 2 bekannt. Die Elemente von $S_M = \{f \in M^M | \ f \ \text{bijektiv}\}$ nennt man *Permutationen* von (auf) M, und sie werden meistens mit Buchstaben wie $\pi, \rho, \ldots$ bezeichnet. Für $M = \{1, 2, \ldots, n\}$ schreibt man statt S_M üblicherweise S_n. Die Elemente von S_n heißen Permutationen vom Grad n. Wie bereits in Abschnitt 9 erwähnt, schreibt man sie häufig in der Form

$$\pi = \begin{pmatrix} 1 & 2 & \ldots & n \\ a_1 & a_2 & \ldots & a_n \end{pmatrix}, \qquad \text{wobei } a_j = \pi(j),$$

das Bild von j unter π ist. Die untere Zeile bei dieser Schreibweise ist also eine Neuanordnung der Zahlen $1, 2, \ldots, n$.
Mittels kombinatorischer Überlegungen erhält man ohne Schwierigkeiten

Hilfssatz 18.6: *Es gibt* n! *Permutationen vom Grad* n.

Beispiele

$S_1 = \{\begin{pmatrix} 1 \\ 1 \end{pmatrix}\}$ und $\langle S_1; \circ \rangle \simeq Z_1$,

$S_2 = \{\begin{pmatrix} 1 & 2 \\ 1 & 2 \end{pmatrix}, \begin{pmatrix} 1 & 2 \\ 2 & 1 \end{pmatrix}\}$ und $\langle S_2; \circ \rangle \simeq Z_2$,

$S_3 = \{\begin{pmatrix} 1 & 2 & 3 \\ 1 & 2 & 3 \end{pmatrix}, \begin{pmatrix} 1 & 2 & 3 \\ 1 & 3 & 2 \end{pmatrix}, \begin{pmatrix} 1 & 2 & 3 \\ 2 & 1 & 3 \end{pmatrix}, \begin{pmatrix} 1 & 2 & 3 \\ 2 & 3 & 1 \end{pmatrix}, \begin{pmatrix} 1 & 2 & 3 \\ 3 & 1 & 2 \end{pmatrix}, \begin{pmatrix} 1 & 2 & 3 \\ 3 & 2 & 1 \end{pmatrix}\}.$

Daß $\langle S_3; \circ \rangle$ nicht zur Z_6 isomorph ist, folgt aus

Hilfssatz 18.7: *Die Gruppe* S_n *ist für* $n \geq 3$ *nicht kommutativ.*

Beweis: Für $n \geq 3$ sei

$$\pi = \begin{pmatrix} 1 & 2 & 3 & 4 & \ldots & n \\ 3 & 2 & 1 & \pi(4) & \ldots & \pi(n) \end{pmatrix} \text{ und } \varphi = \begin{pmatrix} 1 & 2 & 3 & 4 & \ldots & n \\ 3 & 1 & 2 & \varphi(4) & \ldots & \varphi(n) \end{pmatrix}.$$

Bildet man nun

$$\varphi \circ \pi = \begin{pmatrix} 1 & 2 & 3 & 4 & \cdots & n \\ 3 & 1 & 2 & \varphi(4) & \cdots & \varphi(n) \end{pmatrix} \circ \begin{pmatrix} 1 & 2 & 3 & 4 & \cdots & n \\ 3 & 2 & 1 & \pi(4) & \cdots & \pi(n) \end{pmatrix} =$$

$$= \begin{pmatrix} 1 & 2 & 3 & 4 & \cdots & n \\ 2 & 1 & 3 & \cdots\cdots\cdots \end{pmatrix}$$

und

$$\pi \circ \varphi = \begin{pmatrix} 1 & 2 & 3 & 4 & \cdots & n \\ 1 & 3 & 2 & \cdots\cdots\cdots \end{pmatrix},$$

so sieht man, daß diese beiden Produkte voneinander verschieden sind.
Klarerweise sind S_1 und S_2 kommutativ.

Gruppen von Permutationen sind deswegen von großer Bedeutung, da ganz
allgemein jede Gruppe als Permutationsgruppe aufgefaßt werden kann
(siehe Abschnitt 26). Abel und Galois verwendeten bei ihren Überlegungen
Permutationsgruppen.

b) Automorphismengruppen Aut M

Ist M eine algebraische Struktur, so sind oft nur diejenigen Permutationen von M von Interesse, welche die Eigenschaften dieser Struktur
erhalten, d.h., welche Isomorphismen von M auf sich selbst sind. Solche
Isomorphismen heißen *Automorphismen* von M. Die Automorphismen einer
Algebra bilden bezüglich der Hintereinanderausführung eine Gruppe,
genannt die *Automorphismengruppe* der Algebra. Aus der Struktur der
Automorphismengruppe einer Algebra kann man häufig auf Eigenschaften
der Struktur der Algebra zurückschließen.
Beispiel: Automorphismengruppe Aut V der Kleinschen Vierergruppe V.
Da jeder Automorphismus φ von V das Einselement 1 auf sich abbilden muß,
permutiert φ die Elemente a,b,c. Es gibt sechs solche Permutationen, und
man kann sich überlegen, daß jede dieser Permutationen zu einem Automorphismus von V führt. Man sieht ohne große Schwierigkeiten, daß
Aut V $\simeq S_3$ ist.

c) Diedergruppen D_n

Sei T das regelmäßige n-Eck in der Ebene mit den Ecken $A_1, A_2, \ldots, A_n$.
Eine Deckabbildung eines regelmäßigen n-Ecks ist festgelegt, wenn man
das Bild der Seite $A_1 A_2$ kennt. Für das Bild von $A_1 A_2$ gibt es aber 2n
Möglichkeiten (n Drehungen und n Drehspiegelungen). Man bezeichnet diese
Gruppen als die *Diedergruppen* (vgl. Abschnitt 9).

Beispiel: D_3 = Symmetriegruppe des regelmäßigen 3-Ecks

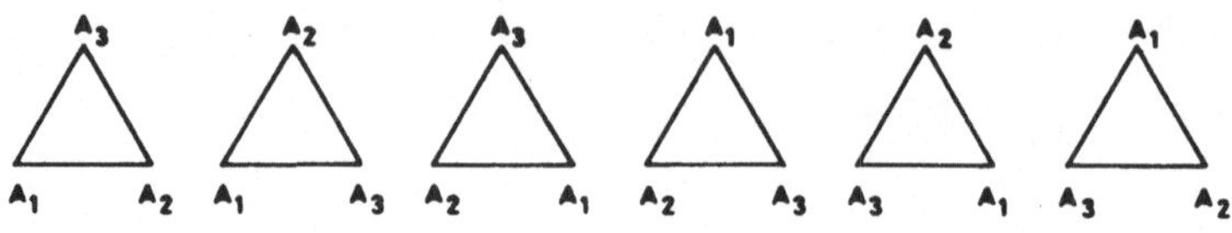

Abb. 18.1

Wie man leicht überprüft, gilt $D_3 \simeq S_3$.

Gruppen von Matrizen spielen in der Physik eine große Rolle. So hat z.B. 1964 ein mit Hilfe einer Matrizengruppe entwickeltes Modell wesentlich zur Entdeckung eines neuen Elementarteilchens beigetragen (vgl. F.J. Dyson [8]).
Die folgende Gruppe, welche wir als Matrizengruppe schreiben, hat einige bemerkenswerte algebraische Eigenschaften.

Quaternionengruppe Q

Sei $a = \begin{pmatrix} \sqrt{-1} & 0 \\ 0 & -\sqrt{-1} \end{pmatrix}$ und $b = \begin{pmatrix} 0 & 1 \\ -1 & 0 \end{pmatrix}$. Bildet man alle möglichen Produkte von a und b, so erhält man acht voneinander verschiedene Matrizen $1, a, a^2, a^3,$ b, ab, a^2b, a^3b, welche eine multiplikative Gruppe bilden. Diese Gruppe heißt die *Quaternionengruppe* Q. Ihre Elemente erfüllen die Beziehungen

$$a^4 = 1, \quad a^2 = b^2, \quad ba = a^3b .$$

Diese Gruppe ist wegen $ab \neq ba$ nicht abelsch und hat die Multiplikationstafel

	1	a	a^2	a^3	b	ab	a^2b	a^3b
1	1	a	a^2	a^3	b	ab	a^2b	a^3b
a	a	a^2	a^3	1	ab	a^2b	a^3b	b
a^2	a^2	a^3	1	a	a^2b	a^3b	b	ab
a^3	a^3	1	a	a^2	a^3b	b	ab	a^2b
b	b	a^3b	a^2b	ab	a^2	a	1	a^3
ab	ab	b	a^3b	a^2b	a^3	a^2	a	1
a^2b	a^2b	ab	b	a^3b	1	a^3	a^2	a
a^3b	a^3b	a^2b	ab	b	a	1	a^3	a^2

Man kann zeigen, daß Q nichtisomorph zu Z_8 und auch nichtisomorph zu D_4 ist. Q ist somit die dritte Gruppe der Ordnung acht (es gibt insgesamt fünf), welche wir kennengelernt haben. Q hängt auch eng mit Verallgemeinerungen der komplexen Zahlen zusammen.

Eine quadratische Tabelle, in welcher in jeder Zeile und Spalte dieselben Elemente in beliebiger Reihenfolge, und zwar jedes genau einmal,
vorkommen, nennt man *lateinisches Quadrat*. Nach Bemerkung 18.5 ist also
die Multiplikationstabelle einer endlichen Gruppe immer ein lateinisches
Quadrat, jedoch ist die Umkehrung nicht richtig. Ein lateinisches Quadrat
muß nämlich nicht das Assoziativgesetz (1) von Gruppen erfüllen. So gibt
die folgende Tabelle zwar ein lateinisches Quadrat an, nicht aber die
Multiplikationstabelle einer Gruppe, da $(ab)c = dc = a$ und $a(bc) = ad = c$
ist.

	1	a	b	c	d
1	1	a	b	c	d
a	a	1	d	b	c
b	b	c	1	d	a
c	c	d	a	1	b
d	d	b	c	a	1

Lateinquadrate spielen für Anwendungen eine große Rolle (vgl. Abschnitt 33).

Nun beschäftigen wir uns mit Untergruppen von Gruppen. Aus dem Verband
U_G der Untergruppen einer Gruppe G (vgl. Abschnitt 8) übernehmen wir
das Zeichen $\leq$ als Abkürzung für "ist Untergruppe von".
Das folgende Kriterium erleichtert das Erkennen von Untergruppen.

<u>Satz 18.8</u>: *Eine Teilmenge U einer Gruppe $\langle G; \cdot, {}^{-1}, 1 \rangle$ ist genau dann eine
Untergruppe von G, wenn*
(i) $\cdot$ *auch binäre Operation auf U ist,*
(ii) $1 \in U$ *gilt,*
(iii) *für alle* $a \in U$ *auch* $a^{-1} \in U$ *ist.*

Beweis: Ist $U \leq G$, dann sind die Bedingungen (1), (2) und (3) klarerweise
erfüllt.
Umgekehrt sei U eine Teilmenge von G, und seien (i), (ii) und (iii) erfüllt. Dann gilt wegen (ii) die Gruppeneigenschaft (2). Wegen (iii) ist
die Operation ${}^{-1}$ auch eine unäre Operation auf U, welche die Gruppeneigenschaft (3) erfüllt. Da das Gruppengesetz (1) für alle Elemente aus
G gilt, gilt es natürlich auch für alle Elemente aus U. Daher folgt
$U \leq G$.

Zyklische Gruppen

Eine Untergruppe U einer Gruppe G, welche das Element a enthält, muß
nach Satz 18.8 mit a auch a^{-1}, $a \cdot a^{-1} = 1$, sowie alle beliebigen Produkte
von a mit sich selbst und a^{-1} mit sich selbst enthalten. Wir definieren
induktiv für $n \in \mathbb{N}$

$$a^{n+1} := a \cdot a^n, \quad a^{-(n+1)} := a^{-1} \cdot a^{-n} \quad \text{und} \quad a^0 := 1.$$

Es gilt

Satz 18.9: *Sei G eine Gruppe und $a \in G$. Dann ist $U := \{a^n \mid n \in \mathbf{Z}\}$ eine Untergruppe von G, und zwar die kleinste Untergruppe von G welche a enthält.*

Beweis: Da $a^r \cdot a^s = a^{r+s}$ für beliebige $r,s \in \mathbf{Z}$, ist das Produkt von zwei Elementen von U wieder in U. Damit ist $\cdot$ auch binäre in U. Weiters ist $a^0 = 1 \in U$ und zu jedem $a^r \in U$ ist auch $a^{-r} \in U$ mit $a^{-r} \cdot a^r = 1$. Damit gilt $U \leq G$.
Den Argumenten vor der Formulierung des Satzes folgend, muß jede Untergruppe von G, welche a enthält, auch U enthalten.

Die Gruppe U von Satz 18.9 wird vom Element a erzeugt. Sie heißt *die von a erzeugte zyklische Untergruppe* von G und wird mit $[a]_G$ bzw. - falls keine Verwechslung möglich ist - nur auch $[a]$ bezeichnet. Nach den Ausführungen in Abschnitt 9 ist $[a]$ der Durchschnitt aller Untergruppen von G, welche $\{a\}$ als Teilmenge enthalten. Ein Element a einer Gruppe G heißt *erzeugendes Element* für (von) G, wenn $[a]_G = G$. Eine Gruppe G heißt *zyklisch*, wenn es ein Element $a \in G$ gibt mit $[a]_G = G$.

Beispiele: Z_4 ist zyklisch und wird von b oder c (bzw. von $\bar{1}$ oder $\bar{3}$ erzeugt, d.h. $[b]_{Z_4} = [c]_{Z_4} = Z_4$.
V ist nicht zyklisch, da $[a]$, $[b]$ und $[c]$ echte Untergruppen von V der Ordnung zwei sind und natürlich auch 1 nicht V erzeugt.
$\langle \mathbf{Z}; + \rangle$ ist eine zyklische Gruppe, 1 und -1 sind Erzeugende dieser Gruppe.

Ist für ein Element a einer Gruppe G die Untergruppe $[a]$ eine unendliche zyklische Gruppe, so nennt man a ein *Element unendlicher Ordnung*. Ist dagegen $[a]$ eine endliche zyklische Untergruppe der Ordnung m von G, so heißt a ein *Element der Ordnung* m von G.

In jeder Gruppe ist 1 das einzige Element der Ordnung eins.

Wie man am Beispiel der Diedergruppe $D_3 = \{\rho_0, \rho_1, \rho_2, \sigma_1, \sigma_2, \sigma_3\}$ sieht, kann das Studium von gewissen Teilmengen einer Gruppe (z.B. der Drehungen ρ_0, ρ_1, ρ_2 und der Spiegelungen $\sigma_1, \sigma_2, \sigma_3$) von Interesse sein. Dabei sind speziell Teilmengen von Bedeutung, welche in einem gewissen Zusammenhang mit gegebenen Untergruppen stehen.

Ist U eine Untergruppe der Gruppe $\langle G; \cdot \rangle$ und $a \in G$, so heißt die Teilmenge $a \cdot U = aU := \{a \cdot u \mid u \in U\}$ eine *Linksnebenklasse* von G nach U.
Es gilt der

Satz 18.10: *Durch $a \theta b \leftrightarrow b \in aU$ wird in G eine Äquivalenzrelation definiert. Die Äquivalenzklassen sind dabei die Linksnebenklassen von G nach U.*

Beweis: Wegen $a = a1 \in aU$ ist $a\theta a$ für alle $a \in G$.

Ist $a\theta b$, so folgt $b \in aU$, d.h. es gibt ein $u \in U$ mit $b = au$. Also ist $a = bu^{-1} \in bU$ und es gilt $b\theta a$. Gilt $a\theta b$ und $b\theta c$, dann können wir schließen $b \in aU$ und $c \in bU$ und damit auch $b \in cU$. Es gibt daher Elemente $u_1, u_2 \in U$, sodaß $b = au_1$ und $b = cu_2$. Also ist $au_1 = cu_2$ und es gilt $c = au_1 u_2^{-1}$. Somit folgt $a\theta c$. Damit ist gezeigt, daß θ eine Äquivalenzrelation auf G ist. Nach Definition von θ ist aU die Äquivalenzklasse von a.

Als Äquivalenzklassen sind zwei Linksnebenklassen $a_1 U$ und $a_2 U$ von G nach U entweder identisch oder elementfremd. Außerdem haben je zwei Linksnebenklassen dieselbe Mächtigkeit. Es liegt nun nahe, G als mengentheoretische Vereinigung

$$G = aU \cup bU \cup cU \cup \ldots = \bigcup_{x \in L} xU \tag{1}$$

zu schreiben, wobei L ein Repräsentantensystem der durch die Linksnebenklassenzerlegung gegebenen Klasseneinteilung ist. L wird als *Linksvertretersystem* von G nach U bezeichnet.
Ganz analog wie Linksnebenklassen definiert man auch *Rechtsnebenklassen* von G nach U. Man bildet dann Teilmengen der Form Ua.
In abelschen Gruppen besteht klarerweise kein Unterschied zwischen Links- und Rechtsnebenklassen.

Im folgenden sei für eine Teilmenge H einer Gruppe G die Menge $H^{-1} := \{h^{-1} \mid h \in H\}$.

Ist L ein Linksvertretersystem, so ist L^{-1} ein Rechtsvertretersystem. Es gilt nämlich

$$G = G^{-1} = \bigcup_{x \in L} U^{-1}x^{-1} = \bigcup_{x \in L} Ux^{-1} = \bigcup_{y \in L^{-1}} Uy \, .$$

Damit folgt, daß die Mächtigkeit der Menge aller Linksnebenklassen gleich der Mächtigkeit der Menge aller Rechtsnebenklassen ist. Wir bezeichnen diese Anzahl mit $|G:U|$ und nennen sie den *Index* von U in G.

Nimmt man als Untergruppe U die triviale Untergruppe $\{1\}$, so bekommt man $|G:\{1\}| = |G|$.
Ist G eine endliche Gruppe, so muß auch der Index jeder Untergruppe endlich sein.
Durch Vergleich der Anzahl der Elemente auf beiden Seiten in (1) ergibt sich

<u>Satz von Lagrange (1736 - 1813) 18.11</u>: *Für jede Untergruppe U einer endlichen Gruppe G ist*

$$|G| = |G:U| \cdot |U| \, .$$

Insbesondere sind also sowohl die Ordnung als auch der Index jeder Untergruppe Teiler der Gruppenordnung G.
Nimmt man als Untergruppe U eine von einem beliebigen Element $x \in G$ erzeugte zyklische Untergruppe $[x]$, so erhält man

<u>Satz 18.12</u>: *In einer endlichen Gruppe G ist die Ordnung jedes Elementes ein Teiler von* $|G|$.

Daraus folgt nun unmittelbar der

<u>Satz von Fermat (1601? - 1665) 18.13</u>: *Für jedes Element x aus einer endlichen Gruppe G gilt* $x^{|G|} = 1$.

Unter dem *Exponent* k einer endlichen Gruppe G versteht man das k.g.V. der Elementordnungen in G.
Für jedes $x \in G$ gilt daher $x^k = 1$. Der Exponent von V ist z.B. gleich 2.

Sind U_1 und U_2 Teilmengen der Gruppe $\langle G; \cdot \rangle$, so versteht man unter $U_1 \cdot U_2$ $(= U_1 U_2)$ die Teilmenge $\{x \cdot y \mid x \in U_1, y \in U_2\}$. Ist U Untergruppe von G, so gilt offensichtlich $UU = U$.

<u>Tafeln der Gruppen der Ordnung 1 bis 8</u>

Z_1

	1
1	1

Z_2

	1	a
1	1	a
a	a	1

Z_3

	1	a	b
1	1	a	b
a	a	b	1
b	b	1	a

Z_4

	1	a	b	c
1	1	a	b	c
a	a	b	c	1
b	b	c	1	a
c	c	1	a	b

$V \simeq Z_2 \times Z_2$

	1	a	b	c
1	1	a	b	c
a	a	1	c	b
b	b	c	1	a
c	c	b	a	1

Z_5

	1	a	b	c	d
1	1	a	b	c	d
a	a	b	c	d	1
b	b	c	d	1	a
c	c	d	1	a	b
d	d	1	a	b	c

$Z_6 \simeq Z_3 \times Z_2$

	1	a	b	c	d	f
1	1	a	b	c	d	f
a	a	b	c	d	f	1
b	b	c	d	f	1	a
c	c	d	f	1	a	b
d	d	f	1	a	b	c
f	f	1	a	b	c	d

$S_3 \simeq D_3$

	1	a	b	c	d	f
1	1	a	b	c	d	f
a	a	b	1	d	f	c
b	b	1	a	f	c	d
c	c	f	d	1	b	a
d	d	c	f	a	1	b
f	f	d	c	b	a	1

Z_7

	1	a	b	c	d	f	g
1	1	a	b	c	d	f	g
a	a	b	c	d	f	g	1
b	b	c	d	f	g	1	a
c	c	d	f	g	1	a	b
d	d	f	g	1	a	b	c
f	f	g	1	a	b	c	d
g	g	1	a	b	c	d	f

Z_8

	1	a	b	c	d	f	g	h
1	1	a	b	c	d	f	g	h
a	a	b	c	d	f	g	h	1
b	b	c	d	f	g	h	1	a
c	c	d	f	g	h	1	a	b
d	d	f	g	h	1	a	b	c
f	f	g	h	1	a	b	c	d
g	g	h	1	a	b	c	d	f
h	h	1	a	b	c	d	f	g

$Z_4 \times Z_2$

	1	a	b	c	d	f	g	h
1	1	a	b	c	d	f	g	h
a	a	b	c	1	f	g	h	d
b	b	c	1	a	g	h	d	f
c	c	1	a	b	h	d	f	g
d	d	f	g	h	1	a	b	c
f	f	g	h	d	a	b	c	1
g	g	h	d	f	b	c	1	a
h	h	d	f	g	c	1	a	b

$Z_2 \times Z_2 \times Z_2$

	1	a	b	c	d	f	g	h
1	1	a	b	c	d	f	g	h
a	a	1	d	f	b	c	h	g
b	b	d	1	g	a	h	c	f
c	c	f	g	1	h	a	b	d
d	d	b	a	h	1	g	f	c
f	f	c	h	a	g	1	d	b
g	g	h	c	b	f	d	1	a
h	h	g	f	d	c	b	a	1

D_4

	1	a	b	c	d	f	g	h
1	1	a	b	c	d	f	g	h
a	a	b	c	1	f	g	h	d
b	b	c	1	a	g	h	d	f
c	c	1	a	b	h	d	f	g
d	d	h	g	f	1	c	b	a
f	f	d	h	g	a	1	c	b
g	g	f	d	h	b	a	1	c
h	h	g	f	d	c	b	a	1

Q

	1	a	b	c	d	f	g	h
1	1	a	b	c	d	f	g	h
a	a	b	c	1	f	g	h	d
b	b	c	1	a	g	h	d	f
c	c	1	a	b	h	d	f	g
d	d	h	g	f	b	a	1	c
f	f	d	h	g	c	b	a	1
g	g	f	d	h	1	c	b	a
h	h	g	f	d	a	1	c	b

Tabelle 18.3

<u>Übungen</u>

1. Man untersuche die folgenden Aussagen auf ihre Richtigkeit:
   a) Es gibt Gruppen mit mehr als einem Einselement.
   b) Wenn a,b,c Elemente einer Gruppe $\langle G; \cdot, 1, ^{-1} \rangle$ sind, dann gilt $(a \cdot b \cdot c)^{-1} = c^{-1} \cdot b^{-1} \cdot a^{-1}$.
   c) In einer zyklischen Gruppe ist jedes Element ein erzeugendes Element.
   d) Der Index von $[a]$ in der Quaternionengruppe ist 4.
   e) Jede Gruppe von Permutationen ist kommutativ.
   f) Der Exponent einer endlichen Gruppe ist stets ein Teiler der Gruppenordnung.
   g) In einem Körper $\langle K; +, \cdot \rangle$ bilden $\langle K; + \rangle$ und $\langle K; \cdot \rangle$ Gruppen.
   h) Es gibt bis auf Isomorphie genau eine Gruppe der Ordnung 13.

2. Sei S die Menge aller reellen Zahlen mit Ausnahme von -1. Auf S werde durch $a \circ b := a+b + a \cdot b$ eine Verknüpfung $\circ$ definiert.
   a) Man zeige, daß $\circ$ eine binäre Operation auf S ist.
   b) Man zeige, daß $\langle S; \circ \rangle$ eine Gruppe ist.
   c) Man löse die Gleichung $2 \circ x \circ 3 = 7$ in $\langle S; \circ \rangle$.

3. Man überprüfe, daß die Menge $SL(2, \mathbb{R})$ aller 2x2-Matrizen $\begin{pmatrix} a & b \\ c & d \end{pmatrix}$ über $\mathbb{R}$ mit $ad-bc = 1$, d.h. mit Determinante gleich 1, eine nichtkommutative Gruppe gegenüber der Multiplikation von Matrizen bildet.

4. Man gebe für jedes Element x der Gruppen V, Z_5, S_3 und D_4 die Ordnung an.

5. Man bestimme alle Erzeugenden der zyklischen Gruppen $Z_1, \ldots, Z_8$.

6. Man zeichne die Untergruppen-Verbandsdiagramme für alle Gruppen der Ordnung 8.

7. Man bestimme die durch $\begin{pmatrix} 1 & 2 & 3 \\ 3 & 2 & 1 \end{pmatrix}$ erzeugte Untergruppe von S_3.

8. a) Man gebe die Symmetriegruppe eines Quadrats an.
   b) Man gebe die Symmetriegruppe eines Rechtecks an.

9. Man berechne die Links- und Rechtsnebenklassen der Gruppe der Quaternionen Q nach der einzigen Untergruppe von Q der Ordnung 2.

10. Sei G eine Gruppe und a ein Element aus G. Man zeige, daß

$$N_a := \{x \in G \mid x \cdot a = a \cdot x\}$$

   eine Untergruppe von G (genannt der *Normalisator* von a) ist.

11. Man ermittle für alle nichtabelschen Gruppen der Ordnung 1 bis 8 zu jedem Element x den Normalisator N_x.

12. Man zeige, daß jede Gruppe G, in der $x \cdot x = 1$ für alle $x \in G$ gilt, abelsch ist. Gilt auch die Umkehrung?

13. Man beweise, daß jede Untergruppe einer zyklischen Gruppe wieder eine zyklische Gruppe ist.

14. Sei $\langle G; \cdot \rangle$ eine Gruppe und o die binäre Operation auf der Menge G, welche durch $a \circ b := b \cdot a$ für $a, b \in G$ definiert wird. Man zeige, daß $\langle G; o \rangle$ eine zu $\langle G; \cdot \rangle$ isomorphe Gruppe ist.

15. Man zeige an einem Beispiel, daß für zwei Untergruppen U und S einer Gruppe G die Menge $U \cdot S$ keine Untergruppe von G zu sein braucht.

16. Man zeige, daß Satz 18.4 nicht für beliebige reguläre Halbgruppen gilt.

19. FAKTORGRUPPEN UND DIREKTE PRODUKTE

Viele der in früheren Abschnitten definierten Begriffe und bewiesenen Sätze haben für Gruppen eine spezielle Form. - Bereits in Abschnitt 5 haben wir uns mit Kongruenzrelationen und Homomorphismen von Algebren beschäftigt. Für Kongruenzrelationen auf Gruppen gilt

<u>Satz 19.1</u>: *Eine Relation θ auf der Menge G ist genau dann eine Kongruenzrelation auf der Gruppe $\langle G; ., ^{-1}, 1 \rangle$, wenn θ eine Kongruenzrelation auf der Halbgruppe $\langle G; \cdot \rangle$ ist.*

Beweis: Es ist klar, daß jede Kongruenzrelation von $\langle G; ., ^{-1}, 1 \rangle$ auch Kongruenzrelation von $\langle G; \cdot \rangle$ ist.
Sei umgekehrt θ eine Kongruenzrelation auf $\langle G; \cdot \rangle$. Dann gilt mit $a\theta b$ auch stets $a^{-1}\theta a^{-1}$ und $b^{-1}\theta b^{-1}$. Daraus folgt $b^{-1}aa^{-1}\theta b^{-1}ba^{-1}$, also $b^{-1}\theta a^{-1}$ bzw. $a^{-1}\theta b^{-1}$. Somit ist θ auch eine Kongruenzrelation von $\langle G; ., ^{-1}, 1 \rangle$.

Es genügt also, eine Kongruenzrelation auf einer Gruppe $\langle G; ., ^{-1}, 1 \rangle$ einfach als Kongruenzrelation von $\langle G; \cdot \rangle$ zu definieren, wie dies in sehr vielen Lehrbüchern der Algebra getan wird.

Um etwa zu zeigen, daß die Äquivalenzrelation $a \equiv b \mod m$ auf $\mathbf{Z}$ auch eine Kongruenzrelation auf $\langle \mathbf{Z}; +, -, 0 \rangle$ ist, ist es also hinreichend zu zeigen, daß mit a ≡ b mod m und c ≡ d mod m stets auch a+c ≡ b+d mod m gilt. Die Oberlegung, daß mit a ≡ b mod m auch -a ≡ -b mod m gilt, kann man sich ersparen.

Ganz ähnlich verhält es sich auch beim Begriff des Homomorphismus.

<u>Satz 19.2</u>: *Eine Abbildung* h *von einer Gruppe* $\langle G; \cdot, ^{-1}, 1 \rangle$ *in eine Gruppe* $\langle G'; o, ^{-1'}, 1' \rangle$ *ist genau dann ein Homomorphismus, wenn* h *ein Homomorphismus von der Halbgruppe* $\langle G; \cdot \rangle$ *in die Halbgruppe* $\langle G'; o \rangle$ *ist.*

Beweis: Wieder ist offensichtlich, daß jeder Homomorphismus von $\langle G; \cdot, ^{-1}, 1 \rangle$ in $\langle G'; o, ^{-1'}, 1' \rangle$ auch ein Homomorphismus von $\langle G; \cdot \rangle$ in $\langle G'; o \rangle$ ist.
Ist umgekehrt h ein Homomorphismus von $\langle G; \cdot \rangle$ in $\langle G'; o \rangle$, dann gilt wegen $h(1) = h(1 \cdot 1) = h(1) o h(1)$ auch $h(1) = 1'$.
Weiters folgt aus $1' = h(1) = h(a \cdot a^{-1}) = h(a) o h(a^{-1})$ für alle $a \in G$, daß auch $h(a^{-1}) = h(a)^{-1'}$ gilt. Somit ist h auch ein Homomorphismus von $\langle G; \cdot, ^{-1}, 1 \rangle$ in $\langle G'; o, ^{-1'}, 1' \rangle$.

Nach Satz 19.2 genügt es also, einen Gruppenhomomorphismus als Halbgruppenhomomorphismus zu definieren. Die "Verträglichkeit" mit der unären Operation (der Inversenbildung) und der nullären Operation (Festlegung des Einselements) ist dann automatisch gegeben.

<u>Satz 19.3</u> (Homomorphiesatz für Gruppen): *Sei* h *ein Homomorphismus der Gruppe* $\langle G; \cdot \rangle$ *auf die Gruppe* $\langle G'; o \rangle$. *Dann gibt es eine Kongruenzrelation* θ *auf* $\langle G; \cdot \rangle$, *sodaß* $\langle G'; o \rangle$ *isomorph zur Faktorgruppe* $\langle G; \cdot \rangle / \theta$ *ist.*

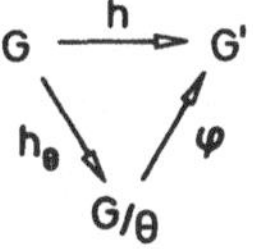

Abb. 19.1

In Abb. 19.1 bezeichnet h_θ den natürlichen Homomorphismus von G auf G/θ und φ einen Isomorphismus von G/θ auf G'.
Der Homomorphiesatz sagt aus, daß $h = \varphi o h_\theta$. Dafür sagt man auch: Das in Abb. 19.1 wiedergegebene *Diagramm* ist *kommutativ*. Der Homomorphiesatz für Gruppen ist ein Spezialfall des allgemeinen Homomorphiesatzes 5.2 (und wird daher an dieser Stelle nicht bewiesen).

Will man aus einer Algebra einer Varietät neue Algebren dieser Varietät konstruieren, so sind dafür die wichtigsten Methoden die Bildung von Faktoralgebren und von direkten Produkten.

Mit Faktorgruppen und direkten Produkten von Gruppen wollen wir uns im
folgenden genauer auseinandersetzen. Schon in Abschnitt 5 wurde gezeigt,
daß zwischen den Homomorphismen einer Algebra in sich (Endomorphismen),
den Kongruenzrelationen auf der Algebra und den Faktoralgebren der
Algebra ein enger Zusammenhang besteht. Bei Gruppen spielen für diesen
Zusammenhang die folgenden ausgezeichneten Untergruppen eine große
Rolle.

Eine Untergruppe N einer Gruppe $\langle G; \cdot \rangle$ heißt ein *Normalteiler* von G
(oder eine *invariante Untergruppe* von G), wenn für alle $g \in G$ die Gleichung $gN = Ng$ erfüllt ist. Diese Bedingung ist gleichbedeutend mit
$gNg^{-1} = N$.

Für Normalteiler fallen die Links- und Rechtsnebenklassen zusammen.
Jede Gruppe besitzt die beiden trivialen Normalteiler G und $\{1\}$.
Klarerweise ist in einer abelschen Gruppe jede Untergruppe ein Normal-
teiler.

<u>Bemerkung 19.4</u>: Jeder Normalteiler einer Gruppe $\langle G; \cdot \rangle$ wird bei jeder
Abbildung $h_g : G \to G$, welche durch $h_g(x) = gxg^{-1}$, g fest aus G, definiert
ist, auf sich abgebildet (*"ist invariant"*).
Ist umgekehrt eine Untergruppe N auf G unter jeder Abbildung
$h_g : G \to G$ mit $h_g(x) = gxg^{-1}$, $g \in G$, invariant, so folgt $gNg^{-1} = N$ für alle
$g \in G$, d.h., N ist ein Normalteiler.
Wie man sich leicht überzeugt, ist h_g für jedes $g \in G$ ein Automorphismus
von G, genannt der durch g erzeugte *innere Automorphismus von* G (siehe
Übungen, Beispiel 2).

Die Tatsache, daß N Normalteiler der Gruppe G ist, drücken wir im fol-
genden auch durch die Schreibweise $N \trianglelefteq G$ aus. Ist $N \trianglelefteq G$ und N eine echte
Untergruppe von G, so schreiben wir $N \triangleleft G$.

<u>Satz 19.5</u>: *Die Menge* Aut G *aller Automorphismen einer Gruppe G bildet
eine Gruppe bezüglich der Hintereinanderausführung von Abbildungen.
Die Teilmenge* In G *aller inneren Automorphismen von G ist ein Normalteiler von* Aut G.

Beweis: Wir zeigen hier nur In G $\trianglelefteq$ Aut G und überlassen den übrigen
Beweis dem Leser.
Sind für $a,b \in G$ die Abbildungen $h_a(x) := axa^{-1}$ und $h_b(x) := bxb^{-1}$ aus In G,
so ist auch $(h_a \circ h_b)(x) = h_a(h_b(x)) = a(bxb^{-1})a^{-1} = (ab)x(ab)^{-1} = h_{ab}(x)$ aus
In G. Damit ist $\circ$ eine binäre Operation auf In G. Wegen $h_1(x) := 1x1 = x$
liegt die identische Abbildung in In G. Mit h_a liegt auch die inverse
Abbildung $h_{a-1} := a^{-1}xa$ in In G. Damit gilt In G $\leq$ Aut G.
Ist nun h beliebig aus Aut G, so folgt für jeden inneren Automorphismus

h_a, daß auch $h \circ h_a \circ h$ wieder aus $\operatorname{In} G$ ist. Es gilt nämlich
$(h \circ h_a \circ h^{-1})(x) = h(h_a(h^{-1}(x))) = h(ah^{-1}(x)a^{-1}) = h(a)h(h^{-1}(x))h(a^{-1}) =$
$h(a)x(h(a))^{-1} = h_{h(a)}$. Damit haben wir $h \cdot \operatorname{In} G \cdot h^{-1} \subseteq \operatorname{In} G$ für alle $h \in \operatorname{Aut} G$,
woraus $\quad h \cdot \operatorname{In} G \cdot h^{-1} = \operatorname{In} G$ für alle $h \in \operatorname{Aut} G$ folgt, w.z.b.w.

In einer abelschen Gruppe besteht $\operatorname{In} G$ stets nur aus der identischen
Abbildung.

Beispiel: Wir betrachten die Diedergruppe $D_3 = \{\rho_0, \rho_1, \rho_2, \sigma_1, \sigma_2, \sigma_3\}$. Die
inneren Automorphismen von D_3 sind dann die Abbildungen $h\rho_0, h\rho_1, h\rho_2,$
$h\sigma_1, h\sigma_2, h\sigma_3$. Wie man durch Nachrechnen sieht, sind alle diese Abbildungen voneinander verschieden. Die inneren Automorphismen der Gruppe
D_3 bilden also selbst auch wieder eine Gruppe der Ordnung 6. Da man
auch ohne große Schwierigkeiten einsieht, daß die Abbildung $h : D_3 \to \operatorname{In} D_3$,
definiert durch $h(x) = h_x$, ein Homomorphismus ist, folgt $\operatorname{In} D_3 \simeq D_3$.

Den Zusammenhang zwischen Homomorphismen und Normalteilern zeigt

<u>Satz 19.6</u>: *Ist h ein Homomorphismus von einer Gruppe $\langle G; \cdot, {}^{-1}, 1 \rangle$ in eine
Gruppe $\langle G'; \circ, {}^{-1'}, 1' \rangle$, dann bildet die Menge K aller Elemente $g \in G$ mit
$h(g) = 1'$ einen Normalteiler von G, genannt der Kern von h.*

Beweis: Da für $a, b \in K$ wegen $h(a \cdot b) = h(a) \circ h(b) = 1' \circ 1' = 1'$ auch $a \cdot b \in K$,
ist $\cdot$ binäre Operation in K.
Wegen $h(1) = 1'$ gilt $1 \in K$.
Für $a \in K$ folgt $1' = h(1) = h(a \cdot a^{-1}) = h(a) \circ h(a^{-1}) = 1' \circ h(a^{-1}) = h(a^{-1})$.
Also ist K zunächst einmal eine Untergruppe von G.
Es gilt aber auch $g \cdot K = K \cdot g$ für alle $g \in G$, denn ist $x \in K$, so folgt
$h(g \cdot x \cdot g^{-1}) = h(g) \circ h(x) \circ h(g^{-1}) = h(g) \circ 1' \circ h(g)^{-1'} = 1'$. Somit ist für be-
liebiges $g \in G$ mit $x \in K$ auch $g \cdot x \cdot g^{-1} = y \in K$, also $g \cdot K = K \cdot g$ für alle $g \in G$.

<u>Satz 19.7</u>: *Sei h wie in Satz 19.6. Dann ist h genau dann injektiv, wenn
der Kern von h gleich $\{1\}$ ist.*

Beweis: Ist h injektiv, so ist der Kern von h gleich $\{1\}$, da $h(1) = 1'$
gilt.
Sei umgekehrt der Kern von h gleich $\{1\}$. Ist dann $h(a) = h(b)$, so gilt
$1' = h(1) = h(a)^{-1'} \circ h(b) = h(a^{-1} \cdot b)$, also ist $a^{-1} \cdot b$ aus dem Kern von h.
Damit ergibt sich $a^{-1} \cdot b = 1$, also $a = b$, woraus wir schließen können, daß
h injektiv ist.

Hat man also zu prüfen, ob eine Abbildung h von einer Gruppe G auf eine
Gruppe G' ein Isomorphismus ist, so untersucht man, ob
(i) h ein Homomorphismus ist,
(ii) Kern von h nur aus dem Einselement von G besteht.

Beispiele:

1. Die Abbildung $h : \langle \mathbf{Z};+\rangle \to \langle \mathbf{Z}_m;+\rangle$ definiert durch $h(x) = x \bmod m$, ist ein Homomorphismus, aber kein Isomorphismus, da der Kern von h aus der Menge $m\mathbf{Z} := \{mx \mid x \in \mathbf{Z}\}$ besteht.

2. Wie man leicht nachprüft, ist die Abbildung $h : D_3 \to Z_8$, welche durch $h(\rho_0) = 1$, $h(\rho_1) = 1$, $h(\rho_2) = 1$, $h(\sigma_1) = d$, $h(\sigma_2) = d$, $h(\sigma_3) = d$ gegeben ist, ein Homomorphismus von der Diedergruppe D_2 in die zyklische Gruppe Z_8 der Ordnung 8. Der Kern dieses Homomorphismus besteht aus der Menge $\{\rho_0, \rho_1, \rho_2\}$, das ist die Teilmenge aller Drehungen.

3. Wir betrachten die Menge $GL(2,\mathbf{C})$ aller komplexen 2x2-Matrizen $\left(\begin{smallmatrix} a & b \\ c & d \end{smallmatrix}\right)$ mit $ad-bc \neq 0$. $GL(2,\mathbf{C})$ bildet gegenüber der Matrizenmultiplikation eine Gruppe: Sind $\left(\begin{smallmatrix} a & b \\ c & d \end{smallmatrix}\right)$, $\left(\begin{smallmatrix} k & l \\ m & n \end{smallmatrix}\right) \in GL(2,\mathbf{C})$, dann ist $\left(\begin{smallmatrix} a & b \\ c & d \end{smallmatrix}\right) \cdot \left(\begin{smallmatrix} k & l \\ m & n \end{smallmatrix}\right) = \left(\begin{smallmatrix} ak+bm & al+bn \\ ck+dm & cl+dn \end{smallmatrix}\right)$ und mit $ad-bc \neq 0$ und $kn-lm \neq 0$ ist auch

$(ak+bm)(cl+dn) - (al+bn)(ck+dm) = (ad-bc)(kn-lm) \neq 0$. Die Produktmatrix gehört also wieder zur Menge $GL(2,\mathbf{C})$. Den Nachweis der weiteren Gruppenaxiome überlassen wir dem Leser und geben ohne Beweis an, daß $\left(\begin{smallmatrix} 1 & 0 \\ 0 & 1 \end{smallmatrix}\right)$ das Einselement dieser Gruppe ist und $\frac{1}{ad-bc}\left(\begin{smallmatrix} d & -b \\ -c & a \end{smallmatrix}\right)$ das Inverse zu $\left(\begin{smallmatrix} a & b \\ c & d \end{smallmatrix}\right)$ ist. In der Funktionentheorie sind Abbildungen der komplexen Zahlenebene in sich von der Form $z \to \frac{az+b}{cz+d}$ mit $a,b,c,d \in \mathbf{C}$ und $ad-bc \neq 0$ von Bedeutung. Wir nennen solche Abbildungen *gebrochene lineare Transformationen*. Ordnet man jeder Matrix $\left(\begin{smallmatrix} a & b \\ c & d \end{smallmatrix}\right) \in GL(2,\mathbf{C})$ die gebrochene lineare Transformation $z \to \frac{az+b}{cz+d}$ zu, so erhalten wir eine Abbildung h von $GL(2,\mathbf{C})$ auf die Menge $PGL(2,\mathbf{C})$ aller gebrochenen linearen Transformationen $z \to \frac{az+b}{cz+d}$ mit $ad-bc \neq 0$. Dabei entspricht der Produktmatrix $\left(\begin{smallmatrix} ak+bm & al+bn \\ ck+dm & cl+dn \end{smallmatrix}\right)$ die zusammengesetzte gebrochene lineare Transformation

$$\frac{az+b}{cz+d} \circ \frac{kz+l}{mz+n} = \frac{a\frac{kz+l}{mz+n} + b}{c\frac{kz+l}{mz+n} + d} = \frac{(ak+bm)z + (al+bn)}{(ck+dm)z + (cl+dn)}\,.$$

Daher ist $PGL(2,\mathbf{C})$ eine Gruppe bezüglich der Hintereinanderausführung von Abbildungen, und h ist ein Homomorphismus von $\langle GL(2,C);\cdot\rangle$ auf $\langle PGL(2,\mathbf{C});\circ\rangle$. Der Kern von h besteht offenbar genau aus den Matrizen $\left(\begin{smallmatrix} a & 0 \\ 0 & a \end{smallmatrix}\right)$ mit $a \in 0$. Nach dem Homomorphiesatz 19.3 ist $\langle PGL(2,C);\circ\rangle$ daher isomorph zur Faktorgruppe von $GL(2,\mathbf{C})$ nach dem Normalteiler

$$\{\left(\begin{smallmatrix} a & 0 \\ 0 & a \end{smallmatrix}\right) \mid a \in \mathbf{C},\ a \neq 0\}.$$

4. Unter einem *linearen Vierpol mit konstanten Parametern* versteht man in der Elektronik ein Übertragungselement mit zwei Eingangsgrößen x_1, x_2 und zwei Ausgangsgrößen y_1, y_2, zwischen denen eine lineare Beziehung der Form $y_1 = A(s)x_1 + B(s)x_2$, $y_2 = C(s)x_1 + D(s)x_2$ besteht, wobei

A(s),B(s),C(s),D(s) rationale Funktionen eines komplexen Parameters s
sind und A(s)·D(s)-B(s)C(s) nicht identisch verschwindet. In der
elektrischen Vierpoltheorie bezeichnet x_1 die Eingangsspannung,
x_2 den Eingangsstrom, y_1 die Ausgangsspannung, y_2 den Ausgangsstrom
und s die Frequenz.

Abb. 19.2

Die Matrix $\left(\begin{smallmatrix} A(s) & B(s) \\ C(s) & D(s) \end{smallmatrix}\right)$ nennt man die Matrix des Vierpols. Bei Hinter-
einanderschaltung zweier Vierpole erhält man wieder einen Vierpol,
dessen Matrix das Produkt der Matrizen der zusammengesetzten Vierpole
ist. Ähnlich wie im vorhergehenden Beispiel kann man zeigen, daß die
linearen Vierpole mit konstanten Parametern hinsichtlich der Hinter-
einanderschaltung eine Gruppe bilden, welche zur Gruppe

$$\langle\{\left(\begin{smallmatrix} A(s) & B(s) \\ C(s) & D(s) \end{smallmatrix}\right)\mid A(s)D(s)-B(s)C(s) \neq \text{Nullfunktion}\};\cdot\rangle$$

isomorph ist.

Besteht bei einem Vierpol zwischen den Eingangsgrößen eine lineare
Abhängigkeit der Form $x_1 = R_1(s)x_2$, wobei $R_1(s)$ eine nichtidentisch
verschwindende rationale Funktion von s ist, dann erkennt man sofort,
daß auch für die Ausgangsgrößen eine lineare Abhängigkeit $y_1 = R_2(s)y_2$
mit $R_2(s) = \dfrac{A(s)R_1(s)+B(s)}{C(s)R_1(s)+D(s)}$ besteht. Für festes s wird R_2 also aus R_1
mittels einer gebrochenen linearen Transformation erhalten. Mittels
dieser Erkenntnis erhält man den Satz:

Die Menge aller Transformationen von linearen Abhängigkeiten $R_1(s)$
der Eingangsgrößen in lineare Abhängigkeiten $R_2(s)$ der Ausgangsgrößen
aller linearen Vierpole mit konstanten Parametern bildet bei festem s
gegenüber der Hintereinanderausführung eine Gruppe, welche zur Gruppe
$\langle PGL(2,\mathbb{C});\circ\rangle$ der gebrochenen linearen Transformationen isomorph ist.
Dieses Resultat bildet die Grundlage für die sogenannten Kreisdia-
gramme, welche bei der Untersuchung der von Vierpolen bewirkten
Widerstandstransformationen verwendet werden (vgl. etwa [39]).

Nun wollen wir den Zusammenhang zwischen Kongruenzrelationen und Normalteilern studieren.

Satz 19.8: *Zwischen den Kongruenzrelationen einer Gruppe G und ihren
Normalteilern besteht eine bijektive Zuordnung. Entspricht bei dieser
Zuordnung der Kongruenzrelation θ von G der Normalteiler N von G, dann
sind die Kongruenzklassen von θ gleich den Nebenklassen von G nach N.*

Beweis: Sei θ eine Kongruenzrelation auf $\langle G; \cdot, ^{-1}, 1\rangle$ und $N := \{x \in G \mid x\theta 1\}$. Da aus $x\theta 1$ und $y\theta 1$ auch $x \cdot y\theta 1$ folgt, gilt für $x, y \in N$ auch stets $x \cdot y \in N$. Also ist $\cdot$ eine binäre Operation in N.

Wegen $1\theta 1$ ist $1 \in N$.

Aus $x\theta 1$ und $x^{-1}\theta x^{-1}$ für alle $x \in N$ folgt $1\theta x^{-1}$, also auch $x^{-1}\theta 1$. Somit ist für jedes $x \in N$ auch $x^{-1} \in N$. Nach Satz 18.8 ist N also eine Untergruppe. N ist aber sogar ein Normalteiler von G, da sich aus $x\theta 1$ für alle $g \in G$ auch $g \cdot x \cdot g^{-1}\theta g \cdot 1 \cdot g^{-1} = 1$ ergibt, d.h. $N \subseteq gNg^{-1} \subseteq g^{-1}gNg^{-1}g = N$, also $N = gNg^{-1}$ für alle $g \in G$ ist.

Sei umgekehrt N ein Normalteiler von G und eine Relation θ auf G definiert durch $x\theta y :\leftrightarrow y \in xN$ für $x, y \in G$. Nach Satz 18.10 ist dann θ eine Äquivalenzrelation auf G.

Ist nun $x\theta y$ und $u\theta v$, so gilt $y \in xN$ und $v \in uN$. Damit folgt $y \cdot v \in (xN)(uN) = (xuN)N = xuN$, da N ein Normalteiler ist. Also gilt auch $x \cdot u\theta y \cdot v$. Daß die Kongruenzklassen von θ gleich den Nebenklassen von G nach N sind, folgt ebenfalls aus Satz 18.10.

Bei der im Beweis von Satz 19.8 angegebenen bijektiven Zuordnung zwischen Kongruenzrelationen und Normalteilern entsprechen den beiden trivialen Normalteilern G und $\{1\}$ die trivialen Kongruenzen α_G und δ_G (vgl. Abschnitt 5). Damit erhalten wir

<u>Folgerung 19.9</u>: *Eine Gruppe $\langle G; \cdot, ^{-1}, 1\rangle$ ist genau dann einfach, wenn sie nur die beiden trivialen Normalteiler $\{1\}$ und G besitzt.*

<u>Satz 19.10</u>: *Jede Gruppe G von Primzahlordnung p ist einfach.*

Beweis: Nach Satz 18.11 muß die Ordnung jedes Normalteilers von G ein Teiler von p sein. Die für Normalteiler möglichen Ordnungen sind somit 1 und p. Der einzige Normalteiler mit Ordnung 1 ist aber $\{1\}$, der einzige Normalteiler mit Ordnung p ist G selbst.

In Abschnitt 21 werden wir zeigen, daß die symmetrische Gruppe S_n für $n \geq 5$ eine einfache Gruppe vom Index 2 (die sogenannte alternierende Gruppe A_n) enthält. Diese Tatsache spielt für eine Anwendung der Gruppentheorie in der Gleichungslehre eine große Rolle.

Die praktische Bedeutung der Normalteiler besteht darin, daß die Familie der Nebenklassen wieder mit einer Gruppenstruktur versehen werden kann, da ja jede Nebenklasse auch eine Kongruenzklasse ist. Die so erhaltene Gruppe ist die schon in Abschnitt 5 beschriebene Faktorgruppe von G nach der dem Normalteiler N entsprechenden Kongruenz θ. Man schreibt daher für G/θ auch G/N. Die Ordnung von G/N ist gleich dem Index von N in G, also $|G/N| = |G : N|$. Die binäre Operation von G/N ist die Multiplikation von Nebenklassen. Das Einselement von G/N ist der Normalteiler N. Beim Rech-

nen braucht man zwischen Links- und Rechtsnebenklassen von N nicht zu
unterscheiden.

Beispiel: Wir betrachten wieder die Abbildung $h : \langle Z;+\rangle \to \langle Z_n;+\rangle$, definiert durch $h(x) = x \bmod n$ für ein $n \in \mathbb{N}$. Der Kern dieses Homomorphismus
ist die Menge $nZ := \{nx \mid x \in Z\}$. Die n Nebenklassen von nZ können geschrieben werden in der Form $0 + nZ, 1+nZ, \ldots, (n-1)+nZ$. Die Abbildung
$\varphi : Z/nZ \to Z_n$, definiert durch $\varphi(m+nZ) = m$, ist ein Gruppenisomorphismus.

Das Rechnen in einer Faktorgruppe beherrscht man, wenn man das Rechnen
in der gesamten Gruppe beherrscht. Besonders einfach ist die Situation
für zyklische Gruppen.

<u>Satz 19.11</u>: *Jede Faktorgruppe einer zyklischen Gruppe ist zyklisch.*

Beweis: Sei $\langle G;\cdot\rangle$ eine zyklische Gruppe mit dem erzeugenden Element a
und G/N die Faktorgruppe von G nach dem Normalteiler N. Wie man unschwer einsieht, gilt dann $G/N = [aN]$.

Bei nicht abelschen Gruppen $\langle G;\cdot,{}^{-1},1\rangle$ sind zwei spezielle Normalteiler
von großer Bedeutung, die Kommutatorgruppe und das Zentrum.

Für beliebige $a,b \in G$ heißt das Element $aba^{-1}b^{-1}$ ein *Kommutator von* G.

In einer abelschen Gruppe $\langle G;\cdot,{}^{-1}1\rangle$ existiert nur der triviale Kommutator 1.

<u>Satz 19.12</u>: *Die Menge aller Kommutatoren $aba^{-1}b^{-1}$ einer Gruppe G erzeugt
einen Normalteiler K(G), die sogenannte Kommutatorgruppe K(G) von G.
Eine Faktorgruppe G/N von G nach einem Normalteiler N ist genau dann
abelsch, wenn $K(G) \leq N$.*

Beweis: Klarerweise erzeugen die Kommutatoren von G eine Untergruppe K(G). Wir müssen also nur zeigen, daß K(G) ein Normalteiler von
G ist. Da für jeden Kommutator $aba^{-1}b^{-1}$ das Inverse $(aba^{-1}b^{-1})^{-1} =$
$bab^{-1}a^{-1}$ wieder ein Kommutator ist und auch $1 = 111^{-1}1^{-1}$ ein Kommutator
ist, besteht K(G) nach Abschnitt 9 genau aus allen endlichen Produkten
von Kommutatoren. Wir beweisen nun, daß für beliebiges $x \in K(G)$ für alle
$g \in G$ auch $gxg^{-1} \in K(G)$ ist.
Fügt man zwischen jedes in x vorkommende Produkt von Kommutatoren das
Element $1 = gg^{-1}$ ein, so reduziert sich unser Problem darauf zu zeigen,
daß mit jedem Kommutator $aba^{-1}b^{-1} \in K(G)$ für beliebiges $g \in G$ auch
$g(aba^{-1}b^{-1})g^{-1}$ in K(G) liegt. In der Tat ist $g(aba^{-1}b^{-1})g^{-1} =$
$(gaba^{-1})(g^{-1}b^{-1}bg)(b^{-1}g^{-1}) = ((ga)b(ga)^{-1}b^{-1})(bgb^{-1}g^{-1}) \in K(G)$, also ist
K(G) ein Normalteiler in G.
Ist nun G/N eine beliebige abelsche Faktorgruppe von G, dann gilt für
beliebige Nebenklassen $aN, bN \in G/N$ die Gleichung $abN = (aN)(bN) =$

(bN)(aN) = baN.   Daraus folgt für beliebige $a,b \in G$ die Gleichung
abN = baN, was gleichbedeutend mit $aba^{-1}b^{-1}N = N$ ist. Daher ist
$aba^{-1}b^{-1} \in N$, d.h. $K(G) \leq N$.
Ist umgekehrt $K(G) \leq N$, dann können wir für beliebige Nebenklassen
$aN, bN \in G/N$ schließen: $(aN)(bN) = abN = ab(b^{-1}a^{-1}ba)N = baN = (bN)(aN)$.
Dies bedeutet G/N ist abelsch.

Die Kommutatorgruppe K(G) einer Gruppe G hat die Eigenschaft, daß sie
bei jedem Homomorphismus von G in sich (also bei jedem Endomorphismus
von G) wieder in sich abgebildet wird. Ist nämlich $h : G \rightarrow G$ ein Homomorphismus, so gilt für jeden Kommutator $aba^{-1}b^{-1} \in K(G)$, daß auch
$h(aba^{-1}b^{-1}) = h(a)h(b)h(a)^{-1}h(b)^{-1}$ wieder in K(G) liegt. Nach Bemerkung 19.4 ist K(G) daher ein Normalteiler von G, da K(G) offensichtlich
nicht nur invariant bezüglich der inneren Automorphismen von G ist,
sondern sogar invariant gegenüber beliebiger Endomorphismen von G ist.
Derartige Untergruppen einer Gruppe G nennt man *vollinvariante Untergruppen von* G.

Eine weitere wichtige Untergruppe in einer nicht-abelschen Gruppe ist
das sogenannte Zentrum.

Unter dem *Zentrum* Z(G) einer Gruppe $\langle G; \cdot \rangle$ versteht man die Menge aller
$a \in G$, sodaß ax = xa für alle $x \in G$ gilt.

Klarerweise ist das Zentrum Z(G) einer Gruppe G ein Normalteiler. Z(G)
ist aber nicht nur invariant gegenüber den inneren Automorphismen von G,
sondern wird auch bei jedem Automorphismus h von G auf sich abgebildet.
Aus ax = xa für alle $x \in G$ folgt nämlich sofort auch h(a)h(x) = h(x)h(a),
und hieraus ergibt sich, da bei einem Automorphismus h mit x auch h(x)
alle Elemente von G durchläuft, $h(a) \in Z(G)$.

Eine Untergruppe von G, welche invariant gegenüber allen Automorphismen
von G ist, nennen wir eine *charakteristische Untergruppe* von G.

Offensichtlich ist jede vollinvariante Untergruppe von G auch eine
charakteristische Untergruppe von G und jede charakteristische Untergruppe von G ein Normalteiler von G (vgl. jedoch Übungen 19 und 20).

In jeder abelschen Gruppe G gilt Z(G) = G. In der Gruppe S_3 besteht Z(G)
nur aus dem Einselement 1. Das Zentrum der Symmetriegruppe D_4 des
Quadrats besteht aus den Elementen 1 und b.

Das Zentrum Z(G) und die Kommutatorgruppe K(G) einer Gruppe G sind ein
Maß dafür, wieweit G davon "entfernt" ist, abelsch zu sein: Je größer
Z(G) ist, desto "näher" ist G zu einer abelschen Gruppe. Je größer K(G)
ist, desto "weiter" ist G davon entfernt, eine abelsche Gruppe zu sein.

Die beiden nächsten Sätze behandeln die Struktur von Faktorgruppen.

<u>Satz 19.13</u> (1. Isomorphiesatz für Gruppen): *Ist U eine Untergruppe und N ein Normalteiler einer Gruppe* $\langle G;\cdot,^{-1},1\rangle$, *dann ist UN eine Untergruppe von G, N ein Normalteiler von UN, U$\cap$N ein Normalteiler von U, und es gilt* $UN/N \simeq U/U\cap N$.

Beweis: UN ist eine Untergruppe von G, denn mit $u_1n_1, u_2n_2 \in UN$ gilt $u_1n_1u_2n_2 \in (UN)(UN) = (UU)(NN) = UN$. Weiters ist $1 \in UN$, und für $un \in UN$ ist auch $(un)^{-1} = n^{-1}u^{-1} \in NU = UN$.

Wegen $unN = uN = Nu = Nnu$ für alle $un \in UN$ ist N ein Normalteiler von UN. Bezeichnet h den natürlichen Homomorphismus von G auf G/N, so ist $U\cap N$ der Kern der Abbildung $U \rightarrow h(U) \leq G/N$. Somit ist $U\cap N$ ein Normalteiler von U.

Die Abbildung $\varphi : UN/N \rightarrow U/U\cap N$, definiert durch $\varphi(uN) = u(U\cap N)$ für $u \in U$, ist ein Isomorphismus, denn: φ ist wohldefiniert, da aus $u_1(U\cap N) = u_2(U\cap N)$ mit $u_1, u_2 \in U$ die Beziehung $u_2^{-1}u_1 \in U\cap N$, also $u_2^{-1}u_1 \in N$ und daher $u_1N = u_2N$ folgt. Daß φ ein Homomorphismus ist und der Kern von h nur aus dem Einselement N besteht, erhält man unmittelbar aus den Rechenregeln für die Multiplikation von Nebenklassen nach einem Normalteiler.

<u>Satz 19.14</u> (2. Isomorphiesatz für Gruppen): *Seien N und M Normalteiler der Gruppe* $\langle G;\cdot\rangle$ *mit* $N \leq M$. *Dann gilt* $G/M \simeq (G/N)/(M/N)$.

Beweis: Klarerweise ist $N \trianglelefteq M$ und $M/N \trianglelefteq G/N$, daher ist es sinnvoll, die oben angegebenen Faktorgruppen zu bilden.

Sei $h : G \rightarrow (G/N)(M/N)$, definiert durch $h(a) = (aN)(M/N)$ für $a \in G$. Wegen $h(ab) = (abN)(M/N) = (aN)(bN)(M/N) = (aN(M/N))(bN(M/N)) = h(a)h(b)$ ist h ein Homomorphismus.

Der Kern von h besteht aus allen $x \in G$ mit $h(x) = M/N$. Das sind aber gerade die Elemente von M. Daher gilt nach dem Homomorphiesatz 19.3 $G/M \simeq (G/N)/(M/N)$.

Bei der Bildung von Faktorgruppen gilt also eine Art "Kürzungsregel für Doppelbrüche".

Nach diesem Ausflug in die "Welt" der Faktorgruppen wollen wir uns nun der Bildung von direkten Produkten von Gruppen zuwenden. Nach Abschnitt 9 versteht man unter dem *(äußeren) direkten Produkt der Gruppen* $G_1,\ldots,G_r$ die Gruppe $G = G_1 \times \ldots \times G_r$ mit komponentenweise definierten Operationen. Bei additiver Schreibweise spricht man von der *direkten Summe* und schreibt $G = G_1 \oplus \ldots \oplus G_r$. Die G_i heißen die direkten Faktoren (Summanden) von G. Für endliche Gruppen gilt $|G| = |G_1| \cdot |G_2| \ldots |G_r|$. Für Gruppen ist besonders jener Fall interessant, bei dem alle Faktoren eines direkten Produktes Untergruppen einer vorgegebenen Gruppe sind.

Sei $\langle G;\cdot\rangle$ eine Gruppe, und seien $U_1,\ldots,U_r$ Untergruppen von G. Dann heißt G das *innere direkte Produkt* von $U_1,\ldots,U_r$ (wir schreiben dafür auch $G = U_1 \times \ldots \times U_r$), wenn die Abbildung $\varphi : U_1 \times \ldots \times U_r \to G$, definiert durch $\varphi((u_1,\ldots,u_r)) := u_1 \ldots u_r$, ein Isomorphismus ist.

Wird G additiv geschrieben, dann spricht man von einer *inneren direkten Summe*. Es gilt (vgl. auch Satz 9.1)

<u>Satz 19.15</u>: *Die Gruppe $\langle G;\cdot\rangle$ ist genau dann das innere direkte Produkt ihrer Untergruppen $U_1,\ldots,U_r$, wenn die folgenden beiden Bedingungen erfüllt sind:*

(1) *Jedes Element $g \in G$ ist auf genau eine Weise in der Form $g = u_1 \ldots u_r$ mit $u_i \in U_i$ darstellbar.*

(2) *Jedes U_i ist mit jedem $U_j, i \neq j$, elementweise vertauschbar, d.h. für $u_i \in U_i$ und $u_j \in U_j$ gilt $u_i u_j = u_j u_i$.*

Beweis: Setzen wir zunächst die Gültigkeit von (1) und (2) voraus. Wir haben dann zu zeigen, daß die Abbildung $\varphi : U_1 \times \ldots \times U_r \to G$, definiert durch $\varphi((u_1,\ldots,u_r)) = u_1 \ldots u_r$, ein Isomorphismus ist. Sind $(a_1,\ldots,a_r)$, $(b_1,\ldots,b_r) \in U_1 \times \ldots \times U_r$, so gilt wegen (2) $\varphi((a_1,\ldots,a_r)(b_1,\ldots,b_r)) = \varphi((a_1 b_1,\ldots,a_r b_r)) = a_1 b_1 \ldots a_r b_r = a_1 \ldots a_r b_1 \ldots b_r = \varphi((a_1,\ldots,a_r))\,\varphi((b_1,\ldots,b_r))$, also ist φ ein Homomorphismus. Da nach (1) zu jedem $g \in G$ eine eindeutige Produktdarstellung $g = u_1 \ldots u_r$ mit $u_i \in U_i$ existiert, gibt es zu jedem $g \in G$ ein Urbild, nämlich $(u_1,\ldots,u_r)$. Daher ist φ surjektiv. Wegen (1) folgt außerdem aus $\varphi((a_1,\ldots,a_r)) = \varphi((b_1,\ldots,b_r))$ sofort $a_1 = b_1,\ldots,a_r = b_r$, also $(a_1,\ldots,a_r) = (b_1,\ldots,b_r)$. Damit ist φ auch injektiv. Gelte umgekehrt $G = U_1 \times \ldots \times U_r$, d.h. $\varphi : U_1 \times \ldots \times U_r \to G$ mit $\varphi((u_1,\ldots,u_r)) = u_1 \ldots u_r$ ist ein Isomorphismus. Ist dann $(u_1,\ldots,u_r) \in U_1 \times \ldots \times U_r$ das eindeutig bestimmte Urbild von $g \in G$, so gilt $\varphi((u_1,\ldots,u_r)) = g = u_1 \ldots u_r$ mit $u_i \in U_i$, somit ist Bedingung (1) erfüllt. (Die Eindeutigkeit der Produktdarstellung folgt aus der Injektivität von φ.) Für beliebige $u_i \in U_i$ und $u_j \in U_j$ mit $i \neq j$ gilt
$u_i u_j = \varphi((1,\ldots,1,u_i,1,\ldots,1)\varphi((1,\ldots,1,u_j,1,\ldots,1)) = \varphi((1,\ldots,u_i,\ldots,1)(1,\ldots,u_j,\ldots,1)) = \varphi((1,\ldots,u_j,\ldots,1)(1,\ldots,u_i,\ldots,1)) = \varphi((1,\ldots,u_j,\ldots,1))\varphi((1,\ldots,u_i,\ldots,1)) = u_j u_i$.
Daher ist auch Bedingung (2) erfüllt.

<u>Folgerung 19.16</u>: *Ist die Gruppe $\langle G;\cdot,^{-1},1\rangle$ das innere direkte Produkt ihrer Untergruppen $U_1,\ldots,U_r$, dann gilt für $i = 1,2,\ldots,r$:*

(i)   *Jeder direkte Faktor U_i ist ein Normalteiler von G.*

(ii) $G/U_i \simeq U_1 \times \ldots \times U_{i-1} \times U_{i+1} \times \ldots \times U_r$

(iii) $U_i \cap U_1 \ldots U_{i-1} U_{i+1} \ldots U_r = \{1\}$

Beweis: (i) Da nach Satz 19.15 U_i mit jedem $U_j, i \neq j$, elementweise vertauschbar ist, ist U_i ein Normalteiler von G.

(ii) Ist $g = u_1 \ldots u_r$ mit $u_i \in U_i$ die Produktdarstellung von $g \in G$, so prüft man leicht nach, daß $\varphi: G/U_i \to U_1 x \ldots x U_{i-1} x U_{i+1} x \ldots x U_r$, definiert durch $\varphi(gU_i) = \varphi(u_1 \ldots u_{i-1} u_i u_{i+1} \ldots u_r U_i) = \varphi(u_1 \ldots u_{i-1} u_{i+1} \ldots u_r U_i) = (u_1, \ldots, u_{i-1}, u_{i+1}, \ldots, u_r)$ ein Isomorphismus ist.

(iii) Für $u_i \in U_i \cap U_1 \ldots U_{i-1} U_{i+1} \ldots U_r$ mit $u_i \neq 1$ wären $u_i = 1 \ldots 1 u_i 1 \ldots 1$, wo u_i als i-ter Faktor steht, und $u_i = u_i \ldots u_{i-1} 1 u_{i+1} \ldots u_r$ mit $u_j \in U_j$ zwei verschiedene Darstellungen von u_i. Daher ist nach Satz 19.15 $U_i \cap U_1 \ldots U_{i-1} U_{i+1} \ldots U_r = \{1\}$.

Weiters gilt

<u>Satz 19.17</u>: *Die Bedingung* (1) *in Satz 19.15 kann man durch die beiden folgenden Bedingungen ersetzen und umgekehrt:*

(1') *Jedes Element* $g \in G$ *läßt sich in der Form* $g = u_1 \ldots u_r$ *mit* $u_i \in U_i$
   schreiben.

(1") $U_i \cap U_1 U_2 \ldots U_{i-1} = \{1\}$ *für* $i = 2, \ldots, r$.

Beweis: Daß aus Satz 19.15 (1) und (2) die Bedingungen (1'), (1") und (2) folgen, haben wir bereits oben gezeigt.

Gelten umgekehrt (1'), (1") und (2) und sind $g = a_1 \ldots a_r$ und $g = b_1 \ldots b_r$ mit $a_i, b_i \in U_i$ zwei verschiedene Produktdarstellungen von $g \in G$, dann muß es einen Faktor a_i mit $a_i \neq b_i$ und $a_j = b_j$ für $j \geq i$ geben. Aus $a_1 \ldots a_r = g = b_1 \ldots b_r$ folgt dann $a_1 \ldots a_i = b_1 \ldots b_i$ und daraus $b_i a_i^{-1} = b_{i-1}^{-1} \ldots b_1^{-1} a_1 \ldots a_{i-1} = b_1^{-1} a_1 \ldots b_{i-1}^{-1} a_{i-1} \in U_i \cap U_1 \ldots U_{i-1}$. Also muß nach (1") $b_i a_i^{-1} = 1$ sein, was ein Widerspruch zu $a_i \neq b_i$ ist. Die Produktdarstellung ist daher sogar eindeutig, d.h. es gilt (1).

Beispiel: Die Gruppe V ist das innere direkte Produkt ihrer Untergruppen [a] und [b]. Es ist $[a] = \{1, a\}$ und $[b] = \{1, b\}$. Wie man aus der Gruppentafel leicht erkennt, gilt $1 = 1 \cdot 1$, $a = a1$, $b = 1b$, $c = ab$ und $ab = ba$. Somit sind die Bedingungen (1) und (2) von Satz 19.5 erfüllt und $V = [a] x [b]$.

<u>Lemma 19.18</u>: *Das direkte Produkt von endlichen zyklischen Gruppen* $G_1, \ldots, G_r$ *ist genau dann eine zyklische Gruppe, wenn* $|G_1 x \ldots x G_r| = k \cdot g \cdot V \cdot (|G_1|, \ldots, |G_r|)$.

Beweis: Sei $G_1 x \ldots x G_r$ zyklisch und $(a_1, \ldots, a_r)$ ein erzeugendes Element. Dann gilt $[a_i] = G_i$. Da $G_1 x \ldots x G_r$ zyklisch ist, hat $(a_1, \ldots, a_r)$ die Ordnung $|G_1 x \ldots x G_r|$. Andererseits ist die Ordnung von $(a_1, \ldots, a_r)$ aber gleich dem kleinsten gemeinsamen Vielfachen der Ordnungen der a_i, d.h. der Ordnungen der G_i. Somit folgt $|G_1 x \ldots x G_r| = k \cdot g \cdot V \cdot (|G_1|, \ldots, |G_r|)$.

Gilt umgekehrt $|G_1 x \ldots x G_r| = k \cdot g \cdot V \cdot (|G_1|, \ldots, |G_r|)$ und sind die a_i Erzeugende der Gruppen G_i, so hat $(a_1, \ldots, a_r)$ die Ordnung $|G_1 x \ldots x G_r|$ und $G_1 x \ldots x G_r$ ist zyklisch.

<u>Folgerung 19.19</u>: *Ist $n = p_1^{n_1} \ldots p_r^{n_r}$ die Zerlegung von $n \in \mathbb{N}$ in Potenzen von verschiedenen Primzahlen, so gilt $\mathbb{Z}_n \simeq \mathbb{Z}_{p_1^{n_1}} \oplus \ldots \oplus \mathbb{Z}_{p_r^{n_r}}$.*

<u>Folgerung 19.20</u>: *Die Gruppe $\mathbb{Z}_m \oplus \mathbb{Z}_n$ ist genau dann isomorph zu $\mathbb{Z}_{mn}$, wenn $(m,n) = 1$.*

Z.B. ist $\mathbb{Z}_{72}$ isomorph zu $\mathbb{Z}_8 \oplus \mathbb{Z}_9$.

Den folgenden wichtigen Satz, welcher einen Überblick über alle endlichen abelschen Gruppen gibt, wollen wir hier nur ohne Beweis angeben (vgl. für einen Beweis etwa [19]).

<u>Satz 19.21</u> (Hauptsatz über endliche abelsche Gruppen): *Jede endlich abelsche Gruppe ist isomorph zu einem direkten Produkt von zyklischen Gruppen von Primzahlpotenzordnung. Dabei sind die Ordnungen der zyklischen Summanden eindeutig bestimmt.*

Dieser Satz liefert auch ein Rezept, bis auf Isomorphie alle abelschen Gruppen der Ordnung n zu konstruieren:
(i)   Sei $n = p_1^{n_1} \ldots p_r^{n_r}$ die Zerlegung von n in Potenzen von verschiedenen Primzahlen $p_1, \ldots, p_r$.
(ii)   Für jedes n_i wählt man eine Zerlegung $n_i = e_1 + e_2 + \ldots + e_s$ mit $e_1 \leq e_2 \leq \ldots \leq e_s$ und bildet $\mathbb{Z}_{p_i^{e_1}} \oplus \ldots \oplus \mathbb{Z}_{p_i^{e_s}}$
(iii) Man bildet die direkte Summe der r Gruppen aus (ii).
Es ist nicht allzu schwer nachzuprüfen, daß je zwei mittels verschiedener Zerlegungen in (ii) konstruierte Gruppen nicht zueinander isomorph sind und daß alle abelschen Gruppen der Ordnung n zu einer derartigen Gruppe isomorph sind.

Beispiel: Man finde bis auf Isomorphie alle abelschen Gruppen der Ordnung 72.
(i) $72 = 2^3 \cdot 3^2$
(ii) $3 = 1+1+1, \mathbb{Z}_2 \oplus \mathbb{Z}_2 \oplus \mathbb{Z}_2; 2 = 1+1, \mathbb{Z}_3 \oplus \mathbb{Z}_3;$
        $3 = 1+2, \quad \mathbb{Z}_2 \oplus \mathbb{Z}_4; \qquad 2 = 2, \quad \mathbb{Z}_9;$
        $3 = 3, \qquad \mathbb{Z}_8.$
(iii) Es gibt insgesamt $3 \cdot 2$ nicht-isomorphe abelsche Gruppen der Ordnung 72. Sie sind gegeben durch

1. $\mathbb{Z}_2 \oplus \mathbb{Z}_2 \oplus \mathbb{Z}_2 \oplus \mathbb{Z}_3 \oplus \mathbb{Z}_3 \simeq \mathbb{Z}_2 \oplus \mathbb{Z}_6 \oplus \mathbb{Z}_6$

2. $\mathbb{Z}_2 \oplus \mathbb{Z}_2 \oplus \mathbb{Z}_2 \oplus \mathbb{Z}_9 \simeq \mathbb{Z}_2 \oplus \mathbb{Z}_2 \oplus \mathbb{Z}_{18}$

3. $\mathbb{Z}_2 \oplus \mathbb{Z}_4 \oplus \mathbb{Z}_3 \oplus \mathbb{Z}_3 \simeq \mathbb{Z}_6 \oplus \mathbb{Z}_{12}$

4. $\mathbb{Z}_2 \oplus \mathbb{Z}_4 \oplus \mathbb{Z}_9 \simeq \mathbb{Z}_2 \oplus \mathbb{Z}_{36}$

5. $\mathbb{Z}_8 \oplus \mathbb{Z}_3 \oplus \mathbb{Z}_3 \simeq \mathbb{Z}_3 \oplus \mathbb{Z}_{24}$

6. $\mathbb{Z}_8 \oplus \mathbb{Z}_9 \simeq \mathbb{Z}_{72}$

Man kann Satz 19.21 auch verallgemeinern auf abelsche Gruppen, welche
durch endlich viele Elemente erzeugt werden (endlich erzeugte abelsche
Gruppen), aber selbst natürlich nicht mehr endlich zu sein brauchen.
Man erhält dann den folgenden Hauptsatz über endlich erzeugte abelsche
Gruppen: Jede endlich erzeugte abelsche Gruppe ist isomorph zu einer
Gruppe der Form $Z_{p_1^{e_1}} \oplus \ldots \oplus Z_{p_r^{e_r}} \oplus Z \oplus \ldots \oplus Z$, wo die $Z_{p_i^{e_i}}$ zyklische
Gruppen der Ordnung $p_i^{e_i}$ sind (dabei müssen nicht alle p_i notwendiger-
weise voneinander verschieden sein) und Z eine unendliche zyklische
Gruppe (z.B. $\langle Z; + \rangle$) ist. Die Zahlen $p_i^{e_i}$ und die Anzahl der Summanden Z
sind dabei eindeutig bestimmt.

<u>Übungen</u>

1. Man untersuche die folgenden Aussagen auf ihre Richtigkeit:
   a) Jede Untergruppe einer abelschen Gruppe ist ein Normalteiler.
   b) Jede Faktorgruppe einer nicht-abelschen Gruppe ist nicht-abelsch.
   c) Die Abbildung $h(x) := x^{-1}$ einer Gruppe $\langle G; \cdot, ^{-1}, 1 \rangle$ in sich ist ein Automorphismus.
   d) Je zwei Gruppen derselben endlichen Ordnung sind zueinander isomorph.
   e) Es gibt einen Homomorphismus von einer Gruppe der Ordnung 6 auf eine Gruppe der
      Ordnung 4.
   f) Es gibt einen Homomorphismus einer Gruppe der Ordnung 6 in eine Gruppe der
      Ordnung 10.
   g) Alle Homomorphismen einer Gruppe von Primzahlordnung sind in irgendeinem Sinn
      trivial.
   h) Jede endliche abelsche Gruppe, deren Ordnung durch 3 teilbar ist, enthält eine
      zyklische Untergruppe der Ordnung 3.
   i) $\mathbb{Z}_2 \oplus \mathbb{Z}_4 \simeq \mathbb{Z}_8$
   j) Jedes Element von $\mathbb{Z}_4 \oplus \mathbb{Z}_8$ hat die Ordnung 8.
   k) Der mengentheoretische Durchschnitt zweier charakteristischer Untergruppen ist
      wieder eine charakteristische Untergruppe.

2. Man beweise, daß für jedes g aus einer Gruppe $\langle G; \cdot \rangle$ die Abbildung $h_g(x) := gxg^{-1}$
   ein Automorphismus von G ist.

3. Man zeige, daß die symmetrische Gruppe S_3 nur innere Automorphismen besitzt und zu
   ihrer Automorphismengruppe isomorph ist.

4. Man bestimme alle Homomorphismen von $\langle \mathbb{Z}; + \rangle$ in sich.

5. Man bestimme alle Homomorphismen der Kleinschen Vierergruppe V auf die $\mathbb{Z}_2$.

6. Sei L die Menge aller Abbildungen von $\mathbb{R}$ in $\mathbb{R}$ der Gestalt $x \to ax+b$ mit $a,b \in \mathbb{R}$ und $a \neq 0$. Sei weiters $N = \{x \to x+b, b \in \mathbb{R}\}$. Man zeige:
   a) L bildet eine Gruppe bezüglich der Hintereinanderausführung von Funktionen.
   b) N ist ein Normalteiler von L.
   c) $A/N \simeq\, <\mathbb{R}-\{0\};.>$.

7. Sei N ein Normalteiler der endlichen Gruppe $<G;\cdot>$ und $|G:N|$ der Index von N in G. Dann gilt $a^{|G:N|} \in N$ für jedes $a \in G$.

8. Man bestimme alle Kongruenzrelationen auf den Gruppen S_3 und D_4.

9. Man bestimme das Zentrum und die Kommutatorgruppe der Gruppen V, S_3 und Z_8.

10. Man zeige, daß jede Untergruppe vom Index 2 ein Normalteiler ist.

11. Man beweise, daß die Menge aller Normalteiler einer Gruppe mit den Operationen $(N_1, N_2) \to N_1 \cap N_2$ und $(N_1, N_2) \to N_1 \cdot N_2$ einen Verband bildet.

12. Man zeige, daß durch die Angabe von $h(a) = 2^a$ ein Isomorphismus von der Gruppe $<R;+>$ auf die Gruppe $<\{x \in \mathbb{R} | x > 0\};\cdot>$ definiert wird.

13. Sei $V_1 = \{(\begin{smallmatrix}1&2&3&4\\1&2&3&4\end{smallmatrix}), (\begin{smallmatrix}1&2&3&4\\2&1&4&3\end{smallmatrix}), (\begin{smallmatrix}1&2&3&4\\3&4&1&2\end{smallmatrix}), (\begin{smallmatrix}1&2&3&4\\4&3&2&1\end{smallmatrix})\}$ und

   $U = \{(\begin{smallmatrix}1&2&3&4\\1&2&3&4\end{smallmatrix}), (\begin{smallmatrix}1&2&3&4\\2&1&4&3\end{smallmatrix}), (\begin{smallmatrix}1&2&3&4\\2&1&3&4\end{smallmatrix}), (\begin{smallmatrix}1&2&3&4\\1&2&4&3\end{smallmatrix})\}$

   Man zeige, daß V_1 und U Untergruppen der S_4 sind, V_1 sogar ein Normalteiler der S_4 ist und $V_1 \simeq U$ gilt.
   Wegen $(\begin{smallmatrix}1&2&3&4\\1&3&2&4\end{smallmatrix})(\begin{smallmatrix}1&2&3&4\\2&1&4&3\end{smallmatrix})(\begin{smallmatrix}1&2&3&4\\1&3&2&4\end{smallmatrix}) = (\begin{smallmatrix}1&2&3&4\\3&4&1&2\end{smallmatrix}) \notin U$ ist U jedoch kein Normalteiler von S_4.

14. a) Man zeige, daß jede Untergruppe der Quaternionengruppe Q ein Normalteiler ist.
    b) Man gebe die Operationstafel einer Faktorgruppe von Q nach einem nichttrivialen Normalteiler an.

15. Man bestimme bis auf Isomorphie alle abelschen Gruppen der Ordnung 360.

16. Man zeige, daß jede Gruppe der Ordnung 45 einen Normalteiler der Ordnung 9 besitzt.

17. Man beweise, daß die zyklischen Gruppen von Primzahlordnung die einzigen einfachen abelschen Gruppen sind.

18. Man zeige, daß jede Gruppe der Ordnung 2p (p Primzahl), welche einen Normalteiler der Ordnung 2 besitzt, kommutativ ist.

19. Man zeige am Beispiel der Kleinschen Vierergruppe V, daß ein Normalteiler keine charakteristische Untergruppe zu sein braucht.

20. Man verifiziere die folgenden Aussagen.
    Die Permutationen $a = (\begin{smallmatrix}1&2&3&4&5&6\\2&3&4&1&5&6\end{smallmatrix})$, $b = (\begin{smallmatrix}1&2&3&4&5&6\\1&4&3&2&5&6\end{smallmatrix})$ und $c = (\begin{smallmatrix}1&2&3&4&5&6\\1&2&3&4&6&5\end{smallmatrix})$ erzeugen eine Untergruppe U der Ordnung 16 der symmetrischen Gruppe S_6. Das Zentrum $Z(U)$ von U wird durch a^2 und c erzeugt. Die Abbildung $a \to b$, $b \to b$, $c \to b$ definiert einen Endomorphismus von U, bei dem jedoch $Z(U)$ nicht in sich abgebildet wird. Demnach ist $Z(U)$ also keine vollinvariante Untergruppe.

21. Man zeige:
    a) Jede unendliche zyklische Gruppe ist isomorph zu $<\mathbb{Z};+>$.
    b) Jede endliche zyklische Gruppe der Ordnung n ist isomorph zu $<\mathbb{Z}_n;+>$.
    c) In einer endlichen zyklischen Gruppe gibt es zu jedem Teiler der Gruppenordnung auch eine Untergruppe mit dieser Ordnung.

22. Wir bestimmen die Struktur der Gruppe $(\mathbb{Z} \oplus \mathbb{Z})/[(1,1)]$. Die Elemente von $\mathbb{Z} \oplus \mathbb{Z}$ kann man als Punkte der Ebene auffassen (siehe Abb. 19.3). Die Punkte der Untergruppe $[(1,1)]$ liegen dabei auf der Geraden durch den Ursprung mit dem Anstieg 1. Die Nebenklasse $(1,0)+[(1,1)]$ besteht aus den Punkten mit ganzzahligen Koordinaten auf der Geraden durch $(1,0)$ mit dem Anstieg 1. Setzt man diesen Prozeß fort, sieht man, daß die Paare $(0,0)$, $(\pm1,0)$, $(\pm2,0)$,... ein Vertretersystem für die Nebenklassen von $\mathbb{Z} \oplus \mathbb{Z}$ nach $[(1,1)]$ bilden. Diese Vertreter entsprechen aber genau den Punkten von $\mathbb{Z}$ auf der x-Achse. Damit ist sofort zu sehen, daß $(\mathbb{Z} \oplus \mathbb{Z})/[(1,1)]$ isomorph zu $\mathbb{Z}$ ist. Man gebe dafür einen formalen Beweis an.

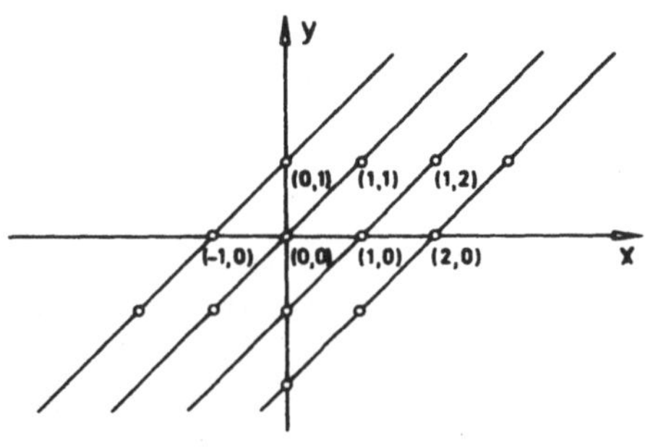

Abb. 19.3

20.   ERZEUGENDE UND RELATIONEN

Gegeben sei eine Menge $X = \{x_i \mid i \in I\}$ von Symbolen x_i, wobei I eine beliebige Indexmenge ist.

Unter einem *Wort* in den Symbolen x_i (vgl. dazu auch Abschnitt 9) versteht man dann einen Ausdruck der Form

$$w = x_1^{e_1} \, x_2^{e_2} \, \ldots \, x_n^{e_n}$$

mit $x_i \in X$ und $e_i = \pm1$ für $i = 1,\ldots,n$. Dabei soll x_i^1 mit x_i identifiziert werden. Zu den Wörtern rechnen wir auch das leere Wort $\emptyset$, welches überhaupt keine Symbole x_i enthält.

Ein Wort w heißt gekürzt, wenn es entweder das leere Wort ist oder keine aufeinanderfolgenden "Faktoren" der Art

$$x_i^{e_i} \, x_{i+1}^{e_{i+1}} = x_j^1 \, x_j^{-1} \text{ oder } = x_j^{-1} \, x_j^1 \qquad (i = 1,\ldots,n-1)$$

in ihm vorkommen.

Wir wollen ohne Beweis angeben (den meisten Lesern wird die behauptete Tatsache als trivial erscheinen, was sie aber bei einer strengen Beweisführung nicht ist), daß jedes Wort mit Hilfe endlich oftmaliger Anwendung der beiden folgenden Umformungen in ein eindeutig bestimmtes gekürztes Wort übergeführt werden kann:

(i) Ein Ausdruck $x_j^1 x_j^{-1}$ wird aus dem Wort eliminiert.

(ii) Ein Ausdruck $x_j^{-1} x_j$ wird eliminiert.

Sei nun F(X) die Menge aller gekürzten Wörter in den Symbolen aus X. Wir machen F(X) zu einer Gruppe, indem wir für $w_1, w_2 \in F(X)$ ein Produkt $w_1 w_2$ erklären. Und zwar soll $w_1 w_2$ jenes eindeutig bestimmte gekürzte Wort sein, das dem Wort entspricht, welches durch Hintereinanderschreiben der Wörter w_1 und w_2 entsteht. Den Beweis, daß diese Operation assoziativ ist, wollen wir wieder als offensichtlich annehmen und daher weglassen. (Ein exakter Beweis für $(w_1 w_2) w_3 = w_1 (w_2 w_3)$ wird durch Induktion nach der Anzahl der in w_2 vorkommenden Symbole x_i geführt.) Das leere Wort $\emptyset$ erfüllt für jedes Wort $w \in F(X)$ die Gleichungen $w\emptyset = \emptyset w = w$, ist also das Einselement dieser Operation. Bezeichnet ferner für $w = x_1^{e_1} x_2^{e_2} \ldots x_n^{e_n} \in F(X)$ w^{-1} das Wort $x_n^{-e_n} x_{n-1}^{-e_{n-1}} \ldots x_1^{-e_1}$, so gilt offensichtlich $w^{-1} \in F(X)$ und $w w^{-1} = w^{-1} w = \emptyset$.

Man nennt F(X) *die durch X erzeugte freie Gruppe* und X *ein System freier Erzeugender für* F(X).

Diese Definition steht sinngemäß auch in Einklang mit den entsprechenden Ausführungen über das Erzeugnis einer Teilmenge in einer Algebra. Um zu der üblichen Schreibweise der Elemente von F(X) zu kommen, ersetzt man, wie schon erwähnt, in jedem Wort aus F(X) die x_i^1 durch x_i und schreibt x_i^k für das Produkt von k Symbolen x_i und x_i^{-k} für das Produkt von k Faktoren x_i^{-1}.

Es gilt nun das folgende wichtige Resultat, das einen gewissen Überblick über alle Gruppen gibt.

<u>Satz 20.1</u>: *Jede Gruppe ist isomorph zu einer Faktorgruppe einer freien Gruppe.*

Beweis: Sei $\langle G; \cdot, {}^{-1}, 1 \rangle$ eine beliebige Gruppe und E ein System erzeugender Elemente von G, d.h. G = [E] im Sinne von Abschnitt 9. (Z.B. kann E = G genommen werden.) Die Elemente von E bezeichnen wir mit a_i, wobei i eine gewisse Indexmenge I durchläuft. Nun sei X eine Menge von Symbolen x_i (i $\in$ I) und F(X) die von X erzeugte freie Gruppe. Dann ist die Abbildung h : F(X) $\to$ G, definiert durch $h(x_{m_1}^{\varepsilon_1} \ldots x_{m_r}^{\varepsilon_r}) = a_{m_1}^{\varepsilon_1} \ldots a_{m_r}^{\varepsilon_r}$, ein Homomorphismus. Nach dem Homomorphiesatz 19.3 existiert daher in F(X) ein Normalteiler R mit der Eigenschaft F(X)/R $\simeq$ G. Dabei besteht R aus allen Wörtern $x_{m_1}^{\varepsilon_1} \ldots x_{m_r}^{\varepsilon_r} \in F(X)$ mit $a_{m_1}^{\varepsilon_1} \ldots a_{m_r}^{\varepsilon_r} = 1$.

Ist G insbesondere das Erzeugnis von n Elementen, so ist G isomorph zu einer Faktorgruppe einer freien Gruppe mit n freien Erzeugenden.

Konstruiert man die freie Gruppe mit nur einer freien Erzeugenden, dann bekommt man eine unendliche zyklische Gruppe, welche zu $\langle \mathbb{Z}; + \rangle$ isomorph ist. Jede weitere zyklische Gruppe ist dann also isomorph zu einer Faktorgruppe von $\langle \mathbb{Z}; + \rangle$.

Jede Gleichung der Gestalt $a_{m_1}^{\varepsilon_1} \ldots a_{m_r}^{\varepsilon_r} = 1$ mit $a_i \in E$ heißt eine *Relation* zwischen den Elementen aus E, welche in G besteht.

Jedem Wort w aus R entspricht die Relation $h(w) = 1$ in G. Wird R durch die Teilmenge R_0 erzeugt, so nennt man die den Elementen aus R_0 entsprechenden Relationen in G ein *System von definierenden Relationen für* G in dem Erzeugendensystem E.

Da R_0 den Normalteiler R erzeugt, ergibt sich jede Relation in G als "Folgerelation" aus den definierenden Relationen unter Anwendung der in G zulässigen Rechenregeln.

Hat man umgekehrt eine Menge E von Elementen $a_i (i \in I)$ und ein Element 1 gegeben und setzt man die Gültigkeit von gewissen Relationen der Form $a_{m_1}^{\varepsilon_1} \ldots a_{m_r}^{\varepsilon_r} = 1$ voraus, so gibt es eine von den Elementen von E erzeugte Gruppe G mit dem Einselement 1, für welche die angenommenen Relationen ein System definierender Relationen sind. Bildet man nämlich die von den Symbolen $x_i (i \in I)$ erzeugte freie Gruppe $F(\{x_i \mid i \in I\})$, dann ist $G \simeq F(\{x_i \mid i \in I\})/R$ unter der Abbildung $a_i \to Rx_i (i \in I)$, wobei R der von den Wörtern $x_{m_1}^{\varepsilon_1} \ldots x_{m_r}^{\varepsilon_r}$ erzeugte Normalteiler ist, welche den Relationen $a_{m_1}^{\varepsilon_1} \ldots a_{m_r}^{\varepsilon_1} = 1$ entsprechen.

Was passiert, wenn man in einer Gruppe zu bereits bestehenden Relationen noch weitere Relationen dazunimmt, darüber gibt Auskunft

<u>Satz 20.2</u>: *Die Gruppen G_1 und G_2 seien durch definierende Relationen in der gleichen Menge von Erzeugenden gegeben. Ist dabei jede definierende Relation von G_1 auch eine definierende Relation von G_2, dann ist G_2 isomorph zu einer Faktorgruppe von G_1.*

Beweis: Mit einer geeignet gewählten freien Gruppe F und den durch die definierenden Relationen von G_1 und G_2 bestimmten Normalteilern R_1 und R_2 von F gilt $G_1 \simeq F/R_1$ und $G_2 \simeq F/R_2$.

Da jede definierende Relation von G_1 auch eine definierende Relation von G_2 ist, folgt $R_1 \subseteq R_2$. Entspricht nun dem Normalteiler R_2/R_1 von F/R_1 der Normalteiler N von G_1, dann gilt $G_1/N \simeq (F/R_1)/(R_2/R_1) \simeq F/R_2 \simeq G_2$.

Bemerkung: Um das Rechnen in einer Gruppe, welche durch erzeugende Elemente und definierende Relationen gegeben ist, wirklich zu beherrschen, muß man entscheiden können, ob zwei "Potenzprodukte" aus erzeugenden Elementen unter Berücksichtigung der definierenden Relationen das gleiche Gruppenelement darstellen. Dieses Problem nennt man das *Wortproblem für Gruppen*. P.S. Novikov [26] hat gezeigt, daß es keinen allgemeinen Algorithmus für dieses Problem gibt. Trotzdem ist es in vielen Fällen sehr praktisch, eine Gruppe durch erzeugende Elemente und definierende Relationen festzulegen (vgl. dazu auch Coxeter/Moser [4]).

Gruppen der Ordnung 1 bis 8 und ihre Definition mittels Erzeugender und definierender Relationen

Ordnung	Bezeichnung	Erzeugende	definierende Relationen
1	Z_1	a	$a = 1$
2	Z_2	a	$a^2 = 1$
3	Z_3	a	$a^3 = 1$
4	Z_4	a	$a^4 = 1$
4	$V \simeq Z_2 \times Z_2$	a,b	$a^2 = b^2 = (ab)^2 = 1$
5	Z_5	a	$a^5 = 1$
6	$Z_6 \simeq Z_3 \times Z_2$	a	$a^6 = 1$
6	$S_3 \simeq D_3$	$a = \left(\begin{smallmatrix} 1 & 2 & 3 \\ 2 & 3 & 1 \end{smallmatrix}\right)$ $c = \left(\begin{smallmatrix} 1 & 2 & 3 \\ 2 & 1 & 3 \end{smallmatrix}\right)$	$a^3 = c^2 = (ac)^2 = 1$
7	Z_7	a	$a^7 = 1$
8	Z_8	a	$a^8 = 1$
8	$Z_4 \times Z_2$	a,d	$a^4 = d^2 = (ad)^4 = 1$
8	$Z_2 \times Z_2 \times Z_2$	a,b,c	$a^2 = b^2 = c^2 = (ab)^2 = (ac)^2 = (bc)^2 = 1$
8	D_4	a,d	$a^4 = d^2 = (ad)^2 = 1$
8	Q	c,d	$c^4 = c^2 d^{-2} = dcd^{-1}c^{-3} = 1$

Tabelle 20.1

Beispiele:

1. Wie wir schon erwähnt haben, ist die freie Gruppe mit nur einer freien Erzeugenden x die unendliche zyklische Gruppe [x]. Gilt eine definierende Relation der Gestalt $x^n = 1$ für das erzeugende Element x, dann erhält man eine zyklische Gruppe der Ordnung n mit den Elementen $1, x, \ldots, x^{n-1}$.

2. Wir wollen nun die bis auf Isomorphie eindeutig bestimmte Gruppe G ermitteln, welche von den Elementen a und b erzeugt wird und den

definierenden Relationen $a^3 = b^2 = (ab)^2 = 1$ genügt.

Sei $F(\{x,y\})$ die durch $\{x,y\}$ erzeugte freie Gruppe und R_0 die den gegebenen definierenden Relationen entsprechende Teilmenge $\{x^3,y^2,(x,y)^2\}$ von $F(\{x,y\})$. Bezeichnet R den von R_0 in $F(\{x,y\})$ erzeugten Normalteiler, dann gilt $G \simeq F(\{x,y\})/R$. Die Elemente von $F(\{x,y\})/R$ sind die Nebenklassen wR mit $w \in F(\{x,y\})$. Wie man sich leicht überlegt, enthält $F(\{x,y\})/R$ höchstens die Elemente R,xR,yR,x^2R,yxR,xyR. (Wegen $xy = yx^2r$ mit $r = (x^3)^{-1}(x(y^2)^{-1}x^{-1})(xy)^2 \in R$ ist z.B. $xyR = yx^2R$.) Damit folgt $|G| \leq 6$. Nun wird aber die symmetrische Gruppe S_3 von $\alpha = \left(\begin{smallmatrix} 1 & 2 & 3 \\ 2 & 3 & 1 \end{smallmatrix}\right)$ und $\beta = \left(\begin{smallmatrix} 1 & 2 & 3 \\ 2 & 1 & 3 \end{smallmatrix}\right)$ erzeugt und es gilt $\alpha^3 = \beta^2 = (\alpha\beta)^2 = \left(\begin{smallmatrix} 1 & 2 & 3 \\ 1 & 2 & 3 \end{smallmatrix}\right)$. Daher muß nach Satz 20.2 die Gruppe S_3 eine Faktorgruppe der gesuchten Gruppe G sein. Damit folgt $6 = |S_3| \leq |G|$ und daher $|G| = |6|$, also gilt $G \simeq S_3$.

<u>Übungen</u>

1. Man untersuche die folgenden Aussagen auf ihre Richtigkeit:
   a) Jede Gruppe mit endlich vielen Erzeugenden ist endlich.
   b) Zwei Gruppen mit denselben Erzeugenden sind immer isomorph.
   c) Jede Gruppe wird durch endlich viele Elemente erzeugt.
   d) Man kann die Z_4 auch durch 2 Erzeugende und definierende Relationen für diese Erzeugenden festlegen.

2. Man stelle die Gruppen V und Z_6 als Faktorgruppen einer freien Gruppe dar.

3. Man zeige, daß eine Gruppe G, welche von den Elementen a und b erzeugt wird und den definierenden Relationen $a^{-1}bab^{-2} = 1$ und $b^{-1}aba^{-2} = 1$ genügt, nur aus dem Einselement 1 besteht.

4. Man beweise, daß die Quaternionengruppe Q von den Elementen c und d erzeugt wird und den Relationen $c^4 = c^2d^{-2} = dcd^{-1}c^{-3} = 1$ genügt. Man füge zu diesen Relationen die Relation $cd = dc$ hinzu (d.h. man "mache Q abelsch" bzw. bilde $Q/K(Q)$) und ermittle die dadurch bestimmte Gruppe.

5. Man bestimme die Multiplikationstafel der von den Elementen a,b erzeugten Gruppe, wobei a und b den definierenden Relationen $a^3 = b^2 = (ab)^4 = 1$ genügen.

6. Man bestimme die Multiplikationstafel der von den Elementen a,b erzeugten Gruppe, wobei a und b den definierenden Relationen $a^2 = b^3 = aba^{-1}b^{-1} = 1$ genügen.

7. Man zeige, daß die von den Elementen a,b erzeugte Gruppe, wobei a und b den definierenden Relationen $a^3 = b^2 = bab^{-1}a^{-2} = 1$ genügen, isomorph zur S_3 ist.

21. PERMUTATIONSGRUPPEN

Permutationsgruppen spielen sowohl innerhalb der Mathematik als auch bei außermathematischen Anwendungen eine sehr große Rolle. Einer der Hauptgründe dafür ist darin zu sehen, daß man das Rechnen mit Permutationen besonders gut beherrscht und viele gruppentheoretische Probleme in die Sprache von Permutationsgruppen übersetzt werden können. Als Beispiel hierzu erwähnen wir den in der Einleitung des Buches zitierten Hauptsatz der Galoisschen Theorie, der in vielen klassischen Algebra-Vorlesungen als Höhepunkt angesehen wird.

Neben der in Abschnitt 18 eingeführten Schreibweise für die Elemente der symmetrischen Gruppe S_n vom Grad n in der Gestalt

$$\pi = \begin{pmatrix} 1 & 2 & & n \\ a_1 & a_2 & \ldots & a_n \end{pmatrix} \text{ mit } \pi(i) = a_i \qquad \text{für } 1 \le i \le n$$

ist die sogenannte *Zyklenschreibweise* für Permutationen fallweise sehr vorteilhaft.

Seien $a_1, a_2, \ldots a_r$ verschiedene Zahlen von $\{1, 2, \ldots, n\}$. Unter dem *Zyklus* $(a_1, a_2, \ldots, a_r)$ der Länge r versteht man diejenige Permutation aus S_n, welche a_1 in a_2, a_2 in $a_3, \ldots, a_{r-1}$ in a_r und a_r in a_1 überführt, während jede eventuell noch vorhandene weitere Zahl aus $\{1, 2, \ldots, n\}$ auf sich selbst abgebildet wird (siehe Abb. 21.1).

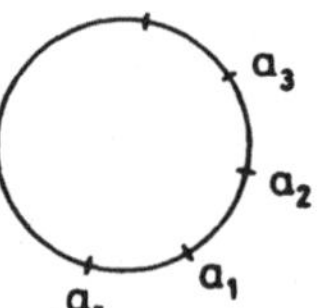

Abb. 21.1

Beispiel: Sei $M = \{1, 2, 3, 4, 5\}$. Der Zyklus $(1, 3, 5, 4)$ aus $S_M = S_5$ ist die Permutation $\begin{pmatrix} 1 & 2 & 3 & 4 & 5 \\ 3 & 2 & 5 & 1 & 4 \end{pmatrix}$. Klarerweise gilt $(1, 3, 5, 4) = (3, 5, 4, 1) = (5, 4, 1, 3) = (4, 1, 3, 5)$.

Da Zyklen spezielle Permutationen sind, werden Zyklen wie Permutationen miteinander multipliziert (hintereinanderausgeführt). Allerdings ist das Produkt zweier Zyklen nicht mehr notwendigerweise ein Zyklus.

Beispiel: Seien $(1, 3, 5, 4)$ und $(2, 1, 5)$ Zyklen in der Gruppe S_6. Dann ist (wir rechnen mit Abbildungen wie üblich von rechts nach links)

$$(1, 3, 5, 4)(2, 1, 5) = \begin{pmatrix} 1 & 2 & 3 & 4 & 5 & 6 \\ 4 & 3 & 5 & 1 & 2 & 6 \end{pmatrix}$$

und

$$(2, 1, 5)(1, 3, 5, 4) = \begin{pmatrix} 1 & 2 & 3 & 4 & 5 & 6 \\ 3 & 1 & 2 & 5 & 4 & 6 \end{pmatrix}$$

Keine der beiden Produktpermutationen ist mehr ein Zyklus.

Sei Z eine Menge von Zyklen aus S_n. Die Zyklen aus Z heißen *elementfremd*, wenn keine Zahl aus $\{1, \ldots, n\}$ in mehr als einem Zyklus von Z vorkommt.

Wie man sofort sieht, ist die Multiplikation elementfremder Zyklen kommutativ.

Wir beweisen nun

Satz 21.1: *Jede Permutation π einer endlichen Menge M kann als Produkt von elementfremden Zyklen geschrieben werden.*

Beweis: Falls M leer ist oder aus nur einem Element besteht, ist der Satz trivial. Ist $|M| = n$, so können wir ohne Beschränkung der Allgemeinheit $M = \{1,\ldots,n\}$ annehmen. Wir betrachten die Folge, die aus den Elementen $1, \pi(1), \pi^2(1),\ldots$ besteht, wobei $\pi^0(1) := 1$ und $\pi^n(1) := \pi(\pi^{n-1}(1))$ für $n \in \mathbb{N}$. Da M endlich ist, können die Elemente der Folge nicht alle voneinander verschieden sein. Ist $\pi^r(1)$ das erste Glied in der Folge, welches gleich einem vorhergehenden ist, dann gilt $\pi^r(1) = \pi^0(1) = 1$, denn aus $\pi^r(1) = \pi^s(1)$ für ein s mit $0 < s < r$ folgt $\pi^{r-s}(1) = 1$, was wegen $r-s < r$ ein Widerspruch zur Wahl von r wäre. Ist τ_1 der Zyklus $(1, \pi(1),\ldots\ldots,\pi^{r-1}(1))$, dann stimmen die Permutationen τ_1 und π auf der Menge $\{1, \pi(1),\ldots,\pi^{r-1}(1)\}$ überein.

Sei nun i die kleinste Zahl aus $M-\{1, \pi(1),\ldots,\pi^{r-1}(1)\}$. In der Folge $\pi^n(i)$ gibt es dann wiederum einen kleinsten Index t, sodaß $\pi^t(i)$ gleich einem vorangegangenem Folgeglied ist, und analog wie vorher beweist man, daß $\pi^t(i) = \pi^0(i) = i$ ist. Der Zyklus $\tau_2 = (i, \pi(i),\ldots,\pi^{t-1}(i))$ stimmt auf $\{i, \pi(i),\ldots,\pi^{t-1}(i)\}$ mit π überein, und wie man leicht einsieht, sind τ_1 und τ_2 elementfremd. Das Verfahren wird fortgesetzt, indem man das kleinste Element aus M herausgreift, welches nicht schon in τ_1 und τ_2 vorkommt, und einen zu τ_1 und τ_2 elementfremden Zyklus τ_3 konstruiert, u.s.f. Da M eine endliche Menge ist, muß dieser Prozeß mit einem τ_m enden, und wir erhalten, daß das Produkt $\tau_m\ldots\tau_2\tau_1$ auf M mit π übereinstimmt, d.h. es gilt $\pi = \tau_m\ldots\tau_2\tau_1$.

Wie man zeigen kann, ist die Darstellung einer Permutation als Produkt elementfremder Zyklen, von denen keiner die identische Permutation ist, bis auf die Reihenfolge der Faktoren sogar eindeutig.

Wir wollen nun spezielle Zyklen untersuchen.

Einen Zyklus der Länge 2 nennt man eine *Transposition*. Eine Transposition bildet also genau zwei Elemente der vorgegebenen Menge gegenseitig aufeinander ab und läßt alle anderen Elemente ungeändert.

Wie man durch Nachrechnen sieht, gilt $(a_1, a_2,\ldots,a_n) = (a_1, a_n)(a_1, a_{n-1})\ldots\ldots(a_1, a_2)$, d.h. jeder Zyklus kann als Produkt von Transpositionen geschrieben werden. Damit erhalten wir

Folgerung 21.2: *Jede Permutation einer endlichen Menge kann als Produkt von Transpositionen geschrieben werden.*

Beispiel: Entsprechend der angegebenen Darstellung von Zyklen durch Transpositionen gilt $(1,3,5,4)(2,1,5) = (1,4)(1,5)(1,3)(2,5)(2,1)$. Diese Darstellung ist aber nicht eindeutig, denn es gilt auch $(1,3,5,4)(2,1,5) = (1,4)(2,3)(3,5)$ oder $(1,3,5,4)(2,1,5) = (1,4)(1,2)(2,1)(1,5)(1,3)(2,5)(2,1)$. Wir zeigen jedoch

<u>Satz 21.3</u>: *In jeder Darstellung einer Permutation einer endlichen Menge M als Produkt von Transpositionen treten entweder stets gerade viele oder stets ungerade viele Transpositionen auf.*

Beweis: Ist $|M| = 0$ oder $|M| = 1$, so wird jede Permutation von M durch das leere Produkt von Transpositionen dargestellt. Für $|M| = n$ mit $n \geq 2$ nehmen wir wieder ohne Beschränkung der Allgemeinheit $M = \{1,2,\ldots,n\}$ an. Die identische Permutation ι von M kann als Produkt einer geraden Anzahl von Transpositionen dargestellt werden, z.B. durch $\iota = (1,2)(2,1)$. Wir müssen dann für jede weitere Darstellung $\iota = \tau_k \tau_{k-1} \cdots \tau_1$ von ι zeigen, daß k gerade ist. Sei m eine beliebige in einer der Transpositionen τ_j vorkommende natürliche Zahl. Ist τ_j von rechts nach links gelesen die erste Transposition, in welcher m vorkommt, so muß $j \neq k$ sein, da ι ansonsten m nicht festlassen würde. Nun muß aber für $\tau_{j+1}\tau_j$ eine der folgenden Identitäten gelten:

$$\tau_{j+1}\,\tau_j = (m,x)(m,x) = \iota,$$
$$\tau_{j+1}\,\tau_j = (m,y)(m,x) = (m,x)(x,y),$$
$$\tau_{j+1}\,\tau_j = (y,z)(m,x) = (m,x)(y,z),$$
$$\tau_{j+1}\,\tau_j = (x,y)(m,x) = (m,y)(x,y).$$

Wenn wir nun in $\iota = \tau_k \cdots \tau_1$ für $\tau_{j+1}\tau_j$ den entsprechenden Ausdruck von oben einsetzen, dann reduzieren wir dadurch entweder die Anzahl der Transpositionen in der Produktdarstellung von ι um zwei, oder wir transferieren das erste Vorkommen von m um eine Transposition nach links. Wir wiederholen nun diese Vorgangsweise, bis wir zu einer Produktdarstellung von ι kommen, in der m nicht mehr vorkommt. Wir haben dann m mittels $(m,x)(m,x) = \iota$ aus der Produktdarstellung eliminiert. Dasselbe Verfahren wendet man nun auf alle endlich vielen, in der Produktdarstellung von ι vorkommenden natürlichen Zahlen an. Wir erhalten damit zuletzt $\iota = \iota\iota \cdots \iota$. Da in jedem Schritt die Anzahl k der Transpositionen entweder unverändert bleibt oder um zwei reduziert wird, muß k eine gerade Zahl sein. Sind nun

$$\pi = \tau_r \cdots \tau_1 = \tau'_s \cdots \tau'_1$$

zwei Darstellungen der Permutation π als Produkt von Transpositionen, so gilt wegen $\tau_v^{-1} = \tau_v$

$$\iota = \pi\pi^{-1} = \tau_r \cdots \tau_1(\tau'_s \cdots \tau'_1)^{-1} = \tau_r \cdots \tau_1 \tau'_1 \cdots \tau'_s.$$

Nach unseren früheren Überlegungen muß dann aber r+s gerade sein, das heißt r und s sind beide zugleich gerade oder beide ungerade.

Wir nennen eine *Permutation* einer endlichen Menge *gerade* bzw. *ungerade*, wenn sie als Produkt einer geraden bzw. ungeraden Anzahl von Transpositionen dargestellt werden kann.

Wir werden nun zeigen, daß in der symmetrischen Gruppe S_n für $n \geq 2$ die Anzahl der geraden Permutationen gleich der Anzahl der ungeraden Permutationen ist.

Sei A_n die Teilmenge aller geraden Permutationen von S_n und B_n die Teilmenge aller ungeraden Permutationen von S_n. Dann ist die Abbildung $g : A_n \to B_n$, definiert durch $g(\pi) = (1,2)\pi$ für alle $\pi \in A_n$, bijektiv. Für $\pi \in A_n$ liegt $(1,2)\pi$ klarerweise in B_n. Da S_n eine Gruppe ist, folgt aus $(1,2)\pi_1 = g(\pi_1) = g(\pi_2) = (1,2)\pi_2$ sofort $\pi_1 = \pi_2$. Daher ist g injektiv. Schließlich gibt es zu jedem $\sigma \in B_n$ ein Urbild, nämlich $(1,2)\sigma \in A_n$ mit $g((1,2)\sigma) = \sigma$. Also ist g auch surjektiv, und es gilt daher $|A_n| = |B_n| = \frac{n!}{2}$. Wie man leicht überlegt, ist das Produkt von geraden Permutationen wieder gerade und ist die inverse Permutation einer geraden Permutation auch wieder gerade. Damit erhält man

<u>Satz 21.4</u>: *Für $n \geq 2$ bildet die Teilmenge A_n aller geraden Permutationen der Menge $\{1,2,\ldots,n\}$ eine Untergruppe der Ordnung $\frac{n!}{2}$ der symmetrischen Gruppe S_n. Man nennt A_n die alternierende Gruppe vom Grad n.*

Beispiel: Die A_3 besteht aus den Elementen $\left(\begin{smallmatrix} 1 & 2 & 3 \\ 1 & 2 & 3 \end{smallmatrix}\right), \left(\begin{smallmatrix} 1 & 2 & 3 \\ 2 & 3 & 1 \end{smallmatrix}\right)$ und $\left(\begin{smallmatrix} 1 & 2 & 3 \\ 3 & 1 & 2 \end{smallmatrix}\right)$.

Für $n \geq 2$ ist die A_n also eine Untergruppe vom Index 2 der symmetrischen Gruppe S_n. Nach Übungsbeispiel 10 aus Abschnitt 19 ist A_n damit auch ein Normalteiler der S_n.

Wir geben nun einen für Anwendungen sehr wichtigen Satz, welcher die Struktur der A_n betrifft, ohne Beweis an (für einen Beweis vgl. z.B. Kochendörffer [19]).

<u>Satz 21.5</u>: *Die alternierende Gruppe A_n ist einfach für $n \geq 5$.*

Diese Eigenschaft der alternierenden Gruppen ist der Grund dafür, warum es keine allgemeine Lösungsformel für die Nullstellen einer Polynomgleichung vom Grad ≥ 5 geben kann (vgl. auch Abschnitt 31). Mit dieser Erkenntnis wurde im 19. Jahrhundert eine negative Antwort auf die Frage nach der Existenz solcher Formeln gegeben, ein Problem, welches die Mathematiker durch weit mehr als 1000 Jahre hindurch beschäftigt hatte.

Für die in den nächsten Abschnitten behandelten Anwendungen benötigen wir noch die Kenntnis von weiteren Eigenschaften von Permutationsgruppen.

Eine *Permutationsgruppe* G auf der Menge M, d.h., eine Gruppe G von Permutationen von M, wird *transitiv* genannt, wenn es für beliebige Elemente $a, b \in M$ stets eine Permutation $\pi \in G$ mit $\pi(a) = b$ gibt.

Beispiele: Klarerweise ist die symmetrische Gruppe S_M transitiv.

Die Untergruppe $V_1 = \{ \left(\begin{smallmatrix} 1 & 2 & 3 & 4 \\ 1 & 2 & 3 & 4 \end{smallmatrix}\right), \left(\begin{smallmatrix} 1 & 2 & 3 & 4 \\ 2 & 1 & 3 & 4 \end{smallmatrix}\right), \left(\begin{smallmatrix} 1 & 2 & 3 & 4 \\ 1 & 2 & 4 & 3 \end{smallmatrix}\right), \left(\begin{smallmatrix} 1 & 2 & 3 & 4 \\ 2 & 1 & 4 & 3 \end{smallmatrix}\right) \}$

der S_4 ist nicht transitiv, da sie keine Permutation enthält, welche 1 in 3 überführt.

Wie man sofort sieht, ist die Untergruppe

$$V_2 = \{ \left(\begin{smallmatrix} 1 & 2 & 3 & 4 \\ 1 & 2 & 3 & 4 \end{smallmatrix}\right), \left(\begin{smallmatrix} 1 & 2 & 3 & 4 \\ 2 & 1 & 4 & 3 \end{smallmatrix}\right), \left(\begin{smallmatrix} 1 & 2 & 3 & 4 \\ 3 & 4 & 1 & 2 \end{smallmatrix}\right), \left(\begin{smallmatrix} 1 & 2 & 3 & 4 \\ 4 & 3 & 2 & 1 \end{smallmatrix}\right) \}$$

der S_4 transitiv.

V_1 und V_4 sind beide zur Kleinschen Vierergruppe V isomorph.

Sei nun G eine Permutationsgruppe auf M. Dann wird für $a, b \in M$ durch $a \sim b \leftrightarrow$ es gibt ein $\pi \in G$ mit $\pi(a) = b$ eine Äquivalenzrelation auf M definiert. Die Klassen T_i (i aus einer Indexmenge I) dieser Äquivalenzrelation nennen wir *Bahnen von G auf M* (oder *Transitivitätsgebiete von G*).

Bemerkung 21.6: *Eine Permutationsgruppe G auf M ist genau dann transitiv, wenn M eine Bahn von G ist (wenn es nur das Transitivitätsgebiet M von G gibt).*

Hilfssatz 21.7: *Ist a ein Element aus der Bahn T der Permutationsgruppe G, so ist die Teilmenge $G_a := \{\pi \in G | \pi(a) = a\}$ eine Untergruppe von G mit dem Index $|G : G_a| = |T|$.*

Beweis: Den Nachweis, daß G_a eine Untergruppe ist, wollen wir dem Leser überlassen. Es bleibt also $|G : G_a| = |T|$ zu zeigen. Sei $G = \bigcup_i \pi_i G_a$ $(i \in I)$ eine Nebenklassenzerlegung von G nach G_a. Ist $\pi_i \rho$ eine beliebige Permutation aus der Nebenklasse $\pi_i G_a$, so gilt $(\pi_i \rho)(a) = \pi_i(\rho(a)) = \pi_i(a)$, da ja alle Permutationen aus G_a das Element a festlassen. Daher bilden alle Permutationen aus derselben Nebenklasse $\pi_i G_a$ $(i \in I)$ das Element a in $\pi_i(a)$ ab .

Gilt umgekehrt für zwei Permutationen π und ρ, daß $\pi(a) = \rho(a)$, so folgt $(\rho^{-1}\pi)(a) = a$, also $\rho^{-1}\pi \in G_a$, d.h. $\pi \in \rho G_a$, somit $\pi G_a = \rho G_a$. Also wird a von Permutationen verschiedener Nebenklassen von G_a auf verschiedene Bildelemente abgebildet. Damit erhalten wir $|T| = |\{\pi(a) | \pi \in G\}| = |G : G_a|$.

Daraus ergibt sich unmittelbar

<u>Satz 21.8</u>: *Ist G eine transitive Permutationsgruppe auf der Menge M und $|M| = n$, so gilt $|G : G_a| = n$.*

Ist G eine transitive Permutationsgruppe auf M und besteht die in Hilfssatz 21.7 definierte Teilménge G_a von G für alle $a \in M$ nur aus der identischen Permutation, dann heißt G *regulär*.

Die früher angegebene Permutationsgruppe V_2 ist regulär. In einer regulären Permutationsgruppe lassen also alle Permutationen mit Ausnahme der identischen Permutation kein Element fest.

Wir zeigen nun

<u>Satz 21.9</u>: *Eine transitive Permutationsgruppe endlichen Grades ist genau dann regulär, wenn ihr Grad und ihre Ordnung übereinstimmen.*

Beweis: Sei G eine reguläre Permutationsgruppe auf der Menge M und $|M| = n$. Da G transitiv ist, gilt für alle $a \in M$ die Gleichung $|G : G_a| = n$. Da G regulär ist, ist $G_a = \{\iota\}$ für alle $a \in M$, wobei ι die identische Abbildung von M bezeichnet. Damit erhalten wir nach dem Satz von Lagrange 18.11 $|G| = |G : G_a| \cdot |G_a| = n \cdot 1 = n$.
Sei umgekehrt G eine transitive Permutationsgruppe n-ter Ordnung und n-ten Grades auf der Menge M. Dann gilt nach Folgerung 21.8 für alle $a \in M$ die Gleichung $|G : G_a| = n$ und es folgt wiederum mit Hilfe des Satzes von Lagrange 18.11 $|G_a| = 1$. Somit ist G aber regulär.

In Abschnitt 26 werden wir zeigen, daß jede Gruppe isomorph zu einer regulären Permutationsgruppe ist. Dieses Ergebnis würde rechtfertigen, sich in der Gruppentheorie nur mit regulären Permutationsgruppen zu beschäftigen.

<u>Übungen</u>

1. Man untersuche die folgenden Aussagen auf ihre Richtigkeit:
   a) Jede surjektive Abbildung einer endlichen Menge auf sich ist eine Permutation.
   b) Jeder Zyklus ist eine Permutation.
   c) Jede Permutation ist ein Zyklus.
   d) Die S_4 ist isomorph zur Untergruppe aller Permutationen der S_5, welche das Element 5 festlassen.
   e) Jede endliche Permutationsgruppe ist transitiv.
   f) Der Grad einer Permutationsgruppe ist stets kleiner gleich ihrer Ordnung.
   g) Das Produkt zweier Zyklen ist stets kommutativ.
   h) Die Teilmenge B_n der ungeraden Permutationen der S_n bildet eine Untergruppe der S_n.
   i) Die A_4 ist die Symmetriegruppe des Rechtecks.

2. Sei A eine unendliche Menge. Mit K bezeichnen wir die Teilmenge aller Permutationen $\pi \in S_A$, welche mindestens 50 Elemente von A nicht auf sich abbilden. Ist K eine Untergruppe von S_A?

3. Man schreibe die folgenden Permutationen als Produkt von elementfremden Zyklen, und dann als Produkt von Transpositionen:
   a) $\begin{pmatrix} 1 & 2 & 3 & 4 & 5 & 6 & 7 & 8 \\ 8 & 2 & 6 & 3 & 7 & 4 & 5 & 1 \end{pmatrix}$
   b) $\begin{pmatrix} 1 & 2 & 3 & 4 & 5 & 6 & 7 & 8 \\ 3 & 1 & 4 & 7 & 2 & 5 & 8 & 6 \end{pmatrix}$

4. Es ist die Ordnung von $\pi = (4,5)(2,3,7) \in S_8$ zu bestimmen.

5. Sei $\langle G;\cdot\rangle$ eine Gruppe und a ein Element von G. Man zeige, daß die Abbildung $h_a : G \to G$, gegeben durch $h_a(g) = ag$ für alle $g \in G$, eine Permutation von G ist.

6. Man weise nach, daß die Menge $H = \{h_a | a \in G\}$ aller in Beispiel 5 definierten Abbildungen von G auf sich eine auf G transitive Untergruppe von S_G bildet.

7. Man zeige, daß die S_n für $n \geq 3$ nicht-abelsch ist.

8. Es ist das Zentrum der S_n für $n \geq 3$ zu bestimmen.

9. Man beweise, daß die alternierende Gruppe A_n für $n \geq 3$ durch die n-2 Zyklen der Länge 3 $(1,2,3),(1,2,4),\ldots,(1,2,n)$ erzeugt wird.

10. Man zeige, daß die zyklische Gruppe der Permutationen n-ten Grades, welche von der Permutation erzeugt wird, die i in $i+1, 1 \leq i < n$, und n in 1 überführt, regulär ist.

22. GRUPPEN UND GLOCKENSPIELE

Schon seit dem 19. Jahrhundert und länger beschäftigen sich Spezialisten für Glockenspiele (z.B. der Engländer W.H. Thompson (1840 - 1934) mit dem Problem, verschiedene Möglichkeiten zu finden, die Glocken eines Glockenspiels nach gewissen festgesetzten Regeln zu läuten. Wir wollen nun eine Anwendung der Permutationsgruppen in diesem als *Campanologie* bezeichneten Gebiet behandeln. Die folgende Abb. 22.1 zeigt 5 verschiedene Möglichkeiten, ein Glockenspiel mit 8 Glocken zu läuten.

Abb. 22.1

Dabei werden die 8 Glocken in natürlicher Weise absteigend nach ihrer Tonhöhe mit A,B,C,D,E,F,G,H bezeichnet und in der ersten Abspielfolge (in der Campanologie nennt man jede solche Folge einen *Wechsel*) in dieser Reihenfolge geläutet. Die Glocke A wird also als erste, die Glocke H als letzte geläutet. In zwei aufeinanderfolgenden Abspielfolgen ändert bei unserem Beispiel keine der Glocken ihre Abspielposition um mehr als eine Platzzahl nach links oder nach rechts. Wir wollen diese Eigenschaft als Vorschrift zum Abspielen der Glocken festlegen und als

Regel 1 bezeichnen. Jede Abspielfolge der Glocken kann außer durch Auf-
schreiben mit Noten auch sehr einfach als Permutation der Buchstaben
A,B,C,D,E,F,G,H, welche für die Glocken stehen, festgelegt werden.
So entspricht der fünften Abspielfolge in Abb.22.1 die Permutation
B,C,A,E,D,F,G,H. In dieser Spielfolge wird Glocke B als erste, dann
Glocke C, ... und zuletzt Glocke H geläutet.

Ziel unserer Untersuchungen ist, unter Beachtung von Regel 1 eine möglichst lange Sequenz von Abspielfolgen ohne Wiederholung zu konstruieren.
(Es gibt 8! verschiedene Abspielfolgen.) Nach Regel 1 sind z.B. die
Abspielfolgen A,B,C,D,E,F,G,H und B,A,D,C,G,E,F,H hintereinander nicht
erlaubt, da dabei G von Platz 7 auf Platz 5 wechselt.

Um eine möglichst große Variation in der Tonfolge zu erzielen, wird eine
Regel 2 aufgestellt, welche verlangt, daß keine Glocke in mehr als zwei
aufeinanderfolgenden Abspielfolgen in der gleichen Position n (in
unserem Beispiel ist n eine der Zahlen 1,...,8) verbleiben soll.
In Tabelle 22.2 geben wir ein Beispiel einer Sequenz von 13 Abspielfolgen von 8 Glocken, welche die Regeln 1 und 2 erfüllt.

Spielfolge	1	2	3	4	5	6	7	8
1	A	B	C	D	E	F	G	H
2	B	A	C	E	D	F	H	G
3	A	B	E	C	F	D	G	H
4	B	A	C	E	F	D	H	G
5	B	C	A	E	D	F	G	H
6	C	B	E	A	D	G	F	H
7	B	C	A	E	G	D	H	F
8	C	B	E	A	G	H	D	F
9	B	C	E	G	A	H	F	D
10	C	B	G	E	H	A	D	F
11	C	G	B	E	A	H	F	D
12	G	C	E	B	H	A	D	F
13	C	G	E	H	B	D	A	F

Tabelle 22.2

Eine kürzere Art, eine Sequenz von
Abspielfolgen anzugeben, ist, nur
die Buchstaben der Glocken aufzu-
schreiben, deren Platzzahl beim
Übergang zur nächsten Abspielfolge
unverändert bleibt. (In Tabelle
22.2 haben wir diese Glocken durch
einen vertikalen Doppelstrich gekennzeichnet.) Analog kann man
anstelle der Glocken, welche ihre
Platzzahl in zwei aufeinanderfolgenden Spielfolgen nicht ändern,
auch die Platzzahlen festhalten,
welche in zwei aufeinanderfolgenden Spielfolgen mit derselben
Glocke belegt werden. In Tabelle
22.3 ist die in Tabelle 22.2 dargestellte Sequenz aus 13 Spiel-
folgen für 8 Glocken auf diese beiden Arten dargestellt. Ein "X" in
Tabelle 22.3 bedeutet, daß alle Glocken wechseln bzw. alle Plätze neu
belegt werden. Jede der beiden Schreibweisen gibt auch eine genaue
Beschreibung der 13 Spielfolgen.
Mathematisch kann man die Veränderungen von einer Spielfolge zur
nächsten durch Angabe der durchzuführenden Transpositionen für die
Glocken oder für die Platzzahlen beschreiben. So kann man den Übergang

von Spielfolge 7 zu Spielfolge 8 in Tabelle 22.2 mit Hilfe der Transpositionen (B,C),(A,E),(D,H) der Glocken bzw. der Transpositionen
(1,2),(3,4),(6,7) der Platzzahlen angeben.

Spielfolgen	Glocken, welche nicht wechseln	Plätze, welche gleich belegt werden
1 auf 2	C,F	3,6
2 auf 3	X	X
3 auf 4	D,F	5,6
4 auf 5	B,E	1,4
5 auf 6	D,H	5,8
6 auf 7	X	X
7 auf 8	F,G	5,8
8 auf 9	E,H	3,6
9 auf 10	X	X
10 auf 11	C,E	1,4
11 auf 12	X	X
12 auf 13	E,F	3,8

Tabelle 22.3

Die von einer Glocke in einer Sequenz von Abspielfolgen durchlaufene
Reihe von Positionen (Platzzahlen) nennt man den *Weg der Glocke*.
In Tabelle 22.2 ist der Weg der Glocke A durch Striche eingezeichnet.
Beim händischen Läuten zeigt der Weg einer Glocke dem Glockenläuter an,
welchen Positionswechsel die Glocke vollzieht. Eine weitere Regel 3
besagt nun, daß in einer Sequenz von Spielfolgen jede Glocke nach Möglichkeit einen "gleich interessanten" Weg durchlaufen soll, d.h. es
soll nicht eine Glocke für eine längere Zeit zwischen zwei Positionen
i und i+1 (in Tabelle 22.2 ist i = 1,...,7) hin und her pendeln, während
eine andere Glocke sehr viele verschiedene Positionen durchläuft.
Diese "Regel 3" ist allerdings nur sehr schwer mit objektiven Kriterien
zu überprüfen.

In der folgenden mathematischen Behandlung von Sequenzen von Abspielfolgen für n Glocken wollen wir Sequenzen auffinden, bei denen alle
n! Möglichkeiten für das Abspielen unter Einhaltung von Regel 1 durchlaufen werden, und unter diesen insbesondere solche, welche Regel 2 und
möglichst auch "Regel 3" genügen.

3 Glocken

Insgesamt gibt es 3! = 6 verschiedene Möglichkeiten, ein Glockenspiel mit
3 Glocken zu läuten. Seien A,B,C die Namen dieser Glocken (nach ab-
steigender Tonhöhe geordnet). Dann muß ausgehend von der Abspielfolge

Spielfolge	1. Sequenz	2. Sequenz
1	A,B,C	A,B,C
2	B,A,C	A,C,B
3	B,C,A	C,A,B
4	C,B,A	C,B,A
5	C,A,B	B,C,A
6	A,C,B	B,A,C

Tabelle 22.4

A,B,C unter Berücksichtigung von Regel 1 die zweite Spielfolge B,A,C oder A,C,B lauten. Will man nicht zur Ausgangsfolge zurückkehren, ergibt sich als dritte Spielfolge B,C,A bzw. C,A,B. Die weiteren Folgen lauten dann C,B,A bzw. C,B,A, hierauf C,A,B bzw. B,C,A und zuletzt A,C,B bzw. B,A,C. Danach kommt man in jedem Fall zu einer schon dagewesenen Spielfolge zurück. Man erhält damit die folgenden beiden Sequenzen von 6 Abspielfolgen (siehe Tabelle 22.4), welche Regel 1 erfüllen und offenbar auch die einzigen sind, die das tun. Wie man sofort sieht, erfüllen diese beide Sequenzen auch die Regeln 2 und "3". Unser "induktiv" gefundenes Ergebnis kann man auf folgende (auf mehr als drei Glocken verallgemeinerbare) Weise herleiten:

Bei drei Glocken A,B,C hat man unter Berücksichtigung von Regel 1 nur die Möglichkeiten einen Positionswechsel zwischen den Glocken A und B oder zwischen den Glocken B und C vorzunehmen. Diese beiden Veränderungen können durch die Transpositionen $\left(\begin{smallmatrix} ABC \\ BAC \end{smallmatrix}\right) = (A,B)$ und $\left(\begin{smallmatrix} ABC \\ ACB \end{smallmatrix}\right) = (B,C)$ beschrieben werden. Da jedoch die Gruppe $S_{\{A,B,C\}}$ von (A,B) und (B,C) erzeugt wird, d.h., sich alle Permutationen von $S_{\{A,B,C\}}$ als Produkte von (A,B) und (B,C) schreiben lassen, ist klar, daß es Sequenzen geben muß, welche die ganze Gruppe $S_{\{A,B,C\}}$ durchlaufen und Regel 1 erfüllen. Alle diese Sequenzen erhält man, wenn man alle Möglichkeiten $S_{\{A,B,C\}}$ sukzessive durch (A,B) und (B,C) zu erzeugen aufschreibt:

$$\left(\begin{smallmatrix} ABC \\ ABC \end{smallmatrix}\right),(A,B),(A,B)(B,C),(A,B)(B,C)(A,B),(A,B)(B,C)(A,B)(B,C),(A,B)(B,C)(A,B)(B,C)(A,B)$$

und

$$\left(\begin{smallmatrix} ABC \\ ABC \end{smallmatrix}\right),(B,C),(B,C)(A,B),(B,C)(A,B)(B,C),(B,C)(A,B)(B,C)(A,B),(B,C)(A,B)(B,C)(A,B)(B,C).$$

Bei diesen Erzeugungen der Gruppe $S_{\{A,B,C\}}$ genügen (A,B) und (B,C) den definierenden Relationen

$$(A,B)^2 = (B,C)^2 = ((A,B)(B,C))^3 = \left(\begin{smallmatrix} ABC \\ ABC \end{smallmatrix}\right).$$

Rechnet man die einzelnen Permutationen aus, kommt man auf die in Tabelle 22.4 angeführten Sequenzen. Da es keine anderen Möglichkeiten der Erzeugung von $S_{\{A,B,C\}}$ durch (A,B) und (B,C) gibt, sind dies auch alle möglichen Sequenzen, welche Regel 1 erfüllen.

4 Glocken

Seien A,B,C,D die vier Glocken eines Glockenspiels. Nach Regel 1 darf man beim Übergang von der Abspielfolge A,B,C,D zu einer neuen Spielfolge die Permutation (A,B), oder (B,C), oder (C,D) oder (A,B)(C,D) vornehmen. Die die Gruppe $S_{\{A,B,C,D\}}$ nach Beispiel 9 aus Abschnitt 21 von den Zyklen (A,B,C) und (A,B,D) erzeugt wird und (A,B,C) = (A,B)(B,C) bzw. (A,B,D) = (A,B)(B,C)(C,D)(B,C) bilden die Transpositionen (A,B),(B,C),(C,D) ein Erzeugendensystem von $S_{\{A,B,C,D\}}$. Damit gibt es also wieder Sequenzen von Abspielfolgen, welche alle 4! = 24 verschiedenen Möglichkeiten durchlaufen und Regel 1 nicht verletzen. Man erhält so eine Sequenz, indem man eine Möglichkeit, die Gruppe $S_{\{A,B,C,D\}}$ durch (A,B),(B,C) und (C,D) zu erzeugen, aufschreibt (vgl. Tabelle 22.5).

Nr.	Folge	Operation	
1	A,B,C,D	$(A,B)(C,D) = \pi_1$	
2	B,A,D,C	$\pi_1(B,C) = \pi_2$	
3	B,D,A,C	$\pi_2(A,B)(C,D) = \pi_3$	
4	D,B,C,A	$\pi_3(B,C) = \pi_4$	H
5	D,C,B,A	$\pi_4(A,B)(C,D) = \pi_5$	
6	C,D,A,B	$\pi_5(B,C) = \pi_6$	
7	C,A,D,B	$\pi_6(A,B)(B,C) = \pi_7$	
8	A,C,B,D	$\pi_7(C,D) = \pi_8$ ———	
9	A,C,D,B	$\pi_8\ \pi_1$	
10	C,A,B,D	$\pi_8\ \pi_2$	
11	C,B,A,D	$\pi_8\ \pi_3$	
12	B,C,D,A	$\pi_8\ \pi_4$	$\pi_8 H$
13	B,D,C,A	$\pi_8\ \pi_5$	
14	D,B,A,C	$\pi_8\ \pi_6$	
15	D,A,B,C	$\pi_8\ \pi_7$	
16	A,D,C,B	$\pi_8\ \pi_7(C,D) = \pi_9$ ———	
17	A,D,B,C	$\pi_9\ \pi_1$	
18	D,A,C,B	$\pi_9\ \pi_2$	
19	D,C,A,B	$\pi_9\ \pi_3$	
20	C,D,B,A	$\pi_9\ \pi_4$	$\pi_9 H$
21	C,B,D,A	$\pi_9\ \pi_5$	
22	B,C,A,D	$\pi_9\ \pi_6$	
23	B,A,C,D	$\pi_9\ \pi_7$	
24	A,B,D,D		

Tabelle 22.5

Wie man sofort sieht, erfüllt die Sequenz aus Tabelle 22.5 auch die Regel 2. Die Glocken A und D, sowie B und C haben zeitverschobene Wege.

Dabei wird man den Weg von B und C unter Umständen als attraktiver als
den Weg von A und D empfinden.

Wir haben die Erzeugung von $S_{\{A,B,C,D\}}$ deswegen mit $(A,B)(C,D)$ und (B,C)
begonnen, da bei Bildung von $(A,B),(A,B)(B,C),(A,B)(B,C)(C,D)$ oder ähnlichen Ansätzen Regel 2 verletzt worden wäre. Allerdings erzeugen die
Elemente $(A,B)(C,D)$ und (B,C) nur die Untergruppe H der Ordnung 8 von
$S_{\{A,B,C,D\}}$. Um alle 24 Elemente der $S_{\{A,B,C,D\}}$ zu bekommen, bilden wir
bei der angegebenen Erzeugung neben H noch die Nebenklassen $\pi_8 H$ und $\pi_9 H$
und bekommen so $S_{\{A,B,C,D\}} = H \cup \pi_8 H \cup \pi_9 H$.

Es ist nicht ganz einfach nachzuprüfen, daß es außer der bereits angeführten Sequenz für 4 Glocken noch weitere 10 Sequenzen gibt, bei denen
alle 24 Möglichkeiten durchlaufen werden und die Regeln 1 und 2 erfüllt
sind.

Mit Hilfe der aufgezeigten gruppentheoretischen Methoden und anderer
mathematischer Hilfsmittel hat man in der Campanologie Sequenzen auch
für größere n entwickelt, bei denen alle n! Möglichkeiten durchlaufen
werden und die Regeln 1,2 und "3" eingehalten werden (vgl. Fletscher
[11], Price [28]).

Übungen

1. Welche Permutationen darf man nach Regel 1 bei der Konstruktion einer Sequenz für
   das Abspielen von 5 Glocken vornehmen?

2. Konstruieren Sie eine von der in Tabelle 22.5 verschiedene Sequenz zum Abspielen
   von 4 Glocken, welche alle 24 Möglichkeiten durchläuft und die Regeln 1 und 2
   berücksichtigt.

3. Konstruieren Sie eine Sequenz für das Abspielen von 5 Glocken, welche die Regeln 1
   und 2 berücksichtigt und alle 120 Möglichkeiten durchläuft.

23. EIN BEISPIEL AUS DER ANTHROPOLOGIE

In fast allen Gesellschaften werden Vater-Tochter, Mutter-Sohn und
Bruder-Schwester-Heiraten geächtet. Häufig sind auch Heiraten zwischen
Cousins ersten Grades, Onkel und Nichte, Tante und Neffe verpönt.
Heiraten unter nächsten Verwandten gelten als Inzest; es besteht die
(berechtigte) Angst, daß sie zur Verstärkung negativer Erbanlagen
führen.
In unserer Gesellschaft ist es wegen der großen Anzahl von Mitbürgern
meistens nicht schwierig, einen Ehepartner außerhalb der Menge der

nächsten Verwandten zu finden. In sehr kleinen Gesellschaften, welche nur aus einigen hundert Personen bestehen, müssen zur Vermeidung von Inzest jedoch strenge Regeln für die "Gattenwahl" festgesetzt werden. Bei einigen Stämmen australischer Ureinwohner etwa, aber auch bei Gesellschaften in Indien und bei Indianern Amerikas, haben Anthropologen solche formale Regeln für die Heirat (Heiratsgesetze) vorgefunden. Einige dieser Gesetze bzw. Folgerungen daraus lassen sich mit gruppen-theoretischen Methoden beschreiben.

In Anlehnung an Kemeny-Snell-Thompson [16] formulieren wir die folgenden sieben *Heiratsgesetze*, welche ein Modell beschreiben, das auf einige Völker australischer Ureinwohner zutrifft.

I.   Jedes Mitglied der Gesellschaft gehört zu genau einem gegebenen Heiratstypus.

II.   Ein Mann und eine Frau aus der Gesellschaft dürfen genau dann heiraten, wenn sie denselben Heiratstypus besitzen.

III. Der Heiratstypus einer Person wird nur durch das Geschlecht der Person und den Heiratstypus der Eltern der Person bestimmt.

IV. Kinder gleichen Geschlechts, deren Eltern verschiedene Heirats-typen besitzen, gehören selbst zu verschiedenen Heiratstypen.

V.   Kein Mann darf seine Schwester heiraten.

VI. Zwei beliebige Personen der Gesellschaft haben (theoretisch) stets Nachkommen, welche heiraten dürfen.

VII. Ob zwei miteinander verwandte Personen heiraten dürfen, hängt nur von der Art ihrer Verwandtschaftsbeziehung und nicht von ihren Heiratstypen ab.

Das folgende Beispiel zeigt eine Gesellschaft, in welcher diese sieben Heiratsgesetze gelten. In der angenommenen Gesellschaft sollen drei verschiedene *Heiratstypen* T_1, T_2 und T_3 existieren. Die Zugehörigkeit zu einem dieser Typen wird von den Eltern nach dem folgenden Schema (Tabelle 23.1) auf die Kinder vererbt:

Elterntypus	Typus eines Sohnes	Typus einer Tochter
T_1	T_2	T_3
T_2	T_3	T_1
T_3	T_1	T_2

Tabelle 23.1

Man sieht ohne Schwierigkeiten, daß bei Erfülltsein der Gesetze I und II in dieser Gesellschaft auch die Gesetze III bis V gelten. Der Nachweis, daß auch die Gesetze VI und VII gelten, ist vorerst noch etwas umständ-lich, nach einer mathematischen Formulierung des Problems jedoch leicht durchzuführen.

Zur Veranschaulichung von Problemen im Zusammenhang mit Heiratsgesetzen verwenden wir folgende Symbolik der Anthropologie:

$\triangle$ ... Mann $\rule[0.5ex]{1.5em}{0.6pt}$ ... Heirat $\overline{\rule{1.5em}{0pt}}$ ... Geschwister

$\bigcirc$ ... Frau $|$ ... Nachkomme

Die folgenden beiden Abbildungen stellen zwei verschiedene Arten von Cousins in unserem Beispiel dar, deren Großeltern jeweils den Heiratstypus T_1 besitzen.

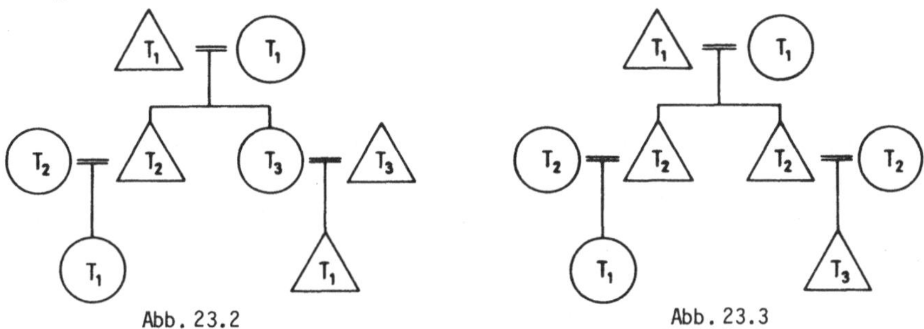

Abb. 23.2   Abb. 23.3

Nach Abb. 23.2 kann also in der gegebenen Gesellschaft ein Mann, dessen Großeltern vom Heiratstypus T_1 sind, die Tochter des Bruders seiner Mutter heiraten. Nach Abb. 23.3 ist jedoch die Heirat eines Mannes, dessen Großeltern den Heiratstyp T_1 haben, mit der Tochter des Bruders seines Vaters nicht erlaubt.

Durch Zeichnen der weiteren entsprechenden "Stammbäume" sieht man, daß in dieser Gesellschaft ein Mann, unabhängig vom Typ seiner Großeltern, stets die Tochter des Bruders seiner Mutter heiraten darf (kurz: in der betrachteten Gesellschaft sind MBT-Heiraten stets erlaubt), jedoch niemals die Tochter des Bruders seines Vaters (kurz: VBT-Heiraten sind stets verboten).

Nun wollen wir die angegebenen sieben Heiratsgesetze mathematisieren.

Eine mathematische Beschreibung von Gesetz I kann wie folgt vorgenommen werden: Sei M die Menge der Mitglieder der Gesellschaft, und $T_1, T_2, \ldots$ $\ldots, T_n$ seien die Heiratstypen dieser Gesellschaft. Dann wird durch $T_1, T_2, \ldots, T_n$ eine Klasseneinteilung der Menge M in elementfremde Klassen $M_1, M_2, \ldots, M_n$ induziert, wobei die Klasse M_i ($i = 1, 2, \ldots, n$) aus allen Personen von M mit dem Heiratstypus T_i besteht. Im folgenden werden wir die Mengen $\{T_1, \ldots, T_n\}$ und $\{M_1, \ldots, M_n\}$ der Einfachheit halber identifizieren und für beide Mengen kurz M^+ schreiben.

Heiratsgesetz II läßt sich dann folgend formulieren: Bei einer Heirat müssen Mann und Frau aus derselben Klasse von M^+ sein.

Heiratsgesetz III definiert Abbildungen π (Sohnfunktion): $M^+ \to M^+$ und ρ (Tochterfunktion): $M^+ \to M^+$, welche jedem Elterntypus $T_i \in M^+$ den Typus $\pi(T_i)$ eines Sohnes und $\rho(T_i)$ einer Tochter zuordnen.

Heiratsgesetz IV besagt, daß für $T_i, T_j \in M^+$ mit $T_i \neq T_j$ auch $\pi(T_i) \neq \pi(T_j)$ und $\rho(T_i) \neq \rho(T_j)$ ist. Daraus folgt, daß π und ρ injektiv auf der endlichen Menge M^+ und damit auch bijektiv auf M^+ sind. Also sind π und ρ Elemente der symmetrischen Gruppe S_{M^+} .

Heiratsgesetz V sagt aus, daß für $T_i \in M^+$ stets $\pi(T_i) \neq \rho(T_i)$ gilt.

Bevor wir die restlichen beiden Gesetze mathematisch formulieren, fassen wir die bisherigen Ergebnisse zusammen.

Durch die Heiratsgesetze I bis V werden zwei Permutationen π und ρ auf der Klasseneinteilung $M^+ = \{T_1, \ldots, T_n\}$ von M definiert mit $\pi(T_i) \neq \rho(T_i)$ für alle $T_i \in M^+$. Da S_{M^+} endlich ist, bildet die von π und ρ bezüglich der Hintereinanderausführung erzeugte Halbgruppe $[\pi, \rho]$ sogar eine Gruppe. Damit sind auch die zu π und ρ inversen Funktionen π^{-1} und ρ^{-1} aus $[\pi, \rho]$. Durch π^{-1} wird dem Heiratstypus $T_i \in M^+$ eines Sohnes der Typus $\pi^{-1}(T_i)$ seiner Eltern zugeordnet, und ρ^{-1} ordnet dem Heiratstypus $T_i \in M^+$ einer Tochter den Elterntypus $\rho^{-1}(T_i)$ zu.

Unter Benützung der Permutationen π, π^{-1}, ρ und ρ^{-1} kann man die in Abb. 23.2 dargestellte Verwandtschaftsbeziehung ausgehend von der Frau auch durch $\pi(\rho(\pi^{-1}(\rho^{-1}(T_1)))) = T_1$ beschreiben (siehe Abb. 23.4).

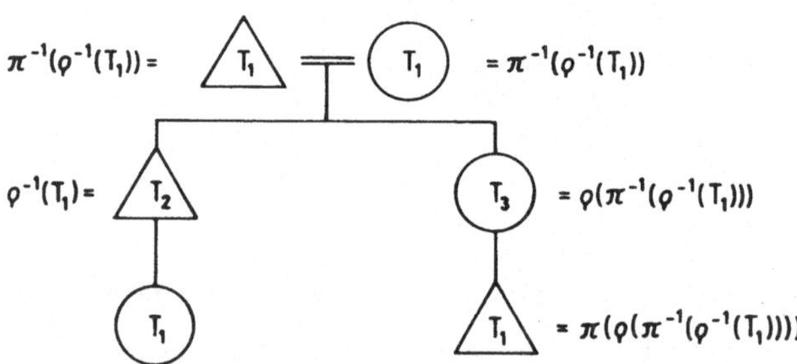

Abb. 23.4

Allgemein kann jede Art von Verwandtschaft durch eine Hintereinanderausführung der Permutationen π, π^{-1}, ρ und ρ^{-1}, also durch eine Funktion $\sigma \in [\pi, \rho]$, angegeben werden. Jedes $\sigma \in [\pi, \rho]$ nennt man eine *Verwandtschaftspermutation*. Gilt für die Heiratstypen T_i und T_j zweier Personen A und B für ein $\sigma \in [\pi, \rho]$ die Beziehung $\sigma(T_i) = T_j$, so heißt A |mit B verwandt.

Die Cousine in Abb. 23.4 ist mit ihrem Cousin mittels der Verwandtschaftspermutation $\sigma = \pi \rho \pi^{-1} \rho^{-1}$ verwandt.

Nach Heiratsgesetz VI besitzen beliebige Personen A und B der Gesellschaft stets (theoretische) Nachkommen $\bar{A}$ von A und $\bar{B}$ von B, welche
heiraten dürfen. Ist A vom Heiratstypus T_i und B vom Heiratstypus T_j,
dann ist der Heiratstypus von $\bar{A}$ gleich $\sigma_1(T_i)$ und der von $\bar{B}$ gleich
$\sigma_2(T_j)$ mit $\sigma_1, \sigma_2 \in [\pi, \rho]$. Daher existiert also zwischen den Heiratstypen
beliebiger Personen eine Beziehung $\sigma(T_i) = \sigma_2^{-1}(\sigma_1(T_i)) = T_j$ mit $\sigma \in [\pi, \rho]$.
Also sind zwei beliebige Personen der Gesellschaft miteinander verwandt.
Man nennt eine derartige Gesellschaft *irreduzibel*. Offenbar bewirkt das
Heiratsgesetz VI die Irreduzibilität der betrachteten Gesellschaft.

Wir sind nun in der Lage, auch eine mathematische Charakterisierung von
Heiratsgesetz VI zu geben.

<u>Hilfssatz 23.1</u>: *Das Heiratsgesetz* VI *ist genau dann erfüllt, wenn* $[\pi, \rho]$
transitiv ist.

Beweis: Sei das Heiratsgesetz VI erfüllt. Wie wir gesehen haben, gibt es
dann zu beliebigen Heiratstypen $T_i, T_j \in M^+$ eine Verwandtschaftspermutation $\sigma \in [\pi, \rho]$ mit $\sigma(T_i) = T_j$. Daher ist $[\pi, \rho]$ transitiv.
Ist umgekehrt $[\pi, \rho]$ transitiv, dann gibt es zu einer beliebigen Person A
mit dem Heiratstyp T_j (theoretisch) Nachkommen $\bar{A}$ von A und $\bar{B}$ von B,
sodaß $\bar{A}$ und $\bar{B}$ von einem vorgegebenem Typus T_K sind. Wegen der Transitivität von $[\pi, \rho]$ gibt es nämlich Verwandtschaftspermutationen
$\sigma_1, \sigma_2 \in [\pi, \rho]$ mit $\sigma_1(T_i) = T_k$ bzw. $\sigma_2(T_j) = T_k$. Da die Heiratstypen der
(theoretisch existierenden) Nachkommen $\bar{A}$ und $\bar{B}$ übereinstimmen, dürfen
sie nach Gesetz II heiraten.

Man sieht nun unter Berücksichtigung der Heiratsgesetze I bis VI sofort

<u>Satz 23.2</u>: *Zwei Personen (verschiedenen Geschlechts) mit der Verwandt-*
schaftspermutation σ *und den Heiratstypen* T_i *und* $\sigma(T_i)$ *dürfen genau dann*
heiraten, wenn $\sigma(T_i) = T_i$ *gilt, d.h., wenn* T_i *ein Fixpunkt von* σ *ist.*

Der folgende Hilfssatz gibt nun noch eine mathematische Charakterisierung von Heiratsgesetz VII wieder:

<u>Hilfssatz 23.3</u>: *Das Heiratsgesetz* VII *ist genau dann erfüllt, wenn keine*
von der identischen Permutation ι *verschiedene Permutation aus* $[\pi, \rho]$
einen Fixpunkt besitzt.

Beweis: Sei das Heiratsgesetz VII erfüllt. Dann sind Heiraten bei
gegebener Verwandtschaft, unabhängig vom Typus, stets erlaubt oder
verboten. Wegen Satz 23.2 folgt, daß die zugehörige Verwandtschaftspermutation $\sigma \in [\pi, \rho]$ die identische Permutation ι ist oder keinen Fixpunkt hat.

Ist umgekehrt die Verwandtschaft zweier beliebiger Personen A und B der Gesellschaft durch die Verwandtschaftspermutation $\sigma \in [\pi,\rho]$ gegeben und gilt $\sigma = \iota$ oder σ hat keinen Fixpunkt, so bedeutet dies, daß eine Heirat von A und B, unabhängig von den entsprechenden Heiratstypen, entweder stets erlaubt oder stets verboten ist.

Nach Abschnitt 21 nennt man eine transitive Permutationsgruppe, in der nur die identische Permutation Fixpunkte besitzt, regulär. Somit sind die Heiratsgesetze VI und VII genau dann erfüllt, wenn $[\pi,\rho]$ regulär ist.
Damit haben wir eine vollständige Formulierung der angegebenen Heiratsgesetze I bis VII mit Hilfe der Gruppentheorie.

<u>Satz 23.4</u>: *Die Heiratsgesetze I bis VII sind genau dann in einer Gesellschaft erfüllt, wenn die durch die Gesetze I, III und IV definierten Permutationen π und ρ auf der Menge M^+ der Heiratstypen $T_1,\ldots,T_n$ der Gesellschaft eine reguläre Permutationsgruppe erzeugen (Gesetze VI und VII) und ferner $\pi(T_i) \neq \rho(\pi_i)$ für $i = 1,\ldots,n$ gilt (Gesetz V). (Gesetz II geht bei der mathematischen Beschreibung der Gesetze V, VI und VII ein.)*

Mathematische Modelle der untersuchten Art erlauben, Beobachtungen von Naturforschern über Heiratssitten auf ihre Konsistenz zu prüfen. Auf Grund der Struktur der *"Heiratsgruppe"* $[\pi,\rho]$ einer Gesellschaft kann man Aussagen über die Gesellschaft und mögliche Veränderungen machen. Boyd weist in [2] darauf hin, daß einige auf diese Weise erstellte Prognosen gut mit der Realität übereinstimmen. Ein Beispiel für eine Aussage über eine Gesellschaft aufgrund der Gruppe $[\pi,\rho]$ gibt

<u>Satz 23.5</u>: *In einer Gesellschaft mit den Heiratsgesetzen I bis VII sind MBT-Heiraten genau dann gestattet, wenn $[\pi,\rho]$ kommutativ ist.*

Beweis: Gemäß Abb. 23.4 sind MBT-Heiraten genau dann erlaubt, wenn $\pi(\rho(\pi^{-1}(\rho^{-1}(T_i)))) = T_i$ gilt für alle Heiratstypen T_i der Gesellschaft. Dies ist aber gleichbedeutend mit $\pi\rho = \rho\pi$.

Allgemein heißt ein Gesellschaftssystem, in welchem die Heiratsregeln I bis VII gelten, ein *"Kinship-System"*. Man kann solche Systeme mit Hilfe der Gruppentheorie abstrakt definieren.
Mathematisch gesprochen ist ein Kinship-System ein Tripel (n,π,ρ) mit den Eigenschaften:
(i) $\pi,\rho \in S_n$,
(ii) $[\pi,\rho]$ ist regulär,
(iii) $\pi(i) \neq \rho(i)$ für alle $i \in \{1,2,\ldots,n\}$

Nach White [40] nennt man zwei Kinship-Systeme mit derselben Anzahl n von Heiratstypen verschieden, wenn es mindestens eine Art Verwandte gibt, welche in einem System heiraten dürfen, im anderen aber nicht.

Bei der Untersuchung der Heiratsmöglichkeiten für die 4 verschiedenen Cousins ersten Grades erhält man die folgenden Fälle für die Verwandtschaftspermutation σ:

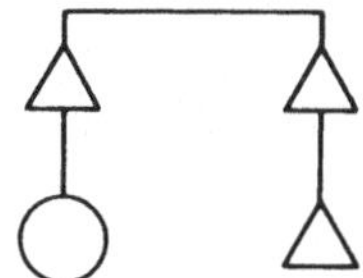

Heirat mit der Tochter des Bruders des Vaters = VBT-Heirat $\sigma = \pi \rho^{-1}$

Abb. 23.5.1

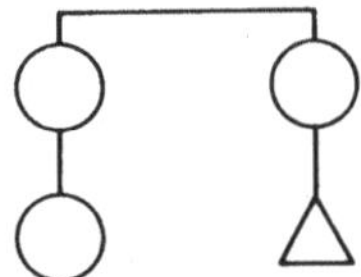

Heirat mit der Tochter der Schwester der Mutter = MST-Heirat $\sigma = \pi \rho^{-1}$

Abb. 23.5.2

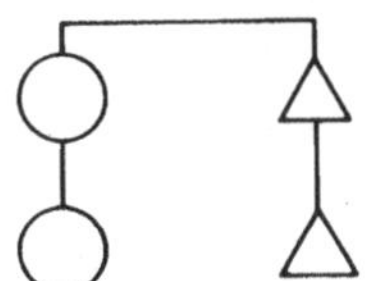

Heirat mit der Tochter der Schwester des Vaters = VST-Heirat $\sigma = \pi \pi \rho^{-1} \rho^{-1}$

Abb. 23.5.3

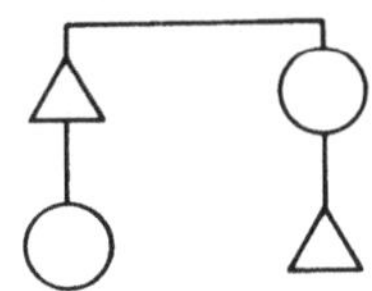

Heirat mit der Tochter des Bruders der Mutter = MBT-Heirat $\sigma = \pi \rho \pi^{-1} \rho^{-1}$

Abb. 23.5.4

Nach Satz 23.2 und Heiratsgesetz VII ist eine Heirat genau dann möglich, wenn $\sigma = \iota$ (identische Permutation) ist. In den Fällen von Abb. 23.5.1 und 23.5.2 würde dies $\pi = \rho$ bedeuten, was ein Widerspruch zu (iii) bzw. Heiratsgesetz V ist. Also sind in einem Kinship-System VBT- und MST-Heiraten stets verboten. VST-Heiraten (Abb. 23.5.3) sind genau dann erlaubt, wenn $\pi^2 = \rho^2$ gilt. Wie wir bereits festgestellt haben, sind MBT-Heiraten (Abb. 23.5.4) genau dann erlaubt, wenn $[\pi,\rho]$ kommutativ ist.

Mit Hilfe der Gruppentheorie ist es möglich, zu jedem $n \in \mathbb{N}$ alle verschiedenen Kinship-Systeme zu bestimmen. Man muß dazu für ein vorgegebenes n alle möglichen Permutationen $\pi, \rho \in S_n$ ermitteln, sodaß $[\pi, \rho]$ regulär ist und $\pi(i) \neq \rho(i)$ für alle $i \in \{1, 2, \ldots n\}$ gilt. Damit bekommt der Anthropologe einen Überblick über alle möglichen Gesellschaften mit n Heiratstypen, welche die Gesetze I bis VII erfüllen.

Beispiel: Wir wollen alle Möglichkeiten für π und ρ in einer Gesellschaft mit 4 Heiratstypen angeben. Dazu bestimmen wir die regulären Untergruppen der S_4. Nach Satz 21.9 müssen diese Untergruppen transitiv sein und die Ordnung 4 haben. Wie man sofort sieht, ist

$$U_1 = \{ \begin{pmatrix} 1 & 2 & 3 & 4 \\ 1 & 2 & 3 & 4 \end{pmatrix}, \begin{pmatrix} 1 & 2 & 3 & 4 \\ 2 & 3 & 4 & 1 \end{pmatrix}, \begin{pmatrix} 1 & 2 & 3 & 4 \\ 3 & 4 & 1 & 2 \end{pmatrix}, \begin{pmatrix} 1 & 2 & 3 & 4 \\ 4 & 1 & 2 & 3 \end{pmatrix} \}$$

eine reguläre Untergruppe der S_4, welche isomorph zur Z_4 ist und

$$U_2 = \{ \begin{pmatrix} 1 & 2 & 3 & 4 \\ 1 & 2 & 3 & 4 \end{pmatrix}, \begin{pmatrix} 1 & 2 & 3 & 4 \\ 2 & 1 & 4 & 3 \end{pmatrix}, \begin{pmatrix} 1 & 2 & 3 & 4 \\ 3 & 4 & 1 & 2 \end{pmatrix}, \begin{pmatrix} 1 & 2 & 3 & 4 \\ 4 & 3 & 2 & 1 \end{pmatrix} \}$$

eine reguläre Untergruppe der S_4, welche isomorph zur V ist. Da es abgesehen von Isomorphie keine weiteren Gruppen der Ordnung 4 gibt, sind alle möglichen weiteren regulären Untergruppen der Ordnung 4 der S_4 zu U_1 oder U_2 isomorph und liefern daher auch keine weiteren Kinship-Systeme. Zur vollständigen Beschreibung der möglichen Kinship-Systeme müssen wir nun noch π und ρ Elementen von U_1 bzw. U_2 zuordnen. Dafür gibt es insgesamt 6 Möglichkeiten, welche zu verschiedenen Kinship-Systemen führen. Ausgehend von U_1 erhält man unter Berücksichtigung der Vorschriften für π und ρ die Möglichkeiten:

1. $\pi = \begin{pmatrix} 1 & 2 & 3 & 4 \\ 2 & 3 & 4 & 1 \end{pmatrix}$, $\rho = \begin{pmatrix} 1 & 2 & 3 & 4 \\ 3 & 4 & 1 & 2 \end{pmatrix}$,   2. $\pi = \begin{pmatrix} 1 & 2 & 3 & 4 \\ 3 & 4 & 1 & 2 \end{pmatrix}$, $\rho = \begin{pmatrix} 1 & 2 & 3 & 4 \\ 2 & 3 & 4 & 1 \end{pmatrix}$,

3. $\pi = \begin{pmatrix} 1 & 2 & 3 & 4 \\ 2 & 3 & 4 & 1 \end{pmatrix}$, $\rho = \begin{pmatrix} 1 & 2 & 3 & 4 \\ 4 & 1 & 2 & 3 \end{pmatrix}$,   4. $\pi = \begin{pmatrix} 1 & 2 & 3 & 4 \\ 2 & 3 & 4 & 1 \end{pmatrix}$, $\rho = \begin{pmatrix} 1 & 2 & 3 & 4 \\ 1 & 2 & 3 & 4 \end{pmatrix}$,

5. $\pi = \begin{pmatrix} 1 & 2 & 3 & 4 \\ 1 & 2 & 3 & 4 \end{pmatrix}$, $\rho = \begin{pmatrix} 1 & 2 & 3 & 4 \\ 2 & 3 & 4 & 1 \end{pmatrix}$.

Alle weiteren erlaubten Belegungen von π und ρ durch Elemente von U_1 führen zu keinen neuen Kinship-Systemen. Ausgehend von U_2 bekommt man die Möglichkeit

6. $\pi = \begin{pmatrix} 1 & 2 & 3 & 4 \\ 2 & 1 & 4 & 3 \end{pmatrix}$, $\rho = \begin{pmatrix} 1 & 2 & 3 & 4 \\ 3 & 4 & 1 & 2 \end{pmatrix}$.

Alle anderen Festlegungen führen auf dasselbe Kinship-System.
Im Fall $n = 4$ gibt es also 6 Möglichkeiten für die Wahl von π und ρ, durch welche man verschiedene Kinship-Systeme erhält. Zwei dieser Möglichkeiten (die fünfte und sechste) wurden bisher bei Völkern (der Kariera-Gesellschaft und der Taran-Gesellschaft in Australien) realisiert vorgefunden.

<u>Übungen</u>

1. Welche der in obigem Beispiel besprochenen 6 Möglichkeiten für π und ρ erlauben eine Heirat zwischen einem Mann und der Tochter der Schwester seines Vaters (VST-Heirat)?

2. Man begründe, warum in jedem Kinship-System mit $n \leq 4$ eine Heirat von einem Mann mit der Tochter des Bruders seiner Mutter (MBT-Heirat) stets erlaubt ist.

3. Die Kariera-Gesellschaft in West-Australien erfüllt die Heiratsgesetze I und II. Es gibt vier Heiratstypen, wobei Söhne und Töchter ihren Heiratstyp von den Eltern entsprechend folgender Tabelle 23.6 erben:

Elterntypus	Typus eines Sohnes	Typus einer Tochter
T_1	T_3	T_4
T_2	T_4	T_3
T_3	T_1	T_2
T_4	T_2	T_1

Tabelle 23.6

  a) Man zeige, daß in der Kariera-Gesellschaft Geschwisterehen nicht erlaubt sind.
  b) Man bestimme die Permutationsgruppe der Kariera-Gesellschaft und zeige, daß diese regulär ist.
  c) Welches der für $n = 4$ ermittelten 6 Kinship-Systeme ist das der Kariera-Gesellschaft?

4. Man bestimme alle verschiedenen Kinship-Systeme für $n = 2$ und $n = 3$.

5. In welchen der Kinship-Systeme aus Beispiel 4 sind VST-Heiraten erlaubt?

6. Man zeige mit Hilfe von Beispiel 10 aus Abschnitt 21, daß es zu jedem $n > 1$ stets ein Kinship-System mit n Heiratstypen gibt.

24.   KRISTALLOGRAPHISCHE GRUPPEN

Symmetrieeigenschaften von physikalischen Systemen wie z.B. Kristallen oder Molekülgruppen werden vielfach mit Hilfe gruppentheoretischer Methoden untersucht. Eine Abbildung des dreidimensionalen euklidischen Raumes E_3 in sich, welche Längen ungeändert läßt, heißt eine *Bewegung*. Eine Bewegung im E_3 ist entweder eine Drehung um eine Gerade, eine Spiegelung an einer Ebene, eine Drehspiegelung an einer Drehspiegelachse (Drehung um eine Gerade und Spiegelung an einer Ebene senkrecht zur Drehachse), eine Schraubung, eine Gleitspiegelung oder eine Translation. Wir wollen diese Begriffe hier nur gemäß unserer Anschauung verwenden; exakte Definitionen werden in der Geometrie gegeben. Alle Abbildungen betrachten wir als Abbildungen des gesamten Raumes E_3. Die Symmetrien eines "endlich ausgedehnten Gebildes" (eines Gegenstandes, eines Moleküls,...) werden durch Angabe der Deckabbildungen des Gebildes beschrieben. Dabei versteht man unter einer

Deckabbildung eine Bewegung des E_3, welche das Gebilde deckungsgleich
auf sich abbildet (vgl. Abschnitt 18). Nach Satz 18.4 bildet die Menge
aller Deckabbildungen eines endlichen Gebildes eine Gruppe bezüglich der
Hintereinanderausführung. Diese Gruppe nennt man die *Symmetriegruppe* des
Gebildes. (In Abschnitt 2 haben wir bereits die Symmetriegruppe des
Ammoniakmoleküls bestimmt.) Als Deckabbildungen eines endlichen Gebildes
kommen von den Bewegungen des E_3 nur die Drehungen, Spiegelungen und
Drehspiegelungen in Frage. Wie man sich leicht überlegt, gehen die Dreh-
achsen, Spiegelungsebenen und Drehspiegelachsen aller Deckabbildungen
eines endlichen Gebildes durch einen festen Punkt, das sogenannte
Symmetriezentrum des Gebildes. Das Symmetriezentrum bleibt bei allen
Deckabbildungen fest. Das ist der Grund, warum man die Symmetriegruppen
von endlichen Gebilden auch *Punktgruppen* nennt.

Mit Methoden der Linearen Algebra lassen sich die Deckabbildungen eines
endlichen Gebildes durch spezielle 3x3-Matrizen beschreiben. Will man
z.B. eine Drehung f eines Gebildes um den Winkel α um eine Achse beschreiben, dann wählt man eine Orthonormalbasis $\{e_1,e_2,e_3\}$ des E_3 derart, daß der Ursprung im Symmetriezentrum des Gebildes liegt und der
Vektor e_1 in Richtung der Drehachse zeigt. Dann ist f durch

$$f(e_1) = e_1, f(e_2) = \cos\alpha \cdot e_2 + \sin\alpha \cdot e_3, f(e_3) = -\sin\alpha \cdot e_2 + \cos\alpha \cdot e_3$$

festgelegt, und die f bijektiv entsprechende Matrix ist

$$\begin{pmatrix} 1 & 0 & 0 \\ 0 & \cos\alpha & \sin\alpha \\ 0 & -\sin\alpha & \cos\alpha \end{pmatrix}.$$

Wie man sich leicht überlegt, entspricht z.B. der Spiegelung an der von
e_1 und e_2 aufgespannten Ebene die Matrix

$$\begin{pmatrix} 1 & 0 & 0 \\ 0 & 1 & 0 \\ 0 & 0 & -1 \end{pmatrix}.$$

Die einer Drehspiegelung entsprechende Matrix bekommt man als Produkt
der Matrix der Drehung und der Matrix der Spiegelung, aus denen sich die
Drehspiegelung zusammensetzt, wobei die einzelnen Matrizen keine Deckabbildungen zu vermitteln brauchen, sondern lediglich das Produkt der
Matrizen wieder die Matrix einer Deckabbildung sein muß. Wie man in der
Linearen Algebra zeigt, besitzt die Determinante der Matrix einer Deckabbildung eines endlichen Gebildes stets den Wert 1 oder -1. Die Gruppe
aller 3x3-Matrizen mit Determinante ± 1 nennt man die *dreidimensionale
orthogonale Gruppe*. Die Symmetriegruppe eines endlichen Gebildes
(Punktgruppen) ist also eine Untergruppe der dreidimensionalen orthogonalen Gruppe.

Die ersten systematischen Untersuchungen von Symmetrien in Kristallen
stammen von R.J. Hauy (französischer Mineraloge, 1743 - 1822), welcher
die Vermutung aussprach, daß ein Kristall aus einer großen Zahl von
identischen Einheiten (Zellen) aufgebaut ist. Wir gehen auch in unseren
Untersuchungen von der inzwischen erhärteten Tatsache aus, daß die
Atome, Moleküle oder Molekülgruppen in Kristallen regelmäßig, d.h.
räumlich periodisch angeordnet sind. Ersetzt man in einem Modell für
einen Kristall Atome, Moleküle oder Molekülgruppen durch Punkte, dann
bekommt man ein sogenanntes *kristallines Raumgitter* (siehe Abb. 24.1).
Die einzelnen Gitterpunkte gehen dabei durch Translationen der Gestalt
$\tau = n_1 a_1 + n_2 a_2 + n_3 a_3, n_1, n_2, n_3 \in \mathbb{Z}$, längs dreier linear unabhängiger Vektoren
a_1, a_2, a_3 des E_3 aus einem beliebigen Punkt des Gitters hervor. Die
realen Abstände zwischen zwei benachbarten Punkten im Raumgitter eines
Kristalls haben die Größenordnung 10^{-10} Meter. Wegen der Kleinheit
dieser Abstände ist es keine zu "weltfremde" Annahme, das Raumgitter
eines Kristalls aus unendlich vielen Punkten bestehend anzusehen.
Die einzelnen Punkte eines Raumgitters betrachten wir dabei als untereinander vollkommen gleichwertig. Jeder Gitterpunkt soll auch die
gleiche Umgebung besitzen. Unter der *Elementarzelle* eines kristallinen
Raumgitters verstehen wir das von den Vektoren a_1, a_2 und a_3 aufgespannte
Parallelepiped. Der einfachste Kristall besitzt nur Begrenzungsflächen,
welche zu den Seitenflächen der ihm zugeordneten Elementarzelle parallel
sind. Der Kristall ist dann geometrisch zur Elementarzelle ähnlich.
Man kann sich daher in diesem einfachsten Fall bei der Untersuchung der
Symmetrien der äußeren Kristallform auf die Untersuchung der Symmetrien
der Elementarzelle beschränken. Ganz analog geht man bei der Untersuchung der äußeren Symmetrien von komplizierteren Kristallen vor.
Man bekommt dann mehrere dem Kristall entsprechende Raumgitter und
zugeordnete Elementarzellen, deren Seitenflächen alle parallel zu den
Begrenzungsflächen des Kristalls sind, und untersucht die Symmetrien
dieser Elementarzellen.

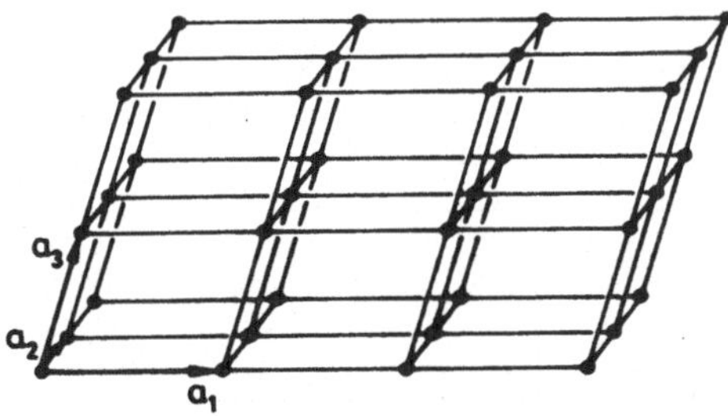

Abb. 24.1

Unter der Ordnung einer Drehachse versteht man die Ordnung der Gruppe, die von der Drehung um diese Achse erzeugt wird. Ganz analog definiert man die Ordnung einer Drehspiegelachse als die Ordnung der Gruppe, welche von der zugehörigen Drehung erzeugt wird. Deckabbildungen von Elementarzellen eines kristallinen Raumgitters unterliegen der Einschränkung, daß nicht nur die Elementarzelle, sondern das gesamte Raumgitter, das sich aus dieser Elementarzelle aufbaut, bei der Abbildung in sich übergehen muß. Diese Forderung schränkt die möglichen Deckabbildungen beträchtlich ein. Es gilt der

Satz 24.1: *Bei den Drehungen, die ein gegebenes kristallines Raumgitter in sich überführen, sind nur Drehachsen der Ordnungen 1,2,3,4 und 6 möglich.*

Beweis: Unter einer "Netzebene" eines Raumgitters versteht man eine Ebene, welche durch mindestens drei Punkte des Raumgitters geht. Man kann sich leicht überlegen, daß jede Drehung, welche das Raumgitter in sich überführt, eine Drehung um eine Drehachse senkrecht auf eine Netzebene durch einen Gitterpunkt auf der Netzebene ist. Nimmt man nun den Gitterpunkt A als Fußpunkt der Drehachse und dreht das Gitter um den Winkel α, so geht der zu A benachbarte Punkt B der Netzebene in den Punkt B' über. Analog geht bei Drehung mit dem Fußpunkt B um den Winkel $-\alpha$ der Nachbargitterpunkt A in den Punkt A' über (siehe Abb. 24.2). Da das Gitter bei diesen Drehungen jeweils auf sich abgebildet werden soll, müssen A' und B' wieder Gitterpunkte sein. Daher muß der Abstand d(A',B') der Bildpunkte A'

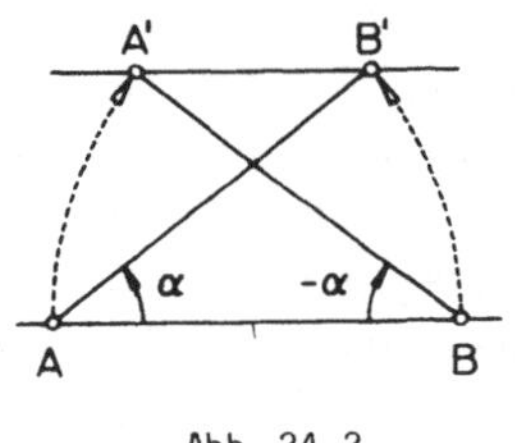

Abb. 24.2

und B' ein ganzzahliges Vielfaches des Abstandes d(A,B) der Gitterpunkte A und B sein. Es gilt also d(A',B') = nd(A,B) mit $n \in \mathbf{Z}$. Da jedoch d(A,B) = d(A',B')+2(d(A,B)-d(A,B)cosα), folgt d(A',B') = d(A,B)(2cosα-1). Setzt man nd(A,B) für d(A',B') in dieser Gleichung ein, so erhalten wir die Bedingung n = 2cosα-1 oder cos$\alpha = \frac{1}{2}$(n+1). Wegen $-1 \leq \cos\alpha \leq 1$ sind alle Lösungen letzterer Gleichung gegeben durch die Tabelle 24.3.

n	1	0	-1	-2	-3
cosα	1	$\frac{1}{2}$	0	$-\frac{1}{2}$	-1
α	0	$\frac{\pi}{3}$	$\frac{\pi}{2}$	$\frac{2\pi}{3}$	π

Tabelle 24.3

Es kommen also nur Drehungen um $0^o, 60^o, 90^o, 120^o$ und 180° in Frage.
Die zugehörigen Drehgruppen haben dann offensichtlich die Ordnungen
1,6,4,3 und 2. Diese Einschränkung gilt für alle Drehungen, welche das
Raumgitter in sich überführen.

Es ist eine interessante Tatsache, daß Kristalle keine Drehachsen (und
damit, wie man zeigen kann, keine Drehspiegelachsen) der Ordnung 5 oder
größer als 6 besitzen, obwohl solche Symmetrien bei von Menschenhand
geschaffenen Gegenständen (Ziegeln usw.), aber auch in der Biologie
(Blütenstrukturen) und in der Chemie (Struktur von Molekülen) durchaus
vorkommen.
Satz 24.1 läßt sich auch anschaulich begründen. Nach Erkenntnissen der
Geometrie kann man die Ebene lückenlos mit identischen Parallelogrammen,
Rechtecken, gleichseitigen Dreiecken, Quadraten und regelmäßigen Sechs-
ecken abdecken (siehe Abb. 24.4). Eine Abdeckung der Ebene durch identische regelmäßige Fünfecke oder regelmäßige n-Ecke mit n > 6 ist jedoch
nicht möglich. Man kann sich nun vorstellen, daß die Gitterpunkte in
jeder Netzebene senkrecht auf eine n-zählige Drehachse identische regelmäßige Polygone formen, welche die ganze Ebene abdecken. Nach den dafür
in Frage kommenden Polygonen können die Ordnungen der Drehachsen nur
1,2,3,4 und 6 sein.

 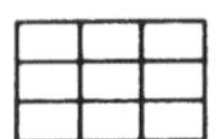 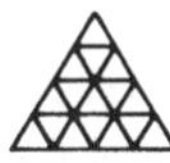 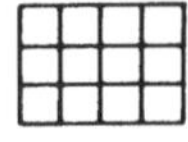 

Abb. 24.4

Wir wollen nun unter Berücksichtigung der Einschränkungen für die Ordnung einer Drehachse die möglichen Deckabbildungen (Drehungen, Spiegelungen, Drehspiegelungen) von Kristallen und damit die möglichen
Symmetriegruppen von Kristallen (Kristallographischen Gruppen) ermitteln.

Die Untergruppe aller Drehungen der Symmetriegruppe eines endlichen
Gebildes nennt man die *Drehsymmetriegruppe* des Gebildes.

Wir studieren nun zunächst Kristalle, deren Symmetriegruppen ausschließlich aus Drehungen bestehen, also gleich ihren Drehsymmetriegruppen
sind.

a) Zyklische Gruppen Z_n

Wir betrachten einen Kristall, dessen Symmetriegruppe lediglich eine
Drehachse der Ordnung n besitzt, d.h. aus den Drehungen um $0, \frac{2\pi}{n}, \ldots$
$\ldots, \frac{2\pi}{n}(n-1)$ besteht. Geometrisch betrachtet, formen die so einem
Kristall entsprechenden Elementarzellen eine gerade Pyramide über einem

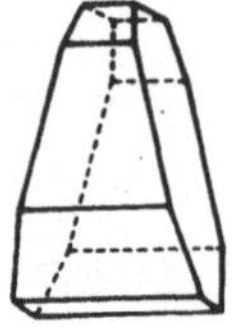

Abb. 24.5

regelmäßigen n-Eck, welche jedoch keine Spiegel-
symmetrien besitzt. Wie man sofort sieht, sind die
Symmetriegruppen gleich den zyklischen Gruppen Z_n.
Unter Berücksichtigung der Einschränkungen von
Satz 24.1 bekommt man die möglichen Kristallographischen Gruppen Z_1, Z_2, Z_3, Z_4 und Z_6.
Der in Abb. 24.5 dargestellte Kristall des Milch-
zuckers $C_{12}H_{24}O_{12}$ besitzt z.B. die Z_2 als Symmetriegruppe.

b) Diedergruppen D_n

Als nächstes wollen wir die Symmetriegruppen von Kristallen ermitteln,
welche eine Drehachse der Ordnung n und n regelmäßig verteilte dazu senk-
rechte Drehachsen der Ordnung 2 besitzen. Wie wir bereits festgestellt
haben, müssen alle Achsen durch das Symmetriezentrum des zugrunde-
liegenden Kristalls gehen. Offensichtlich ist jede derartige Symmetriegruppe die Drehsymmetriegruppe eines regelmäßigen n-seitigen Prismas.

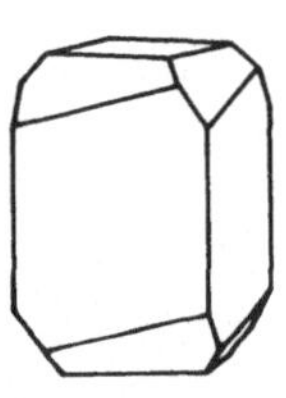

Abb. 24.6

Man nennt diese Gruppe die Diedergruppen D_n (vgl.
Abschnitt 18 bezüglich einer anderen Definition
von D_n). Die Gruppe D_n besteht aus 2n Drehungen
und kann allgemein durch $D_n = [x,y]$ mit
$x^n = y^2 = (xy)^2 = 1$ angegeben werden. Als Kristallographische Gruppen kommen nur $D_1 = Z_2, D_2 \simeq V$,
$D_3 \simeq S_3, D_4$ und D_6 in Frage.
Ein Kristall mit der Symmetriegruppe D_4 ist z.B.
der Kristall von Methylammoniumjodid $NH_3(CH_3)J$,
welcher in Abb. 24.6 dargestellt ist.

c) Tetraedergruppe T

Wir bestimmen nun die Drehsymmetriegruppe eines regelmäßigen Tetraeders.

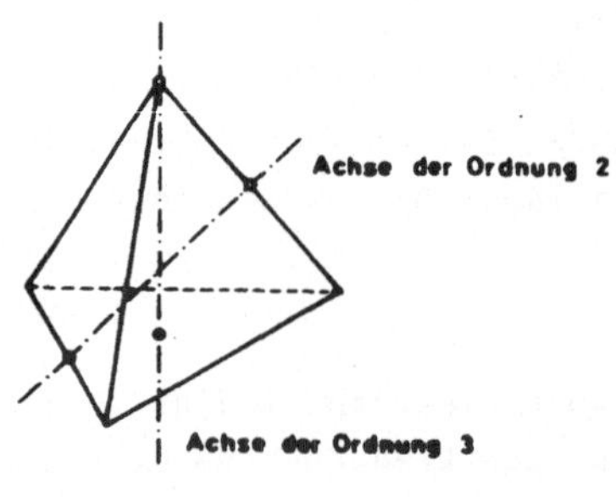

Abb. 24.7

Diese Gruppe besitzt vier Achsen
der Ordnung 3, nämlich jeweils eine
durch jeden Eckpunkt und den Mittelpunkt des gegenüberliegenden Drei-
ecks. Ferner existiert zu jedem der
drei Paare gegenüberliegender Kanten eine Drehachse der Ordnung 2
durch deren Mittelpunkte (siehe
Abb. 24.7). Man nennt die so entstehende Drehsymmetriegruppe die
Tetraedergruppe T. Wie man sich
leicht überlegt, besteht T aus 12
Drehungen und erfüllt die Bedingungen von Satz 24.1. Da jede

Drehung, welche das regelmäßige Tetraeder in sich überführt, die vier
Eckpunkte des Tetraeders permutiert und durch diese Permutation eindeutig bestimmt ist, ist T zu einer Untergruppe der symmetrischen Gruppe
S_4 isomorph. Bezeichnet man die Eckpunkte des Tetraeders mit 1,2,3,4, so
werden bei den Abbildungen aus T, welche den Eckpunkt 4 festlassen, die
Eckpunkte 1,2,3 zyklisch vertauscht. Daher enthält T den Zyklus (1,2,3).
Analog enthält T auch den Zyklus (1,2,4). Nach Übung 9 aus Abschnitt 21
erzeugen diese Zyklen jedoch die alternierende Gruppe A_4. Da $|A_4| = 12 =$
$= |T|$ gilt, muß T isomorph zur A_4 sein.

d) Oktaedergruppe O

Nun bestimmen wir noch die Drehsymmetriegruppe eines regelmäßigen
Oktaeders. Da die Mittelpunkte der Flächen eines regelmäßigen Oktaeders
als Eckpunkte eines eingeschriebenen Würfels betrachtet werden können
und umgekehrt die Mittelpunkte der Flächen eines Würfels auch die Eckpunkte eines eingeschriebenen regelmäßigen Oktaeders sind, haben Würfel
und regelmäßiges Oktaeder dieselben Deckabbildungen. Die gesuchte Gruppe
hat die Ordnung 24. Es gibt am Würfel nämlich drei Achsen der Ordnung 4
durch die Mittelpunkte gegenüberliegender Quadrate, vier Achsen der Ordnung 3, welche mit den Raumdiagonalen zusammenfallen und sechs Achsen
der Ordnung 2 durch die Mittelpunkte gegenüberliegender Kanten. Zusammen
bekommt man 24 Drehungen. Offensichtlich sind auch die Bedingungen von
Satz 24.1 erfüllt. Da bei jeder Deckabbildung eines Würfels seine vier
Raumdiagonalen in einer gewissen Weise permutiert werden und die Deckabbildung durch diese Permutation eindeutig bestimmt ist, muß O zu
einer Untergruppe der symmetrischen Gruppe S_4 isomorph sein. Wegen
$|O| = 24 = |S_4|$ ist O jedoch zur S_4 isomorph.

Wie man sich überlegen kann, gibt es keine weiteren kristallographischen
Gruppen, welche nur aus Drehungen bestehen. So besitzt z.B. die
Ikosaedergruppe, die Drehsymmetriegruppe des regelmäßigen Pentagondo-
dekaeders auch Drehachsen der Ordnung 5.

Damit haben wir insgesamt 11 verschiedene kristallographische Gruppen
erhalten, welche nur Drehungen enthalten. Zur graphischen Darstellung
dieser 11 Gruppen verwenden wir die sogenannte stereographische Projektion. Wir gehen von einer Kugel mit dem Mittelpunkt im Symmetriezentrum
des Kristalls aus und zeichnen auf der Oberfläche dieser Kugel die
Durchstoßpunkte der Drehachsen ein. Punkte, welche auf der nördlichen
Halbkugel liegen, projizieren wir dann vom Südpol aus auf die Äquator-
ebene, Punkte auf der südlichen Halbkugel vom Nordpol aus und
verwenden dabei zur Kennzeichnung der Ordnung der Drehachsen die in
Tabelle 24.8 angegebenen Symbole.

n	1	2	3	4	6
Drehachse der Ordnung n	•	⬬	▼	■	⬤

Tabelle 24.8

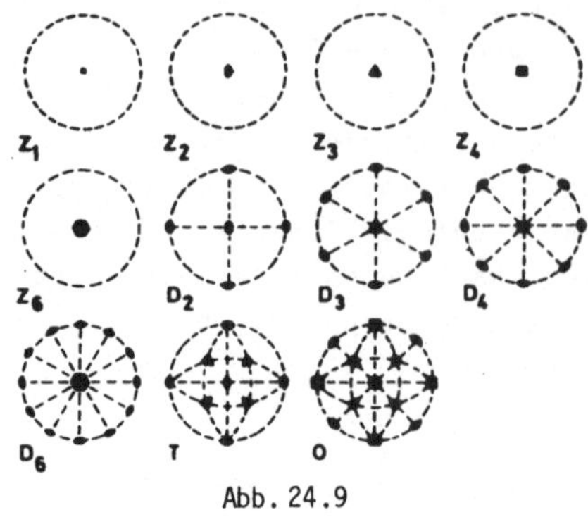

Abb. 24.9

Zur Verdeutlichung werden bei den in Abb. 24.9 wiedergegebenen Darstellungen der bisher abgeleiteten 11 Kristallographischen Gruppen auch die Projektionen von gewissen Schnittgroßkreisen der Kugel mit Ebenen durch den Mittelpunkt gestrichelt dargestellt.

Ganz analog bekommt man Kristallographische Gruppen, bei denen beliebige Deckabbildungen zugelassen sind.

e) Gruppen Z_{nz}

In Analogie zu Z_n betrachten wir Symmetriegruppen, welche von einer Drehspiegelung mit einer Drehung um $\frac{2\pi}{n}$ erzeugt werden. Offensichtlich sind diese Gruppen zyklisch. Wie man sich leicht überlegt, gilt für gerades n $Z_{nz} \simeq Z_n$ und daher $|Z_{nz}| = n$, und für ungerades n $Z_{nz} \simeq Z_{2n}$, also $|Z_{nz}| = 2n$. Zu den Kristallographischen Gruppen gehören von den Gruppen Z_{nz} die Gruppen $Z_{1z} \simeq Z_1, Z_{2z} \simeq Z_2, Z_{3z} \simeq Z_6$, $Z_{4z} \simeq Z_4$ und $Z_{6z} \simeq Z_6$.

Der in Abb. 24.10 dargestellte Kristall des Kupfervitriols $CuSO_4 \cdot 5H_2O$ besitzt die Symmetriegruppe Z_{2z}.

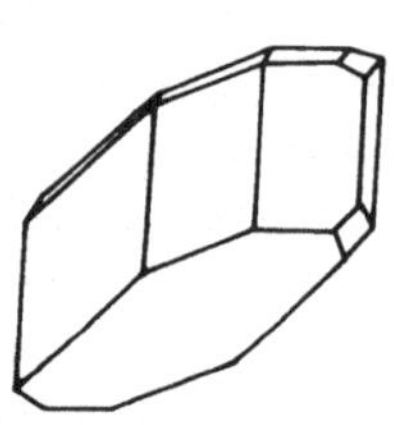

Abb. 24.10

f) Gruppen Z_{nh}

Die Gruppe Z_{nh} besteht aus allen Drehungen und Drehspiegelungen um eine Achse der Ordnung n. Es gilt $Z_{nh} \simeq Z_n \times Z_2$ und $|Z_{nh}| = 2n$. Als Kristallographische Gruppen kommen nur die Gruppen $Z_{1h} = Z_{1z}, Z_{2h}, Z_{3h} = Z_{3z}, Z_{4h}$ und Z_{6h} in Frage.

Die Gruppe Z_{3h} ist z.B. die Symmetriegruppe aller Kristalle von der Form einer Trigonalen Dipyramide (siehe Abb. 24.11).

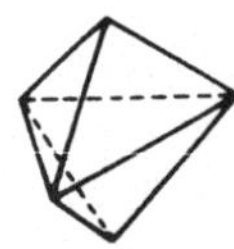

Abb. 24.11

g) Gruppen Z_{nv}

Die Gruppe Z_{nv} setzt sich aus allen Drehungen um eine Achse der Ordnung n und aus n Spiegelungen, deren Spiegelebenen durch die Drehachse gehen und zueinander den Winkel $\frac{2\pi}{n}$ einschließen, zusammen. Man kann sich Z_{nv} als Symmetriegruppe einer geraden Pyramide über einem regelmäßigen n-Eck vorstellen. Wie man leicht feststellt, gilt $Z_{nv} \simeq D_n$. Als Kristallographische Gruppen erhalten wir $Z_{1v} = Z_{1h}, Z_{2v}, Z_{3v}, Z_{4v}$ und Z_{6v}.

h) Gruppen D_{nh}

Die Gruppen D_{nh} besitzen eine Drehachse der Ordnung n, n regelmäßig verteilte Drehachsen der Ordnung 2 in einer Ebene senkrecht auf die Drehachse der Ordnung n und eine Spiegelebene durch die Ebene der Achsen der Ordnung 2. Man kann D_{nh} als Symmetriegruppe eines regelmäßigen n-seitigen Prismas deuten. Wie man nicht allzuschwer einsieht, gilt $D_{nh} \simeq D_n \times Z_2$. Die Ordnung von D_{nh} ist 4n. Neben der Gruppe D_n sind auch die Gruppen Z_{nv} und Z_{nh} Untergruppen von D_{nh}, da ihre erzeugenden Elemente unter den Elementen der Gruppe D_{nh} enthalten sind. Damit kommt man zu dem in Abb. 24.12 dargestellten Untergruppendiagramm. Als Kristallographische Gruppen kommen die Gruppen $D_{1h} = Z_{2v}, D_{2h}, D_{3h}, D_{4h}$ und D_{6h} in Frage.

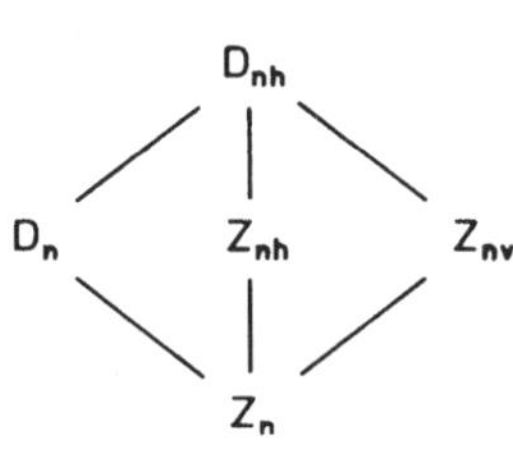

Abb. 24.12

i) Gruppen D_{nd}

Die Gruppe D_{nd} ist die Symmetriegruppe zweier aufeinanderstehender kongruenter regelmäßiger n-seitiger Prismen, deren aufeinanderstoßende Grundflächen um den Winkel $\frac{\pi}{n}$ verdreht sind. Diese Gruppe besitzt eine Drehachse der Ordnung n, n regelmäßig verteilte Drehachsen der Ordnung 2 in einer Ebene senkrecht auf die Drehachse der Ordnung n und n Spiegelebenen durch die Drehachse der Ordnung n, welche den Winkel zwischen benachbarten Achsen der Ordnung 2 halbieren. D_{nd} hat insgesamt 4n Elemente. Für ungerades n gibt es n Paare bestehend aus einer Drehachse der Ordnung 2 und einer dazu senkrechten Spiegelebene, und es gilt $D_{nd} \simeq D_n \times Z_2$. Allgemein kann man die Drehachse der Ordnung n auch als Drehspiegelachse der Ordnung 2n auffassen. Von der Richtigkeit des in Abb. 24.13 dargestellten Untergruppendiagramms überzeugt man sich leicht. Als Kristallographische Gruppen kommen nur die Gruppen $D_{1d} = Z_{2h} \simeq D_2 \times Z_2, D_{2d} \simeq D_4$ und $D_{3d} \simeq D_3 \times Z_2$ in Frage. (D_{4d} und D_{6d} haben Drehspiegelachsen von höherer Ordnung als 6.)

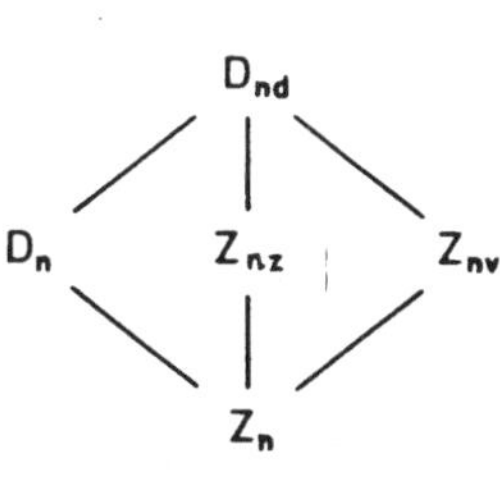

Abb. 24.13

j) Gruppe T_h

Die Gruppe T_h besteht aus allen Elementen der Gruppe T und weiteren drei
Spiegelungen, deren Spiegelebenen durch jeweils zwei der Drehachsen der
Ordnung 2 gehen. Es gilt $T_h \simeq T \times Z_2$ und $|T_h| = 24$.

k) Gruppe T_d

T_d ist die Symmetriegruppe des Tetraeders. Sie enthält neben den Elementen der Gruppe T noch sechs Spiegelungen und sechs Drehspiegelungen.
T_h und T_d sind nicht isomorph, jedoch gilt $T_d \simeq 0$.

l) Gruppe 0_h

Die Gruppe 0_h ist die Symmetriegruppe des Würfels. Ihre Ordnung beträgt
48. Zu den 24 Drehungen von 0 kommen noch 24 Drehspiegelungen bzw.
Spiegelungen.

Damit haben wir nun noch 21 weitere Kristallographische Gruppen ermittelt. Wie schon früher ver-
wenden wir auch zur Darstellung
dieser Symmetriegruppen die
stereographische Projektion.
Dabei kennzeichnen wir Spiegel-
achsen wie in Tabelle 24.14

	n	1	2	3	4	6
Spiegelachse der Ordnung n	o					

Tabelle 24.14

angegeben. Die Projektionen von Schnittgroßkreisen von Spiegelebenen
mit der Kugel werden durchgezogen eingezeichnet, die Projektionen der
Schnittgroßkreise mit anderen Ebenen gestrichelt.

Abb. 24.15 zeigt die stereographischen Projektionen der 21 Kristallographischen Gruppen, welche nicht nur aus Drehungen alleine bestehen.
Man kann auf Grund von Satz 24.1 beweisen, daß es außer den 11+21 = 32
schon beschriebenen Kristallographischen Gruppen keine weiteren Symmetriegruppen von Kristallen mehr gibt.

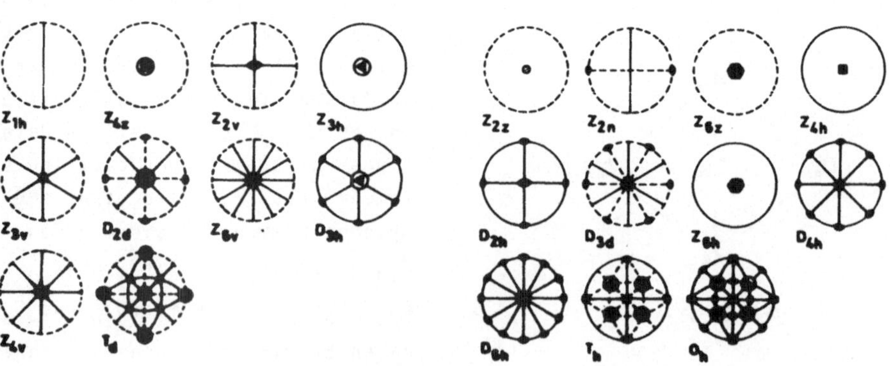

Abb. 24.15

Für weitere Beispiele von Kristallen und ihren Symmetriegruppen verweisen wir auf das Buch von Kleber [17].

Nach dieser Beschreibung der äußeren Kristallformen durch Gruppen wollen wir uns nun der Untersuchung der kristallinen Raumgitter, welche mit den Symmetrien der Kristallformen verträglich sind, zuwenden. Aus den möglichen Variationen der drei Basisvektoren a_1, a_2, a_3 bezüglich ihrer Länge und der paarweise zugeordneten Winkel ergeben sich die folgenden 7 Haupttypen von Elementarzellen ($|a_i|$ bedeutet die Länge des Vektors a_i):

Typ der Elementarzelle	Längen der Vektoren	Winkel zwischen Vektoren
triklin	$|a_1| \neq |a_2| \neq |a_3| \neq |a_1|$	$\alpha \neq 90^0$, $\beta \neq 90^0$, $\gamma \neq 90^0$
monoklin	$|a_1| \neq |a_2| \neq |a_3| \neq |a_1|$	$\alpha = \gamma = 90^0 \neq \beta$
rhombisch	$|a_1| \neq |a_2| \neq |a_3| \neq |a_1|$	$\alpha = \beta = \gamma = 90^0$
tretragonal	$|a_1| = |a_2| \neq |a_3|$	$\alpha = \beta = \gamma = 90^0$
hexagonal	$|a_1| = |a_2| \neq |a_3|$	$\alpha = \beta = 90^0$, $\gamma = 120^0$
trigonal	$|a_1| = |a_2| = |a_3|$	$90^0 \neq \alpha = \beta = \gamma < 120^0$
kubisch	$|a_1| = |a_2| = |a_3|$	$\alpha = \beta = \gamma = 90^0$

Tabelle 24.16

Aus jeder dieser 7 Elementarzellen –man nennt sie die *primitiven Elementarzellen*– kann ein kristallines Gitter aufgebaut werden. Die diesen Gittern zugeordneten Kristallsysteme werden nach dem Typ ihrer Elementarzelle benannt. Durch Hinzufügen von weiteren Gitterpunkten lassen sich aus den 7 primitiven Elementarzellen noch weitere 7 sogenannte *nicht-primitive Elementarzellen* konstruieren. Man hat dabei jedoch darauf zu achten, daß die Symmetrie der Elementarzelle erhalten bleibt. Damit kann man Gitterpunkte nur an den Schnittpunkten von Flächen- oder Raumdiagonalen einfügen. In Abb. 24.17 sind die 7 möglichen primitiven Elementarzellen und die aus ihnen hergeleiteten möglichen 7 nicht-primitiven Elementarzellen dargestellt. Die Beifügung P bedeutet in Abb. 24.17 eine primitive Elementarzelle, C eine einseitig flächenzentrierte Elementarzelle, I eine innenzentrierte Elementarzelle und F eine allseitig flächenzentrierte Elementarzelle. Man bekommt auf diese Weise 14 verschiedene Elementarzellen, denen 14 verschiedene Kristallklassen entsprechen. Diese Tatsache wurde erstmalig vom französischen Physiker Auguste Bravais (1811 - 1863) festgestellt. Nach ihm werden kristalline Raumgitter auch *Bravais-Gitter* genannt.

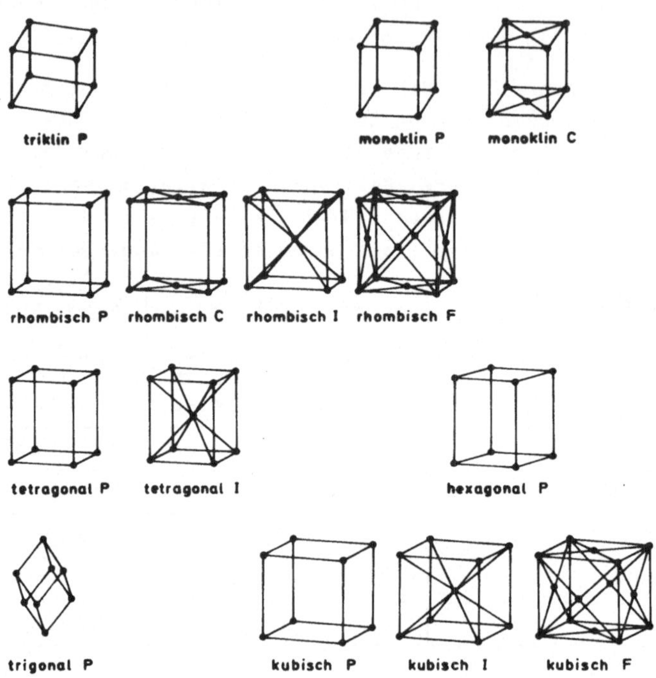

Abb. 24.17

Tabelle 24.18 gibt eine Klassifikation der Kristallsysteme nach der Anzahl und Ordnung ihrer Hauptachse(n). Dabei versteht man unter der (den)
Hauptachse(n) eines Kristallsystems die Drehachse(n) (Drehspiegelachse(n))
höchster Ordnung der zugeordneten Elementarzelle. Besitzt z.B. eine
Elementarzelle eine Achse der Ordnung 3 und 3 Achsen der Ordnung 2, dann
ist die dreizählige Achse die Hauptachse

Kristallsystem	Anzahl der Hauptachsen	Ordnung der Hauptachse(n)
triklin	1	1
monoklin	1	2
rhombisch	1	3
tetragonal	1	4
hexagonal	1	6
trigonal	3 zueinander orthogonale Achsen	2
kubisch	4 Achsen in Richtung der Würfeldiagonalen	3

Tabelle 24.18

Jeder Kristall ist aus einem oder mehreren Bravais-Gittern aufgebaut, indem gleichartige Atomgruppen um jeden Gitterpunkt angeordnet sind. Die Kombination der 14 Bravais-Gitter mit den 32 Kristallographischen Gruppen und die Berücksichtigung zweier weiterer Deckabbildungen von Gittern, der Schraubung und der Gleitspiegelung, liefern 230 sogenannte *Raumgruppen*. Diese Raumgruppen beschreiben die Symmetrie der Kristallgitter. Eine Ableitung der einzelnen Raumgruppen würde den Rahmen dieses Buches sprengen. Eine ausführliche Liste aller 230 Raumgruppen wurde 1952 von der International Union of Crystallography veröffentlicht und findet sich in der Spezialliteratur.

Übungen

1. Man gebe bis aus Isomorphie alle Kristallographischen Gruppen an.

2. Man zeichne eine stereographische Projektion der Erde und trage die folgenden Städte ein:
   a) Stuttgart, 49^0 n.Br., 9^0 ö.L.
   b) Canberra, 25^0 s.Br., 149^0 ö.L.
   c) New York, 41^0 n.Br., 74^0 w.L.

3. Ist die Gruppe Z_7 isomorph zu einer Kristallographischen Gruppe?

4. Man gebe die Gruppentafel von D_6 an.

5. Man gebe einen Isomorphismus von Z_{nv} auf D_6 an.

6. Man bestimme die Symmetriegruppe des Borsäure-Moleküls (Abb. 24.19).

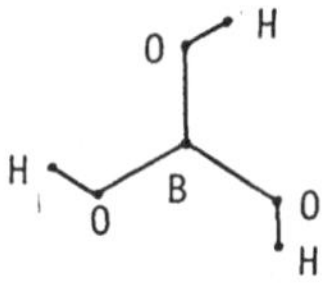

Abb. 24.19

25. ZÄHLTHEORIE UND ANWENDUNGEN

Kernstück dieses Abschnitts ist ein Satz, welcher 1911 von W. Burnside (englischer Mathematiker, 1852 - 1927) bewiesen wurde und dessen Anwendbarkeit auf viele kombinatorische Probleme von G. Pólya entdeckt wurde.

In Verallgemeinerung des Begriffs der symmetrischen Gruppe S_M auf einer Menge M definieren wir:

Die Gruppe $\langle G; \cdot, ^{-1}, 1\rangle$ *operiert* auf einer Menge M, wenn es eine Abbildung $f: G \times M \to M$ gibt, wobei - wenn wir für $g \in G$, $m \in M$ $f(g,m) := g(m)$ setzen - gilt

(i) $(g_1 g_2)(m) = g_1(g_2(m))$ für alle $g_1, g_2 \in G$, $m \in M$,
(ii) $1(m) = m$ für alle $m \in M$.

<u>Hilfssatz 25.1</u>: *Operiert G auf einer Menge M, dann bildet für $m \in M$ die Menge* Stab $m := \{g \in G \mid g(m) = m\}$ *eine Untergruppe von G, genannt der Stabilisator von m.*

Beweis: Sind $g_1, g_2 \in$ Stab m, dann folgt $(g_1 g_2)(m) = g_1(g_2(m)) = g_1(m) = m$, also gilt $g_1 g_2 \in$ Stab m.
Weiters folgt für $g \in$ Stab m, daß $m = (g^{-1} g)(m) = g^{-1}(m)$, also auch $g^{-1} \in$ Stab m ist.

Für $m \in M$ heißt die Menge Orb $m := \{g(m) \mid g \in G\}$ die *Bahn (Orbit)* von m unter G.

Definiert man auf M eine Äquivalenzrelation Θ durch $x \Theta y :\leftrightarrow y = g(x)$ für ein $g \in G$, dann ist Orb m die Äquivalenzklasse von m unter Θ. Ist π eine Permutation aus S_n, dann operiert die durch π erzeugte Untergruppe $[\pi]$ von S_n auf der Menge $\{1,2,\ldots,n\}$, und die hier gegebene Definition der Bahn eines Elementes stimmt mit der in Abschnitt 21 gegebenen überein.

Der folgende Hilfssatz gibt einen Zusammenhang zwischen der Anzahl der Elemente von Orb m eines Elementes m und der Untergruppe Stab m.

<u>Hilfssatz 25.2</u>: *Operiert die Gruppe G auf der Menge M, dann gilt für jedes $m \in M$*

$$|G : \text{Stab } m| = |\text{Orb } m|.$$

Beweis: Bezeichnen wir die Untergruppe Stab m mit U, so wird durch $h(Ug) = g^{-1}(m)$ eine Abbildung von $G/U \to$ Orb m festgelegt. h ist wohldefiniert, denn für $Ug = Uk$ folgt $k = ug$ für ein $u \in U$, und daher ist $k^{-1}(m) = (ug)^{-1}(m) = (g^{-1} u^{-1})(m) = g^{-1}(m)$, da $u^{-1} \in$ Stab m.
Nach Definition von Orb m ist h surjektiv. Aus $h(Ug_1) = h(Ug_2)$ folgt $g_1^{-1}(m) = g_2^{-1}(m)$ und damit $g_2 g_1^{-1}(m) = m$. Daher ist $g_2 g_1^{-1} \in$ Stab $m = U$, also gilt $Ug_1 = Ug_2$. Dies aber bedeutet, daß h auch injektiv ist, d.h., h ist eine bijektive Abbildung von G/U auf Orb m.

Unter Zuhilfenahme des Satzes von Lagrange 18.11 erhalten wir unmittelbar

<u>Folgerung 25.3</u>: *Ist G eine endliche Gruppe, welche auf der Menge M operiert, dann gilt für jedes $m \in M$ die Gleichung* $|G| = |\text{Stab } m| \cdot |\text{Orb } m|$.

Wir kommen nun zu dem bereits angekündigten Resultat, dem

Satz von Burnside 25.4: *Sei G eine endliche Gruppe, welche auf einer endlichen Menge M operiert. Für jedes $g \in G$ sei Fix $G := \{m \in M | g(m) = m\}$ die Menge aller Elemente von M, welche unter g festbleiben. Bezeichnet N die Anzahl der verschiedenen Bahnen von M unter G, dann gilt*

$$N = \frac{1}{|G|} \sum_{g \in G} |\text{Fix } g|$$

Beweis: Wir betrachten Tabelle 25.1, deren Zeilen mit den Elementen von G und deren Spalten mit den Elementen von M indiziert sind. Gilt für ein $g \in G$ und ein $m \in M$ die Beziehung $g(m) = m$, dann sei in Tabelle 25.1 am Kreuzungspunkt der g-ten Zeile und m-ten Spalte die Zahl 1 eingetragen. Ist dies nicht der Fall, so stehe an dieser Stelle eine 0.

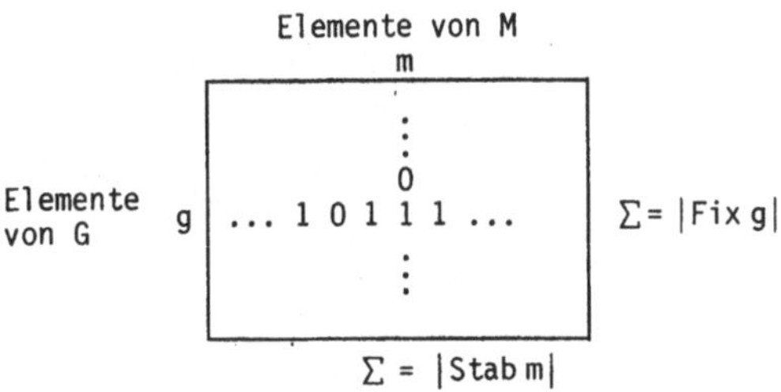

Tabelle 25.1

Die Summe der Eintragungen in Zeile g ist gleich der Anzahl der Elemente von M, welche unter g festbleiben, d.h. gleich $|\text{Fix } g|$. Die Summe der Eintragungen in Spalte m ist gleich der Anzahl der Elemente von G, welche m festlassen, d.h. gleich $|\text{Stab } m|$.
Wir zählen nun die Anzahl der Elemente der Menge $A := \{(g,m) \in G \times M | g(m) = m\}$, indem wir einmal die Zeilensummen von Tabelle 25.1 und einmal die Spaltensummen addieren. Damit erhalten wir

$$|A| = \sum_{g \in G} |\text{Fix } g| = \sum_{m \in M} |\text{Stab } m|.$$

Sind m_i und m_j aus derselben Bahn von M unter G, dann gilt klarerweise $\text{Orb } m_i = \text{Orb } m_j$ und daher nach Folgerung 25.3 auch $|\text{Stab } m_i| = |\text{Stab } m_j|$. Bezeichnen $m_1, \ldots, m_N$ ein vollständiges Vertretersystem der Bahnen von M unter G, so gilt

$$\sum_{g \in G} |\text{Fix } g| = \sum_{i=1}^{N} \sum_{m \in \text{Orb } m_i} |\text{Stab } m| = \sum_{i=1}^{N} |\text{Orb } m_i| \cdot |\text{Stab } m_i| = N \cdot |G|.$$

Daraus folgt unmittelbar die Behauptung des Satzes.

Beispiel 1: Wieviele verschiedene Halsketten kann man aus 3 weißen und 6 schwarzen Perlen knüpfen, wenn man annimmt, daß Perlen derselben Farbe voneinander nicht unterschieden werden können?

Stellt man sich die Perlen in Form eines regelmäßigen 9-Ecks angeordnet vor, dann gibt es zunächst $9 \cdot 8 \cdot 7 / 1 \cdot 2 \cdot 3 = 84$ Möglichkeiten, die Perlen anzuordnen. Zwei Anordnungen sind dabei zueinander äquivalent (ergeben die gleiche Kette), wenn es eine Deckabbildung des regelmäßigen 9-Ecks gibt, d.h. ein Element der Diedergruppe D_9, welche eine Anordnung in die andere überführt. Die Elemente von D_9 bewirken also Permutationen auf der Menge M der 84 Anordnungen.

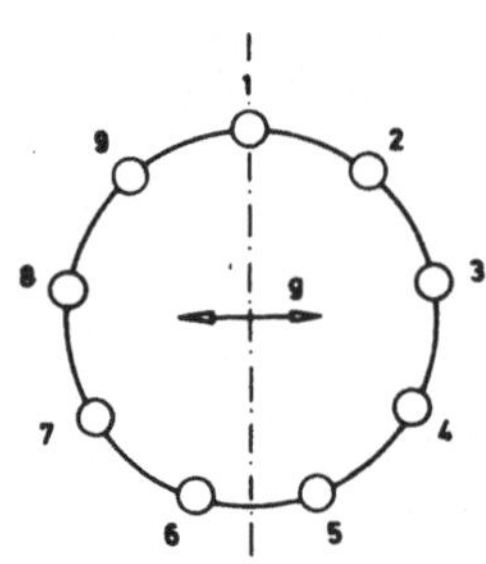

Abb. 25.2

Daher ist die Anzahl der nichtäquivalenten Anordnungen gleich der Anzahl N der verschiedenen Bahnen von M unter D_9. Wir wollen nun N mit Hilfe des Satzes von Burnside bestimmen. Dazu müssen wir die verschiedenen Elemente von D_9 und die Anzahl ihrer Fixpunkte untersuchen. Ist g die Spiegelung des 9-Ecks an der Geraden durch Ecke 1 und den Mittelpunkt (siehe Abb. 25.2), dann gehen genau die Anordnungen von M, bei denen die drei weißen Perlen in den Ecken 9 1 2 , 8 1 3 , 7 1 4 oder 6 1 5 liegen ineinander über. Also ist $|\text{Fix } g| = 4$. Da es 9 derartige Spiegelungen des 9-Ecks gibt (durch jede Ecke eine Spiegelachse), gibt es insgesamt $9 \cdot 4 = 36$ Fixpunkte in M bei dieser Art von Spiegelungen. Bei der identischen Abbildung aus D_9, der Drehung um 0^0, bleiben alle 84 Elemente von M fest. Wie man sich leicht überlegt, bleiben bei den Drehungen um $40^0, 80^0, 160^0, 200^0, 280^0$ und 320^0 keine Elemente von M fest, jedoch bei den Drehungen um 120^0 und 240^0 jene Elemente, bei denen sich die weißen Perlen in den Ecken 1 4 7 , 2 5 8 oder 3 6 9 befinden. Daher gibt es unter den nichtidentischen Drehungen von D_9 insgesamt $2 \cdot 3 = 6$ Fixpunkte in M.
Zusammen erhalten wir also $36+84+6 = 126$ Fixpunkte in M unter D_9.
Somit folgt nach der Formel von Burnside

$$N = \frac{1}{|D_9|} \sum_{g \in D_9} |\text{Fix } g| = \frac{126}{18} = 7.$$

Es gibt also 7 verschiedene Typen von Halsketten. Diese sind in Abb. 25.3 dargestellt.

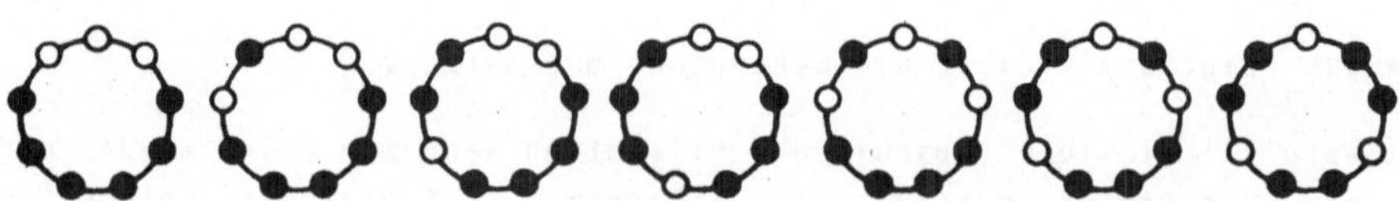

Abb. 25.3

Ganz ähnlich wie bei diesem Beispiel kann man bei Anzahlbestimmungen chemischer Verbindungen (vgl. auch die Einleitung zu Kapitel I) und ähnlichen kombinatorischen Problemen vorgehen. Wir behandeln dazu zwei weitere Beispiele.

Beispiel 2: Auf wieviele Arten kann man die 8 Ecken eines Würfels einfärben, wenn man 6 Farben zur Verfügung hat?

Zunächst gibt es 6^8 Möglichkeiten, die Ecken eines Würfels mit 6 Farben zu bemalen. Die Elemente der Drehsymmetriegruppe S_4 des Würfels (vgl. Abschnitt 24) sind Permutationen auf der 6^8-elementigen Menge M der Einfärbungen. Die Anzahl der Bahnen von M unter S_4 gibt die Anzahl der verschiedenen Einfärbungen unter Berücksichtigung der Drehsymmetriegruppe an. Wir verwenden wieder die Formel von Burnside. Nach Abschnitt 24 besitzt die Drehsymmetriegruppe des Würfels die in Abb. 25.4 dargestellten Drehachsen. Ecken, welche bei den betrachteten Symmetrieoperationen gleich gefärbt sein müssen, sind jeweils gleich gekennzeichnet.

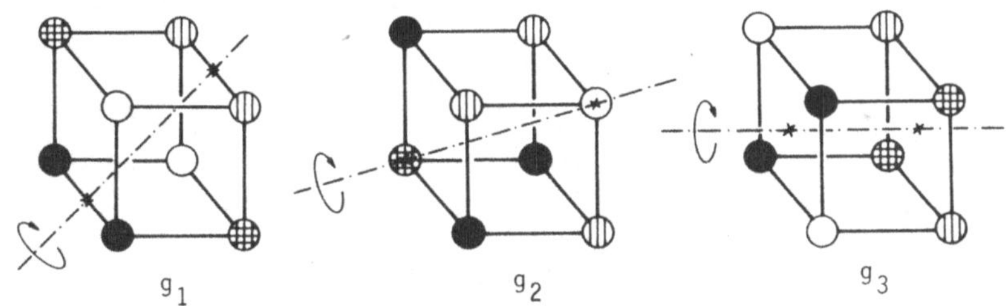

Abb. 25.4

Die identische Abbildung läßt alle 6^8 Einfärbungen fest. Es gibt 6 Drehungen vom Typ (g_1). Jede dieser Drehungen läßt 6^4 der 6^8 Einfärbungen fest. Weiters existieren 8 Drehungen vom Typ (g_2) (jeweils 4 um 120° und 4 um 240°), bei denen auch 6^4 Einfärbungen fest bleiben. Sodann gibt es 6 Drehungen vom Typ (g_3) (jeweils 3 um 90° und 3 um 270°), welche 6^2 Einfärbungen invariant lassen (man hat in diesem Fall in der Darstellung von (g_3) die Ecken ● und ○, sowie ⊕ und ⦀ zu identifizieren). Schließlich gibt es noch 3 Drehungen vom Typ (g_3) (um 180°), welche 6^4 Einfärbungen unverändert lassen. Damit erhalten wir

$$N = \frac{1}{|S_4|} \cdot \sum_{g \in S_4} |\text{Fix } g| = (6^8 + 6 \cdot 6^4 + 8 \cdot 6^4 + 6 \cdot 6^2 + 3 \cdot 6^4)/24 =$$

$$= (6^8 + 17 \cdot 6^4 + 6 \cdot 6^2)/24 = 70911$$

verschiedene Färbungen des Würfels unter Berücksichtigung der Drehsymmetriegruppe. (Unter Berücksichtigung der vollen Symmetriegruppe des Würfels erhält man noch weniger Färbungen.)

Den Satz von Burnside kann man auch zur Anzahlbestimmung von Schalt-
kreisen verwenden.

Beispiel 3: Man bestimme die Anzahl der möglichen, nicht-äquivalenten
Serienparallelschaltungen, welche sich aus drei Schaltern aufbauen
lassen. Zwei Schaltungen, welche sich dabei nur durch eine Permutation
der Schalter unterscheiden, sollen als gleich angesehen werden.

Zwei Schaltungen sind nicht-äquivalent, wenn die ihnen zugeordneten
Schaltfunktionen f und g verschieden sind. Gilt darüber hinaus, daß es
keine Permutation π von $\{x_1,x_2,x_3\}$ gibt mit

$$f(x_1,x_2,x_3) = g(\pi(x_1),\pi(x_2),\pi(x_3)),$$

so nennen wir sie bzw. f und g nicht-äquivalent im engeren Sinn.
Da die Anzahl der nicht-äquivalenten Schaltungen mit drei Elementen
gleich der Anzahl der verschiedenen Schaltfunktionen $f(x_1,x_2,x_3)$ ist,
und es $2^3 = 8$ verschiedene Belegungen von x_1,x_2,x_3 mit 0 und 1 gibt,
haben wir eine Menge M von $2^8 = 256$ Schaltfunktionen zu betrachten.
Die Anzahl der in engeren Sinn nicht-äquivalenten Schaltfunktionen
erhalten wir, wenn wir die Bahnen von M unter der Menge der Permutationen von x_1,x_2,x_3, d.h. unter S_3 zählen. Die identische Abbildung
läßt alle 256 Elemente von M fest, jede der drei Transpositionen aus
der S_3 läßt $2^6 = 64$ Schaltfunktionen fest und die beiden Zyklen der
Länge 3 lassen jeweils $2^4 = 16$ Schaltfunktionen unverändert.
Also ist

$$\sum_{g \in S_3} |\text{Fix } g| = 256+3\cdot64+2\cdot16 = 480,$$

und wir erhalten für die gesuchte Anzahl der im engeren Sinn nicht-
äquivalenten Schaltungen mit drei Schaltern $\frac{480}{6} = 80$.

Weitere Beispiele und Anwendungen des Satzes von Burnside sind der
Literatur zu entnehmen (vgl. etwa [24]).

<u>Übungen</u>

1. Man ermittle die Anzahl der verschiedenen Halsketten mit 4 weißen und 3 schwarzen
   Perlen.

2. Man berechne die Anzahl der verschiedenen
   Isomere, die man aus Benzol durch
   Substitution von H-Atomen durch CH_3-Gruppen
   erhalten kann. (0 bis 6 H-Atome sind durch
   CH_3-Gruppen ersetzbar; der Benzolring hat
   die Gestalt eines regelmäßigen Sechseckes.
   Siehe Abb. 25.5.)

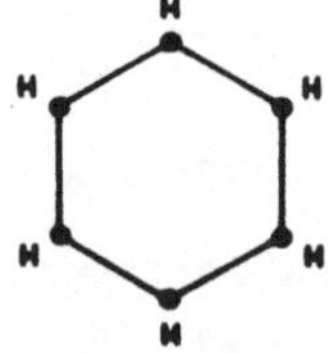

Abb. 25.5

3. Auf wieviel verschiedenen Arten kann man die Ecken eines Würfels mit 3 Farben unter
   Berücksichtigung der Drehsymmetriegruppe des Würfels bemalen?

4. Man finde die Anzahl der binären Relationen auf einer vierelementigen Menge, welche
   verschieden   sind gegenüber von Permutationen der Menge.

5. Man zeige, daß die Anzahl von nicht-äquivalenten Serienparallelschaltungen aus
   vier Schaltern gleich   3 984   ist, wenn man zwei Schaltungen, die sich nur durch
   eine Permutation der Schalter voneinander unterscheiden, als gleich erachtet.

26. EINFÜHRUNG IN DIE DARSTELLUNGSTHEORIE

Die Darstellungstheorie der Gruppen geht schon auf A. Cayley zurück,
welcher, wie wir schon erwähnt haben, als erster abstrakte Gruppen
betrachtet hat, gleichzeitig aber gezeigt hat, daß jede Gruppe durch
eine Gruppe von Permutationen "dargestellt" wird. Es gilt nämlich

Satz 26.1 (Cayley): *Jede Gruppe ist isomorph zu einer regulären
Permutationsgruppe.*

Beweis: Sei $<G;\cdot,^{-1},1>$ eine beliebige Gruppe. Für $a \in G$ definieren wir
durch $h_a(x) = ax$ eine Abbildung $h_a : G \to G$. h_a ist injektiv, da aus
$h_a(x) = h_a(y)$ sofort $ax = ay$ und $x = y$ folgt. Ist $y \in G$, so ist

$$h_a(a^{-1}y) = aa^{-1}y = y,$$

also ist h_a auch surjektiv.
Sei $G' := \{h_a \mid a \in G\}$. Da für beliebiges $x \in G$ $h_a(h_b(x)) = abx = h_{ab}(x)$
gilt, ist auch die Komposition zweier Abbildungen aus G' wieder in G'.
Wegen $h_1(x) = x$ für alle $x \in G$ liegt die identische Abbildung von G in G'.
Weiters ist mit jedem $h_a \in G'$ auch die inverse Abbildung $h_{a^{-1}}$ Element
von G. Somit bildet G' eine Untergruppe der symmetrischen Gruppe S_G
von G. Wie man sofort sieht, ist G' regulär.
Wir zeigen nun, daß die Abbildung $\varphi : G \to G'$, definiert durch $\varphi(a) = h_a$
für $a \in G$, ein Isomorphismus ist. φ ist injektiv, da aus $\varphi(a) = \varphi(b)$ die
Gleichung $h_a = h_b$ folgt und daher $h_a(1) = h_b(1)$ sein muß, also $a = b$.
Nach Definition von G' ist φ surjektiv. Schließlich folgt aus
$\varphi(ab) = h_{ab} = h_a h_b = \varphi(a)\varphi(b)$, daß φ auch ein Homomorphismus ist.
Somit ist φ wirklich ein Isomorphismus von G auf die reguläre
Permutationsgruppe G'.

Die Gruppe G' im Beweis von Satz 26.1 heißt die *linksreguläre Darstellung* von G. Ganz analog findet man eine zu G isomorphe Gruppe G''
(*rechtsreguläre Darstellung*), welche für $a \in G$ aus allen Permutationen
$f_a : G \to G$ besteht mit $f_a(x) = xa$.

Allgemein bezeichnet man eine homomorphe Abbildung einer Gruppe G in eine Gruppe $\bar{G}$ als *Darstellung* von G durch $\bar{G}$. Ist der Homomorphismus von G in $\bar{G}$ injektiv, so spricht man von einer *treuen* Darstellung.

Beispiel: Ist $G = Z_3 = \{1,a,b\}$, dann besteht G' aus den Permutationen

$$h_1 = \begin{pmatrix} 1ab \\ 1ab \end{pmatrix}, \quad h_a = \begin{pmatrix} 1ab \\ ab1 \end{pmatrix} \quad \text{und} \quad h_b = \begin{pmatrix} 1ab \\ b1a \end{pmatrix}.$$

G' ist also isomorph zu einer Untergruppe der S_3.

Ist U eine Untergruppe einer Gruppe G von endlichem Index und $t_1, t_2, \ldots, t_n$ ein vollständiges Vertretersystem von U in G, dann bekommt man eine Darstellung von G durch eine Permutationsgruppe vom Grad n, wenn man jedem $g \in G$ die Permutation

$$\begin{pmatrix} Ut_1 & Ut_2 & \ldots & Ut_n \\ Ut_1 g & Ut_2 g & \ldots & Ut_n g \end{pmatrix}$$

zuordnet. Man überzeugt sich leicht, daß diese Zuordnung ein Homomorphismus von G in S_n ist.

Das folgende Beispiel illustriert, wie man mit Hilfe von Darstellungen Informationen über die Struktur einer abstrakten Gruppe erhalten kann.

Beispiel: Die alternierende Gruppe A_5 besitzt keine echten Untergruppen von einem Index kleiner als 5.
Sei U eine echte Untergruppe von A_5 und $|A_5 : U| = n$. Nach dem oben Gesagten gibt es dann einen Homomorphismus $h : A_5 \to S_n$. Es sei K der Kern von h. Da A_5 eine einfache Gruppe ist (vgl. Abschnitt 21), ist $K = \{1\}$ oder $K = A_5$. Die zweite Möglichkeit kommt aber nicht in Frage, da U eine echte Untergruppe von A_5 ist und $|K| \leq |U| < |A_5|$ gilt. Also ist $K = \{1\}$, und h ist injektiv. Damit besteht das Bild von A_5 unter h aus zumindest 60 Elementen von S_n, und dies ist nur für $n \geq 5$ möglich.

In den folgenden Ausführungen in diesem Abschnitt beschränken wir uns auf Darstellungen endlicher Gruppen. Ziel der Darstellungstheorie ist es, abstrakte Gruppen G durch bekannte Gruppen $\bar{G}$ zu ersetzen. Sehr oft wählt man für $\bar{G}$ eine Gruppe von Matrizen oder eine Gruppe von linearen Operatoren eines Vektorraumes, da man in derartigen Gruppen das "Rechnen" sehr gut beherrscht. Außerdem kann man damit die Sätze der linearen Algebra zur Erforschung von Gruppeneigenschaften benützen.

Unter einer *Matrizendarstellung* einer Gruppe G vom Grad n über dem Körper K versteht man einen Homomorphismus h von G in die multiplikative Gruppe GL(n,K) aller nicht-singulären nxn-Matrizen über K (vgl. [9]).

Beispiel: Die durch Tabelle 26.1 gegebene Abbildung $h : S_3 \to GL(2,\mathbb{R})$ ist eine treue Darstellung der S_3.

G	$\begin{pmatrix} 123 \\ 123 \end{pmatrix}$	$\begin{pmatrix} 123 \\ 213 \end{pmatrix}$	$\begin{pmatrix} 123 \\ 321 \end{pmatrix}$	$\begin{pmatrix} 123 \\ 132 \end{pmatrix}$	$\begin{pmatrix} 123 \\ 231 \end{pmatrix}$	$\begin{pmatrix} 123 \\ 312 \end{pmatrix}$
$h(G)$	$\begin{pmatrix} 1 & 0 \\ 0 & 1 \end{pmatrix}$	$\begin{pmatrix} 0 & 1 \\ 1 & 0 \end{pmatrix}$	$\begin{pmatrix} -1 & 0 \\ -1 & 1 \end{pmatrix}$	$\begin{pmatrix} 1 & -1 \\ 0 & -1 \end{pmatrix}$	$\begin{pmatrix} 0 & -1 \\ 1 & -1 \end{pmatrix}$	$\begin{pmatrix} -1 & 1 \\ -1 & 0 \end{pmatrix}$

Tabelle 26.1

Zwei Darstellungen $h_1, h_2 : G \to GL(n,K)$ heißen *äquivalent,* falls es ein $M \in GL(n,k)$ gibt mit $h_2(g) = M h_1(g) M^{-1}$ für alle $g \in G$.

Wie man sich leicht überlegt, ist die Eigenschaft zweier Matrizendarstellungen einer Gruppe vom Grad n, äquivalent zu sein, eine Äquivalenzrelation in der Menge aller derartigen Darstellungen.

Unter dem *Charakter* k einer Matrizendarstellung h des Grades n einer Gruppe G versteht man die Summen der Elemente in den Hauptdiagonalen der Matrizen $h(a), a \in G$ (*Spuren* von $h(a)$).

Da für das Einselement 1 einer Gruppe G bei einer Matrizendarstellung $h(1) = E_n$ (Einheitsmatrix aus GL(n,K)) ist, gibt Spur $h(1) = n$ stets den Grad der Darstellung an.

Da beim Übergang einer Matrix $A \in GL(n,k)$ zu einer Matrix MAM^{-1} mit $M \in GL(n,K)$ die Spur invariant bleibt, haben äquivalente Matrizendarstellungen einer Gruppe den gleichen Charakter. Man kann unter gewissen Voraussetzungen sogar zeigen, daß eine Darstellung durch ihren Charakter bis auf Äquivalenz eindeutig bestimmt ist.

Für viele Anwendungen der Darstellungstheorie spielen die Charaktere eine wichtigere Rolle als die Darstellungen selbst. Die Darstellungstheorie ist eines der klassischen Anwendungsgebiete der Algebra. Viele ihrer außermathematischen Anwendungen beruhen auf Erkenntnisse über Symmetrieeigenschaften von Objekten, welche man mit Hilfe der Darstellungstheorie zur Problemlösung benützt. Wegen des großen Umfangs dieser Theorie und des Eigenlebens, das die Darstellungstheorie seit vielen Jahren entwickelt hat, wollen wir in diesem Buch auf die teilweise durchaus nicht elementaren Zusammenhänge, welche die Darstellungstheorie eröffnet, nicht eingehen. Für eine ausführliche Diskussion dieser Theorie seien dem interessierten Leser das bereits "klassische" Buch von Curtis/ Reiner [5] und das Buch von Serre [34] zum Studium empfohlen. Anwendungen der Darstellungstheorie in der Chemie und Physik (Theorie der molekularen Orbitale und Theorie der Vibrationen) können in knapper Form in Dorninger/Eigenthaler/Kaiser [7] nachgelesen werden.

Übungen

1. Man ermittle die rechtsreguläre Darstellung für die Kleinsche Vierergruppe V.

2. Man beweise: Ist G eine einfache Gruppe der Ordnung 168 und U eine echte Untergruppe von G, dann gilt $|G : U| \geq 6$.

3. Man ermittle eine treue Matrizendarstellung des Grades 2 für die Quaternionengruppe Q.

4. Man gebe eine zu der in Tabelle 26.1 angegebenen Matrizendarstellung äquivalente Darstellung an.

5. Man berechne den Charakter der Matrizendarstellung aus Tabelle 26.1.

V RINGE UND KÖRPER

EINLEITUNG

Wie wir schon anläßlich der Besprechung von Gruppen erwähnt haben, vollzog sich um die
Mitte des 19. Jahrhunderts in der Algebra ein Wandel vom Studium der Nullstellen von
Polynomen zur Erforschung algebraischer Strukturen. Wir wollen in diesem Kapitel den
Leser mit den wichtigsten Eigenschaften von jenen algebraischen Strukturen vertraut
machen, welche in dieser Zeit erstmals systematisch untersucht wurden und zwei binäre
Operationen, eine "Addition" und eine "Multiplikation" haben (Ringe, Integritätsbereiche, Körper). Wie sich leicht vermuten läßt, sind diese Strukturen in Anlehnung
an $\langle \mathbb{Z};+,\cdot\rangle$ und $\langle \mathbb{Q};+,\cdot\rangle$ definiert und eingeführt worden. Schon Abel und Galois haben
neben der Gruppenstruktur auch implizit Körper verwendet. Ernst E. Kummer (1810 - 1893)
studierte 1847 den Körper der Nullstellen von x^p-1 (Kreisteilungskörper).
Lejeune Dirichlet (Nachfolger von Gauß in Göttingen, (1805 - 1859)) gebrauchte 1871 als
erster die Bezeichnung Körper. Das Konzept eines Ringes geht auf die deutschen Mathematiker Richard Dedekind (1831 - 1916) und Leopold Kronecker (1823 - 1891) zurück. Bei
letzterem hießen Ringe noch "Ordnungen". Der Name "Ring" wurde von Hilbert eingeführt.
Die Existenz nicht-kommutativer Ringe und "Körper" war bis zur Entdeckung der Quater-
nionenalgebra durch Hamilton umstritten.
In Ringen können auch Beziehungen zwischen Addition und Multiplikation - wie z.B. die
Tatsache, daß die Multiplikation distributiv gegenüber der Addition ist - beschrieben
werden. Höhepunkt jeder klassischen Algebravorlesung war bislang (und ist häufig heute
noch) die sogenannte Galoische Theorie. Wir wollen in diesem Buch aus Platzgründen
auf eine vollständige Entwicklung dieser Theorie verzichten, uns aber dafür mehr den
Anwendungen widmen, und zwar neben einigen klassischen Anwendungen der Ring- und
Körpertheorie (Polynomringe, Funktionenringe, algebraische Charakterisierung von $\mathbb{Z}$ und
$\mathbb{Q}$, Konstruktionen mit Zirkel und Lineal) auch zur Zeit hochaktuellen außermathe-
matischen Anwendungen (Behebung von Störungen im Fernsprechverkehr, Anwendungen in der
EDV, Statistische Versuchsplanungen, Codierungstheorie und Kryptographie (Kapitel VI)).

27. GRUNDLAGEN

Gemäß Abschnitt 2 verstehen wir unter einem Ring eine Algebra $\langle R;+,\cdot,-,0\rangle$
vom Typ (2,2,1,0), in welcher die folgenden Axiome gelten:

(R 1) $\langle R;+,-,0\rangle$ ist eine abelsche Gruppe,

(R 2) $(xy)z = x(yz)$ für alle $x,y,z \in R$ (Assoziativgesetz der Multiplikation),

(R 3) $x(y+z) = (xy)+(xz)$ und $(x+y)z = (xz)+(yz)$ für alle $x,y,z \in R$

   (Distributivgesetze).

Gilt auch noch

(R 4) $xy = yx$ für alle $x,y \in R$ (Kommutativgesetz der Multiplikation),

   so heißt R ein kommutativer Ring.

Gibt es ein Element $1 \in R$ mit

(R 5) $1x = x1 = x$ für alle $x \in R$, dann wird R ein Ring mit Einselement 1

   genannt.

'Existiert in einem Ring $\langle R;+,\cdot,-,0\rangle$ ein Einselement 1, dann nehmen wir stets $1 \neq 0$ an. Wie wir in Satz 27.1, Behauptung (i) zeigen werden, würde $1 = 0$ nach sich ziehen, daß $R = \{0\}$ ist. Oft schreiben wir für Ringe $\langle R;+,\cdot,-,0\rangle$ auch nur kurz $\langle R;+,\cdot\rangle$ oder R.

$\mathbb{Z},\mathbb{Q},\mathbb{R}$ und $\mathbb{C}$ mit der gewöhnlichen Addition und Multiplikation sind kommutative Ringe mit Einselement. Auch die in Abschnitt 5 eingeführten Faktorringe $\mathbb{Z}/\theta_n, n \in \mathbb{N}$, sind kommutative Ringe mit Einselement. Diese Faktorringe heißen Restklassenringe (der ganzen Zahlen) modulo n, und wir werden sie künftig mit $\mathbb{Z}_n$ bezeichnen. Der Ring $\langle M_{2,2}(\mathbb{Z});+,\cdot\rangle$ aller 2x2-Matrizen über $\mathbb{Z}$ ist ein Beispiel für einen nicht-kommutativen Ring (vgl. Abschnitt 1). $M_{2,2}(\mathbb{Z})$ besitzt noch eine weitere vom Rechnen in $\mathbb{Z}$ her nicht bekannte Eigenschaft, nämlich, daß für $a,b \in M_{2,2}(\mathbb{Z})$ mit $a \neq \left(\begin{smallmatrix} 0 & 0 \\ 0 & 0 \end{smallmatrix}\right)$ und $b \neq \left(\begin{smallmatrix} 0 & 0 \\ 0 & 0 \end{smallmatrix}\right)$ das Produkt $ab = \left(\begin{smallmatrix} 0 & 0 \\ 0 & 0 \end{smallmatrix}\right)$ sein kann (z.B. für

$a = \left(\begin{smallmatrix} 1 & 0 \\ 0 & 0 \end{smallmatrix}\right)$, $b = \left(\begin{smallmatrix} 0 & 1 \\ 0 & 0 \end{smallmatrix}\right)$).

Elemente a,b aus einem Ring R mit $a \neq 0$, $b \neq 0$ und $ab = 0$ heißen *Nullteiler* (genauer: a heißt Linksnullteiler, b Rechtsnullteiler).

Auch Ringe von Funktionen besitzen häufig Nullteiler. Sei R^M die Menge aller Abbildungen von einer beliebigen Menge M in einen Ring $\langle R;+,\cdot\rangle$. Dann wird R^M durch Festlegung der folgenden binären Operationen $(f+g)(x) := f(x)+g(x)$ und $(f\cdot g)(x) := f(x)\cdot g(x)$, für alle $x \in M$, zu einem Ring. Der so erhaltene Ring $\langle R^M;+,\cdot\rangle$ heißt der *volle Funktionenring* über der Menge M mit Werten im Ring R. Sind M und R gleich der Menge der reellen Zahlen $\mathbb{R}$, so wird $\mathbb{R}^{\mathbb{R}}$ als *Ring aller reellen Funktionen* einer reellen Veränderlichen bezeichnet.
Sei Hom G die Menge aller Homomorphismen (Endomorphismen) von einer kommutativen Gruppe G in G. Definiert man für $h,g \in$ Hom G eine Addition durch $(h+g)(x) := h(x)+g(x)$ und eine Multiplikation durch $(h\circ g)(x) := h(g(x))$, für alle $x \in G$, so ist $\langle$Hom G$;+,\circ\rangle$ ein Ring, der sogenannte *Endomorphismenring* der kommutativen Gruppe G.

Der üblichen Konvention "Punktrechnung vor Strichrechnung" folgend, schreiben wir im folgenden etwa für $(x.y)+(u.v)$ kurz $x.y+u.v$. Oft schreiben wir auch xy statt $x.y$.

Weiters bezeichnen wir für a aus einem Ring R und $n \in \mathbb{N}$ mit na die Summe $a+a+...+a$ mit n Summanden, und für $a \in R$ und $0 \in \mathbb{Z}$ setzen wir $0a := 0$ (0 bezeichnet in dieser Gleichung links die Zahl $0 \in \mathbb{Z}$ und rechts das Nullelement $0 \in R$). Für $a \in R$ und $n \in \mathbb{Z}$ mit $n < 0$ versteht man unter na die n-fache Summe $(-a)+(-a)+...+(-a)$, sodaß nunmehr na für alle $n \in \mathbb{Z}$ und alle $a \in R$ definiert ist.

<u>Satz 27.1</u>: *In jedem Ring* $\langle R;+,\cdot,-,0\rangle$ *gilt für beliebige Elemente* $x,y \in R$
(i) $0x = x0 = 0$,
(ii) $x(-y) = (-x)y = -(xy)$,
(iii) $(-x)(-y) = xy$.

Beweis: (i) folgt aus $x0 = x(0+0) = x0+x0$ bzw. $0x = (0+0)x = 0x+0x$ nach
"Kürzung" von $x0$ bzw. $0x$ (vgl. Satz 1.5). $-(xy)$ bezeichnet das eindeutig
bestimmte additiv inverse Element von xy. Um $x(-y) = -(xy)$ nachzuweisen,
genügt es daher zu zeigen, daß $x(-y)$ ein additives Inverses von xy ist.
Das folgt aber sofort aus $x(-y)+xy = x((-y)+y) = x0 = 0$ und $xy+x(-y) = $
$x(y+(-y)) = x0 = 0$. Ebenso zeigt man $(-x)y = -(xy)$ und erhält (ii).
Nach (ii) gilt $(-x)(-y) = -(x(-y)) = -(-(xy))$. Wegen der Eindeutigkeit des
additiven inversen Elements von $-(xy)$ ist aber $-(-(xy)) = xy$, also folgt
(iii).

Für das weitere Verständnis ist es sehr wichtig, daß sich der Leser mit
derartigen Beweisen, bei denen ausgehend von den Axiomen einer Struktur
weitere Eigenschaften dieser Struktur abgeleitet werden, vertraut macht.
Um Fehler zu vermeiden, ist es notwendig, die Gültigkeit von Rechenregeln, welche man von $\mathbb{Z}$ oder $\mathbb{R}$ her kennt, nicht ohne vorhergehende
Überprüfung zu übernehmen.

Nach Abschnitt 2 bildet die Klasse aller Ringe eine Varietät. Ebenso
bilden die kommutativen Ringe, die Ringe mit Einselement und die kommutativen Ringe mit Einselement Varietäten.

Wir können daher die in den Abschnitten 2, 5 und 9 behandelten Begriffe
Unteralgebra, Homomorphismus, Faktoralgebra und *direktes Produkt* (bei
Ringen spricht man meistens von der *direkten Summe*) für alle diese
Varietäten übernehmen.

Beim Begriff Unterring ist zu beachten, daß ein Ring mit Einselement
aufgefaßt als Algebra $\langle R;+,\cdot,-,0,1\rangle$ andere Unterringe besitzen kann, als
wenn man den Ring als Algebra $\langle R;+,\cdot,-,0\rangle$ betrachtet. So ist z.B.
$2\mathbb{Z} := \{2x \mid x \in \mathbb{Z}\}$ ein Unterring von $\langle \mathbb{Z};+,\cdot,-,0\rangle$, jedoch nicht von
$\langle \mathbb{Z};+,\cdot,-,0,1\rangle$, da $1 \notin 2\mathbb{Z}$.

Ist U ein Unterring von R, so schreiben wir $U \leq R$; gilt zusätzlich $U \neq R$,
so schreiben wir $U < R$.

Nach Satz 19.2 ist eine Abbildung h von einem Ring $\langle R;+,\cdot,-,0\rangle$ in einen
Ring $\langle R';+',\cdot',-',0'\rangle$ bereits ein Homomorphismus, wenn für alle $x,y \in R$
die Bedingungen $h(x+y) = h(x)+'h(y)$ und $h(x\cdot y) = h(x)\cdot'h(y)$ erfüllt sind.
Ein bijektiver Homomorphismus heißt wieder Isomorphismus. Gibt es einen
Isomorphismus vom Ring R auf den Ring R', so sagen war "R und R' sind
zueinander isomorph" und schreiben $R \approx R'$.

Beispiele

1. Die Abbildung $h(x) = 2x$ definiert einen Isomorphismus von der Gruppe
   $<\mathbb{Z};+>$ auf die Gruppe $<2\mathbb{Z};+>$. Wegen $h(1 \cdot 1) = h(1) = 2 \cdot 1 = 2$ und
   $h(1) \cdot h(1) = (2 \cdot 1) \cdot (2 \cdot 1) = 4$ ist h jedoch kein Isomorphismus des Ringes
   $<\mathbb{Z};+,\cdot>$ auf den Ring $<2\mathbb{Z};+,\cdot>$.

2. Die Abbildung $h : <\mathbb{Z};+,\cdot> \to <\mathbb{Z}_n;+,\cdot>$, $n \in \mathbb{N}$, definiert durch $h(x) := \bar{x}$
   (Restklasse von x modulo n), ist ein Homomorphismus.

3. Alle Homomorphismen h von $<\mathbb{Z};+,\cdot>$ in $<\mathbb{Z};+,\cdot>$ sind gegeben durch die
   Abbildungen $h(x) = 0$ für alle $x \in \mathbb{Z}$ und $h(x) = x$ für alle $x \in \mathbb{Z}$. Klarerweise ist nämlich jeder Ringhomomorphismus $h : \mathbb{Z} \to \mathbb{Z}$ auch ein Homomorphismus von der Gruppe $<\mathbb{Z};+>$ in $<\mathbb{Z};+>$. Damit ist h aber bereits
   durch das Bild von der additiven Erzeugenden 1 eindeutig bestimmt,
   und es gilt $h(x) = h(x1) = xh(1)$ für alle $x \in \mathbb{Z}$. Wegen $h(xy) = h(xy1) =$
   $xyh(1)$ und $h(x)h(y) = xh(1)yh(1)$ für alle $x,y \in \mathbb{Z}$ muß jedoch
   $h(1) = h(1)h(1)$ sein, was nur für $h(1) = 0$ und $h(1) = 1$ erfüllt ist.
   Damit erhält man nur die beiden oben angegebenen Abbildungen, welche
   auch wirklich Homomorphismen von $<\mathbb{Z};+,\cdot>$ in $<\mathbb{Z};+,\cdot>$ sind.

4. $\mathbb{Z} \oplus \mathbb{Z}$ bildet bei komponentenweiser Addition und Multiplikation einen
   kommutativen Ring mit Einselement. Das Nullelement ist $(0,0)$, das
   additive Inverse zu (x,y) ist $(-x,-y)$, das Einselement ist $(1,1)$.
   Wegen $(1,0) \cdot (0,1) = (0,0)$ besitzt $<\mathbb{Z} \oplus \mathbb{Z};+,\cdot>$ Nullteiler, obwohl $\mathbb{Z}$
   selbst nullteilerfrei ist.

Das Fehlen eines Einselementes in einem Ring ist nicht gravierend.
Es gilt nämlich

<u>Satz 27.2</u>: *Man kann jeden Ring $<R;+,\cdot,-,0>$ isomorph in einen Ring
$<R';+,\cdot,-,0,1>$ mit Einselement einbetten, d.h. es gibt einen Isomorphismus von R auf einen Unterring eines Ringes R' mit Einselement.*

Beweis: Sei $R' = \mathbb{Z} \times R = \{(n,r) \mid n \in \mathbb{Z}, r \in R\}$. Man prüft leicht nach, daß $\mathbb{Z} \times R$
bezüglich der folgenden Operationen einen Ring bildet:

$$(n_1,r_1) + (n_2,r_2) := (n_1+n_2, r_1+r_2),$$

$$(n_1,r_1) \cdot (n_2,r_2) := (n_1 n_2, n_1 r_2 + n_2 r_1 + r_1 r_2).$$

Wegen $(1,0) \cdot (n,r) = (n,r) \cdot (1,0) = (n,r)$, für alle $(n,r) \in \mathbb{Z} \times R$, ist $(1,0)$
ein Einselement von $<\mathbb{Z} \times R;+,\cdot>$. Wie man sofort sieht, ist die Abbildung
$h : R \to \mathbb{Z} \times R$, definiert durch $h(r) := (0,r)$, ein Isomorphismus von R auf den
Unterring $\{(0,r) \mid r \in R\}$ von R.

Ein kommutativer Ring mit Einselement ohne Nullteiler heißt ein *Integritätsbereich*.

Die Ringe $\mathbb{Z},\mathbb{Q},\mathbb{R}$ und $\mathbb{C}$ sind Integritätsbereiche. Wie man leicht nachprüft, sind auch $\mathbb{Z}_2,\mathbb{Z}_3$ und $\mathbb{Z}_5$ Integritätsbereiche. $\mathbb{Z}_4$ und $M_{2,2}(\mathbb{Z})$ sind
keine Integritätsbereiche.

Ein Element u eines Ringes R mit Einselement heißt eine *Einheit* von R,
falls u ein multiplikatives Inverses besitzt.

In einem Ring mit Einselement 1 sind die Elemente 1 und -1 stets Einheiten. In $\mathbb{Z}$ sind die Elemente 1 und -1 die einzigen Einheiten. Das Nullelement 0 und die Nullteiler eines Ringes R besitzen niemals multiplikative Inverse, d.h. sind nie Einheiten. Bei 0 folgt dies sofort aus $0x = 0$
für alle $x \in R$. Ist a ein Nullteiler aus R, dann gilt $a \neq 0$, und es gibt
ein $b \neq 0$ aus R mit $ab = 0$. Wäre nun a^{-1} ein multiplikatives Inverses von
a, dann würde aus $a^{-1}a = 1$ die Gleichung $0 = a^{-1}0 = a^{-1}(ab) = (a^{-1}a)b = 1b = b$
folgen, ein Widerspruch zu $b \neq 0$.

Ist in einem Ring R mit Einselement jedes von 0 verschiedene Element
eine Einheit, dann heißt R ein *Schiefkörper*. Einen *Körper* (vgl. Abschnitt 2) kann man dann auch als kommutativen Schiefkörper definieren.

Wir beweisen nun eine Reihe von Sätzen, welche gewisse Zusammenhänge
zwischen Integritätsbereichen, Körpern und Schiefkörpern aufzeigen.

Satz 27.3: *Jeder Körper K ist ein Integritätsbereich.*

Beweis: Seien $a,b \in K$ und $a \neq 0$. Dann existiert ein multiplikatives Inverses a^{-1} zu a in K. Nach obigem kann daher a kein Nullteiler sein.
Es gibt also keine Nullteiler in K. Alle weiteren Axiome, durch welche
ein Integritätsbereich definiert wird, sind auch Körperaxiome.

Satz 27.4: *Jeder endliche Integritätsbereich I ist ein Körper.*

Beweis: Wir beweisen zunächst, daß $\langle I-\{0\};\cdot\rangle$ eine reguläre Halbgruppe
(vgl. Satz 18.4) ist. Wegen der Kommutativität der Multiplikation genügt
es dabei zu zeigen, daß für $a,x,y \in I-\{0\}$ aus $ax = ay$ stets $x = y$ folgt.
Das ist aber richtig, da $ax = ay$ die Gleichung $a(x-y) = 0$ nach sich zieht
und daraus wegen der Nullteilerfreiheit $x = y$ folgt. Nach Satz 18.4 ist
daher $\langle I-\{0\};\cdot\rangle$ eine Gruppe und somit $\langle I;+,\cdot\rangle$ ein Körper.

Ohne Beweis geben wir den folgenden berühmten *Satz von Wedderburn* (1882 -
1948) an, welcher eine große Rolle beim Studium endlicher Geometrien
spielt.

Satz 27.5: *Jeder endliche Schiefkörper ist ein Körper.*

Gibt es in einem Ring R eine natürliche Zahl n mit $nx = 0$ für alle $x \in R$,
dann wird das kleinste natürliche n mit dieser Eigenschaft die *Charakteristik* von R genannt.

Existiert keine natürliche Zahl n mit dieser Eigenschaft, dann heißt R
von der *Charakteristik* 0.

Das Konzept der Charakteristik ist für uns vor allem bei Körpern und
Integritätsbereichen von Bedeutung. Die Charakteristik von Z_n ist n.
Z, Q, IR und C haben die Charakteristik 0.

Satz 27.6: *Ist R ein Ring mit Einselement 1, dann hat R genau dann die
Charakteristik* $n \in IN$, *wenn* n *die kleinste natürliche Zahl mit* $n1 = 0$ *ist.*

Beweis: Besitzt R die Charakteristik n, dann gilt $n1 = 0$.
Ist umgekehrt n die kleinste natürliche Zahl mit $n1 = 0$, so folgt
$nx = x+\ldots+x = x(1+\ldots+1) = x(n1) = x0 = 0$ für alle $x \in R$, also hat R die
Charakteristik n.

Ein wichtiges Beispiel für Ringe mit der Charakteristik 2 sind die sogenannten Booleschen Ringe, welche wir im folgenden kurz besprechen
werden.

Ein Element x eines Ringes heißt *idempotent*, wenn $x^2 = x$ gilt.

Unter einem *Booleschen Ring* versteht man einen Ring, in dem jedes Element idempotent ist.

Hilfssatz 27.7: *In einem Booleschen Ring R gelten die Beziehungen*
(i) $2x = 0$ *für alle* $x \in R$,
(ii) $xy = yx$ *für alle* $x, y \in R$,
(iii) $xy(x+y) = 0$ *für alle* $x, y \in R$.

Beweis: (i) Aus $(x+x)^2 = x+x$ für alle $x \in R$ folgt $4x^2 = 4x = 2x$ und daraus
$2x = 0$
(ii) Aus $(x+y)^2 = x+y$ für alle $x, y \in R$ ergibt sich $x^2+xy+yx+y^2 = x+y$, also
$xy+yx = 0$, und daraus wegen (i) $xy = yx$.
(iii) $xy(x+y) = xyx+xyy = x^2y+xy^2 = xy+xy = 0$ für alle $x, y \in R$.

Einen Zusammenhang zwischen Booleschen Ringen und Booleschen Algebren
stellt der folgende Satz her:

Satz 27.8: *Definiert man in einem Booleschen Ring* <R;+,·,-,0,1> *mit Einselement 1 Operationen* U, ∩ *und* ' *durch*

$$x \cup y := x+y+x \cdot y, \quad x \cap y := x \cdot y \quad \text{und} \quad x' := 1-x,$$

so ist <R;U,∩,',0,1> *eine Boolesche Algebra.*

Beweis: Wegen $(x \cup y) \cup z = (x+y+xy)+z+(x+y+xy)z = x+(y+z+yz)+x(y+z+yz) =$
$x \cup (y \cup z)$ und $(x \cap y) \cap z = (xy)z = x(yz) = x \cap (y \cap z)$ sind die Operationen U und ∩
assoziativ. Die Kommutativität von U und ∩ folgt aus $x \cup y = x+y+xy =$
$y+x+yx = y \cup x$ und $x \cap y = xy = yx = y \cap x$. Auch die Verschmelzungsgesetze und die

Distributivgesetze ergeben sich durch einfaches Nachrechnen. Wie man sofort sieht, ist das Nullelement 0 des Ringes das neutrale Element gegenüber $\cup$ und das Einselement 1 das neutrale Element gegenüber $\cap$.

Umgekehrt kann man zeigen (vgl. Übungsbeispiel 9), daß man aus jeder Potenzmengenalgebra $\langle P(\Omega);\cup,\cap,',\emptyset,\Omega\rangle$, wenn man für $A,B \in P(\Omega)$ Operationen $A+B := (A\cup B)-(A\cap B)$ und $A\cdot B := A\cap B$ definiert, einen Booleschen Ring $\langle P(\Omega);+,\cdot\rangle$ mit Einselement erhält. (Ganz allgemein kann man beweisen, daß zu jeder Booleschen Algebra ein Boolescher Ring angebbar ist, sodaß bei der gefundenen Zuordnung die Booleschen Algebren und Booleschen Ringe mit Einselement einander bijektiv entsprechen.

Nun wollen wir noch für $n \in \mathbb{N}$ Eigenschaften von $\langle \mathbb{Z}_n;+,\cdot\rangle$ studieren. Es gilt

<u>Hilfssatz 27.9</u>: *In $\langle \mathbb{Z}_n;+,\cdot\rangle$ sind genau jene vom Nullelement verschiedenen Elemente Nullteiler, deren Vertreter nicht relativ prim zu n sind.*

Beweis: Für $a,b \in \mathbb{Z}$ bezeichne (a,b) den größten gemeinsamen Teiler dieser beiden Zahlen. Ist nun $\bar{m} \in \mathbb{Z}_n$, $\bar{m} \neq \bar{0}$ und $(m,n) = d \neq 1$, so gilt $\overline{m\frac{n}{d}} = \overline{\frac{m}{d}n} = \bar{0}$, obwohl $\bar{m} \neq \bar{0}$ und $\overline{(\frac{n}{d})} \neq \bar{0}$ ist. Damit ist $\bar{m}$ ein Nullteiler.

Sei umgekehrt $\bar{m} \in \mathbb{Z}_n$ mit $(m,n) = 1$. Angenommen, es gäbe ein $\bar{s} \in \mathbb{Z}_n$, sodaß $\overline{ms} = \bar{0}$. Dann muß n ein Teiler von ms sein, und wegen $(m,n) = 1$ folgt, daß n das s teilt, d.h. $\bar{s} = \bar{0}$.

<u>Folgerung 27.10</u>: *$\langle \mathbb{Z}_p;+,\cdot\rangle$ ist genau dann ein Integritätsbereich, wenn p eine Primzahl ist.*

Nach Satz 27.4 ist $\langle \mathbb{Z}_p;+,\cdot\rangle$, p Primzahl, sogar ein Körper. Die Charakteristik dieses Körpers ist p. Da die von $\bar{0}$ verschiedenen Elemente von $\mathbb{Z}_p$ - ihre Anzahl ist $p-1$ - eine Gruppe gegenüber der Multiplikation modulo p bilden, gilt nach Satz 18.13 (Fermat) für alle $a \in \mathbb{Z}_p$ mit $a \neq \bar{0}$ die Beziehung $a^{p-1} = \bar{1}$. Anders ausgedrückt, gilt für $x \in \mathbb{Z}$, p Primzahl mit $(x,p) = 1$ die Beziehung $x^{p-1} \equiv 1 \bmod p$.
Ganz analog kann man sich überlegen (siehe Satz 18.4), daß die Menge G_n aller vom Nullelement verschiedenen Nicht-Nullteiler von $\mathbb{Z}_n, n \in \mathbb{N}$, eine Gruppe bezüglich der Multiplikation modulo n bildet. Bezeichnet man die Anzahl der natürlichen Zahlen $\leq n$, welche relativ prim zu n sind, mit $\varphi(n)$ (Euler'sche φ-Funktion), dann folgt

<u>Satz von Euler</u> (Leonhard Euler (1707 - 1783), Schweizer Mathematiker): *Ist $x \in \mathbb{Z}$ mit $(x,n) = 1$, dann gilt $x^{\varphi(n)} \equiv 1 \bmod n$.*

Zum Abschluß geben wir noch (bis aus Isomorphie) die Additions- und Multiplikationstafeln der Ringe bis zur Ordnung 6 an. Dabei schreiben

240

wir zu jeder Additionstafel alle möglichen Tafeln für die Multiplikation,
sodaß Additions- und Multiplikationstafel jeweils einen Ring festlegen.

Ring der Ordnung 1

+	0
0	0

·	0
0	0

Ringe der Ordnung 2

+	0	a
0	0	a
a	a	0

$\cdot_1$	0	a
0	0	0
a	0	0

$\cdot_2$	0	1
0	0	0
a	0	a

Ringe der Ordnung 3

+	0	a	b
0	0	a	b
a	a	b	0
b	b	0	a

$\cdot_1$	0	a	b
0	0	0	0
a	0	0	0
b	0	0	0

$\cdot_2$	0	a	b
0	0	0	0
a	0	a	b
b	0	b	a

Ringe der Ordnung 4

$+_1$	0	a	b	c
0	0	a	b	c
a	a	b	c	0
b	b	c	0	a
c	c	0	a	b

$\cdot_1$	0	a	b	c
0	0	0	0	0
a	0	0	0	0
b	0	0	0	0
c	0	0	0	0

$\cdot_2$	0	a	b	c
0	0	0	0	0
a	0	b	0	b
b	0	0	0	0
c	0	b	0	b

$\cdot_3$	0	a	b	c
0	0	0	0	0
a	0	a	b	c
b	0	b	0	b
c	0	c	b	a

$+_2$	0	a	b	c
0	0	a	b	c
a	a	0	c	b
b	b	c	0	a
c	c	b	a	0

$\cdot_4$	0	a	b	c
0	0	0	0	0
a	0	0	0	0
b	0	0	0	0
c	0	0	0	0

$\cdot_5$	0	a	b	c
0	0	0	0	0
a	0	a	b	c
b	0	b	b	0
c	0	c	0	c

$\cdot_6$	0	a	b	c
0	0	0	0	0
a	0	a	b	c
b	0	b	0	b
c	0	c	b	0

$\cdot_7$	0	a	b	c
0	0	0	0	0
a	0	0	0	0
b	0	0	a	a
c	0	0	a	a

$\cdot_8$	0	a	b	c
0	0	0	0	0
a	0	0	0	0
b	0	0	b	b
c	0	0	b	b

$\cdot_9$	0	a	b	c
0	0	0	0	0
a	0	a	b	c
b	0	b	c	a
c	0	c	a	b

$\cdot_{10}$	0	a	b	c
0	0	0	0	0
a	0	0	0	0
b	0	a	b	c
c	0	a	b	c

$\cdot_{11}$	0	a	b	c
0	0	0	0	0
a	0	0	a	a
b	0	0	b	b
c	0	0	c	c

Ringe der Ordnung 5

+	0	a	b	c	d
0	0	a	b	c	d
a	a	b	c	d	0
b	b	c	d	0	a
c	c	d	0	a	b
d	d	0	a	b	c

$\cdot_1$	0	a	b	c	d
0	0	0	0	0	0
a	0	0	0	0	0
b	0	0	0	0	0
c	0	0	0	0	0
d	0	0	0	0	0

$\cdot_2$	0	a	b	c	d
0	0	0	0	0	0
a	0	a	b	c	d
b	0	b	d	a	c
c	0	c	a	d	b
d	0	d	c	b	a

Ringe der Ordnung 6

+	0	a	b	c	d	e
0	0	a	b	c	d	e
a	a	b	c	d	e	0
b	b	c	d	e	0	a
c	c	d	e	0	a	b
d	d	e	0	a	b	c
e	e	0	a	b	c	d

$\cdot_1$	0	a	b	c	d	e
0	0	0	0	0	0	0
a	0	0	0	0	0	0
b	0	0	0	0	0	0
c	0	0	0	0	0	0
d	0	0	0	0	0	0
e	0	0	0	0	0	0

$\cdot_2$	0	a	b	c	d	e
0	0	0	0	0	0	0
a	0	a	b	c	d	e
b	0	b	d	0	b	d
c	0	c	0	c	0	c
d	0	d	b	0	d	b
e	0	e	d	c	b	a

$\cdot_3$	0	a	b	c	d	e
0	0	0	0	0	0	0
a	0	d	b	0	d	b
b	0	b	d	0	b	d
c	0	0	0	0	0	0
d	0	d	b	0	d	b
e	0	b	d	0	b	d

$\cdot_4$	0	a	b	c	d	e
0	0	0	0	0	0	0
a	0	c	0	c	0	c
b	0	0	0	0	0	0
c	0	c	0	c	0	c
d	0	0	0	0	0	0
e	0	c	0	c	0	c

Tabelle 27.1

<u>Übungen</u>

1. Welche der folgenden Mengen bilden bezüglich der angegebenen Operationen Ringe?
   a) Die ganzen Zahlen mit der gewöhnlichen Addition und Multiplikation.
   b) Die nicht-negativen ganzen Zahlen mit der gewöhnlichen Addition und Multiplikation.
   c) $\mathbb{Z} \oplus \mathbb{Z}$ mit komponentenweiser Addition und Multiplikation.
   d) Die Menge $\{3x \mid x \in \mathbb{Z}\}$ mit der gewöhnlichen Addition und Multiplikation.

2. Sind die folgenden Aussagen wahr oder falsch?
   a) Jeder Körper ist ein Ring mit Einselement.
   b) $\mathbb{Z}_n$ ist ein Unterring von $\mathbb{Z}$.
   c) Die Charakteristik eines Unterringes eines Ringes R ist stets gleich der Charakteristik von R.
   d) Jeder Integritätsbereich mit der Charakteristik 0 ist unendlich.
   e) Es gibt einen Körper der Ordnung 7.
   f) Jeder endliche Ring ist nullteilerfrei.
   g) Jeder nullteilerfreie Ring kann in einen nullteilerfreien Ring mit Einselement eingebettet werden.

3. Gibt es Boolesche Integritätsbereiche, d.h. Boolesche Ringe mit Einselement ohne Nullteiler?

4. Welche der in Tabelle 27.1 angegebenen Ringe besitzen ein Einselement, welche sind kommutativ, welche besitzen Nullteiler?

5. Sei $R = \{0,1,2,3\}$. Man zeige: Die folgenden Operationstafeln lassen sich auf
   höchstens eine Art so vervollständigen, daß $\langle R;+,\cdot\rangle$ ein Ring ist. Definiert die
   vervollständigte Multiplikationstafel eine kommutative Multiplikation? Gibt es
   ein Einselement?

+	0	1	2	3		$\cdot$	0	1	2	3
0	0	1	2	3		0	0	0	0	0
1	1	0	3	2		1	0	1		
2	2	3	0	1		2	0			0
3	3	2	1	0		3	0	1	2	

6. Sei k eine beliebige feste natürliche Zahl. Man zeige, daß die Menge $\{a+b\sqrt{k}\,|\,a,b\in\mathbb{Z}\}$
   mit der gewöhnlichen Addition und Multiplikation von Zahlen einen Integritäts-
   bereich bildet.

7. Man gebe ein Beispiel für einen Ring mit Einselement 1 an, welcher eine Teilmenge
   besitzt, die selbst wieder ein Ring mit Einselement $1' \neq 1$ ist.

8. Man bestimme alle Unterringe von $\langle\mathbb{Z};+,\cdot\rangle$.

9. Man zeige, daß die Potenzmenge $P(M)$ einer Menge M mit den für $A,B\in P(M)$ definierten
   Operationen
   $$A+B := (A\cup B)-(A\cap B) \quad \text{und} \quad A\cdot B := A\cap B$$
   einen Booleschen Ring mit Einselement bildet.

10. Man bestimme die Multiplikationstafel der vom Nullelement verschiedenen Nicht-
    Nullteiler von $\mathbb{Z}_{10}$.

11. Man berechne den Rest von 9^{515} bei Division durch 13.

12. Welche der folgenden Ringe sind Integritätsbereiche, und welche sind Körper?
    a) $\mathbb{Z}_2 \oplus \mathbb{Z}_2$
    b) $\mathbb{Z} \oplus \mathbb{R}$
    c) $\langle P(\{a\});+,\cdot\rangle$, wobei $A+B := (A\cup B)-(A\cap B)$ und $A\cdot B := A\cap B$ für $a,B\in P(\{a\})$.

13. Man zeige, daß die Teilmenge $C(\mathbb{R})$ aller stetigen Funktionen einen Unterring von
    $\langle\mathbb{R}^{\mathbb{R}};+,\cdot\rangle$ bildet.

14. Sei R ein Ring mit Einselement 1. Man zeige, daß $\{n1\,|\,n\in\mathbb{Z}\}$ ein Unterring von R ist,
    welcher in allen Unterringen (mit Einselement 1) von R enthalten ist.

15. Man beweise, daß in einem Ring mit Einselement das Kommutativgesetz der Addition
    eine Folgerung aus den restlichen Ringaxiomen ist.

16. Man zeige, daß ein endlicher Ring, welcher außer dem Nullelement nocht weitere
    Nicht-Nullteiler besitzt, ein Einselement hat.

28. FAKTORRINGE UND QUOTIENTENRINGE (RINGE VON QUOTIENTEN)

Die Bildung von direkten Summen von Ringen und von Faktorringen (Rest-
klassenringen) geht ganz analog zu der in Abschnitt 19 für Gruppen ent-
wickelten Theorie. Eine weitere Methode, aus gegebenen Ringen neue
Ringe zu erhalten, ist die Bildung von Quotientenringen. Dieses Verfahren
wird insbesondere zur Konstruktion der rationalen Zahlen $\mathbb{Q}$ aus den ganzen
Zahlen $\mathbb{Z}$ verwendet.

Nach Abschnitt 5 und Satz 19.2 ist eine Abbildung h von einem Ring $\langle R;+,\cdot,-,0\rangle$ in einen Ring $\langle R';+',\cdot',-',0'\rangle$ genau dann ein Homomorphismus, wenn für alle $x,y \in R$ die Beziehungen $h(x+y) = h(x)+'h(y)$ und $h(x\cdot g) = h(x)\cdot'h(y)$ gelten.

Wie man sich leicht überlegt, ist die Abbildung $h : \langle \mathbf{Z};+,\cdot\rangle \to \langle \mathbf{Z}_n;+,\cdot\rangle$, welche definiert wird durch $h(x) := \bar{x}$ für alle $x \in \mathbf{Z}$, ein Homomorphismus.

Klarerweise gilt der allgemeine Homomorphiesatz 5.2 auch für Ringe und hat dann die Gestalt

<u>Satz 28.1</u> (*Homomorphiesatz für Ringe*): *Sei* h *ein Homomorphismus des Ringes* R *auf den Ring* R'. *Dann gibt es eine Kongruenzrelation* Θ *auf* R, *sodaß* R' *isomorph zum Faktorring* R'/Θ *ist.*

Eine Teilmenge N eines Ringes R heißt ein *Ideal* von R, wenn gilt:
1. N ist eine Untergruppe von $\langle R;+\rangle$.
2. Für alle $a \in N$ und alle $r \in R$ ist auch $ra \in N$ und $ar \in N$.

Das folgende Kriterium erweist sich als zweckmäßig bei der Überprüfung, ob eine Teilmenge eines Ringes ein Ideal bildet.

<u>Hilfssatz 28.2</u>: *Eine Teilmenge* N *eines Ringes* $\langle R;+,\cdot,-,0\rangle$ *ist genau dann ein Ideal von* R, *wenn*
(i) $0 \in N$ *ist,*
(ii) *mit* $a,b \in N$ *auch* $a-b \in N$ *ist,*
(iii) *für alle* $a \in N$ *und alle* $r \in R$ *auch* $ra \in N$ *und* $ar \in N$ *ist.*

Beweis: Ist N ein Ideal, dann erfüllt N die Bedingung (iii) und, da N eine Untergruppe von R ist, auch die Bedingungen (i) und (ii).
Erfüllt umgekehrt eine Teilmenge N von R die Bedingungen (i), (ii) und (iii), dann ist für jedes $a \in N$ auch $0-a = -a \in N$. Also sind mit $a,b \in N$ auch $a,-b \in N$ und daher $a-(-b) = a+b \in N$. Nach Satz 18.8 ist N daher eine Untergruppe der kommutativen Gruppe $\langle R;+\rangle$.

Wie man sofort sieht, besitzt jeder Ring $\langle R;+,\cdot,-,0\rangle$ die Ideale $\{0\}$ und R. Diese Ideale werden die *trivialen Ideale* des Ringes genannt.

Ganz analog wie in Abschnitt 19 für Gruppen kann man auch für Ringe zeigen, daß zwischen den Kongruenzrelationen eines Ringes und seinen Idealen eine bijektive Zuordnung besteht. Entspricht bei dieser Zuordnung der Kongruenzrelation Θ des Ringes R das Ideal N von R, dann sind die Kongruenzklassen von Θ gleich den Nebenklassen von $\langle R;+\rangle$ nach N.

Somit spielen Ideale für Ringe dieselbe Rolle wie Normalteiler bei Gruppen. Z.B. gilt auch der Satz:

Ein Ring $\langle R;+,\cdot,-,0\rangle$ ist genau dann einfach, wenn er nur die beiden trivialen Ideale $\{0\}$ und R enthält.

Ist h ein Homomorphismus von einem Ring $\langle R;+,\cdot,-,0\rangle$ in einen Ring $\langle R';+',\cdot',-',0'\rangle$, so ist sofort zu sehen, daß die in Satz 19.6 definierte Teilmenge $K = \{x \in R \mid h(x) = 0\}$ von R, genannt der *Kern* K von R unter h, nicht nur ein Normalteiler von $\langle R;+\rangle$ ist, sondern sogar ein Ideal von $\langle R;+,\cdot,-,0\rangle$ bildet.

Beispiel: Wir betrachten den Ring der ganzen Zahlen $\langle \mathbb{Z};+,.\rangle$. Die einzigen Untergruppen von $\langle \mathbb{Z};+\rangle$ sind die Teilmengen $n\mathbb{Z}$, $n \in \mathbb{N}_0$. Offensichtlich ist für jedes $m \in n\mathbb{Z}$ und jedes $r \in \mathbb{Z}$ auch $rm = mr$ wieder aus $n\mathbb{Z}$. Daher ist $n\mathbb{Z}$ ein Ideal von $\langle \mathbb{Z};+,\cdot\rangle$, und die Nebenklassen $x+n\mathbb{Z}, x \in \mathbb{Z}$, bilden einen Ring $\mathbb{Z}/n\mathbb{Z}$. Nun ist aber sofort zu sehen, daß die durch $h(\bar{x}) = x+n\mathbb{Z}$ für alle $\bar{x} \in \mathbb{Z}_n$ definierte Abbildung $h : \langle \mathbb{Z}_n;+,\cdot\rangle \to \langle \mathbb{Z}/n\mathbb{Z};+,\cdot\rangle$ ein Isomorphismus ist. (Es gilt ja $h(\bar{x}+\bar{y}) = h(\overline{x+y}) = (x+y)+n\mathbb{Z} = (x+n\mathbb{Z})+(y+n\mathbb{Z}) = h(\bar{x})+h(\bar{y})$ und $h(\bar{x}\cdot\bar{y}) = h(\overline{x\cdot y}) = x\cdot y+n\mathbb{Z} = (x+n\mathbb{Z})\cdot(y+n\mathbb{Z}) = h(\bar{x})\cdot h(\bar{y})$.) Daher ist $\mathbb{Z}_n \simeq \mathbb{Z}/n\mathbb{Z}$ bzw. $\mathbb{Z} \simeq \mathbb{Z}/\{0\}$.

<u>Satz 28.3</u>: *Ist R ein Ring mit Einselement und N ein Ideal von R, welches eine Einheit enthält, dann gilt N = R.*

Beweis: Sei N ein Ideal von R und e eine Einheit von R mit $e \in N$. Dann ist auch $e^{-1}e = 1 \in N$, und damit ist $r1 = r \in N$ für alle $r \in R$, d.h. N = R.

Aus Satz 28.3 folgt unmittelbar (was auf direktem Weg bereits in Übungsaufgabe 3 in Abschnitt 5 herzuleiten war):

<u>Folgerung 28.4</u>: *Ein Körper K besitzt nur die trivialen Ideale.*

Beweis: Da in K jedes von 0 verschiedene Element eine Einheit ist, muß jedes von $\{0\}$ verschiedene Ideal von K gleich K sein.

Wir untersuchen nun die Frage, wann der Faktorring eines Ringes ein Körper bzw. ein Integritätsbereich ist. Dazu benötigen wir das Studium spezieller Ideale.

Ein *Ideal* M eines Ringes R heißt *maximal*, wenn M von R verschieden ist und es kein Ideal N von R mit $N \neq R$ gibt (*eigentliches* oder *echtes Ideal* von R), welches M echt umfaßt.

<u>Satz 28.5</u>: *Sei R ein kommutativer Ring mit Einselement und M ein Ideal von R. Dann ist R/M genau dann ein Körper, wenn M ein maximales Ideal von R ist.*

Beweis: Sei M ein maximales Ideal von R. Da $M \neq R$ ist, besteht R/M nicht nur aus einem Element. Sei $a+M \in R/M$ mit $a+M \neq M$. Dann ist zu zeigen, daß $a+M$ ein multiplikatives Inverses besitzt. Wir definieren

$N := \{ra+m \mid r \in R, m \in M\}$. Wie man leicht nachprüft, ist N ein Ideal von R. Wegen $a = 1a+0$ gilt $a \in N$. Für alle $m \in M$ ist $m = 0m+m$, also folgt $M \subseteq N$. Da $a \in N$ aber $a \notin M$, ist $M \neq N$. Wegen der Maximalität von M muß dann aber $N = R$ gelten, was bedeutet daß $1 \in N$ ist. Folglich gibt es ein $b \in R$ und ein $m \in M$ mit $1 = ba+m$. Also gilt $1+M = ba+M = (b+M)(a+M)$, d.h. die Nebenklasse $b+M$ ist invers zu $a+M$.

Sei umgekehrt R/M ein Körper. Ist N ein Ideal mit $M \subset N \subset R$ und h_Θ der natürliche Homomorphismus von R auf R/M, dann ist $h_\Theta(N)$ ein Ideal von R/M - das Bild eines Ideales unter einem Homomorphismus ist wieder ein Ideal - mit $\{0+M\} \subset h_\Theta(N) \subset R/M$. Das ist jedoch ein Widerspruch dazu, daß R/M nur die trivialen Ideale besitzt. Also ist M maximal.

Wir können nun leicht nachweisen, daß Körper durch die in Folgerung 28.4 ausgesprochene Eigenschaft charakterisiert werden.

Folgerung 28.6: *Ein kommutativer Ring mit Einselement ist genau dann ein Körper, wenn er nur die trivialen Ideale besitzt.*

Beweis: Daß ein Körper nur die trivialen Ideale besitzt, wurde in Folgerung 28.4 bewiesen.
Ist umgekehrt R ein kommutativer Ring mit Einselement, welcher nur die trivialen Ideale besitzt, dann ist $\{0\}$ maximal in R und demnach $R/\{0\} \simeq R$ ein Körper.

Auch die Frage, wann ein Faktorring eines kommutativen Ringes R mit Einselement nach einem Ideal N ein Integritätsbereich ist, kann leicht beantwortet werden. R/N ist genau dann ein Integritätsbereich, wenn für Nebenklassen $a+N, b+N \in R/N$ aus $(a+N)(b+N) = N$ stets $a+N = N$ oder $b+N = N$ folgt. Dies ist gleichbedeutend damit, daß für $a,b \in R$ mit $ab \in N$ stets $a \in N$ oder $b \in N$ folgt.
Dies führt zu folgender Definition:

Ein Ideal $N \neq R$ eines kommutativen Ringes R heißt ein *Primideal*, wenn für alle $a,b \in R$ mit $ab \in N$ stets $a \in N$ oder $b \in N$.

Und es folgt

Satz 28.7: *Sei R ein kommutativer Ring mit Einselement und $N \neq R$ ein Ideal von R. Dann ist R/N genau dann ein Integritätsbereich, wenn N ein Primideal von R ist.*

Da jeder Körper ein Integritätsbereich ist, erhalten wir ferner

Folgerung 28.9: *In einem kommutativen Ring mit Einselement ist jedes maximale Ideal auch ein Primideal.*

Die folgende Übersicht gibt eine Zusammenstellung der soeben bewiesenen
Tatsachen.

R kommutativer Ring mit Einselement

M *maximales Ideal von R* $\leftrightarrow$ R/M *Körper*
N *Primideal von R* $\leftrightarrow$ R/N *Integritätsbereich*
M *maximales Ideal von R* $\rightarrow$ M *Primideal von R*

Beispiel: $\mathbb{Z}$ besitzt bis auf Isomorphie genau die Faktorringe $\mathbb{Z}$ und
$\mathbb{Z}_n$ ($n \in \mathbb{N}$). Nach Folgerung 27.10 ist $\mathbb{Z}_n$ genau dann ein Integritätsbereich,
wenn n eine Primzahl p ist. Also ist $p\mathbb{Z}$ genau für Primzahlen p ein Prim-
ideal von $\mathbb{Z}$, d.h., mit $rs \in p\mathbb{Z}$ folgt $r \in p\mathbb{Z}$ oder $s \in p\mathbb{Z}$, also $p|r$ oder $p|s$.
Da jeder endliche Integritätsbereich ein Körper ist, sind alle diese
Primideale von $\mathbb{Z}$ auch maximale Ideale von $\mathbb{Z}$. Damit fallen in $\mathbb{Z}$ die Primideale $\neq \{0\}$ mit den maximalen Idealen zusammen.

Nun wenden wir uns einem anderen Problem zu. In jedem endlichen Ring
bildet die Teilmenge aller von 0 verschiedenen Nicht-Nullteiler gegenüber der Multiplikation eine reguläre Halbgruppe mit Einselement (vgl.
Abschnitt 27, Übungsaufgabe 16) und damit nach Satz 18.4 eine Gruppe.
Beim Rechnen in endlichen Ringen hat man daher zu allen von 0 verschiedenen Nicht-Nullteilern auch inverse Elemente zur Verfügung. Bei
unendlichen Ringen (z.B. $\mathbb{Z}$) muß das aber nicht der Fall sein. Dieser
"Mangel" läßt sich aber zumindest für kommutative Ringe mit Einselement
beheben, denn wir werden zeigen, daß man jeden kommutativen Ring mit
Einselement derart "erweitern" kann, daß in dem Erweiterungsring alle
von 0 verschiedenen Nicht-Nullteiler Inverse besitzen. Mit anderen
Worten, wir werden einen kommutativen Ring mit Einselement konstruieren,
in welchem alle von 0 verschiedenen Nicht-Nullteiler Inverse besitzen
und welcher einen zum gegebenen Ring isomorphen Unterring enthält.
Geht man von einem Integritätsbereich aus, so liefert die Konstruktion
einen Körper, welcher einen zum gegebenen Integritätsbereich isomorphen
Unterintegritätsbereich besitzt. Dieses Verfahren wird insbesondere auch
dazu verwendet, um ausgehend vom Integritätsbereich $\mathbb{Z}$ den Körper $\mathbb{Q}$ zu
konstruieren.

Sei also R ein beliebiger kommutativer Ring mit Einselement und N die
Teilmenge aller von 0 verschiedenen Nicht-Nullteiler von R. (Man nennt
jedes Element aus N *regulär* und N die *Menge aller regulären Elemente
von R.*) Wir betrachten nun die Menge $R \times N = \{(a,b) \mid a \in R, b \in N\}$. Wie man
leicht nachprüft, werden durch $(a,b)+(c,d) := (ad+bc,bd)$ und $(a,b)\cdot(c,d) :=$
(ac,bd) für $(a,b),(c,d) \in R \times N$ zwei binäre Operationen in $R \times N$ definiert,
und es ist $\langle R \times N; +, \cdot \rangle$ ein Ring.
In $R \times N$ legen wir durch $(a,b)\Theta(c,d) :\leftrightarrow ad = bc$ eine Relation Θ fest.

Wegen $ab = ba$ für alle $a \in R$ und $b \in N$ ist Θ reflexiv. Da mit $ad = bc$ auch $cb = da$ gilt, ist Θ symmetrisch. $(a,b)\Theta(c,d)$ und $(c,d)\Theta(e,f)$ bedeutet $ad = bc$ und $cf = de$, woraus $adf = bcf = bde$ folgt. Da für die Elemente aus N die Kürzungsregeln 18.3 gelten, erhält man weiters $af = be$, was aber gleichbedeutend mit $(a,b)\Theta(e,f)$ ist. Also ist Θ auch transitiv, d.h. Θ ist eine Äquivalenzrelation. Wir zeigen nun, daß Θ sogar eine Kongruenzrelation auf $\langle RxN;+,\cdot\rangle$ ist. Gilt nämlich

$$(a_1,b_1)\Theta(a_2,b_2) \text{ und } (c_1,d_1)\Theta(c_2,d_2),$$

so folgt

$$(a_1,b_1)+(c_1,d_1) = (a_1d_1+b_1c_1,b_1d_1)\Theta(a_1d_1b_2d_2+b_1c_1b_2d_2,b_1d_1b_2d_2)\Theta$$

$$(a_2b_1d_1d_2+b_1d_1c_2b_2,b_1d_1b_2d_2)\Theta(a_2d_2+c_2b_2,b_2d_2) = (a_2,b_2)+(c_2,d_2)$$

und

$$(a_1,b_1)\cdot(c_1,d_1) = (a_1c_1,b_1d_1)\Theta(a_1c_1b_2d_2,b_1d_1b_2d_2)\Theta(a_2c_2,b_2d_2) =$$

$$(a_2,b_2)\cdot(c_2,d_2).$$

Damit kann man den Faktorring $Q = (RxN)/\Theta$ bilden. Bezeichnet $[(a,b)]$ die Klasse von $(a,b) \in RxN$, so sieht man, daß $[(0,1)]$ das Nullelement und $[(1,1)]$ das Einselement von Q ist. Die Nullteiler von Q sind genau die Klassen $[(a,b]$, wobei a ein Nullteiler aus R und $b \in N$ ist. Alle anderen Elemente von Q mit Ausnahme des Nullelementes $[(0,1)]$ lassen sich in der Form $[(b,d)]$ mit $b,d \in N$ schreiben. Wie man leicht nachprüft, ist aber $[(d,b)]$ ein multiplikatives Inverses zu $[(b,d)]$. Damit ist Q ein Ring mit Einselement, in dem zu allen vom Nullelement verschiedenen Nicht-Nullteilern Inverse existieren.

Nun bleibt noch zu zeigen, daß Q einen zu R isomorphen Unterring besitzt. Dazu betrachten wir die Abbildung $h(x) = [(x,1)]$ von R in Q.
h ist injektiv, da aus $h(x) = h(y)$ die Gleichung $[(x,1)] = [(y,1)]$ folgt, also $x1 = 1y$ und damit $x = y$ ist.
Weiters gilt $h(x+y) = [(x+y,1)] = [(x,1)] + [(y,1)] = h(x)+h(y)$ und $h(xy) = [(xy,1)] = [(x,1)]\cdot[(y,1)] = h(x)\cdot h(y)$.
Also ist h ein Isomorphismus von R auf den Unterring $h(R)$ von Q.

Satz 28.10: *Ist R ein kommutativer Ring mit Einselement, so kann man einen kommutativen Ring Q mit Einselement konstruieren, sodaß*
(i) *R isomorph zu einem Unterring R' von Q ist,*
(ii) *jedes Element von Q als Produkt $p \cdot q^{-1}$ für passende $p,q \in R'$ geschrieben werden kann.*
(So ein Ring Q heißt ein (voller) Quotientenring von R.)

Beweis: Es ist nur mehr der Beweis der Behauptung (ii) zu erbringen. Ist $[(a,b)]$ aus Q, so gilt

$$[(a,b)] = [(a,1)][(1,b)] = [(a,1)][(b,1)]^{-1} = h(a)(h(b))^{-1},$$

womit der Satz gezeigt ist.

Man kann zeigen, daß sich jeder Isomorphismus h von einem kommutativen Ring R_1 mit Einselement auf einen kommutativen Ring R_2 mit Einselement zu einem Isomorphismus φ eines Quotientenringes Q_1 von R_1 auf einen Quotientenring Q_2 von R_2 fortsetzen läßt, indem man

$$\varphi(p \cdot q^{-1}) := h(p) \cdot (h(q))^{-1} \text{ für alle } p \cdot q^{-1} \in Q_1$$

setzt. Daraus folgt, daß je zwei Quotientenringe eines kommutativen Ringes mit Einselement zueinander isomorph sind.

Wie schon erwähnt, ist $\mathbb{Q}$ ein Quotientenring von $\mathbb{Z}$, und $\mathbb{Q}$ ist durch diese Eigenschaft bis auf Isomorphie eindeutig bestimmt.
Die Elemente von $\mathbb{Q}$ schreibt man üblicherweise in der Gestalt $\frac{a}{b}$ (anstelle von $[(a,b)]$).

Übungen

1. Sind die folgenden Aussagen wahr oder falsch?
   a) $\mathbb{Z}$ ist ein Ideal von $\mathbb{Q}$.
   b) $\mathbb{Q}$ ist ein Ideal von $\mathbb{R}$.
   c) $\mathbb{Z}_4$ ist ein Ideal von $4\mathbb{Z}$.
   d) Jedes Ideal ist ein Unterring.
   e) Jeder Faktorring eines kommutativen Ringes ist kommutativ.
   f) Jeder Faktorring eines Ringes mit Nullteilern hat wieder Nullteiler.
   g) $\mathbb{Q}$ ist ein Quotientenring von $\mathbb{Z}$.
   h) $\mathbb{R}$ ist ein Quotientenring von $\mathbb{Z}$.
   i) $\mathbb{R}$ ist ein Quotientenring von $\mathbb{R}$.

2. Man gebe alle Homomorphismen von $\langle \mathbb{Z};+,\cdot \rangle$ in sich selbst an.

3. Man beweise, daß jeder Homomorphismus von einem Körper in einen Ring entweder injektiv oder die Nullabbildung ist.

4. Sei R ein Ring mit Einselement, und $e \in R$ eine Einheit. Man definiere eine Abbildung $f_e : R \rightarrow R$ durch $f_e(x) = exe^{-1}$. Welche Eigenschaften besitzen die Abbildungen f_e?

5. Man gebe ein Beispiel für einen Ring mit Nullteilern an, welcher einen Faktorring ohne Nullteiler besitzt?

6. Man gebe ein Beispiel für einen Ring ohne Nullteiler an, welcher einen Faktorring mit Nullteilern besitzt.

7. Man zeichne den Idealverband von $\langle \mathbb{Z}_{12};+,\cdot \rangle$.

8. Man zeige, daß der Faktorring R/N eines Ringes R nach dem Ideal N genau dann kommutativ ist, wenn $(rs-sr) \in N$ ist für alle $r,s \in R$.

9. Man beweise, daß $\{ \left(\begin{smallmatrix} 0 & 0 \\ 0 & 0 \end{smallmatrix} \right) \}$ und $M_{2,2}(\mathbb{Q})$ die einzigen Ideale von $\langle M_{2,2}(\mathbb{Q});+,\cdot \rangle$ sind.

10. Man zeige, daß die Matrizen der Gestalt $\left(\begin{smallmatrix} a & b \\ -b & a \end{smallmatrix} \right) \in M_{2,2}(\mathbb{R})$ eine zu $\mathbb{C}$ isomorphen Körper bilden.

11. Für $x \in \mathbb{C}$ bezeichne $\bar{x}$ die zu x konjugiert komplexe Zahl. Man weise nach, daß die Matrizen $\left(\begin{smallmatrix} a & b \\ -\bar{b} & \bar{a} \end{smallmatrix} \right) \in M_{2,2}(\mathbb{C})$ einen Schiefkörper bilden. Dieser Schiefkörper heißt der Schiefkörper der *Quaternionen* und enthält einen zu $\mathbb{C}$ isomorphen Unterkörper.

12. Man zeige, daß für zwei Ideale N_1 und N_2 eines Ringes R die Mengen $N_1 \cap N_2$ und
    $N_1 + N_2 := \{a+b \mid a \in N_1, b \in N_2\}$ wieder Ideale bilden.

13. Ein Element x eines Ringes heißt *nilpotent*, wenn es ein $n \in \mathbb{N}$ gibt, sodaß $x^n = 0$
    ist. Man beweise, daß die Menge der nilpotenten Elemente N eines kommutativen
    Ringes R ein Ideal in R bildet und daß der Faktorring R/N außer dem Nullelement
    keine weiteren nilpotenten Elemente enthält.

14. Man gebe alle maximalen Ideale von $\mathbb{Z} \oplus \mathbb{Z}$ an.

15. Man finde ein Primideal von $\mathbb{Z} \oplus \mathbb{Z}$, welches nicht maximal ist.

16. Man konstruiere einen Quotientenkörper von $\langle 2\mathbb{Z}; +, \cdot \rangle$.

17. Man bestimme einen Quotientenkörper von $\langle \{a+b\sqrt{-1} \mid a,b \in \mathbb{Z}\}; +, \cdot \rangle$.

29. POLYNOME UND FORMALE POTENZREIHEN

In diesem Abschnitt sei R stets ein kommutativer Ring mit Einselement.

Unter einem *Polynom* f (in einer Unbestimmten) mit Koeffizienten in R
versteht man eine formale Summe

$$f = \sum_{i=0}^{n} a_i X^i = a_0 + a_1 X + \ldots + a_n X^n, \text{ mit } a_i \in R.$$

Die a_i heißen die *Koeffizienten* des Polynoms, das Symbol X wird Unbestimmte genannt. Und hier taucht bereits das erste Problem auf: Was soll
man unter einer Unbestimmten bzw. Variablen verstehen? Ein weiteres
Problem ergibt sich bei der Unterscheidung von Polynomen: Offensichtlich
sind die formalen Summen $0 + a_1 X$ und $0 + a_1 X + 0 X^2$ verschieden, stellen aber
nach unserem "Gefühl" dasselbe Polynom dar. Die letzt genannte Schwierig-
keit kann man beseitigen, indem man Polynome als unendliche formale
Summen

$$f = \sum_{i=0}^{\infty} a_i X^i = a_0 + a_1 X + a_2 X^2 + \ldots, \quad a_i \in R,$$

schreibt, wobei höchstens endlich viele $a_i \neq 0$ sind.

Beim Rechnen mit Polynomen wendet man auch auf die Unbestimmte die
Gesetze von R an. Daher addiert und multipliziert man Polynome in der
folgenden Weise:

$$f+g = \sum_{i=0}^{\infty} a_i X^i + \sum_{i=0}^{\infty} b_i X^i = \sum_{i=0}^{\infty} (a_i + b_i) X^i$$

$$f \cdot g = \left(\sum_{i=0}^{\infty} a_i X^i \right)\left(\sum_{i=0}^{\infty} b_i X^i \right) = \sum_{i=0}^{\infty} c_i X^i, \text{ wo } c_i = \sum_{j=0}^{i} a_j b_{i-j}$$

Für viele Zwecke, insbesondere bei praktischen Anwendungen wird diese Vorstellung über Polynome durchaus ausreichen. Wer die vorgestellte Einführung jedoch (zu Recht!) als unbefriedigend empfindet, kann auf folgende (mathematisch einwandfreie) Art, Polynome zu definieren, zurückgreifen. Man läßt die Unbestimmte X zunächst einfach weg, denn ein Polynom $a_0 + a_1 X + a_2 X^2 + \ldots$ ist bereits vollständig durch seine Koeffizientenfolge $(a_0, a_1, a_2, \ldots)$ bestimmt.

Sei $R[X]$ die Menge aller Folgen $(a_0, a_1, a_2, \ldots)$ mit $a_i \in R$ und höchstens endlich vielen $a_i \neq 0$. Definiert man für

$$(a_0, a_1, a_2, \ldots), (b_0, b_1, b_2, \ldots) \in R[X]$$

eine Summe durch

$$(a_0, a_1, a_2, \ldots) + (b_0, b_1, b_2, \ldots) := (a_0 + b_0, a_1 + b_1, a_2 + b_2, \ldots),$$

so kann man sich leicht davon überzeugen, daß $<R[X];+>$ eine kommutative Gruppe ist. Das Nullelement dieser Gruppe ist die Folge $(0,0,0,\ldots)$. Erklärt man ferner eine Multiplikation durch

$$(a_0, a_1, a_2, \ldots) \cdot (b_0, b_1, b_2, \ldots) := (c_0, c_1, c_2, \ldots)$$

mit $c_i = \sum_{j=0}^{i} a_j b_{i-j}$, so wird $<R[X];+,\cdot>$ zu einem kommutativen Ring mit

Einselement. Wie man nämlich sofort sieht, ist diese Multiplikation eine binäre Operation in $R[X]$. Das Assoziativ- und das Kommutativgesetz für die Multiplikation, sowie das Distributivgesetz sind unter Verwendung der Rechenregeln in R etwas umständlicher nachzuprüfen. Das Einselement von $R[X]$ ist die Folge $(1,0,0,\ldots)$. Setzt man nun

$$(0,1,0,\ldots) := X,$$

so folgt

$$(0,1,0,\ldots) \cdot (0,1,0,\ldots) = (0,0,1,0,\ldots) = X \cdot X = X^2$$

und durch Induktion $(0,0,\ldots,0,1,0,\ldots) = X^n$; dabei steht in der Folge von X^n die 1 an der $(n+1)$-ten Stelle. Es ist sofort ersichtlich, daß die Abbildung $h : R \rightarrow R[X]$ mit $h(a) := (a,0,0,\ldots)$, für $a \in R$, ein Isomorphismus von R auf $\{(a,0,0,\ldots) \mid a \in R\}$ ist. Identifiziert man nun die Elemente a von R mit den ihnen bezüglich h zugeordneten Elementen $(a,0,0,\ldots) \in R[X]$, so gilt offenbar

$$(a_0, a_1, a_2, \ldots) =$$
$$= (a_0,0,0,\ldots) \cdot (1,0,0,\ldots) + (a_1,0,0,\ldots) \cdot (0,1,0,\ldots) +$$
$$+ (a_2,0,0,\ldots) \cdot (0,0,1,0,\ldots) + \ldots =$$
$$= a_0 + a_1 X + a_2 X^2 + \ldots,$$

man erhält also die traditionelle Darstellung der Polynome. Hier ist X nun keine Unbestimmte mehr, sondern die spezielle Folge $(0,1,0,\ldots)$ aus

R[X]. Wir bezeichnen die Elemente von R[X] als *Polynome in (der Unbestimmten) X über* R und schreiben Polynome zukünftig auch wieder in der gewohnten Art als formale Summen $a_0 + a_1 X + \ldots + a_n X^n$, wobei wir die Konvention treffen, Koeffizienten, welche gleich 0 sind, nicht anzuschreiben.

Beispiele:
1. $\mathbf{Z}[X]$ ist der Polynomring in der Unbestimmten X über dem Integritätsbereich $\mathbf{Z}$.
2. $\mathbf{Z}_2[X]$ ist der Polynomring in X über $\mathbf{Z}_2$. Unter Berücksichtigung der Rechenregeln von $\mathbf{Z}_2$ erhält man z.B. $(X+1)^2 = (X+1)(X+1) = X^2 + 1$.

Geht man von einem kommutativen Ring R mit Einselement aus, ist auch R[X] ein kommutativer Ring mit Einselement, und man kann dann den Polynomring (R[X])[Y] in Y über R[X] konstruieren. Es ist leicht einzusehen, daß (R[X])[Y] und (R[Y])[X] zueinander isomorph sind. Üblicherweise identifiziert man diese beiden Ringe, bezeichnet sie mit R[X,Y] und nennt diesen Ring den Polynomring in den Unbestimmten X und Y über R. Ganz analog definiert man den *Polynomring* $R[X_1, \ldots, X_n]$ *in den Unbestimmten* $X_1, \ldots, X_n$ *über* R und nennt seine Elemente *Polynome in* n *Unbestimmten (Variablen) über* R.

Ist R ein Integritätsbereich, so ist $R[X_1, \ldots, X_n]$ ein Integritätsbereich (vgl. Übungsbeispiel 4). Nach Abschnitt 28 ist dann der Quotientenring von $R[X_1, \ldots, X_n]$ ein Körper. Dieser Körper heißt der *Körper der rationalen Funktionen in* n *Unbestimmten über* R. Man bezeichnet diesen Körper mit $R(X_1, \ldots, X_n)$.

Im folgenden werden wir uns bei der Behandlung von Polynomringen auf Polynomringe in einer Unbestimmten beschränken. Die meisten Resultate über Polynome in einer Unbestimmten lassen sich unmittelbar auf Polynome in mehreren Unbestimmten verallgemeinern.

Das Polynom f = 0 wird *Nullpolynom* genannt. Ist $f = a_0 + a_1 X + \ldots + a_n X^n \in R[X]$ ein Polynom $\neq 0$, so heißt die größte Zahl $n \in \mathbb{N}_0$ mit $a_n \neq 0$ der *Grad von* f und wird mit Grad f bezeichnet.

Für den Grad von Polynomen gelten die in Hilfssatz 29.1 angegebenen Rechenregeln, deren Beweis wir dem Leser überlassen (vgl. Übungsaufgabe 5).

<u>Hilfssatz 29.1</u>: *Sind* $f, g \in R[X]$, *und* $f \neq 0$, $g \neq 0$, $f + g \neq 0$, $f \cdot g \neq 0$, *dann gilt:*
1. Grad (f+g) $\leq$ Maximum {Grad f , Grad g}
2. Grad (f·g) $\leq$ Grad f + Grad g

Ist der Ring R ein Integritätsbereich, so gilt offenbar $\mathrm{Grad}(f \cdot g) = \mathrm{Grad}\, f + \mathrm{Grad}\, g$.

Polynome vom Grad gleich 0 heißen konstante Polynome.

<u>Satz 29.2</u> *(Einsetzungsprinzip für Polynome): Sei* E *ein kommutativer Ring mit Einselement und* R *ein Unterring von* E. *Für* $a \in E$, *sei eine Abbildung* $h_a : R[X] \to E$ definiert durch $h_a(a_0 + a_1 X + \ldots + a_n X^n) := a_0 + a_1 a + \ldots + a_n a^n$ für alle $a_0 + a_1 X + \ldots + a_n X^n \in R[X]$. Dann ist h_a ein Homomorphismus mit $h_a(X) = a$ und $h_a(r) = r$ für alle $r \in R$.

Beweis: h_a ist tatsächlich eine Abbildung von $R[X]$ in E, denn das Bild $h_a(f)$ von $f \in R[X]$ ist unabhängig von der gewählten Darstellung für f, auch wenn man in der Darstellung von f Summanden der Form $0 \cdot X^i$ mit dem Koeffizienten 0 anschreibt, da diese Summanden den Wert von $h_a(f)$ nicht verändern.

Seien nun $f = a_0 + a_1 X + \ldots + a_n X^n$, $g = b_0 + b_1 X + \ldots + b_m X^m \in R[X]$, wobei wir o.B.d.A. $n \geq m$ annehmen. Setzen wir im Fall $n > m$ $b_{m+1} = b_{m+2} = \ldots = b_n = 0$, so folgt

$$h_a(f+g) = h_a(a_0 + b_0 + (a_1 + b_1)X \ldots + (a_n + b_n)X^n) = a_0 + b_0 + (a_1 + b_1)a + \ldots + (a_n + b_n)a^n =$$
$$(a_0 + a_1 a + \ldots + a_n a^n) + (b_0 + b_1 a + \ldots + b_m a^m) = h_a(f) + h_a(g).$$

Ferner erhalten wir

$$h_a(f \cdot g) = h_a(a_0 b_0 + (a_0 b_1 + a_1 b_0)X + \ldots + a_n b_m X^{n+m}) =$$
$$a_0 b_0 + (a_0 b_1 + a_1 b_0)a + \ldots + a_n b_m a^{n+m} =$$
$$(a_0 + a_1 a + \ldots + a_n a^n) \cdot (b_0 + b_1 a + \ldots + b_m a^m) = h_a(f) \cdot h_a(g).$$

Damit ist gezeigt, daß h_a ein Homomorphismus ist.

Wegen $h_a(X) = h_a(1 \cdot X) = 1 \cdot a = a$ und $h_a(r) = h_a(r + 0 \cdot x) = r + 0 \cdot a = r$, für alle $r \in R$, hat h_a die behaupteten Eigenschaften.

Seien E, R und $h_a : R[X] \to E$ wie in Satz 29.2. Dann heißt

$$f(a) := h_a(a_0 + a_1 X + \ldots + a_n X^n) = a_0 + a_1 a + \ldots + a_n a^n$$

der *Wert des Polynoms* $f = a_0 + a_1 X + \ldots + a_n X^n$ an der Stelle a. Ist $f(a) = 0$, so heißt a eine Nullstelle von f.

Das klassische Problem, "alle reellen Lösungen einer Polynomgleichung $f(x) = 0$ über $\mathbb{Q}$ zu finden", läßt sich dann so formulieren: Sei $R = \mathbb{Q}$ und $E = \mathbb{R}$. Es sind alle $a \in \mathbb{R}$ zu finden, sodaß $h_a(f) = 0$.

<u>Bemerkung 29.3</u>: Eines der Hauptziele dieses Kapitels ist es zu zeigen, daß jedes nicht-konstante Polynom f über einem Körper K eine Nullstelle in einem "Erweiterungskörper" E von K besitzt. Falls f nicht schon eine Nullstelle in K besitzt, d.h. $E = K$ gewählt werden kann, sucht man einen Körper E, welcher K enthält und in dem ein a mit $h_a(f) = 0$ liegt. Nach

dem Homomorphiesatz 28.1 gilt dann $h_a(K[X]) \simeq K[X]/\Theta$, wobei Θ jene Kongruenzrelation von $K[X]$ ist, welche bei der Zuordnung zwischen Homomorphismen und Normalteilern von $\langle K[X];+\rangle$ dem Kern von h_a entspricht. Wir werden im folgenden versuchen, den Kern von h_a so zu wählen, daß $K[X]/\Theta$ ein Körper wird (d.h. der Kern von h_a muß maximal in $K[X]$ sein). Dann hat man mit $E := K[X]/\Theta$ einen Erweiterungskörper von K gefunden, in dem eine Nullstelle von f liegt.
Zur Lösung dieser Aufgabe müssen wir die Kongruenzrelationen von $K[X]$ etwas genauer studieren.

<u>Satz 29.4</u> *(Divisionsalgorithmus für ganze Zahlen): Sind* $a,b \in \mathbb{Z}$ *mit* $b \neq 0$, *dann gibt es eindeutig bestimmte Zahlen* $q, r \in \mathbb{Z}$, *sodaß* $a = qb+r$ *und* $0 \leq r < |b|$. $(|b|$ *bezeichnet den Betrag von* b.$)$
Dabei heißt r der *Rest* bei der Division von a durch b, und q heißt der *Quotient*.

Beweis: Wir unterscheiden die beiden Fälle $a \geq 0$ und $a < 0$.
Sei zunächst $a \geq 0$. Der Satz ist dann offenbar richtig für alle a mit $0 \leq a < |b|$ ($|b|$ bezeichnet den Betrag der Zahl b). Man braucht nur $q = 0$ und $r = a$ zu wählen. Nun nehmen wir an, daß der Satz für alle $a < k$ mit $k \geq |b|$ richtig ist und schließen durch vollständige Induktion auf die Richtigkeit für $a = k$. Es gilt dann $0 \leq k - |b| < k$, und nach Induktionsannahme gibt es $q_1, r \in \mathbb{Z}$ mit $0 \leq r < |b|$, sodaß $k - |b|$ in der Form $k - |b| = q_1 b + r$ geschrieben werden kann. Daher gilt für $b > 0$ die Gleichung $k = qb + r$, wo $q = q_1 + 1$, und für $b < 0$ diese Gleichung mit $q = q_1 - 1$.
Ist nun $a < 0$, dann ist $-a > 0$, und wir erhalten $-a = q_2 b + r_2$ mit $0 \leq r_2 < |b|$. Für $r_2 = 0$ folgt dann $a = (-q_2)b$. Für $r_2 \neq 0$ erhalten wir $a = qb + r$ mit $0 < r = |b| - r_2 < |b|$, wo $q = -q_2 - 1$ für $b > 0$, und $q = -q_2 + 1$ für $b < 0$.
Um die Eindeutigkeit der Darstellung $a = qb + r$ zu zeigen, nehmen wir an, es gäbe eine weitere Darstellung $a = q_1 b + r_1$ mit $0 \leq r \leq r_1 < |b|$. Dann aber ist $(q - q_1)b = r_1 - r$, wobei in dieser Gleichung die rechte Seite kleiner als $|b|$ und die linke Seite ein Vielfaches von b ist. Daher muß $r_1 = r$ und folglich $q = q_1$ sein.

Das Konzept dieses Divisionsalgorithmus läßt sich auf beliebige Integritätsbereiche verallgemeinern:

Ein Integritätsbereich R heißt ein *Euklidischer Ring*, wenn es eine Abbildung *(Euklidische Bewertungsfunktion)* $d : R-\{0\} \to \mathbb{N}_0$ gibt, sodaß
(i) für $a,b \in R-\{0\}$ stets $d(a) \leq d(ab)$ gilt,
(ii) für $a,b \in R$ mit $b \neq 0$ stets Elemente $q, r \in R$ existieren mit $a = qb + r$,
    wobei $r = 0$ oder $d(r) < d(b)$ gilt.

Wie man sofort sieht, bilden die ganzen Zahlen $\mathbb{Z}$ mit der Bewertungsfunktion $d(a) := |a|$ für $a \neq 0$ einen Euklidischen Ring. Jeder Körper K

wird zu einem Euklidischen Ring, wenn man $d(a) := 1$ für $a \in K$ mit $a \neq 0$ definiert. Wir zeigen nun, daß auch jeder Polynomring $K[X]$ über einem Körper K ein Euklidischer Ring ist, wenn man für jedes vom Nullpolynom verschiedene Polynom $g \in K[X]$ als Bewertungsfunktion $d(g) := \text{Grad } g$ wählt.

<u>Satz 29.5</u> *(Divisionsalgorithmus für Polynome über einem Körper): Seien* K *ein Körper und* f,g *Polynome aus* K[X]. *Ist* g *verschieden vom Nullpolynom, dann gibt es eindeutig bestimmte Polynome* $q,r \in K[X]$, *sodaß* $f = q \cdot g + r$, *wobei* $r = 0$ *(Nullpolynom) oder* $\text{Grad } r < \text{Grad } g$ *ist.*

Beweis: Ist $f = 0$ oder $\text{Grad } f < \text{Grad } g$, dann ist die Behauptung wegen $f = 0 \cdot g + f$ richtig.

Für $f \neq 0$ führen wir den Beweis durch Induktion nach dem Grad von f. Ist $\text{Grad } f = \text{Grad } g = 0$, dann gilt $f = a_0 \in K$ und $g = b_0 \in K$ und daher $f = a_0 b_0^{-1} g$, woraus die Richtigkeit der Behauptung folgt.

Ist $\text{Grad } f < \text{Grad } g$, so ergibt sich die Behauptung aus $f = 0 \cdot g + f$. Angenommen, der Divisionsalgorithmus gilt bereits für Polynome f vom Grad kleiner als n und $f = a_0 + a_1 X + \ldots + a_n X^n$, $g = b_0 + b_1 X \ldots + b_m X^m$ mit $b_m \neq 0$. Für $n < m$ ist die Richtigkeit bereits gezeigt. Für $n \geq m$ setzen wir $f_1 = f - a_n b_m^{-1} X^{n-m} g$, sodaß $\text{Grad } f_1 < n$. Nach Induktionsannahme gibt es dann eine Darstellung $f_1 = q_1 \cdot g + r$, wo $r = 0$ oder $\text{Grad } r < \text{Grad } g$. Daraus aber folgt $f = a_n b_m^{-1} X^{n-m} g + f_1 = (a_n b_m^{-1} X^{n-m} + q_1) \cdot g + r$, und wir haben eine Darstellung der gewünschten Art gefunden.

Ist $f = q_1 \cdot g + r_1$ eine weitere derartige Darstellung, dann folgt $(q - q_1) \cdot g = r_1 - r$, und ein Gradvergleich ergibt $r_1 = r$ und $q_1 = q$.

Quotient- und Rest-Polynom können durch die bekannte Division von Polynomen ermittelt werden.

Beispiel: $f = X^3 + 2X^2 + 2X + 2 \in \mathbb{Z}_3[X]$, $g = X^2 + 1 \in \mathbb{Z}_3[X]$

$$
\begin{array}{l}
(X^3 + 2X^2 + 2X + 2) : (X^2 + 1) = X + 2 \\
\underline{-X^3 \qquad\quad -X} \\
\quad 2X^2 + X + 2 \\
\quad \underline{-2X^2 \qquad -2} \\
\qquad\qquad X
\end{array}
$$

Es gilt $X^3 + 2X^2 + 2X + 2 = (X^2 + 1)(X + 2) + X$ mit $1 = \text{Grad } X < \text{Grad } (X^2 + 1) = 2$.

<u>Bemerkung 29.6</u>: Wie man leicht nachprüft, ist Satz 29.5 auch über einem kommutativen Ring R mit Einselement richtig, sofern der Koeffizient b_m von g gleich 1 ist.

<u>Folgerung 29.7</u>: *Sei* R *ein kommutativer Ring mit Einselement und* $f \in R[X]$. *Dann ist für jedes* $a \in R$ *bei Division von* f *durch* X-a *der Rest gleich* f(a).

Beweis: Nach Bemerkung 29.6 gibt es Polynome $q, r \in R[X]$, sodaß
$f = q \cdot (X-a) + r$, wo $r = 0$ oder Grad $r < 1$. Daraus ergibt sich $r = r_0 \in R$,
und wir erhalten aus $f = q \cdot (X-a) + r_0$ durch Einsetzen von a die Gleichung
$f(a) = r_0$.

<u>Folgerung 29.8</u>: *Ein Element* a *aus einem kommutativen Ring* R *mit Eins-*
element ist genau dann eine Nullstelle des Polynoms $f \in R[X]$, *wenn* X-a
ein Teiler von f *ist.* Dabei heißt ein Polynom $f_1 \in R[X]$ ein *Teiler* von
$f \in R[X]$, wenn es ein $q \in R[X]$ gibt mit $f = q \cdot f_1$.

Beweis: Gilt $f(a) = 0$ für $a \in R$, dann gilt nach Folgerung 29.7
$f = q \cdot (X-a) + 0$, d.h. X-a ist ein Teiler von f.
Ist umgekehrt X-a ein Teiler von f, dann gibt es ein $q \in R[X]$ mit
$f = q \cdot (X-a)$. Nach dem Einsetzungsprinzip gilt dann $f(a) = 0$, d.h. a ist
Nullstelle von f.

Beispiel: Wie man durch Einsetzen feststellen kann, sind 1 und -1
Nullstellen des Polynoms $X^4 + 3X^3 + 2X + 4 \in \mathbb{Z}_5[X]$.
Es muß daher ein $g \in \mathbb{Z}_5[X]$ mit $X^4 + 3X^2 + 2X + 4 = g(X) \cdot (X-1) \cdot (X+1)$ geben.
g kann man durch Division von $X^4 + 3X^3 + 2X + 4$ durch $(X-1)(X+1) = X^2 - 1$ ausrechnen:

$$
\begin{array}{l}
(X^4 + 3X^3 + \quad 2X + 4 : (X^2 - 1) = X^2 + 3X + 1 \\
\underline{-X^4 \qquad + X^2} \\
\qquad 3X^3 + X^2 + 2X + 4 \\
\qquad \underline{-3X^3 \qquad + 3X} \\
\qquad\qquad X^2 + 0X + 4 \\
\qquad\qquad \underline{-X^2 \qquad + 1} \\
\qquad\qquad\qquad 0
\end{array}
$$

Also ist $g = X^2 + 3X + 1$.

<u>Folgerung 29.9</u>: *Ein Polynom* f *vom Grad* n *über einem Integritätsbereich* R
kann höchstens n *Nullstellen in* R *haben.*

Beweis: Wir führen den Beweis durch Induktion nach dem Grad von f.
Ist $f \neq 0$ und Grad $f = 0$, dann gilt $f = a_0 \in R$ mit $a_0 \neq 0$, und f hat keine
Nullstellen. Angenommen, jedes Polynom vom Grad $n-1$ besitzt höchstens
$n-1$ Nullstellen in R. Ist dann $f \in R[X]$ ein Polynom von Grad n, welches
keine Nullstellen in R hat, dann ist die Behauptung richtig. Besitzt f
aber mindestens eine Nullstelle $a \in R$, dann gilt nach Folgerung 29.8
$f = g \cdot (X-a)$ für ein $g \in R[X]$ mit Grad $g = n-1$. Da R keine Nullteiler besitzt, ist für ein $b \in R$ genau dann $f(b) = 0$, wenn $b-a = 0$ oder $g(b) = 0$ ist.
Daher ist jede Nullstelle von f gleich a oder eine Nullstelle von g.

Nach Induktionsannahme hat aber g höchstens n-1 Nullstellen, woraus folgt, daß f höchstens n Nullstellen haben kann.

Bemerkung 29.10: Das Auffinden von Nullstellen von Polynomen war das zentrale Thema der Algebra durch Jahrhunderte. Mit Hilfe der Galoisschen Theorie kann man zeigen (vgl. etwa [1]), daß es für Polynome über dem Körper der reellen Zahlen vom Grad größer als vier keine "allgemeine Formel" für die Nullstellen mehr gibt. Die (näherungsweise) Berechnung von reellen Nullstellen von Polynomen über $\mathbb{R}$ beliebigen Grades ist jedoch im Zeitalter der Computer kein Problem mehr. Es gibt sehr gute numerische Verfahren, welche die reellen Nullstellen von Polynomen mit beliebiger Genauigkeit liefern. Eines der bekanntesten *Verfahren* geht zurück auf eine Näherungsmethode des englischen Physikers und Mathematikers Sir Isaak *Newton* (1643 - 1727):
Um eine eventuelle reelle Nullstelle c des Polynoms $f = a_0 + a_1 X + \ldots + a_n X^n$ zu finden, wählt man eine Stelle $c_0 \in \mathbb{R}$ "in der Nähe" der mutmaßlichen Nullstelle c und berechnet den Schnittpunkt c_1 der Tangente im Punkt $(c_0, f(c_0))$ an das Polynom mit der X-Achse. c_1 ist unter "gewissen" Bedingungen ein besserer Näherungswert für c als c_0. Dann wiederholt man das Verfahren mit c_1 statt c_0 usw. Als Berechnungsformel für die Folge der Näherungswerte ergibt sich

$$c_{k+1} = c_k - \frac{f(c_k)}{f'(c_k)},$$

wobei $f' := a_1 + 2a_2 X + \ldots + n a_n X^{n-1}$ ist. Natürlich hängt das Funktionieren (die Konvergenz) dieses Verfahrens von der Wahl der Anfangsgröße c_0 ab. (Für genaue Bedingungen für die Konvergenz der Folge c_k vergleiche man etwa [14]. Beim Newtonschen Verfahren, welches sich durch sehr rasche Konvergenz auszeichnet, sind sehr gute Schranken für die Fehler bekannt.)

Beispiel: Man finde eine eventuelle reelle Nullstelle von $f = X^3 + X^2 + X + 1$ mit dem Newton-Verfahren. Wir wählen $c_0 = 0$ und berechnen

$$f' = 3X^2 + 2X + 1, \quad f(0) = 1, \quad f'(0) = 1$$

und erhalten $c_1 = 0 - \frac{1}{1} = -1$. Berechnet man nun f an der Stelle -1, so bekommt man $f(-1) = 0$, d.h. $c_1 = -1$ ist bereits eine Nullstelle von f. Das Verfahren liefert hier also schon im ersten Schritt sogar eine exakte Lösung. Natürlich ist das nicht die Regel.

Die Aufgabe, alle reellen Nullstellen eines Polynoms $f \in \mathbb{Q}[X]$ zu bestimmen, kann man auf das Problem zurückführen, alle reellen Nullstellen von $v \cdot f \in \mathbb{Z}[X]$ zu bestimmen, wobei v das kleinste gemeinsame Vielfache der Nenner der Koeffizienten von f ist. Ist nämlich a Nullstelle von f, d.h.

$f(a) = 0$, dann gilt auch $v \cdot f(a) = 0$. Ist andererseits $v \cdot f(a) = 0$ für ein $a \in \mathbb{R}$, so gilt auch $f(a) = 0$, da $\mathbb{Z}$ keine Nullteiler besitzt.

Die rationalen Nullstellen eines Polynoms über $\mathbb{Z}[X]$ lassen sich relativ einfach bestimmen. Es gilt

<u>Satz 29.11</u>: *Ist* $f = a_0 + a_1 X + \ldots + a_n X^n \in \mathbb{Z}[X]$ *und* $a = \frac{r}{s} \in \mathbb{Q}$ *mit* $(r,s) = 1$ *eine Nullstelle von* f, *dann gilt* $r \mid a_0$ *und* $s \mid a_n$. (Dabei bezeichnet (r,s) wie in Abschnitt 27 den g.g.T. von $r, s \in \mathbb{Z}$.)

Beweis: Wenn $\frac{r}{s}$ eine Nullstelle von f ist, gilt $f(\frac{r}{s}) = a_0 + a_1 \frac{r}{s} + \ldots + a_n (\frac{r}{s})^n = 0$. Multipliziert man diese Gleichung mit s^n, erhält man

$$a_0 s^n + a_1 r s^{n-1} + \ldots + a_n r^n = 0.$$

Daraus folgt sofort $r \mid a_0 s^n$ und $s \mid a_n r^n$, was wegen $(r,s) = 1$ die Behauptung nach sich zieht.

Da $a_0 \in \mathbb{Z}$ und $a_n \in \mathbb{Z}$ nur endlich viele Teiler besitzen, beschränkt der Satz die möglichen rationalen Nullstellen eines Polynoms über $\mathbb{Z}$ auf eine endliche Anzahl.

Beispiel: Es sind die rationalen Nullstellen von

$$f = \frac{2}{3} - \frac{5}{3}X - \frac{1}{3}X^2 + \frac{5}{3}X^3 - X^4 \in \mathbb{Q}[X]$$

zu finden.

Zuerst formen wir f zu $3f = 2 - 5X - X^2 + 5X^3 - 3X^4 \in \mathbb{Z}[X]$ um. Teiler von $a_0 = 2$ sind ± 1 und ± 2. Teiler von $a_n = a_4 = 3$ sind ± 1 und ± 3. Daher kommen als rationale Nullstellen von $3f$ und von f nur die Zahlen $\pm 1, \pm 2, \pm\frac{1}{3}$ und $\pm\frac{2}{3}$ in Frage. Einsetzen dieser 8 Zahlen zeigt, daß -2 und $\frac{1}{3}$ tatsächlich Nullstellen von f sind (und nach Satz 29.11 auch die einzigen rationalen Nullstellen dieses Polynoms).

Wichtig für viele Anwendungen der Theorie der Polynome ist

<u>Satz 29.12</u> *(Identitätssatz für Polynome): Sei R ein Integritätsbereich, und $f, g \in R[X]$ seien Polynome, deren Grad $\leq n$ ist, falls sie ungleich dem Nullpolynom sind. Gibt es dann $n+1$ verschiedene Elemente $a_1, \ldots, a_{n+1} \in R$ mit $f(a_i) = g(a_i)$ für $i = 1, 2, \ldots, n+1$, so folgt $f = g$.*

Beweis: Wäre $f \neq g$, so wäre $f - g \neq 0$ und Grad $(f-g) \leq n$. Im Widerspruch zu Folgerung 29.9 hätte $f - g$ jedoch die $n+1$ verschiedenen Nullstellen $a_1, \ldots, a_{n+1}$.

In diesem Zusammenhang besprechen wir noch die sogenannte

<u>Lagrange-Interpolation 29.13</u> *(Joseph Lagrange (1736 – 1812), französischer Mathematiker): Sei K ein Körper, $n \in \mathbb{N}$, und seien $a_1, \ldots, a_{n+1}$ $n+1$ ver-*

schiedene Elemente aus K. Dann gibt es zu vorgegebenen $b_1,\ldots,b_{n+1} \in K$
genau ein Polynom $f \in K[X]$ *mit* $\operatorname{Grad} f \leq n$ *und* $f(a_i) = b_i$ *für* $i = 1,\ldots,n+1$.

Beweis: Wir setzen $g_i := (X-a_1)\ldots(X-a_{i-1})(X-a_{i+1})\ldots(X-a_{n+1})$ für
$i = 1,\ldots,n+1$. Dann gilt $g_i(a_j) = 0$ für $i \neq j$ und $g_i(a_i) \neq 0$. Daher ist

$$f_i := \frac{1}{g_i(a_i)} g_i \quad \text{ein Polynom über K vom Grad } n \text{ mit } f_i(a_j) = 0 \text{ für } i \neq j \text{ und}$$

$f_i(a_i) = 1$, und $f := \sum_{i=1}^{n+1} b_i f_i$ hat die gewünschten Eigenschaften.

Die Eindeutigkeit von f ergibt sich unmittelbar aus Satz 29.12.

Als nächstes behandeln wir den Zusammenhang zwischen Polynomen und Polynomfunktionen. Sei R ein kommutativer Ring mit Einselement und
$f \in R[X_1,\ldots,X_n]$ ein Polynom in den Unbestimmten $X_1,\ldots,X_n$. Dann heißt
die Abbildung $\bar{f} : R^n \to R$ mit $\bar{f}(x_1,\ldots,x_n) := f(x_1,\ldots,x_n)$ für alle
$(x_1,\ldots,x_n) \in R^n$ eine *n-stellige Polynomfunktion auf* R.

Die n-stelligen Polynomfunktionen auf R bilden einen Unterring P_n des
Ringes aller Abbildungen von $\mathbb{R}^n$ in R. Die Abbildung $h : R[X_1,\ldots,X_n] \to P_n$
mit $h(f) := \bar{f}$ ist ein Ringhomomorphismus. Es gilt nämlich
$(\overline{f+g})(x_1,\ldots,x_n) = (f+g)(x_1,\ldots,x_n) = f(x_1,\ldots,x_n)+g(x_1,\ldots,x_n) = \bar{f}(x_1,\ldots,x_n)+\bar{g}(x_1,\ldots,x_n)$
für alle $(x_1,\ldots,x_n) \in R^n$, also $\overline{f+g} = \bar{f}+\bar{g}$, und ebenso $\overline{fg} = \bar{f}\bar{g}$. Den Ring R
kann man als Unterring von P_n auffassen, indem man jedes $a \in R$ mit der
konstanten Funktion $f(x_1,\ldots,x_n) = a$ für alle $(x_1,\ldots,x_n) \in R^n$ identifiziert.

Der Homomorphismus h ist nach Konstruktion surjektiv, aber nicht stets
injektiv. Ist z.B. R der Restklassenring $\mathbb{Z}_3$, und wählt man $f := 0$ und
$g := 2X+X^3$ aus $\mathbb{Z}_3[X]$, so gilt offensichtlich $f \neq g$, aber $\bar{f} = \bar{g}$, da
$\bar{f}(a) = \bar{g}(a)$ für alle $a \in \mathbb{Z}_3$.

Im allgemeinen kann man daher die Polynome nicht mit den zugehörigen
Polynomfunktionen identifizieren. In einigen wichtigen Spezialfällen
ist dies jedoch möglich:

<u>Satz 29.14</u>: *Sei R ein unendlicher Integritätsbereich. Dann ist die oben
definierte Abbildung* $h : R[X] \to P_1$ *ein Isomorphismus.*

Beweis: Wir haben nur noch die Injektivität von h zu zeigen. Seien
$f,g \in R[X]$ mit $\bar{f} = h(f) = h(g) = \bar{g}$. Dann ist $\bar{f}(a) = \bar{g}(a)$ für die unendlich
vielen Elemente $a \in R$, und der Identitätssatz für Polynome 29.12 ergibt
$f = g$.

<u>Folgerung 29.15</u> *(Prinzip des Koeffizientenvergleichs): Sind f und g
Polynome in einer Unbestimmten über einem unendlichen Integritätsbereich R und gilt* $\bar{f}(a) = \bar{g}(a)$ *für alle* $a \in R$, *so ist* $f = g$.

Ist R ein kommutativer Ring mit Einselement, so kann man neben der
Menge R[X] aller Folgen $(a_0, a_1, a_2, \ldots)$ mit $a_i \in R$ und höchstens endlich
vielen $a_i \neq 0$ auch die Menge R[[X]] aller beliebigen Folgen $(a_0, a_1, a_2, \ldots)$
mit $a_i \in R$ betrachten. Definiert man für zwei Elemente von R[[X]] eine
Summe und ein Produkt, ganz analog zur Summe und dem Produkt zweier
Polynome, so ist <R[[X]];+,·> ein kommutativer Ring mit Einselement.
R[[X]] heißt der *Ring der formalen Potenzreihen* (formale Potenzreihenring) *in der Unbestimmten X über R*. Dabei ist X eigentlich keine Unbestimmte, sondern die Potenzreihe $(0,1,0,0,\ldots)$. Die Elemente von R[[X]]
nennt man *formale Potenzreihen*. (Sie heißen deswegen formal, da man
keine Konvergenzbetrachtungen anstellt.)
Ganz analog zum Polynomring $R[X_1, \ldots, X_n]$ in n Unbestimmten definiert
man auch rekursiv $R[[X_1, \ldots, X_n]] := (R[[X_1, \ldots, X_{n-1}]])[[X_n]]$, und nennt
diesen Ring den *formalen Potenzreihenring in n Unbestimmten*.

Identifiziert man die Elemente $a \in R$ mit den Elementen $(a,0,0,\ldots) \in R[[X]]$,
schreibt man für $n \in \mathbb{N}$ wieder X^n für die Folge $(0,\ldots,0,1,0,\ldots) \in R[[X]]$,
wobei die 1 in dieser Folge an der $(n+1)$-ten Stelle steht, und setzt man
$X^0 := (1,0,0,\ldots) \in R[[X]]$, dann kann man jedes Element $p \in R[[X]]$ auch als

formale Summe $p = \sum_{i=0}^{\infty} a_i X^i$ schreiben.

Wir geben nun ohne Beweis eine Reihe von Sätzen an, von deren Richtigkeit man sich nicht allzuschwer überzeugt.

<u>Satz 29.16</u>: *Der Polynomring* $R[X_1, \ldots, X_n]$ *über einem kommutativen Ring* R
mit Einselement ist ein Unterring des formalen Potenzreihenringes
$R[[X_1, \ldots, X_n]]$.

<u>Satz 29.17</u>: *Ist R ein Integritätsbereich, dann ist auch der formale*
Potenzreihenring $R[[X_1, \ldots, X_n]]$ *ein Integritätsbereich.*

<u>Satz 29.18</u>: *Die formale Potenzreihe* $p := \sum_{i=0}^{\infty} a_i X^i$ *über einem kommutativen*
Ring R mit Einselement ist genau dann invertierbar in R[[X]], wenn a_0
in R invertierbar ist.

Die Idee, ein Polynom über einem kommutativen Ring R mit Einselement als
Folge von Elementen aus R zu deuten, in der höchstens endlich viele
Glieder von 0 verschieden sind, steht in Zusammenhang mit der Deutung
von Inputfolgen eines endlichen Automaten (vgl. Abschnitt 16) als
Polynome. Diese Interpretation ermöglicht die Multiplikation und Division von Polynomen über einem endlichen Körper mittels spezieller elek-
trischer Schaltungen (Automaten), den sogenannten Schieberegistern.
Abbildung 29.1 zeigt eine Schaltung für die Multiplikation des Polynoms
$g := 1+X^2+X^3$ mit dem Polynom $f := a_0+a_1 X+\ldots+a_n X^n$ aus dem Polynomring $\mathbb{Z}_2[X]$.

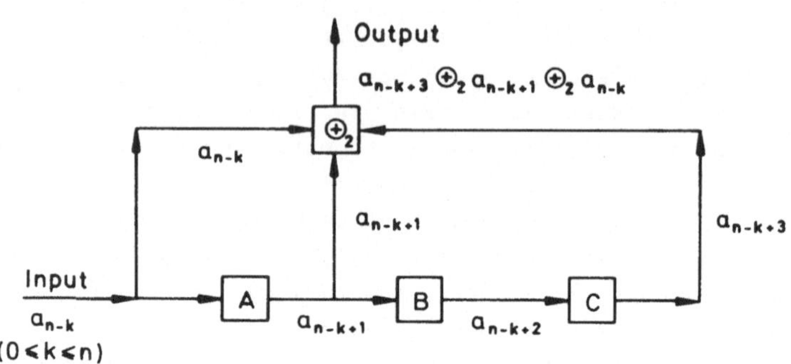

Abb. 29.1

Zum Ausführen der Multiplikation gibt man dem in Abb. 29.1 dargestellten Automaten die Inputfolge $(a_0, a_1, \ldots, a_{n-1}, a_n)$, von rechts nach links gelesen, ein. Die Speicherzellen $\boxed{A}$, $\boxed{B}$, $\boxed{C}$ des Automaten sind sogenannte Flipflops (vgl. Abschnitt 16), welche die Eingänge aus dem Eingängealphabet $\{0,1\}$ mit einer Verzögerung von einer Zeiteinheit weitergeben. $\oplus_2$ bedeutet die Addition modulo 2 (ohne Verzögerung). Am Ausgang der Schaltung werden die Koeffizienten von $f \cdot g$ erzeugt, wobei die Outputfolge in der Reihenfolge $(a_0, a_1, a_2 \oplus_2 a_0, \ldots, a_{n-1} \oplus_2 a_{n-1}, a_n)$, von rechts nach links gelesen, erscheint. Der Grad von $f \cdot g$ ergibt sich aus der Länge der Inputfolge + 3. Die Schaltung wird mit dem Anfangszustand der Speicher (A,B,C) gleich $(0,0,0)$ gestartet. (Wir setzen daher $a_{n+1} = a_{n+2} = a_{n+3} = 0$.)

Formale Potenzreihen finden Anwendungen in der Theorie der formalen Sprachen (vgl. Abschnitt 17) und der Codierungstheorie (vgl. Kapitel VI).

Übungen

(Wenn nichts anderes vorausgesetzt wird, bedeutet R stets einen kommutativen Ring mit Einselement.)

1. Sind die folgenden Aussagen wahr oder falsch?
   a) Hat R Nullteiler, so auch R[X].
   b) Sind zwei Polynome $f, g \in R[X]$ verschieden, so auch die zugehörigen Polynomfunktionen.
   c) Hat R Nullteiler, so existieren Polynome in R[X], für die die Anzahl der Nullstellen größer als ihr Grad ist.
   d) Für die Lagrangesche Interpolationsformel muß R als Körper vorausgesetzt werden.
   e) 1 ist Nullstelle des Polynoms $X^2 + 3X^3 + 2X^4 \in \mathbb{Z}_5[X]$.
   f) Sind $f, g \in R[X]$ vom Grad 3 bzw. 4, dann kann $f \cdot g$ den Grad 8 haben.

2. Man bestimme die Nullstellen von $X^5 + 3X^3 + X^2 + 2X \in \mathbb{Z}_5[X]$ in $\mathbb{Z}_5$.

3. Man berechne $f(3)$ für $f := X^{214}+3X^{152}-2X^{47}+2 \in \mathbb{Z}_5[X]$.

4. Man zeige, daß $R[X_1,\ldots,X_n]$ ein Integritätsbereich ist, wenn R ein Integritätsbereich ist.

5. Man beweise Hilfssatz 29.1.

6. Man bestimme den Rest r bei der Division von $f = 6+6X+3X^2+2X^3+2X^4 \in \mathbb{Z}_7[X]$ durch $q = 7+3x+5x^2 \in \mathbb{Z}_7[X]$.

7. Man bestimme alle Nullstellen von $-10+X+7X^2+17X^3+6X^4$ in $\mathbb{Q}$.

8. Man zeige, daß $K[[X]]$ ein Körper ist, wenn K ein Körper ist.

9. Man bestimme die zu $1-X$ gegenüber der Multiplikation inverse Potenzreihe aus $\mathbb{Q}[[X]]$.

10. Man ermittle ein Polynom $f \in \mathbb{Z}_5[X]$ mit $f(0) = f(1) = 1$ und $f(2) = f(3) = 3$, $f(4) = 1$.

11. Man konstruiere ein Schieberegister für die Multiplikation von Polynomen $f \in \mathbb{Z}_2[X]$ mit dem Polynom $X+X^2 \in \mathbb{Z}_2[X]$.

30. FAKTORIELLE RINGE, HAUPTIDEALRINGE UND EUKLIDISCHE RINGE

In diesem Abschnitt wird die Teilbarkeitslehre der ganzen Zahlen verallgemeinert. - Falls nicht ausdrücklich anders erwähnt, sei R im folgenden stets ein Integritätsbereich.

Ein Element $a \in R$ heißt ein *Teiler* eines Elementes $b \in R$ (oder b ein *Vielfaches* von a), wenn es ein Element $c \in R$ gibt mit $c \cdot a = b$. Man sagt dann, a *teilt* b, und schreibt $a|b$. (Vgl. Seite 29 unter 6). - Der Begriff "Teiler" wurde für Polynome in Abschnitt 29 auf analoge Weise definiert.)

Die Teiler des Einselementes $1 \in R$ sind genau die Einheiten von R. Nach Folgerung 29.8 ist für $a \in R$ das Polynom $P = X-a$ genau dann ein Teiler des Polynoms $f \in R[X]$, wenn a eine Nullstelle von f ist.

Zwei Elemente $a,b \in R$ heißen *assoziiert* (in R), wenn es eine Einheit $u \in R$ gibt mit $u \cdot a = b$.

Wegen $1 \cdot a = a$ ist jedes $a \in R$ zu sich selbst assoziiert. Gilt für $a,b \in R$ und eine Einheit $u \in R$ die Beziehung $u \cdot a = b$, so ist $u^{-1} \cdot b = a$, d.h. mit $a,b \in R$ sind auch b und a assoziiert. Sind ferner a und b sowie b und c assoziiert, dann gibt es Einheiten $u,u' \in R$ mit $u \cdot a = b$ und $u' \cdot b = c$. Also gilt $u' \cdot u \cdot a = c$. Da mit u und u' auch $u' \cdot u$ wieder eine Einheit in R ist, sind a und c ebenfalls assoziiert. Damit erhalten wir

Folgerung 30.1: *Die Eigenschaft zweier Elemente* $a,b \in R$, *assoziiert in R zu sein, ist eine Äquivalenzrelation in R.*

Die einzigen Einheiten in $\mathbb{Z}$ sind 1 und -1. Daher sind die einzigen Assoziierten von $a \in \mathbb{Z}$ die Zahlen a und -a.
Sei K ein Körper. Dann sind zwei Polynome $f,g \in K[X]$ genau dann assoziiert, wenn es ein $c \in K-\{0\}$ gibt mit $f = c \cdot g$.

Jedes Element $a \in R$ hat alle Einheiten von a und alle zu a assoziierten Elemente als Teiler. Wir interessieren uns nun für Elemente a, welche nur diese Teiler besitzen.

Eine von 0 verschiedene Nicht-Einheit $p \in R$ heißt *irreduzibel in* R, wenn jeder Teiler von p eine Einheit oder zu p assoziiert ist.

Die irreduziblen Elemente in $\mathbb{Z}$ sind offenbar genau die Primzahlen $p \in \mathbb{N}$ und die zugehörigen negativen Zahlen -p.

Die Ermittlung irreduzibler Polynome ist nicht ganz so einfach.
Der folgende Hilfssatz gibt dazu eine Teillösung.

<u>Hilfssatz 30.2</u>: *Sei K ein Körper. Ein Polynom* $f \in K[X]$ *vom Grad 2 oder 3 ist genau dann irreduzibel in* $K[X]$, *wenn es keine Nullstelle in K besitzt.*

Beweis: Angenommen, f besitzt die Nullstelle $a \in K$, dann ist die Nicht-Einheit $X-a \in K[X]$ ein Teiler von f, d.h. f ist nicht irreduzibel. Besitzt f keine Nullstelle in K, dann kann f nach Folgerung 29.8 keine Teiler der Gestalt X-a mit $a \in K$ besitzen. Damit kann f aber überhaupt keine Teiler vom Grad 1 besitzen. Also müssen in jeder Zerlegung $f = q \cdot g$ mit $q,g \in K[X]$ die Teiler q und g von f einen von 1 verschiedenen Grad besitzen. Wir unterscheiden nun zwei Fälle: Hat f den Grad 2, so kann der Teiler g von f, wenn er keine Einheit von $K[X]$ ist, nur den Grad 2 besitzen. Dann folgt aber durch Gradvergleich, daß q den Grad 0 hat, d.h. f und g assoziiert sind. Hat f den Grad 3 (und keine Nullstelle in K), so kann der Teiler g von f, wenn er keine Einheit von $K[X]$ ist, nur den Grad 3 besitzen. Dann sind aber f und g wieder assoziiert. Damit ist f irreduzibel in $K[X]$.

Beispiele: X^2-2 ist irreduzibel in $\mathbb{Q}[X]$, jedoch nicht in $\mathbb{R}[X]$.
$f = X^4-2X^2+8X+1$ ist irreduzibel in $\mathbb{Q}[X]$. Nach Satz 29.11 kommen nämlich als rationale Nullstellen von f höchstens die Zahlen 1 und -1 in Frage. Wie man jedoch durch Einsetzen sieht, ist keiner dieser Werte eine Nullstelle von f. Daher besitzt f keine linearen Teiler (Teiler vom Grad 1) in $\mathbb{Q}[X]$. Wäre nun $f = (aX^2+bX+c)(rX^2+sX+t)$ eine Zerlegung von f in $\mathbb{Q}[X]$ in zwei quadratische Faktoren, dann muß f auch eine Zerlegung

$$f = (X^2+b_1X+c_1)(X^2+s_1X+t_1)$$

mit $b_1, c_1, s_1, t_1 \in \mathbb{Z}$ besitzen. Wie man durch Koeffizientenvergleich sieht, gibt es jedoch keine derartigen ganzen Zahlen b_1, c_1, s_1, t_1. Damit ist f irreduzibel.

Lemma von Gauß 30.3: *Sei* $f \in \mathbb{Z}[X]$. *Läßt sich f als Produkt zweier Polynome q und r aus* $\mathbb{Q}[X]$ *von kleinerem Grad als f darstellen, dann läßt sich f auch als Produkt zweier solcher Polynome aus* $\mathbb{Z}[X]$ *schreiben.*

Beweis: Sei $f = q \cdot r$ eine Zerlegung von f in $\mathbb{Q}[X]$ in zwei Polynome von kleinerem Grad als der Grad von f. Bezeichne u das k.g.V. der Nenner der gekürzten Koeffizienten von q und s den g.g.T. der Koeffizienten von $u \cdot q \in \mathbb{Z}[X]$. Dann kann man $q = \frac{s}{u} \cdot \bar{q}$ mit $\bar{q} \in \mathbb{Z}[X]$ schreiben, und der g.g.T. der Koeffizienten von $\bar{q}$ ist 1. Ganz analog läßt sich r in der Form $r = \frac{t}{v} \bar{r}$ darstellen, wobei der g.g.T. der Koeffizienten von $\bar{r}$ gleich 1 ist. Nun folgt $f = q \cdot r = \frac{st}{uv} \bar{q} \bar{r}$ und $uvf = st\bar{q}\bar{r}$. Zum Beweis des Satzes zeigen wir, daß $uv \mid st$ gilt.

Sei p eine beliebige Primzahl mit $p \mid uv$. Ist $\bar{q} = b_0 + \ldots + b_n X^n$ und $\bar{r} = c_0 + \ldots + c_k X^k$, so seien b_i und c_j die ersten Koeffizienten von $\bar{q}$ bzw. $\bar{r}$, welche nicht durch p teilbar sind. Dann ist aber der Koeffizient

$$b_{i+j}c_0 + b_{i+j-1}c_1 + \ldots + b_{i+1}c_{j-1} + b_i c_j + b_{i-1}c_{j+1} + \ldots + c_0 c_{i+j}$$

von X^{i+j} in $\bar{q}\bar{r}$ nicht durch p teilbar, d.h. $p \mid st$, woraus folgt $uv \mid st$.

Damit können wir das berühmte sogenannte *Kriterium von Eisenstein* für die Irreduzibilität eines Polynoms über $\mathbb{Z}$ zeigen.

Satz 30.4 *(Eisenstein): Sei* $f = a_0 + a_1 X + \ldots + a_n X^n \in \mathbb{Z}[X]$.
Gilt für eine Primzahl p
(i) $p \mid a_0, p \mid a_1, \ldots, p \mid a_{n-1}$,
(ii) $p \nmid a_n$ (p teilt nicht a_n),
(iii) $p^2 \nmid a_0$,
dann ist f irreduzibel in $\mathbb{Q}[X]$.
(Bemerkung: Dieser fälschlicherweise als Kriterium bezeichnete Satz gibt nur eine hinreichende, aber keine notwendige Bedingung für die Irreduzibilität.)

Beweis: Angenommen, f ist nicht irreduzibel in $\mathbb{Q}[X]$, dann ist nach dem Lemma von Gauß 30.3 f auch schon in $\mathbb{Z}[X]$ als Produkt zweier Polynome von kleinerem Grad als der Grad von f darstellbar:

$$f = (b_0 + b_1 X + \ldots + b_r X^r)(c_0 + c_1 X + \ldots + c_s X^s), b_i, c_j \in \mathbb{Z}.$$

Durch Koeffizientenvergleich folgt $a_0 = b_0 c_0$. Da $p \mid a_0$, aber $p^2 \nmid a_0$, teilt p entweder b_0 oder c_0, aber nicht beide Elemente. O.B.d.A. nehmen wir $p \mid b_0$ und $p \nmid c_0$ an. Da $p \nmid a_n$, kann p nicht alle Koeffizienten $b_0, b_1, \ldots, b_r$ teilen. Sei t der kleinste Index aus $1 \leq t \leq r < n$ mit $p \nmid b_t$.

Dann folgt $p|a_t, p|b_0, p|b_1, \ldots, p|b_{t-1}$ mit $a_t = b_t c_0 + b_{t-1} c_1 + \ldots + b_1 c_{t-1} + b_0 c_t$. Daher gilt $p|b_t c_0$, obwohl $p \nmid b_t$ und $p \nmid c_0$, was ein Widerspruch ist.

Beispiele: $X^2 - 2$ ist irreduzibel in $\mathbb{Q}[X]$. (Man wähle $p = 2$.)
$25X^5 - 9X^4 + 3X^2 - 12$ ist irreduzibel in $\mathbb{Q}[X]$. (Man wähle $p = 3$.)

Ist R ein kommutativer Ring mit Einselement und $a \in R$, dann bildet die Menge $\{ra \mid r \in R\}$ ein Ideal in R, welches a enthält. Dieses Ideal heißt das durch a *erzeugte Hauptideal* und wird mit $[a]$ bezeichnet. Ein Ideal N von R heißt ein *Hauptideal*, wenn es ein $a \in R$ gibt, sodaß $N = [a]$.

Das Ideal $n\mathbb{Z}$ für $n \in \mathbb{N}$ ist ein Hauptideal, da $n\mathbb{Z} = [n]$.
Das Ideal $[X]$ in $R[X]$ besteht aus allen Polynomen $a_0 + a_1 X + \ldots + a_n X^n \in R[X]$ mit $a_0 = 0$.

Ein Integritätsbereich R heißt ein *faktorieller Ring*, wenn die folgenden Bedingungen erfüllt sind:
(i) Zu jeder von 0 verschiedenen Nicht-Einheit a aus R gibt es endlich viele irreduzible Elemente $u_1, \ldots, u_n \in R$ mit $a = u_1 u_2 \ldots u_n$.
(ii) Sind $u_1, \ldots, u_n$ und $v_1, \ldots, v_m$ irreduzible Elemente aus R mit $u_1 \ldots u_n = v_1 \ldots v_m$, so ist $n = m$, und die v_j können so umindiziiert werden, daß u_i zu v_i assoziiert ist für $i = 1, \ldots, n$.

Jede Nicht-Einheit $\neq 0$ aus R kann also bis auf die Reihenfolge und Assoziiertheit der Faktoren eindeutig als Produkt irreduzibler Elemente geschrieben werden. Solche Ringe werden vielfach auch als ZPE-*Ringe (Ringe mit eindeutiger Zerlegung in Primelemente)* bezeichnet.

Wie in der Zahlentheorie gezeigt wird (und wie wir hier etwas später auch nachweisen werden), ist $\mathbb{Z}$ ein faktorieller Ring, da sich jedes Element $n \in \mathbb{Z}$ mit $n \neq 0$ und $n \neq \pm 1$ bis auf die Reihenfolge und Assoziiertheit eindeutig als Produkt von Primzahlen schreiben läßt. Diese Tatsache wird als *Fundamentalsatz der Zahlentheorie* bezeichnet.

Klarerweise ist jeder Körper ein faktorieller Ring, da es in einem Körper keine von 0 verschiedenen Nicht-Einheiten gibt.

Ein Integritätsbereich, in dem jedes Ideal ein Hauptideal ist, heißt ein *Hauptidealring*.

$\mathbb{Z}$ ist ein Hauptidealring, da die Ideale von $\mathbb{Z}$ genau die Teilmengen $n\mathbb{Z}$ mit $n \in \mathbb{N}_0$ sind und $n\mathbb{Z} = [n]$ gilt.
Daß auch der Polynomring $K[X]$ über einem Körper K ein Hauptidealring ist, ergibt sich aus der Tatsache, daß $K[X]$ ein Euklidischer Ring ist und dem folgenden Satz.

<u>Satz 30.5</u>: *Jeder Euklidische Ring ist ein Hauptidealring.*

Beweis: Sei R ein Euklidischer Ring mit der Euklidischen Bewertungsfunktion d, und sei N ein Ideal von R. Ist $N = \{0\}$, dann gilt $N = [0]$,
und N ist ein Hauptideal. Angenommen $N \neq \{0\}$, dann gibt es Elemente $\neq 0$
in N, und wir wählen ein von 0 verschiedenes Element $b \in N$ derart, daß
$d(b)$ minimal unter allen $d(n)$ für $n \in N$ und $n \neq 0$ ist. Trivialerweise ist
$[b] \subseteq N$.
Wir zeigen, daß $N = [b]$ gilt. Sei $a \in N$, dann gibt es $q, r \in N$, sodaß
$a = bq + r$, wo $r = 0$ oder $d(r) < d(b)$ ist. Da wegen der Wahl von b jedoch
$d(r) < d(b)$ nicht sein kann, muß $r = 0$ sein, und wir erhalten $a = bq$. Da a
ein beliebiges Element von N war, folgt $N = [b]$.

Bevor wir auf die Frage nach dem Zusammenhang zwischen Hauptidealringen
und faktoriellen Ringen eingehen, studieren wir einige Eigenschaften
von Hauptidealringen.

<u>Hilfssatz 30.6</u> *(Aufsteigende Kettenbedingung für Hauptidealringe):*
Sei R ein Hauptidealring. Dann bricht jede aufsteigende Kette $N_1 \subseteq N_2 \subseteq \ldots$
von Idealen aus R nach endlich vielen Gliedern ab, d.h., es gibt ein
natürliches r, sodaß $N_r = N_s$ für alle $s \geq r$.

Beweis: Sei $N_1 \subseteq N_2 \subseteq \ldots$ eine aufsteigende Kette von Idealen N_i in R.
Dann ist $N = \bigcup_i N_i$ ein Ideal in R. Sind nämlich $a, b \in N$, dann gibt es Ideale
N_i und N_j aus der Kette mit $a \in N_i$ und $b \in N_j$. Ist o.B.d.A. $i \leq j$, dann
gilt $a, b \in N_j$. Damit ist dann aber auch $a - b \in N_j \subseteq N$, und daher ist N ein
Normalteiler von R. Da es zu jedem $a \in N$ und $r \in R$ ein Ideal N_i der Kette
mit $a \in N_i$ gibt, ist auch $ra \in N_i \subseteq N$, also ist N ein Ideal von R.
Da R ein Hauptidealring ist, gibt es ein $c \in R$ mit $N = [c]$. Es muß dann
aber ein Ideal N_r aus der Kette geben mit $c \in N_r$. Daher folgt für alle
$s \in \mathbb{N}$ mit $s \geq r$ $[c] \subseteq N_r \subseteq N_s \subseteq N = [c]$, womit der Satz gezeigt ist.

<u>Hilfssatz 30.7</u>: *Sei R ein Hauptidealring. Dann sind für eine von 0 ver-*
schiedene Nicht-Einheit $a \in R$ die folgenden Bedingungen äquivalent:
(1) a ist irreduzibel in R.
(2) [a] ist ein maximales Ideal von R.
(3) [a] ist ein Primideal von R.

Beweis: $(1) \Rightarrow (2)$: Ist a irreduzibel in R und $[a] \subseteq [b]$ für ein $b \in R$,
dann gilt $a = bc$ für ein $c \in R$. Ist nun b eine Einheit, dann folgt
$[b] = [1] = R$. Ist b keine Einheit, dann muß c eine Einheit sein, d.h. es
gibt ein $u \in R$ mit $cu = 1$. Damit erhalten wir aber $au = bcu = b$, also
$[b] \subseteq [a]$. Somit ist $[a] = [b]$, d.h. [a] ist maximal.
$(2) \Rightarrow (3)$: Ist [a] maximales Ideal von R, dann ist [a] nach Folge-
rung 28.9 ein Primideal von R.
$(3) \Rightarrow (1)$: Ist [a] ein Primideal von R und $a = bc$ eine Darstellung von a

als Produkt zweier Elemente $b, c \in R$, dann gilt $bc = a \in [a]$. Da $[a]$ Primideal ist, muß entweder $b \in [a]$ oder $c \in [a]$ sein. Sei o.B.d.A. $b \in [a]$.
Dann gibt es ein $r \in R$, sodaß $b = ar$. Damit folgt aber $a = bc = arc$, d.h. c
ist eine Einheit in R. Somit ist a irreduzibel in R.

Nun zeigen wir

<u>Satz 30.8</u>: *Jeder Hauptidealring R ist ein faktorieller Ring.*

Beweis: Sei $a \in R$ und a weder 0 noch eine Einheit. Dann besitzt a zumindest einen irreduziblen Faktor (Teiler). Ist a irreduzibel, so ist
dies offensichtlich. Ist a nicht irreduzibel, dann gilt $a = a_1 b_1$ mit
$a_1, b_1 \in R$, wobei weder a_1 noch b_1 eine Einheit ist. Es gilt $[a] \subset [a_1]$,
da im Falle $[a] = [a_1]$ das Element b_1 eine Einheit wäre. Nun schließt
man analog für a_1: Ist a_1 nicht irreduzibel, dann gibt es einen Teiler
a_2 von a_1, welcher keine Einheit ist, und es gilt $[a] \subset [a_1] \subset [a_2]$.
Setzt man das Verfahren fort, erhält man eine streng aufsteigende Kette
von Idealen $[a] \subset [a_1] \subset [a_2] \subset \ldots$. Nach Hilfssatz 30.6 endet diese Kette
mit einem Ideal $[a_i]$, und a_i muß dann irreduzibel sein. Daher hat a den
irreduziblen Faktor a_i.
Jede von 0 verschiedene Nicht-Einheit a aus R ist also entweder irreduzibel, oder es gilt $a = p_1 c_1$ für ein irreduzibles Element $p_1 \in R$ und eine
von 0 verschiedene Nicht-Einheit $c_1 \in R$. Entweder ist dann c_1 irreduzibel,
oder es gilt nach demselben Argument wie oben $c_1 = p_2 c_2$ für ein irreduzibles p_2 und eine von 0 verschiedene Nicht-Einheit c_2. Setzt man das
Zerlegungsverfahren fort, so erhält man schließlich eine streng aufsteigende Kette $[a] \subset [c_1] \subset [c_2] \subset \ldots$ von Idealen aus R, welche nach
Hilfssatz 30.6 abbrechen muß. Endet die Kette mit einem Ideal $[c_r]$, so
ist c_r irreduzibel, und wir erhalten $a = p_1 p_2 \ldots p_r c_r$. Damit ist die
Bedingung (i) für faktorielle Ringe gezeigt.

Um die Eindeutigkeit (ii) der Darstellung durch irreduzible Elemente
nachzuweisen, nehmen wir an, daß $a = p_1 \ldots p_r = q_1 \ldots q_s$ zwei Darstellungen
der von 0 verschiedenen Nicht-Einheit $a \in R$ als Produkt von irreduziblen
Elementen aus R sind. Dann gilt $p_1 | q_1 q_2 \ldots q_s$, also $q_1 q_2 \ldots q_s \in [p_1]$.
Nach Hilfssatz 30.7 ist $[p_1]$ jedoch ein Primideal von R. Daher ist
$q_1 \in [p_1]$ oder $q_2 \ldots q_s \in [p_1]$, d.h. $p_1 | q_1$ oder $p_1 | q_2 \ldots q_s$. Gilt
$p_1 | q_2 \ldots q_s$, setzt man das Verfahren fort und erhält schließlich, daß in
jedem Fall ein $j \in \{1, \ldots, s\}$ existiert mit $p_1 | q_j$. Da q_j irreduzibel ist,
gilt $q_j = u_1 p_1$ mit einer Einheit $u_1 \in R$, und es folgt

$$p_1 p_2 \ldots p_r = q_1 \ldots q_{j-1} u_1 p_1 q_{j+1} \ldots q_s .$$

Daraus aber ergibt sich

$$p_2 \ldots p_r = q_1 \ldots q_{j-1} u_1 q_{j+1} \ldots q_s .$$

Nun wiederholt man die Prozedur für p_2. Nach r Schritten bekommt man $1 = u_1 \ldots u_r q_{r+1} \ldots q_s$. Klarerweise muß daher $r = s$ gelten, d.h., man erhält die Gleichung $1 = u_1 \ldots u_r$. Daher stimmen die Faktoren p_i und q_j bis auf die Reihenfolge und Assoziiertheit überein.

Da wir bereits gezeigt haben, daß $\mathbb{Z}$ und der Polynomring K[X] über einem Körper K Hauptidealringe sind, folgt, daß $\mathbb{Z}$ (Fundamentalsatz der Zahlentheorie) und K[X] faktorielle Ringe sind. Für die zweite Aussage wollen wir ohne Beweis eine Verallgemeinerung angeben, welche von Carl Friedrich Gauß (1777 - 1855) stammt:

<u>Satz 30.9</u>: *Ist R ein faktorieller Ring, dann ist auch der Polynomring* R[X] *ein faktorieller Ring.*

Durch wiederholtes Anwenden des Satzes 30.9 bekommt man insbesondere, daß auch der Polynomring $K[X_1, \ldots, X_n]$ in n Unbestimmten über einem Körper K ein faktorieller Ring ist.

Zusammenfassend haben wir damit gezeigt, daß *jeder Euklidische Ring ein Hauptidealring* ist, und *jeder Hauptidealring ein faktorieller Ring* ist. Per definitionem ist jeder faktorielle Ring ein Integritätsbereich. Um zu zeigen, daß die Begriffe Euklidischer Ring, Hauptidealring, faktorieller Ring und Integritätsbereich echte Abschwächungen voneinander sind, geben wir die folgenden Beispiele an (die wir allerdings nicht durchrechnen):

Beispiele:
1. Sei $R := \{\frac{a+b\sqrt{-19}}{2} \mid a,b \in \mathbb{Z};$ a,b beide gerade oder beide ungerade$\}$.
   R aufgefaßt als Unterring von $\langle \mathbb{C};+,\cdot \rangle$ bildet einen Hauptidealring, welcher kein Euklidischer Ring ist.

2. Wie wir bereits gezeigt haben, ist der Polynomring $K[X_1, X_2]$ in den beiden Unbestimmten X_1 und X_2 über einem Körper K ein faktorieller Ring. Wie man sich leicht überzeugt, bildet die Teilmenge aller Polynome $a_0 + a_{10}X_1 + a_{01}X_2 + a_{11}X_1 X_2 + \ldots$ von $K[X_1, X_2]$ mit $a_0 = 0$ ein Ideal von $K[X_1, X_2]$. Dieses Ideal wird von X_1 und X_2 erzeugt, ist jedoch kein Hauptideal. Daher ist $K[X_1, X_2]$ kein Hauptidealring.
   (Man kann auch zeigen, daß $\mathbb{Z}[X]$ kein Hauptidealring ist. Man betrachte dazu die Teilmenge $N := \{a + Xf \mid a \in 2\mathbb{Z}, f \in \mathbb{Z}[X]\}$.)

3. Sei $\mathbb{Z}[\sqrt{-5}] := \{a + ib\sqrt{5} \mid a,b \in \mathbb{Z}\}$ mit $i = \sqrt{-1}$. $\mathbb{Z}[\sqrt{-5}]$ als Teilmenge von $\langle \mathbb{C};+,\cdot \rangle$ betrachtet bildet einen Integritätsbereich. Die einzigen Einheiten von $\mathbb{Z}[\sqrt{-5}]$ sind 1 und -1. Man kann zeigen, daß $21 = 3 \cdot 7$ und $21 = (1+2\sqrt{-5}) \cdot (1-2\sqrt{-5})$ zwei Darstellungen der Zahl $21 \in \mathbb{Z}[\sqrt{-5}]$ als Produkt von irreduziblen Elementen aus $\mathbb{Z}[\sqrt{-5}]$ sind, in denen die Faktoren nicht zueinander assoziiert sind. Daher ist $\mathbb{Z}[\sqrt{-5}]$ kein faktorieller Ring.

Wir wenden uns nun noch etwas der Arithmetik in Euklidischen Ringen zu.

<u>Satz 30.10</u>: *Ist R ein Euklidischer Ring mit der Bewertungsfunktion d,
dann ist $d(1) \leq d(a)$ für alle $a \in R-\{0\}$. Weiters ist $u \in R$ genau dann eine
Einheit, wenn $d(u) = d(1)$.*

Beweis: Aus Bedingung (i) für Euklidische Ringe folgt für alle $a \in R-\{0\}$
die Beziehung $d(1) \leq d(1a) = d(a)$.
Ist u eine Einheit in R, dann gilt $d(u) \leq d(uu^{-1}) = d(1) \leq d(u)$. Ist umgekehrt für ein $u \in R$ $d(u) = d(1)$, dann existieren nach Bedingung (ii) für
Euklidische Ringe Elemente q und r aus R, sodaß $1 = uq+r$, wobei $r = 0$ oder
$d(r) < d(u)$ gilt. Da jedoch $d(u) = d(1) \leq d(a)$ für alle $a \in R-\{0\}$, muß $r = 0$
sein. Es ist also $1 = uq$, d.h. u ist eine Einheit in R.

Sei R ein faktorieller Ring. Dann heißt ein Element $d \in R$ ein *größter
gemeinsamer Teiler* (kurz: g.g.T.) der Elemente $a,b \in R$, wenn $d|a, d|b$ und
$c|d$ für alle $c \in R$ mit $c|a, c|b$.

Wie wir bereits wissen, ist 6 ein g.g.T. von 12 und 18, ebenso aber auch
-6.
In $\mathbb{Z}[X]$ sind $X-1$ und $-(X-1)$ g.g.T. von X^2-2X+1 und X^2+X-2.

<u>Bemerkung 30.11</u>: *Je zwei g.g.T. zweier Elemente a und b eines faktoriel-
len Ringes R sind zueinander assoziiert, d.h. der g.g.T. von $a,b \in R$ ist,
falls er existiert, bis auf Assoziiertheit eindeutig bestimmt.*

Beweis: Seien $a,b \in R$ und d_1,d_2 zwei g.g.T. von a und b. Dann muß $d_1|d_2$
und $d_2|d_1$ gelten, d.h. es gibt Elemente $u_1,u_2 \in R$, sodaß $d_1u_1 = d_2$ und
$d_2u_2 = d_1$. Daraus aber folgt $d_1u_1u_2 = d_2u_2 = d_1$, also $u_1u_2 = 1$. Daher sind
u_1 und u_2 Einheiten, und d_1 ist assoziiert zu d_2.

<u>Satz 30.12</u>: *Ist R ein Euklidischer Ring und sind $a,b \in R-\{0\}$, dann exi-
stiert ein g.g.T. von a und b. Jeder g.g.T. von a und b kann für bestimmte $m,n \in R$ in der Gestalt $ma+nb$ geschrieben werden.*

Beweis: Wir betrachten die Menge $N := \{ra+sb \mid r,s \in R\}$. Wie man sofort
sieht, ist N ein Ideal von R, und da R ein Hauptidealring ist, gibt es
ein $d \in R$, sodaß $N = [d]$. Für d gilt $d|(ra+sb)$ für alle $ra+sb \in N$. Wählt
man $r = 1$ und $s = 0$ und danach $r = 0$ und $s = 1$, so folgt $d|a$ und $d|b$.
Ist nun $c \in R$ mit $c|a$ und $c|b$, dann gilt $c|(ra+sb)$ für alle $ra+sb \in N$.
Daher folgt $c|d$. Somit ist d ein g.g.T. von a und b.
Da $d \in N$, gibt es Elemente $m,n \in R$, sodaß $d = ma+nb$. Ist d_1 ein weiterer
g.g.T. von a und b, so gilt $d_1 = ud$ für eine Einheit $u \in R$ und daher
$d_1 = (um)a+(un)b$ mit $um,un \in R$.

<u>Satz 30.13</u> *(Euklidischer Algorithmus): Sei R ein Euklidischer Ring mit
der Bewertungsfunktion d, und seien $a,b \in R-\{0\}$. Dann existieren nach*

(ii) *für Euklidische Ringe Elemente* $q_1, r_1 \in R$ *mit* $a = bq_1 + r_1$, *wobei* $r_1 = 0$ *oder* $d(r_1) < d(b)$ *gilt. Ist* $r_1 \neq 0$, *so existieren ferner nach* (ii) *Elemente* $q_2, r_2 \in R$ *mit* $b = r_1 q_2 + r_2$, *wobei* $r_2 = 0$ *oder* $d(r_2) < d(r_1)$. *Ist allgemein* r_{i+1} *der Rest bei der Division von* r_{i-1} *durch* r_i, *so gilt* $r_{i-1} = r_i q_{i+1} + r_{i+1}$ *mit* $r_{i+1} = 0$ *oder* $d(r_{i+1}) < d(r_i)$. *In der Folge* $r_1, r_2, \ldots$ *tritt nach endlich vielen Gliedern ein Element* $r_s = 0$ *auf. Ist* r_s *das erste derartige Element der Folge, so ist* r_{s-1} *ein g.g.T. von a und b.*

Beweis: Da $d(r_i) < d(r_{i-1})$ und $d(r_i) \in \mathbb{N}_0$, muß das Verfahren nach endlich vielen Schritten mit einem Element $r_s = 0$ enden.

Ist $r_1 = 0$, dann gilt $a = bq_1$, und b ist ein g.g.T. von a und b.

Ist $r_1 \neq 0$ und $d \in R$ mit $d|a$ und $d|b$, so folgt $d|(a-bq_1)$, also $d|r_1$. Gilt andererseits für $d_1 \in R$ $d_1|r_1$ und $d_1|b$, dann folgt $d_1|(bq_1 + r_1)$, also $d_1|a$. Daher ist jeder g.g.T. von a und b auch ein g.g.T. von b und r_1 und umgekehrt. Setzt man diese Argumentation fort, so kann man schließen, daß jeder g.g.T. von a und b auch ein g.g.T. von r_{i-2} und r_{i-1} ist und umgekehrt, solange $r_{i-1} \neq 0$ ist. Ist r_s das erste Element gleich 0 in der Folge $r_1, r_2, \ldots$, dann ist jeder g.g.T. von r_{s-2} und r_{s-1} auch ein g.g.T. von a und b. Aus der Gleichung

$$r_{s-2} = q_s r_{s-1} + r_s = q_s r_{s-1}$$

ersieht man aber, daß r_{s-1} ein g.g.T. von r_{s-2} und r_{s-1} ist.

Das beschriebene Verfahren ermöglicht die Bestimmung eines g.g.T. zweier von 0 verschiedener Elemente a und b eines Euklidischen Ringes R, ohne a und b in irreduzible Faktoren zu zerlegen. So ergibt sich z.B. mit Hilfe des Euklidischen Algorithmus die Zahl 21 als g.g.T. der Zahlen 15015 und 7497:

$$15015 = 7497 \cdot 2 + 21$$
$$7497 = 21 \cdot 357 + 0$$

Etwas umständlicher gewinnt man einen g.g.T. von 15015 und 7497 aus den Darstellungen

$$15015 = 3 \cdot 5 \cdot 7 \cdot 11 \cdot 13 \quad \text{und} \quad 7497 = 3^2 \cdot 7^2 \cdot 17 \ .$$

Übungen

1. Sind die folgenden Aussagen wahr oder falsch?
   a) $3X-6$ ist irreduzibel in $\mathbb{Q}[X]$.
   b) X^3+3 ist irreduzibel in $\mathbb{Z}_5[X]$.
   c) Je zwei irreduzible Elemente eines faktoriellen Ringes sind zueinander assoziiert.
   d) Die Einheiten von $\mathbb{Q}[X]$ sind genau die Elemente von $\mathbb{Q}-\{0\}$.
   e) Jeder Körper ist ein faktorieller Ring.
   f) Jeder Körper ist ein Hauptidealring.

g) Ist K ein Körper, so ist $K[X]$ ein Hauptidealring.
h) Jedes Hauptideal von $\mathbb{Q}[X]$ ist maximal.
i) In einem Euklidischen Ring R mit der Bewertungsfunktion d bildet die Menge $\{a \in R \mid d(a) > d(1)\}$ ein Ideal.
j) $[X^2+1]$ ist ein Primideal in $\mathbb{Q}[X]$.
k) $\mathbb{Q}[X]/[X^2+1]$ ist ein Körper.
l) Ein g.g.T. von 2 und 3 in $\mathbb{Q}$ ist $\frac{1}{2}$.

2. Man bestimme alle irreduziblen Polynome vom Grad 2 und 3 in $\mathbb{Z}_2[X]$ bzw. $\mathbb{Z}_3[X]$.

3. Man zerlege das Polynom $f = 4X^2 - 4X + 8$ in ein Produkt irreduzibler Polynome in $\mathbb{Z}[X], \mathbb{Q}[X]$ und $\mathbb{Z}_{11}[X]$.

4. Man finde alle Einheiten in $\mathbb{Z}_6[X]$ und $\mathbb{Z}_6[[X]]$.

5. Man zeige, daß $\mathbb{Z}[\sqrt{2}] := \{a+b\sqrt{2} \mid a,b \in \mathbb{Z}\}$, betrachtet als Teilmenge von $<\mathbb{R};+,\cdot>$, mit der Bewertungsfunktion $d(a+b\sqrt{2}) := a^2 + 2b^2$ einen Euklidischen Ring bildet.

6. Sei $\mathbb{Z}[\sqrt{-3}] := \{a+b\sqrt{-3} \mid a,b \in \mathbb{Z}\}$.
   a) Man zeige, daß $\mathbb{Z}[\sqrt{-3}]$ bezüglich der Addition und Multiplikation komplexer Zahlen einen Integritätsbereich bildet.
   b) Man bestimme die Einheiten von $\mathbb{Z}[\sqrt{-3}]$.
   c) Man zeige, daß $\mathbb{Z}[\sqrt{-3}]$ kein faktorieller Ring ist.

7. Man bestimme alle g.g.T. der Polynome $f = X^4 + 3X^3 + 2X + 4$ und $g = X^3 - X^2 + X + 3$ in $\mathbb{Z}_5[X]$.

8. Man zeige, daß 1 ein g.g.T. der Polynome $f = X^3 - 9X$ und $g = X^2 - 2$ aus $\mathbb{Q}[X]$ ist, und gebe eine Darstellung $1 = f \cdot f_1 + g \cdot g_1$ mit $f_1, g_1 \in \mathbb{Q}[X]$ an.

9. Man ermittle ein Polynom $p \in \mathbb{Z}_5[X]$ vom Grad 2, sodaß $\mathbb{Z}_5[X]/[p]$ ein Körper ist.

10. Man zeige: Ist h ein Homomorphismus von einem Hauptidealring R auf einen Integritätsbereich I, dann ist h ein Isomorphismus oder I ist ein Körper.

11. Man zeige, daß $\mathbb{Z}_{11}[X]/[X^2+1]$ ein Körper mit 121 Elementen ist.

31. KÖRPERERWEITERUNGEN UND KONSTRUKTIONEN MIT ZIRKEL UND LINEAL

Es sei K ein Körper und p ein Polynom aus $K[X]$. Ist p irreduzibel in $K[X]$, so ist nach Hilfssatz 30.7 der Faktorring $E = K[X]/[p]$ ein Körper. E enthält einen zu K isomorphen Unterkörper. Wir werden im folgenden zeigen, daß das irreduzible Polynom p im Körper E eine Nullstelle besitzt.

Ist K ein Unterkörper des Körpers E, d.h. ein Unterring von E, welcher ein Körper ist, so nennt man E einen *Erweiterungskörper* von K.

Z.B. ist $\mathbb{Q}$ ein Unterkörper von $\mathbb{R}$, mit anderen Worten, $\mathbb{R}$ ist ein Erweiterungskörper von $\mathbb{Q}$.

Der folgende Satz gibt Einblick in die Struktur der Erweiterungskörper eines Körpers. Wir setzen dabei aus der linearen Algebra die Kenntnis

der Begriffe "Vektorraum", "Basis" und "Dimension" voraus (vgl. etwa
[20]).

Satz 31.1: *Es sei* E *ein Erweiterungskörper des Körpers* K. *Dann läßt sich*
E *als Vektorraum über* K *auffassen.*

Beweis: E bildet bezüglich der Addition eine abelsche Gruppe. Die Multiplikation der Elemente von K mit den Elementen von E erfüllt die folgenden Bedingungen:
(i) $1a = a$ für alle $a \in E$,
(ii) $r(a+b) = ra+rb$ für $r \in K$ und $a,b \in E$,
(iii) $(r+s)a = ra+sa$ für $r,s \in K$ und $a \in E$,
(iv) $(rs)a = r(sa)$ für $r,s \in K$ und $a \in E$.
Damit ist E ein Vektorraum über dem Körper K.

Unter dem *Grad des Erweiterungskörpers* E *über dem Körper* K versteht man
die Dimension des Vektorraumes E über dem Körper K. Wir schreiben für
den Grad von E über K kurz [E:K]. Ist $[E:K] < \infty$, so heißt E ein *endlicher*
Erweiterungskörper von K, und man spricht von einer *endlichen Körper-*
erweiterung.

$[\mathbb{C} : \mathbb{R}] = 2$, da $\{1,i\}$ eine Basis von $\mathbb{C}$ über $\mathbb{R}$ ist. Wir werden später
sehen, daß $[\mathbb{R} : \mathbb{Q}]$ nicht endlich ist.

Satz 31.2: *Ist* K *ein Körper und* p *ein irreduzibles Polynom aus* K[X] *vom*
Grad $n > 0$, *dann gilt* $[(K[X]/[p]) : K] = n$.

Beweis: Da K[X] ein Euklidischer Ring ist, sind die verschiedenen Elemente von $E := K[X]/[p]$ genau die Klassen $(a_0+a_1X+...+a_{n-1}X^{n-1})+[p]$
mit $a_0,a_1,...,a_{n-1} \in K$. Die Polynome vom Grad $< n$ durchlaufen also ein
vollständiges Vertretersystem von E. Daher ist $\{1+[p],X+[p],...,X^{n-1}+[p]\}$
eine Basis von E über K und $[E:K] = n$.

Wir zeigen nun den wichtigen

Satz 31.3 *(Gradsatz)*: *Ist* E *ein endlicher Erweiterungskörper von* K *und*
F *ein endlicher Erweiterungskörper von* E, *dann ist* F *ein endlicher Er-*
weiterungskörper von K, *und es gilt*

$$[F : K] = [F : E] \cdot [E : K].$$

Beweis: Sei $\{a_1,...,a_n\}$ eine Basis von E über K und $\{b_1,...,b_m\}$ eine
Basis von F über E.
Wir zeigen nun, daß $B = \{a_i b_j \mid i = 1,...,n; \; j = 1,...,m\}$ eine Basis von E
über K ist. Ist $c \in F$, dann gilt

$$c = r_1 b_1 + ... + r_m b_m = \sum_{j=1}^{m} r_j b_j$$

für gewisse $r_j \in E$. Jedes r_j kann aber in der Gestalt

$$r_j = \sum_{i=1}^{n} s_{ij} a_i$$

geschrieben werden. Damit besitzt jedes $c \in F$ eine Darstellung

$$c = \sum_{j=1}^{m} \left(\sum_{i=1}^{n} s_{ij} a_i \right) b_j = \sum_{j,i} s_{ij} (a_i b_j).$$

Daher spannen die $n \cdot m$ Vektoren aus B den Vektorraum F über K auf.
Es bleibt zu zeigen, daß die Menge B über K linear unabhängig ist. Gilt

$$\sum_{j,i} t_{ij} (a_i b_j) = 0 \text{ mit } t_{ij} \in K,$$

dann folgt

$$\sum_{j=1}^{m} \left(\sum_{i=1}^{n} t_{ij} a_i \right) b_j = 0.$$

Da die b_j linear unabhängig über E sind, sind sie auch linear unabhängig über K, und wir erhalten

$$\sum_{i=1}^{n} t_{ij} a_i = 0 \text{ für } j = 1,\ldots,m.$$

Wegen der linearen Unabhängigkeit der a_i über K folgt dann aber $t_{ij} = 0$ für alle i und j. Damit ist gezeigt, daß B linear unabhängig über K ist, und der Satz ist gezeigt.

Sei E ein Erweiterungskörper des Körpers K und $a \in E$. Dann wird der Durchschnitt aller Unterkörper von E, welche $K \cup \{a\}$ enthalten, mit K(a) bezeichnet. Man sagt, K(a) entsteht durch *Adjunktion des Elementes* a *zu* K.
Klarerweise ist K(a) der kleinste Unterkörper von E, welcher den Körper K und das Element a enthält. (Man könnte K(a) auch als Quotienten-ring des von $K \cup \{a\}$ in E erzeugten Ringes konstruieren.)

Sind $a_1,\ldots,a_n$ aus einem Erweiterungskörper E des Körpers K, dann kann man sukzessive

$$K(a_1,a_2) := (K(a_1))(a_2),\ldots,K(a_1,\ldots,a_n) := (K(a_1,\ldots,a_{n-1}))(a_n)$$

bilden.

Wie man sofort sieht, ist $\mathbb{R}(i) = \{a+ib \mid a,b \in \mathbb{R}\} = \mathbb{C}$. Weiters kann man sich überlegen, daß z.B. $\mathbb{Q}(\sqrt{2},\sqrt{3}) = \mathbb{Q}(\sqrt{6})$ gilt.

Es sei E ein Erweiterungskörper des Körpers K. Ein Element $a \in E$ heißt *algebraisch* über K, wenn es ein Polynom $f \neq 0$ aus K[X] gibt mit $f(a) = 0$. Andernfalls heißt a *transzendent* über K.

$5, \sqrt{3}, i, \sqrt[4]{2}+1$ sind z.B. algebraisch über $\mathbb{Q}$, da sie Nullstellen der Polynome $X-5, X^2-3, X^2+1$ bzw. $(X-1)^4-2$ sind.

Wie man beweisen kann, sind jedoch nicht alle Zahlen aus $\mathbb{R}$ algebraisch über $\mathbb{Q}$. So sind z.B. $\pi, e \in \mathbb{R}$ transzendent über $\mathbb{Q}$ (für einen Beweis der Transzendenz von π vgl. etwa [33]).

<u>Satz 31.4</u>: *Sei a algebraisch über dem Körper K und p ein irreduzibles Polynom in K[X] vom Grad n mit der Nullstelle a. Dann gilt $K(a) \simeq K[X]/[p]$, und die Elemente von K(a) lassen sich eindeutig in der Gestalt*

$$c_0 + c_1 a + \ldots + c_{n-1} a^{n-1} \quad mit \quad c_i \in K \text{ anschreiben.}$$

Beweis: Wir betrachten den in Satz 29.2 definierten Homomorphismus $h_a : K[X] \to K(a)$ mit $h_a(f) := f(a)$. Da $K[X]$ ein Hauptidealring ist, muß auch der Kern von h_a ein Hauptideal $[r]$ mit $r \in K[X]$ sein. Da $p(a) = 0$, ist $p \in [r]$, und es gilt $r|p$. Wegen der Irreduzibilität von p muß dann aber $p = u \cdot r$ für eine Einheit $u \in K[X]$ sein. Daher ist Kern $h_a = [r] = [p]$. Ist Θ die dem Ideal $[p]$ entsprechende Kongruenzrelation von $K[X]$, dann erhalten wir nach dem Homomorphiesatz für Ringe 28.1

$$K[X]/[p] = K[X]/\Theta \simeq h_a(K[X]) \subseteq K(a).$$

Da $K[X]/[p]$ nach Hilfssatz 30.7 und Satz 28.5 ein Körper ist, folgt, daß auch $h_a(K[X])$ ein Körper ist. Damit ist $h_a(K[X])$ ein Unterkörper von $K(a)$, welcher K und a enthält. Aus der Definition von $K(a)$ folgt dann $K(a) = h_a(K[X])$. Also ist $K[X]/[p] \simeq K(a)$. Die eindeutige Darstellung der Elemente von $K(a)$ in der Form $c_0 + c_1 a + \ldots + c_{n-1} a^{n-1}$ folgt aus der Bijektivität von h_a und der Tatsache, daß $K[X]/[p]$ genau aus den Klassen $(c_0 + c_1 X + \ldots + c_{n-1} X^{n-1}) + [p]$ mit $c_i \in K$ besteht.

Damit erhalten wir unmittelbar

<u>Folgerung 31.5</u>: *Ist a Nullstelle eines irreduziblen Polynoms in K[X] vom Grad n , dann gilt $[K(a) : K] = n$.*

Der nächste Satz wird in vielen Algebravorlesungen als eines der wichtigsten Resultate angesehen.

<u>Satz 31.6</u> *(Leopold Kronecker (1823 – 1891)): Ist K ein Körper und p ein irreduzibles Polynom in K[X], dann existiert ein endlicher Erweiterungskörper E von K, in welchem p eine Nullstelle hat.*

Beweis: Sei $p = a_0 + a_1 X + \ldots + a_n X^n$ irreduzibel in $K[X]$. Dann ist $E := K[X]/[p]$ ein Körper. Wie man leicht nachprüft, ist die Abbildung $h : K \to K[X]/[p]$ mit $h(a) := a + [p]$ ein injektiver Homomorphismus. Wir identifizieren im folgenden K und $h(K)$. Nun ist aber das Element $X + [p] \in E$ eine Nullstelle von p, da

$$p(X+[p]) = a_0 + a_1(X+[p]) + \ldots + a_n(X+[p])^n =$$

$$a_0 + (a_1 X+[p]) + \ldots + (a_n X^n+[p]) = (a_0 + a_1 X + \ldots + a_n X^n) + [p] = [p],$$

und $[p]$ ist das Nullelement von E.

<u>Bemerkung:</u> Aus dem Satz von Kronecker folgt, daß es zu jedem Polynom p
vom Grad ≥ 1 über einem Körper K einen Erweiterungskörper E von K gibt,
sodaß f in E[X] als Produkt von *Linearfaktoren* (Polynomen vom Grad 1)
geschrieben werden kann. Sind $a_1,\ldots,a_n$ die Nullstellen von f in E, so
kann man zeigen, daß auch $K(a_1,\ldots,a_n)$ ein derartiger Körper ist.
$K(a_1,\ldots,a_n)$ heißt der *Zerfällungskörper* des Polynoms f über K.
Ein Körper K heißt *algebraisch abgeschlossen*, wenn jedes Polynom $f \in K[X]$
vom Grad ≥ 1 in Linearfaktoren in K[X] zerfällt.
Der *Fundamentalsatz der Algebra* (1799 von Gauß bewiesen) besagt, daß
der Körper $\mathbb{C}$ algebraisch abgeschlossen ist, d.h. daß jedes Polynom
$f \in \mathbb{C}[X]$ in Linearfaktoren in $\mathbb{C}[X]$ zerfällt, also alle Nullstellen von f
in $\mathbb{C}$ liegen. (Die einfachsten Beweise des Fundamentalsatzes der Algebra
bedienen sich funktionentheoretischer Methoden.) Mit Hilfe des Fundamentalsatzes der Algebra kann man $\mathbb{C}$ bis auf Isomorphie auch als einzigen
endlichen Erweiterungskörper von $\mathbb{R}$ beschreiben.

Beispiele:
1. Nach Satz 31.4 gilt $\mathbb{R}[X]/[X^2+1] \simeq \mathbb{R}(i) = \{a+bi \mid a,b \in \mathbb{R}\}$ mit $i = \sqrt{-1}$.
   Daher ist $[\mathbb{C}:\mathbb{R}] = 2$, was wir auch schon früher eingesehen haben.
2. $[\mathbb{R}:\mathbb{Q}]$ ist nicht endlich. Nach dem Satz von Eisenstein ist nämlich
   X^n-2 irreduzibel in $\mathbb{Q}[X]$. Wäre nun $[\mathbb{R}:\mathbb{Q}] = m \in \mathbb{N}$, so würde nach
   Satz 31.3 und Folgerung 31.5.

$$[\mathbb{R}:\mathbb{Q}] = [\mathbb{R}:\mathbb{Q}(\sqrt[n]{2})] \cdot [\mathbb{Q}(\sqrt[n]{2}):\mathbb{Q}] = [\mathbb{R}:\mathbb{Q}(\sqrt[n]{2})] \cdot n$$

gelten. Damit müßte $n \mid m$ für beliebige $n \in \mathbb{N}$ sein, was nicht möglich
ist.

Nun wollen wir mit Hilfe der Körpertheorie die Möglichkeit geometrischer
Konstruktionen untersuchen. Entsprechend der auf den griechischen Philo-
sophen Plato (427 - 347 v.Chr.) zurückgehenden "Spielregel" dürfen für
geometrische Konstruktionen nur Zirkel und Lineal verwendet werden.
Abb. 31.1 zeigt einige der mit Zirkel und Lineal durchführbaren klassischen Konstruktionen.

Mit Hilfe der in Abb. 31.1 angegebenen Konstruktionen kann man ausgehend von einer Einheitsstrecke $\overline{OE}$ jedes beliebige rationale Vielfache
einer Strecke konstruieren, aber auch bestimmte irrationale Vielfache,
wie z.B. das $\sqrt{2}$-fache einer Strecke.

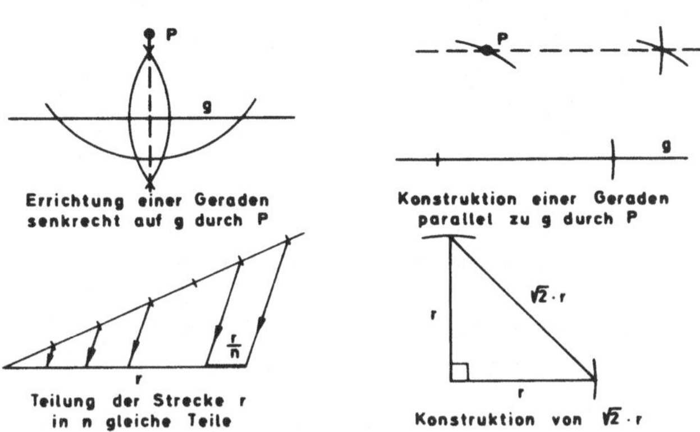

Abb. 31.1

Jeder Punkt der Zeichenebene, welcher sich nach Wahl eines recht-
winkeligen Koordinatensystems ausgehend von einer Einheitsstrecke $\overline{OE}$
mit Zirkel und Lineal konstruieren läßt, heißt ein *konstruierbarer Punkt*.
(Zweckmäßiger Weise ordnet man dem Ausgangspunkt O der Einheitsstrecke
die Koordinaten (0,0) und dem Endpunkt E die Koordinaten (1,0) zu.)
Eine *reelle Zahl* heißt *konstruierbar*, wenn sie als Koordinate eines
konstruierbaren Punktes auftritt. $r \in \mathbb{R}$ ist genau dann konstruierbar,
wenn man den Betrag $|r|$ konstruieren kann.

<u>Satz 31.7</u>: *Sind* a *und* b *konstruierbare reelle Zahlen, dann sind auch*
$a+b, a-b, a\cdot b$ *und* $\frac{a}{b} := a\cdot b^{-1}$, *falls* $b \neq 0$, *konstruierbar.*

Beweis: Für $a \geq 0$ und $b \geq 0$ kann man $|a+b|$ und $|a-b|$ wie in Abb. 31.2
dargestellt konstruieren. In allen anderen Fällen sieht man die Kon-
struierbarkeit von $|a+b|$ und $|a-b|$ ganz ähnlich ein.

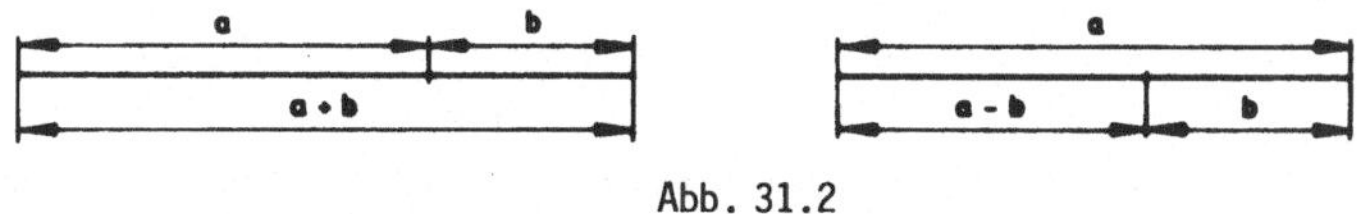

Abb. 31.2

In Abb. 31.3 wird gezeigt, wie man $|a\cdot b|$ und für $b \neq 0$ auch $|\frac{a}{b}|$ kon-
struiert.

$$\frac{1}{|a|} = \frac{|b|}{|x|} \;\Rightarrow\; |x| = |a| \cdot |b| = |a \cdot b| \qquad\qquad |x| = \frac{|x|}{1} = \frac{|a|}{|b|} = \left|\frac{a}{b}\right|$$

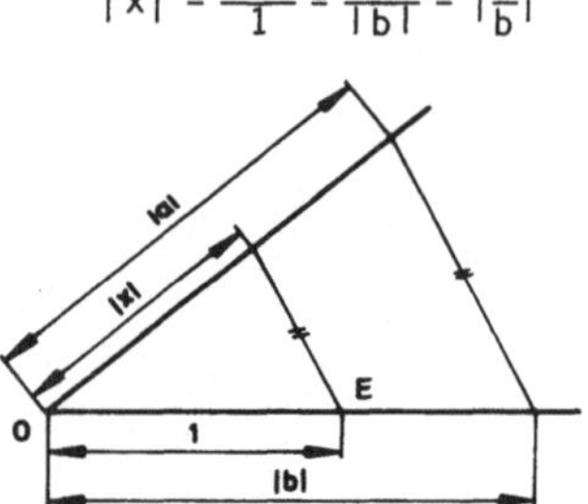

Abb. 31.3

Aus dem bisher Gezeigten erhalten wir unmittelbar

Folgerung 31.8: *Die Menge K aller konstruierbaren reellen Zahlen bildet einen Unterkörper von* **R**, *welcher* **Q** *enthält.*

Somit sind also alle Punkte (q_1, q_2) der Ebene mit $q_1, q_2 \in$ **Q** konstruierbar. Jeder weitere konstruierbare Punkt ergibt sich dann durch endlich oftmalige Anwendung der folgenden Konstruktionen:

1. Zwei Paare konstruierter Punkte durch Gerade verbinden und die Verbindungsgeraden schneiden.
2. Um einen konstruierten Punkt einen Kreis mit dem Abstand zweier konstruierter Punkte als Radius schlagen und diesen Kreis mit der Verbindungsgeraden zweier konstruierter Punkte schneiden.
3. Um einen konstruierten Punkt einen Kreis mit dem Abstand zweier konstruierter Punkte schlagen und mit einem ebensolchen Kreis schneiden.

Die Punkte von Geraden und Kreisen, welche gemäß den Vorschriften 1.,2. und 3. zu konstruieren sind, haben Gleichungen der Gestalt

$$ax+by+c = 0 \quad \text{und} \quad x^2+y^2+dx+ey+f = 0,$$

wo a,b,c,d,e und f aus dem kleinsten Unterkörper F von **R** sind, welcher die bereits konstruierten Zahlen umfaßt.

Konstruktion 3, das ist der Schnitt zweier Kreise

$$x^2+y^2+d_1x+e_1y+f_1 = 0 \quad \text{und} \quad x^2+y^2+d_2x+e_2y+f_2 = 0$$

kann darauf zurückgeführt werden, den Kreis $x^2+y^2+d_1x+e_1y+f_1 = 0$ mit der Geraden $(d_1-d_2)x+(e_1-e_2)y+f_1-f_2 = 0$ zu schneiden. Konstruktion 3 kann also auf Konstruktion 2 zurückgeführt werden.

Durch Anwendung der Konstruktion 1 bekommt man einen Punkt, dessen Koordinaten sich als Lösung zweier linearer Gleichungen mit Koeffizienten in F ergeben. Nach der Cramerschen Regel (vgl. z.B. [9]) ist der so erhaltene Punkt wieder ein Punkt mit Koordinaten in F. Wir erhalten also mit Hilfe von Konstruktion 1 nur wieder Punkte mit Koordinaten in F.

Durch Anwendung der Konstruktion 2 bekommt man Punkte, deren Koordinaten
die Lösungen einer quadratischen Gleichung und einer linearen Gleichung
über F sind. Nach Substitution einer Variablen, welche man aus der
linearen Gleichung berechnet, erhält man eine quadratische Gleichung in
der anderen Variablen, welche mit Hilfe der bekannten Formel gelöst werden kann. Durch Konstruktion 2 ist es also möglich, aus Elementen von F
ein Element eines Körpers $F(\sqrt{a})$ für ein $a \in F$ zu konstruieren, wobei
wegen $F(\sqrt{a}) \subseteq \mathbb{R}$ das Element $a \geq 0$ sein muß. Die Koordinaten der durch
Konstruktion 2 erhaltenen Punkte liegen also in einem Erweiterungskörper
$F(\sqrt{a})$ mit $a \in F$ und $a \geq 0$.

Damit haben wir bereits einen Teil des folgenden Satzes bewiesen:

<u>Satz 31.9</u>: *Der Körper K aller konstruierbaren reellen Zahlen besteht
genau aus allen reellen Zahlen, welche man aus* $\mathbb{Q}$ *durch endlich oftmaliges Bilden von Quadratwurzeln aus positiven Zahlen und durch endlich oftmaliges Ausführen von Körperoperationen erhält.*

Beweis: Wir haben bereits gesehen, daß K keine anderen Zahlen als die
im Satz angegebenen enthalten kann.
Ist $k > 0$ eine beliebige konstruierbare Zahl, dann zeigt Abb. 31.4, daß
auch $\sqrt{k}$ konstruierbar ist. Damit
sind also Quadratwurzeln aus positiven konstruierbaren Zahlen wieder
konstruierbar. Daß man alle Zahlen,
welche aus konstruierbaren Zahlen
unter Anwendung von Körperoperationen
entstehen, wieder konstruieren kann,
wurde schon in Satz 31.7 gezeigt.

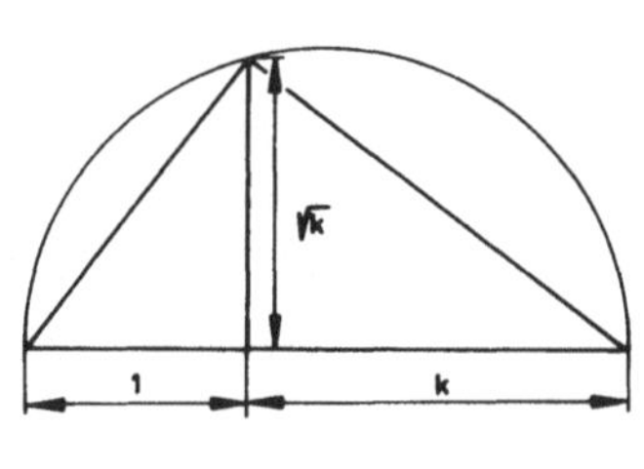

Abb. 31.4

Folgerung 31.10: *Ist k konstruierbar und* $k \notin \mathbb{Q}$, *dann gibt es eine endliche Folge von positiven reellen Zahlen* $a_1,\ldots,a_n = k$, *sodaß* $\mathbb{Q}(a_1,\ldots,a_i)$
für $i = 2,\ldots,n$ *eine Erweiterung von* $\mathbb{Q}(a_1,\ldots,a_{i-1})$ *vom* Grad 2 *ist, und
es gilt* $[\mathbb{Q}(k) : \mathbb{Q}] = 2^r$ *für ein* $r \in \mathbb{N}$.

Beweis: Der erste Teil der Behauptungen ergibt sich auf Grund der obigen
Ausführungen. Da nach dem Gradsatz 31.3

$$2^n = [\mathbb{Q}(a_1,\ldots,a_n) : \mathbb{Q}] = [\mathbb{Q}(a_1,\ldots,a_n) : \mathbb{Q}(k)] \cdot [\mathbb{Q}(k) : \mathbb{Q}],$$

muß $[\mathbb{Q}(k) : \mathbb{Q}] = 2^r$ mit $r \in \mathbb{N}$ sein.

Beispiele:

1. Das *Delische Problem*
   Die Leute von Delos wurden von "Apollo" aufgefordert, einen würfel-
   förmigen Altar dem Volumen nach zu verdoppeln, wobei die Kante des

neuen Würfels aus der Kante des alten Würfels konstruiert werden·
sollte.

Wählt man die Kantenlänge des gegebenen Würfels als Einheitsstrecke,
so ist das Volumen des gegebenen Würfels gleich 1. Gesucht ist dann
die Kantenlänge eines Würfels mit dem Volumen 2, d.h. es ist $\sqrt[3]{2}$ zu
konstruieren. Da $\sqrt[3]{2}$ eine Nullstelle des in Q[X] irreduziblen Polynoms X^3-2 ist, folgt $Q(\sqrt[3]{2}) : Q] = 3$. Damit kann aber $\sqrt[3]{2}$ nach Folgerung 31.10 nicht konstruierbar sein.

2. Die *Quadratur des Kreises*

Es ist die Seite eines Quadrates zu konstruieren, das zu einem durch
Mittelpunkt und Radius gegebenen Kreis flächengleich ist.

Wählt man den Radius des gegebenen Kreises als Einheitsstrecke, dann
hat der Kreis die Fläche π. Die Seitenlänge des gesuchten Quadrats
ist also $\sqrt{\pi}$. Wie wir jedoch schon früher bemerkt haben, ist π und
damit auch $\sqrt{\pi}$ transzendent über Q. Daher kann $[Q(\sqrt{\pi}) : Q] = 2^r$ nicht
erfüllt sein, woraus folgt, daß die Quadratur des Kreises mit Zirkel
und Lineal unmöglich ist.

3. Die *Winkeldreiteilung*

Gesucht ist ein Konstruktionsverfahren zur Teilung eines beliebig
vorgegebenen Winkels in drei gleiche
Winkel. Wie man aus Abb. 31.5 sieht,
ist ein Winkel α genau dann kon-
struierbar, wenn $|\cos\alpha|$ konstruiert
werden kann.

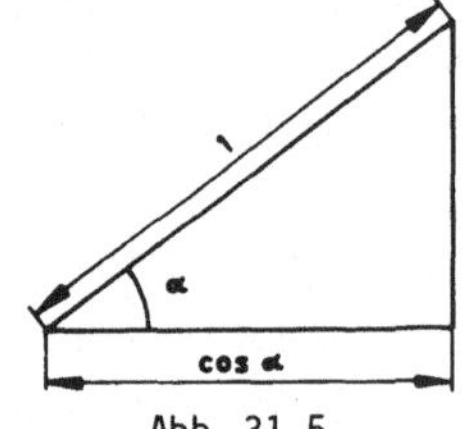

Abb. 31.5

Da

$$\cos(3\alpha) = \cos(2\alpha+\alpha) = \cos(2\alpha)\cos\alpha - \sin(2\alpha)\sin\alpha = 4\cos^3\alpha - 3\cos\alpha$$

folgt z.B. für $\alpha = 20^0$:

$$4\cos^3 20^0 - 3\cos 20^0 = \cos 60^0 = \frac{1}{2}$$

Daher ist $\cos 20^0$ eine Nullstelle des Polynoms $8X^3-6X-1$. Dieses Polynom besitzt jedoch keine Nullstelle in Q (vgl. Satz 29.11) und ist
daher nach Hilfssatz 30.2 irreduzibel in $Q[X]$. Also ist

$$[Q(\cos 20^0) : Q] = 3, \quad \text{d.h.} \quad \alpha = 20^0$$

nicht konstruierbar, und somit kann $3\alpha = 60^0$ nicht dreigeteilt werden.
Wie uns dieser eine Fall bereits zeigt, kann die angegebene Aufgabe
also nicht für jeden beliebigen Winkel mit Zirkel und Lineal durchgeführt werden.

Ein weiteres Problem, die *Konstruierbarkeit des regelmäßigen n-Ecks*, können wir hier aus Platzgründen nicht erläutern. Man kann beweisen (vgl. etwa [12]), daß das regelmäßige n-Eck genau für $n = 2^r p_1 \ldots p_t$ konstruierbar ist, wo $r \in \mathbb{N}_0$ und die p_i voneinander verschiedene sogenannte Fermatsche Primzahlen sind. Dabei heißt eine Primzahl $p \geq 3$ eine *Fermatsche Primzahl*, wenn sie von der Form $p = 2^k + 1$ ist. Die bisher bekannten Fermatschen Primzahlen sind 3,5,17,257 und 65537. Fermat hat vermutet, daß alle Zahlen der Form $2^{(2^k)} + 1$ Primzahlen sind. Man konnte jedoch zeigen, daß $2^{(2^k)} + 1$ für $5 \leq k \leq 16$ keine Primzahl ist. Der Fall $k = 17$ ist noch ungelöst.

Mit Hilfe der Körpertheorie und der sogenannten Galoisschen Theorie kann auch bewiesen werden, daß es für die Berechnung der Lösungen einer allgemeinen Polynomgleichung $a_0 + a_1 x + \ldots + a_n x^n = 0$, wo $a_0 + a_1 X + \ldots + a_n X^n$ ein Polynom vom Grad ≥ 5 über $\mathbb{Q}$ ist, keine Lösungsformel gibt. Für eine Diskussion dieses schon mehrfach erwähnten interessanten Problems, dessen Lösung jedoch relativ aufwendig ist, sei auf die Literatur verwiesen (vgl. etwa [1]).

Übungen

1. Sind die folgenden Aussagen wahr oder falsch?
   a) $\mathbb{R}$ ist ein Erweiterungskörper von $\mathbb{Q}$.
   b) $\mathbb{Q}$ ist ein Erweiterungskörper von $\mathbb{Z}_2$.
   c) Jedes Element eines Körpers K ist algebraisch über K.
   d) Ist K ein Körper, dann hat jedes Polynom $f \in K[X]$ eine Nullstelle in jedem Erweiterungskörper von K.
   e) Der Grad eines Erweiterungskörpers E über einem Körper K kann $\frac{1}{2}$ sein.
   f) $\mathbb{R}$ ist algebraisch abgeschlossen.
   g) Ein Winkel von 3^0 ist mir Zirkel und Lineal konstruierbar.
   h) Das regelmäßige 15-Eck ist mit Zirkel und Lineal konstruierbar.

2. Man zeige für jede der folgenden Zahlen aus $\mathbb{C}$, daß sie algebraisch über $\mathbb{Q}$ ist.
   a) $\sqrt{1 + \sqrt{3}}$ b) $\sqrt{2} + \sqrt{3}$ c) $\sqrt{1 + \sqrt[3]{2}}$

3. Man berechne den Grad der folgenden Körpererweiterungen:
   a) $[\mathbb{Q}(\sqrt{1 + \sqrt{3}}) : \mathbb{Q}]$ b) $[\mathbb{Q}(3i, i) : \mathbb{Q}]$
   c) $[(\mathbb{Z}_3[X]/[2 + X + X^2]) : \mathbb{Z}_3]$ d) $[\mathbb{C} : \mathbb{Q}]$
   e) $[\mathbb{Q}(\sqrt{2}, \sqrt[3]{5}) : \mathbb{Q}]$ f) $[\mathbb{Q}(\sqrt{2}, \sqrt{6}) : \mathbb{Q}(\sqrt{3})]$

4. Man gebe eine Basis für den Körper E über dem Körper K an:
   a) $E = \mathbb{Q}(i)$, $K = \mathbb{Q}$ b) $E = \mathbb{Q}(\sqrt[3]{2})$, $K = \mathbb{Q}$
   c) $E = \mathbb{Q}(\sqrt[3]{2}, \sqrt{2})$, $K = \mathbb{Q}$ d) $E = \mathbb{Q}(\sqrt{\pi})$, $K = \mathbb{Q}(\pi)$

5. Man zeige, daß $\mathbb{Q}(\sqrt{2} + \sqrt{3}) = \mathbb{Q}(\sqrt{2}, \sqrt{3})$.

6. Man bestimme das multiplikative Inverse von
   a) $1 + \sqrt[3]{2}$ in $\mathbb{Q}(\sqrt[3]{2})$,   b) $2-3i$ in $\mathbb{Q}(i)$.

7. Man beweise, daß $f = 1+X+X^3$ in $\mathbb{Q}[X]$ irreduzibel ist, und bestimme das multiplikative
   Inverse von $1+X+X^2+[f]$ in $\mathbb{Q}[X]/[f]$.

8. Man zeige, daß es in $\mathbb{Z}_3[X]$ ein irreduzibles Polynom vom Grad 3 gibt, und leite
   daraus die Existenz eines Körpers mit 27 Elementen her.

9. Man suche einen Unterkörper K von $\mathbb{R}$, sodaß π algebraisch über K ist und
   $[K(\pi) : K] = 3$.

10. Man zeige: Das regelmäßige n-Eck ist genau dann mit Zirkel und Lineal konstruier-
    bar, wenn der Winkel
    $$\alpha = \frac{360^0}{n}$$
    konstruierbar ist.

11. Welche der folgenden reellen Zahlen ist mit Zirkel und Lineal konstruierbar?
    a) $\sqrt[6]{2}$ b) $\sqrt{1+\sqrt{3}}$ c) $1 - \sqrt[5]{27}$

12. Welche regelmäßigen n-Ecke für $3 \leq n \leq 20$ kann man mit Zirkel und Lineal konstru-
    ieren?

32. ENDLICHE KÖRPER

Wir werden nun noch die Struktur von endlichen Körpern etwas genauer
untersuchen.

Nach Satz 27.6 muß die Charakteristik eines Körpers gleich 0 oder eine
Primzahl p sein. Wäre nämlich die Charakteristik eines Körpers K gleich
$n = pq$, p und q zwei echte Teiler von n, so müßte $(p1)(q1) = (pq)1 = 0$
gelten, d.h. p1 und q1 wären Nullteiler in K.

Hilfssatz 32.1: *Ist die Charakteristik des Körpers K gleich p, p Prim-
zahl, dann enthält p einen Unterkörper, welcher zu $\mathbb{Z}_p$ isomorph ist.
Besitzt K die Charakteristik 0, dann enthält K einen zu $\mathbb{Q}$ isomorphen
Unterkörper.*

Beweis: Wie man leicht überprüft, ist die Abbildung $h : \mathbb{Z} \rightarrow K$, definiert
durch $h(n) := n \cdot 1$ für $n \in \mathbb{Z}$ ein Homomorphismus von $\mathbb{Z}$ in K. Ist die Charakteristik von K gleich 0, dann ist h injektiv, und K enthält einen zu $\mathbb{Z}$
isomorphen Unterring. Daher besitzt K auch einen zum Quotientenring $\mathbb{Q}$
von $\mathbb{Z}$ isomorphen Unterkörper. Ist die Charakteristik von K aber gleich
einer Primzahl p, dann ist der Kern von h gleich $p\mathbb{Z}$, und $h(\mathbb{Z})$ ist zum
Faktorring $\mathbb{Z}/(p\mathbb{Z}) = \mathbb{Z}_p$ isomorph.

Folgerung 32.2: *Die Charakteristik eines endlichen Körpers ist eine
Primzahl p.*

<u>Satz 32.3</u>: *Jeder endliche Körper* K *besitzt* p^m *Elemente, wobei* p *eine Primzahl und* $m \in \mathbb{N}$ *ist.*

Beweis: Nach dem soeben Bewiesenen besitzt jeder endliche Körper K einen zu $\mathbb{Z}_p$ isomorphen Unterkörper. Identifizieren wir diesen Unterkörper mit $\mathbb{Z}_p$, dann können wir K als Vektorraum über $\mathbb{Z}_p$ auffassen. Da K endlich ist, muß auch $[K : \mathbb{Z}_p]$ endlich sein. Sei $\{a_1,\dots,a_m\}$ eine Basis von K über $\mathbb{Z}_p$. Dann sind alle Elemente von K gegeben durch $c_1 a_1 + \dots + c_m a_m$ mit $c_i \in \mathbb{Z}_p$. Da für die Wahl eines jeden Koeffizienten c_i genau p Elemente aus $\mathbb{Z}_p$ zur Verfügung stehen, gibt es in K genau p^m Elemente.

Ein endlicher Körper mit p^m Elementen heißt *Galoisfeld der Ordnung* p^m und wird mit $GF(p^m)$ bezeichnet.

Nach Satz 31.2 kann man ein Galoisfeld $GF(p^m)$ konstruieren, indem man ein irreduzibles Polynom q in $\mathbb{Z}_p[X]$ vom Grad m nimmt und

$$GF(p^m) = \mathbb{Z}_p[X]/[q]$$

bildet. Nach Satz 31.6 besitzt q eine Nullstelle a in $GF(p^m)$. Man kann daher $GF(p^m)$ auch durch Adjunktion von a zu $\mathbb{Z}_p$ konstruieren, d.h. $GF(p^m) = \mathbb{Z}_p(a)$.

Die Existenz eines Galoisfeldes $GF(p^m)$ für beliebige Primzahlen p und beliebige $m \in \mathbb{N}$ ist also äquivalent zur Existenz von irreduziblen Polynomen in $\mathbb{Z}_p[X]$ beliebigen Grades. Üblicherweise zeigt man die Existenz von beliebigen Galoisfeldern $GF(p^m)$ jedoch nicht über die Existenz entsprechender irreduzibler Polynome in $\mathbb{Z}_p[X]$, sondern konstruiert $GF(p^m)$ als Zerfällungskörper des Polynoms $X - X^{p^m}$ aus $\mathbb{Z}_p[X]$.

Für einen Beweis des folgenden Existenz- und Eindeutigkeitssatzes verweisen wir auf die Literatur (vgl. etwa [12], [33]).

<u>Satz 32.4</u>: *Zu jeder Primzahl* p *und jedem* $m \in \mathbb{N}$ *gibt es einen bis auf Isomorphie eindeutig bestimmten endlichen Körper* $GF(p^m)$ *mit* p^m *Elementen.*

Auf Grund der Eindeutigkeitsaussage in Satz 32.4 spricht man zumeist von *dem* Galoisfeld $GF(p^m)$.

Beispiele:

1. Konstruktion von GF(4)
   Dazu muß man ein in $\mathbb{Z}_2[X]$ irreduzibles Polynom vom Grad 2 finden. Mit Hilfe von Hilfssatz 30.2 läßt sich feststellen, daß $1 + X + X^2$ ein solches Polynom ist. Also gilt

$$GF(4) = \mathbb{Z}_2[X]/[1 + X + X^2] \simeq \mathbb{Z}_2(a) = \{0, 1, a, 1+a\},$$

   wo $1 + a + a^2 = 0$.

Die Additions- und Multiplikationstafel von GF(4) ergeben sich dann
unter Berücksichtigung der Rechenregeln von $\mathbb{Z}_2$ und der Beziehung
$1+a+a^2 = 0$:

<table>
<tr><td>

+	0	1	a	1+a
0	0	1	a	1+a
1	1	0	1+a	a
a	a	1+a	0	1
1+a	1+a	a	1	0

</td><td>

·	0	1	a	1+a
0	0	0	0	0
1	0	1	a	1+a
a	0	a	1+a	1
1+a	0	1+a	1	a

</td></tr>
</table>

2. Konstruktion von GF(8)

Wieder hat man zunächst ein irreduzibles Polynom in $\mathbb{Z}_2$, diesmal vom
Grad 3, zu suchen. Auf diese Weise findet man z.B. GF(8) als den
Körper $\mathbb{Z}_2[X]/[1+X+X^3]$. Nimmt man zur Konstruktion von GF(8) anstelle
von $1+X+X^3$ das in $\mathbb{Z}_2[X]$ ebenfalls irreduzible Polynom $1+X^2+X^3$,
so erhält man einen zu $\mathbb{Z}_2[X]/[1+X+X^2]$ isomorphen Körper.

Nun studieren wir noch die multiplikative Struktur von $GF(p^m)$.
Dazu benötigen wir

<u>Hilfssatz 32.5</u>: *Ist $\langle G; \cdot, ^{-1}, 1\rangle$ eine nicht-zyklische abelsche Gruppe mit
der endlichen Ordnung n, dann gibt es ein $k < n$ mit $k \mid n$ und $g^k = 1$ für
alle $g \in G$.*

Beweis: Zunächst zeigen wir, daß für $g \in G$ mit der Ordnung t und $s \in \mathbb{N}$
mit $(t,s) = 1$ auch die Ordnung von g^s gleich t ist. Sicherlich gilt
$(g^s)^t = (g^t)^s = 1^s = 1$, und daher ist die Ordnung von g^s ein Teiler von t.
Gilt $(g^s)^r = g^{sr} = 1$ für ein $r \in \mathbb{N}$, dann folgt $t \mid sr$. Da $(t,s) = 1$, erhält
man $t \mid r$, und daher ist die Ordnung von g^s gleich t.
Sei $n = p_1^{e_1} \ldots p_m^{e_m}$ die (nach dem Fundamentalsatz der Zahlentheorie
mögliche) Zerlegung von n in ein Produkt von Primzahlpotenzen.
Für jedes $i \in \{1,\ldots,m\}$ bezeichne a_i die größte natürliche Zahl aus
$T_i = \{v \in \mathbb{Z} \mid$ es gibt ein $g \in G$ mit Ordnung g gleich $p_i^v\}$.
Da 1 für alle i die Ordnung p_i^0 hat, ist $0 \in T_i$ für alle $i \in \{1,\ldots,m\}$.
Da ferner die Ordnung eines jeden Elementes $g \in G$ ein Teiler von $|G|$ ist,
muß $v \leq e_i$ sein für $i = 1,\ldots,m$. Daher gibt es in jedem T_i ein maximales
a_i und dazu ein g_i mit der Ordnung $p_i^{a_i}$. Ist $a_i = e_i$ für $i = 1,\ldots,m$, dann
hat $g = g_1 \ldots g_m$ die Ordnung n, denn klarerweise gilt

$$(g_1 \ldots g_m)^n = g_1^n \ldots g_m^n = 1.$$

Ist die Ordnung von g gleich $p_1^{b_1} \ldots p_m^{b_m}$ mit $b_i \leq a_i$ für $i = 1,\ldots,m$,

dann folgt, wenn wir $n_i := p_1^{a_1} \ldots p_{i-1}^{a_{i-1}} \, p_{i+1}^{a_{i+1}} \ldots p_m^{a_m}$ setzen:

$$1 = g^{n_i p_i^{b_i}} = g_1^{n_i p_i^{b_i}} \ldots g_{i-1}^{n_i p_i^{b_i}} \, g_i^{n_i p_i^{b_i}} \, g_{i+1}^{n_i p_i^{b_i}} \ldots g_m^{n_i p_i^{b_i}} = 1 \ldots 1 \, g_i^{n_i p_i^{b_i}} \, 1 \ldots 1 = (g_i^{n_i})^{p_i^{b_i}}.$$

Wegen $(n_i, p_i^{e_i}) = 1$, ist die Ordnung von $g_i^{n_i}$ gleich $p_i^{e_i} = p_i^{a_i}$, somit $b_i = a_i$, und g hat die Ordnung n. Das ist jedoch ein Widerspruch dazu, daß G nicht zyklisch ist. Daher muß für ein $j \in \{1,\ldots,m\}$ $a_j < e_j$ sein. Sei $k = p_1^{a_1} \ldots p_m^{a_m}$, dann ist $k < p_1^{e_1} \ldots p_m^{e_m} = n$ und $k \mid n$. Ein beliebiges $q \in G$ hat dann eine Ordnung $p_1^{c_1} \ldots p_m^{c_m}$ mit $c_i \leq a_i$ für $i = 1,\ldots,m$. Daher gilt $q^{p_1^{a_1} \ldots p_m^{a_m}} = 1$ für alle $q \in G$.

<u>Satz 32.6</u>: *Ist* K *ein endlicher Körper, dann ist die Gruppe*

$$K^* := \,<K-\{0\};\cdot>$$

zyklisch.

Beweis: Sei n die Ordnung von K. Nach Satz 18.4 ist K^* eine Gruppe mit $n-1$ Elementen. Ist K^* nicht zyklisch, dann gibt es nach Hilfssatz 32.5 ein $k \in \mathbb{N}$ mit $k < n-1$ und $k \mid n-1$, sodaß $a^k - 1 = 0$ für alle $a \in K^*$. Damit besitzt das Polynom $X^k - 1$ aber $n-1$ verschiedene Nullstellen in K, was ein Widerspruch ist, da nach Folgerung 29.9 das Polynom $X^k - 1$ höchstens k verschiedene Nullstellen in K haben kann. Somit muß K^* zyklisch sein.

Im nächsten Abschnitt werden wir endliche Körper zur Konstruktion von lateinischen Quadraten verwenden. Mit Anwendungen der Theorie der endlichen Körper in der Codierungstheorie und Kryptographie werden wir uns im nächsten Kapitel beschäftigen.
Endliche Körper spielen in der Computertechnik eine wichtige Rolle, da sich das "Rechnen" in ihnen mit relativ einfachen elektrischen Schaltung realisieren läßt (vgl. dazu die Multiplikation von Polynomen aus $\mathbb{Z}_2[X]$ in Abschnitt 29). Speziell Galoisfelder $GF(2^m)$ über dem zweielementigen Körper $\mathbb{Z}_2$ eignen sich sehr gut, da man die Elemente von $GF(2^m)$ als "binäre Vektoren" auffassen kann.
Für eine umfassende Darstellung der Eigenschaften und Anwendungen endlicher Körper siehe etwa Lidl/Niederreiter [23].

Zum Schluß dieses Abschnitts wollen wir noch eine Anwendung der Theorie der endlichen Körper bei der Herstellung von Telefonkabeln kennenlernen. Bereits 1935 beschäftigte sich der Amerikaner H.P. Lawther von der Southwestern Bell Telephone Company mit einem Problem, welches im Telefonverkehr bei der Verwendung von metallenen Kabeln auftritt. Ein Drahtkabel, welches zur Parallelübertragung von mehreren Gesprächen dient, hat einen Querschnitt, so wie in Abb. 32.1 dargestellt. Jede der kleinen Kreisscheiben versinnbildlicht einen Draht, welcher ein Gespräch überträgt.

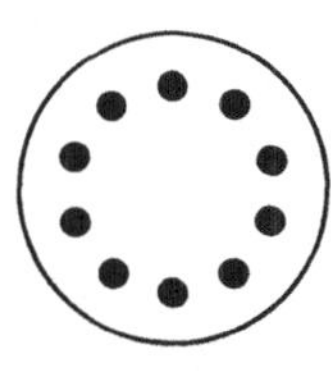

Abb. 32.1

Die Telefonleitung wird bei der Errichtung aus vielen Einzelstücken
einer gewissen Länge zusammengefügt. Nun tritt der Effekt auf, daß man
zwei Gespräche nicht über eine lange Entfernung über benachbarte Drähte
führen kann, da ansonsten infolge von Induktionsströmen beide Gespräche
auf beiden Drähten empfangen werden. Neben der Verwendung von anderen
Kabelmaterialien (wie z.B. Glasfiberkabeln) kann man Störungen der
beschriebenen Art dadurch vermeiden, daß man die Einzelstücke des Kabels
so miteinander verbindet, daß Gespräche, welche in einem Teilstück auf
benachbarten Drähten laufen, im nächsten Kabelabschnitt nicht über
benachbarte Drähte geführt werden. Zur Erreichung dieses Zieles empfahl
Lawther die folgenden Regeln:

1. Bezeichnen die Zahlen $0,\ldots,n-1$ die Drähte des Kabels, so soll an
   jeder Verbindungsstelle Draht i im linken Kabel mit Draht $1+(i-1)s$
   mod n im rechten Kabel verbunden werden. s ist dabei eine natürliche
   Zahl mit $1 \leq s < n$ und heißt die Abstandszahl des Kabels.
2. Für beliebige Verbindungsstellen des Kabels gelten für das Aneinander-
   fügen der Drähte dieselben Vorschriften.

Wir werden nun überlegen, daß unter Beachtung der Regeln 1 und 2 bei
gewisser Wahl von n und s Störungen der beschriebenen Art tatsächlich
vermieden werden können.
Die Funktion $f : \{0,\ldots,n-1\} \to \{0,\ldots,n-1\}$ mit $f(i) := 1+(i-1)s$ mod n
beschreibt den Übergang der Drähte von einem Kabelabschnitt in den
nächsten. Klarerweise muß man bei der Herstellung eines Kabels entsprechend den Regeln 1 und 2 darauf achten, daß f eine Permutation ist,
d.h., daß an jeder Verbindungsstelle jeder Draht des linken Kabelabschnitts mit genau einem Draht des rechten Kabelabschnitts verbunden
wird. Wir haben also zu untersuchen, für welche Wahl von n und s die
Funktion f injektiv (und damit auch bijektiv) ist. Aus $f(i) = f(j)$ erhalten wir die Beziehung $1+(i-1)s \equiv 1+(j-1)s$ mod n und daraus $(i-j)s \equiv 0$
mod n. Die Funktion f ist also nach Hilfssatz 27.9 genau dann injektiv,
wenn $(s,n) = 1$ ist. (Dies ist für beliebige s mit $1 \leq s < n$ der Fall, wenn
man n gleich einer Primzahl p wählt.) Nun untersuchen wir noch, wann
benachbarte Drähte an einer Verbindungsstelle wieder in benachbarte
Drähte übergehen, d.h. $f(i) = f(i+1) \pm 1$ für ein $i \in \{0,\ldots,n-1\}$. Diese
Gleichung ist gleichbedeutend mit $1+(i-1)s \equiv 1+is \pm 1$ mod n bzw. $s \equiv \pm 1$ mod n.
Wählt man also s so, daß $1 < s < n-1$, dann ist sichergestellt, daß an
jeder Verbindungsstelle benachbarte Drähte nicht wieder in benachbarte
Drähte übergehen.
Definiert man für $r \in \mathbb{N}$ und $i \in \{0,\ldots,n-1\}$ die Funktionen f^r rekursiv
durch $f^1(i) := f(i)$ und $f^{r+1}(i) := f(f^r(i))$, so ist leicht (durch Induktion) nachzuprüfen, daß $f^r(i) = 1+(i-1)s^r$ mod n. Läuft ein Gespräch im
k-ten Teilstück des Kabels durch Draht i, dann läuft es im $(k+r)$-ten

Teilstück durch den Draht $f^r(i)$. Untersucht man nun die Frage, nach wievielen Kabelteilstücken Gespräche durch benachbarte Drähte wieder durch benachbarte Drähte laufen, hat man die Gleichung $f^r(i) = f^r(i+1)\pm1$ in r zu lösen. Aus $1+(i-1)s^r \equiv 1+(i+1-1)s^r\pm1 \mod n$ erhalten wir

$$s^r \equiv \pm1 \mod n .$$

Gespräche durch benachbarte Drähte im Teilstück k laufen also das nächste Mal im (k+r)-ten Teilstück wieder durch benachbarte Kabel, wobei r die kleinste natürliche Zahl mit $s^r \equiv \pm1 \mod n$ ist. Zur Vermeidung von Störungen wird man also s mit $1 < s < n-1$ so wählen, daß das kleinste $r \in \mathbb{N}$ mit $s^r \equiv \pm1 \mod n$ möglichst groß ist.

Wählt man n gleich einer Primzahl p, dann gilt nach dem Satz von Fermat 18.13 für alle s mit $1 \le s \le p-1$ die Beziehung $s^{p-1} \equiv 1 \mod p$, da die Restklassen $1+p\mathbb{Z},\ldots,(p-1)+p\mathbb{Z}$ gegenüber der Multiplikation eine Gruppe $\mathbb{Z}_p^*$ bilden. Daher gilt für jedes s mit $1 \le s \le p-1$ die Beziehung $s^{(p-1)/2} \equiv 1$ oder $-1 \mod p$, und ein im obigen Sinn bestmögliches r ist gleich (p-1)/2. Da $\mathbb{Z}_p^*$ nach Satz 32.6 zyklisch ist, erhält man ein s mit $r = (p-1)/2$, indem man $s+p\mathbb{Z}$ als erzeugendes Element von $\mathbb{Z}_p^*$ wählt. Es gilt dann $s^{(p-1)/2} \equiv -1 \mod p$, und (p-1)/2 ist die kleinste natürliche Zahl mit $s^{(p-1)/2} \equiv \pm1 \mod p$.

Beispiel: Wir betrachten ein Kabel mit 5 Drähten (Abb. 32.2). Da $2+5\mathbb{Z}$ ein erzeugendes Element von $\mathbb{Z}_5^*$ ist, wählen wir s = 2. Dann laufen zwei Gespräche, welche im k-ten Kabelteilstück durch benachbarte Drähte laufen, im (k+2)-ten Teilstück wieder durch benachbarte Drähte. Aus Tabelle 32.3 ist zu ersehen, wie die 5 Drähte des Kabels an den einzelnen Verbindungsstellen zu verbinden sind.

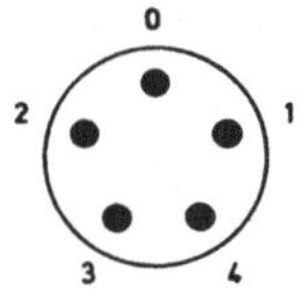

Abb. 32.2

Kabelabschnitt	1	2	3	4	5
Draht	0	4	2	3	0
	1	1	1	1	1
	2	3	0	4	2
	3	0	4	2	3
	4	2	3	0	4

Tabelle 32.3

Übungen

1. Sind die folgenden Aussagen wahr oder falsch?
   a) Jeder endliche Körper ist ein Integritätsbereich.
   b) Jeder endliche kommutative Ring mit Einselement ist ein Körper.
   c) Es gibt einen Körper der Ordnung 12.
   d) Es gibt einen endlichen Körper mit der Charakteristik 0.
   e) Es gibt ein irreduzibles Polynom vom Grad 60 in $\mathbb{Z}_2[X]$.

2. Man ermittle ein irreduzibles Polynom vom Grad 3 in $\mathbb{Z}_2[X]$.

3. Man stelle die Operationstafeln für + und · von GF(9) auf.

4. Man zeige: In einem endlichen Körper der Ordnung n ist die Abbildung $f(x) := x^n$ die identische Abbildung.

5. Man suche ein erzeugendes Element von $\langle GF(n)-\{0\}; \cdot \rangle$ für alle Galoisfelder GF(n) der Ordnung $n \leq 9$.

6. Wieviele erzeugende Elemente besitzt $\langle GF(13)-\{0\}; \cdot \rangle$?

7. Man zeige: Je zwei endliche Körper derselben Ordnung sind zueinander isomorph.

8. Man ermittle für ein Kabel mit 11 Drähten ein optimales s und gebe in einer Tabelle an, wie die Drähte an den ersten 5 Verbindungsstellen zusammenzuhängen sind.

33. LATEINISCHE QUADRATE UND STATISTISCHE VERSUCHSPLANUNG

Sei M eine Menge mit n Elementen. Unter einem *lateinischen Quadrat* der Ordnung n über der Menge M versteht man eine (nxn)-Matrix $L = (a_{ij})$ mit $a_{ij} \in M$, bei der in jeder Zeile und jeder Spalte jedes Element von M genau einmal vorkommt.

In Abschnitt 18 haben wir bereits erwähnt, daß die Multiplikationstafel einer endlichen Gruppe stets ein lateinisches Quadrat bildet, und auch ein Beispiel für ein lateinisches Quadrat angegeben, welches sich nicht aus der Multiplikationstafel einer Gruppe herleiten läßt.

Ursprünglich hat man sich mit lateinischen Quadraten nur zur Unterhaltung beschäftigt. Z.B. gibt die mittels zweier lateinischer Quadrate konstruierte und in Tabelle 33.1 dargestellte Anordnung der 16 Spielkarten vom Rang As, König, Dame, Bub in den Farben Herz, Karo, Pik und Treff eine Antwort auf das Problem, diese Karten in Form einer (4x4)-Matrix so anzuordnen, daß in jeder Zeile und Spalte der Matrix eine Karte von jedem Rang und jeder Farbe liegt.

As-Pik	König-Karo	Dame-Herz	Bub-Treff
Dame-Treff	Bub-Herz	As-Karo	König-Pik
Bub-Karo	Dame-Pik	König-Treff	As-Herz
König-Herz	As-Treff	Bub-Pik	Dame-Karo

Tabelle 33.1

Die folgende 1779 von Leonhard Euler aufgeworfene Frage gehörte über
100 Jahre zu den ungelösten Problemen der Mathematik: Kann man 36 Offi-
ziere von 6 verschiedenen Regimentern mit jeweils 6 verschiedenen Dienst-
graden für eine Parade in Form einer (6x6)-Matrix derart aufstellen, daß
in jeder Zeile und Spalte der Matrix ein Offizier eines jeden Regiments
und eines jeden Dienstgrades steht? Erst 1899 konnte M.G. Tarry zeigen,
daß es eine derartige Anordnung nicht geben kann.

In den letzten Jahren haben lateinische Quadrate in Zusammenhang mit
statistischen Versuchsplanungen und bei der Konstruktion von *endlichen
Geometrien* an Bedeutung gewonnen (vgl. [6]. Wir werden uns im folgenden
etwas mit den Anwendungen in der Statistik auseinandersetzen. Dazu betrachten wir das folgende

Beispiel: In einer Zigarettentestmaschine soll der Teergehalt von 4 verschiedenen Zigarettensorten geprüft werden. Die Maschine hat 4 Anschlüsse
zum Ansaugen von Zigarettenrauch. Da nicht sichergestellt ist, daß an
allen 4 Anschlüssen die Luft mit derselben Stärke angesaugt wird und
aufeinanderfolgende Versuchsreihen unter denselben Bedingungen verlaufen, werden 4 Versuchsreihen durchgeführt, wobei die Zigaretten der
Sorten A,B,C,D entsprechend Tabelle 32.2 an den Anschlüssen 1,2,3,4
getestet werden. Durch Anordnung der Versuchstabelle 32.2 in Form eines
lateinischen Quadrates der Ordnung 4 werden Fehler in den Ergebnissen
bedingt durch unterschiedliche Anschlüsse und Versuchsreihen reduziert.

		Anschluß			
		1	2	3	4
	I	C	B	A	D
Versuchs-reihe	II	D	A	B	C
	III	A	D	C	B
	IV	B	C	D	A

Tabelle 32.2

Nun behandeln wir die folgende *Aufgabe:*
In einem quadratischen Feld sollen 3 verschiedene Getreidesorten A,B,C
und 3 verschiedene Düngemittel a,b,c getestet werden. Da nicht gewährleistet ist, daß der Boden im Feld überall gleich
beschaffen ist, wird das Feld entsprechend dem
lateinischen Quadrat in Tabelle 32.3 unterteilt und
mit den verschiedenen Getreidesorten bebaut. Will man
nun im selben Anbau auch die Wirkung der Dünger a,b,c
auf die verschiedenen Getreidesorten ausprobieren,
so benötigt man ein weiteres lateinisches Quadrat der

A	B	C
C	A	B
B	C	A

Tabelle 32.3

Ordnung 3, welches die Anwendung der Dünger für die 9 Teile des Feldes
vorschreibt. Dabei soll jedes geordnete Paar (x,y) von (Getreidesorten,

Düngemittel) genau einmal auf dem Feld vorkommen. Tabelle 32.4 gibt
ein lateinisches Quadrat für die Verwendung der Dünger an, sodaß bei
Aufeinanderlegen der Tabellen 32.3 und 32.4 die gewünschte Anordnung
von Getreidesorten und Düngemittel auf dem Feld entsteht (Tabelle 32.5).

a	b	c
b	c	a
c	a	b

Tabelle 32.4

Aa	Bb	Cc
Cb	Ac	Ba
Bc	Ca	Ab

Tabelle 32.5

Zwei lateinische Quadrate der Ordnung n heißen zueinander *orthogonal*,
wenn bei "Aufeinanderlegen" der zugehörigen Matrizen jedes mögliche Paar
bestehend aus einem Element des ersten Quadrats und einem Element des
zweiten Quadrats genau einmal auftritt.

Die lateinischen Quadrate aus Tabelle 32.3 und 32.4 sind zueinander
orthogonal.

So einfach es ist, lateinische Quadrate beliebiger Ordnung zu konstruieren, so schwierig kann es sein, zueinander orthogonale lateinische
Quadrate zu finden.

Kehren wir zurück zu unserer Aufgabe aus der Landwirtschaft. Ist es möglich, zwecks Test von 3 Pflanzenschutzmitteln ein lateinisches Quadrat
der Ordnung 3 zu finden, welches zugleich zu den lateinischen Quadraten
aus Tabelle 32.3 und 32.4 orthogonal ist? Angenommen, das wäre möglich,
dann kann man durch geeignete Bezeichnung der Pflanzen-
schutzmittel stets erreichen, daß die erste Zeile des
gesuchten lateinischen Quadrats die in Tabelle 32.6
angegebene Gestalt hat. Wählt man nun in der zweiten
Zeile für x das Element α, dann würde in der ersten
Spalte des gesuchten lateinischen Quadrats α zweimal
vorkommen. Wählt man x gleich β, dann kommt beim Auf-

α	β	γ
x	.	.
.	.	.

Tabelle 32.6

einanderlegen der Quadrate aus den Tabellen 32.4 und 32.6 das Paar (b,β)
sowohl in der 1. Zeile und 2. Spalte, wie auch in der 2. Zeile und
1. Spalte vor. Wählt man x gleich γ, dann kommt beim Aufeinanderlegen
der Quadrate aus den Tabellen 32.3 und 32.6 das Paar (C,γ) zweimal vor.
Daher kann es kein lateinisches Quadrat der Ordnung 3 geben, welches zu
den lateinischen Quadraten in den Tabellen 32.3 und 32.4 orthogonal ist.

Sind $L_1, \dots, L_r$ lateinische Quadrate der Ordnung n, sodaß L_i zu L_j für
$i \neq j$ orthogonal ist, dann nennt man $\{L_1, \dots, L_r\}$ eine *Menge von paarweise
orthogonalen lateinischen Quadraten* der Ordnung n.

Den Beweis des folgenden Satzes überlassen wir dem Leser (vgl. Übungsaufgabe 3).

<u>Satz 33.1</u>: *Es gibt höchstens* $n-1$ *paarweise orthogonale lateinische
Quadrate der Ordnung* n.

Wir werden nun zeigen, wie man ausgehend von einem Körper der Ordnung n,
eine Menge von $n-1$ paarweise orthogonalen lateinischen Quadraten der
Ordnung n konstruieren kann.

<u>Satz 33.2</u>: *Seien* $x_0, x_1, \ldots, x_{n-1}$ *die Elemente des Galoisfeldes* GF(n) *der
Ordnung* n, *wobei* x_0 *für das Null- und* x_1 *für das Einselement des Körpers
steht. Dann bilden für* $1 \le k \le n-1$ *die Matrizen* $L_k = (a_{ij}^k)$ *mit*

$$a_{ij}^k := x_k \cdot x_i + x_j$$

für $0 \le i \le n-1$ *und* $0 \le j \le n-1$ *lateinische Quadrate der Ordnung* n.

Beweis: Für die Differenz zweier Elemente der i-ten Zeile von L_k gilt
$a_{ij}^k - a_{it}^k = (x_k x_i + x_j) - (x_k x_i + x_t) = x_j - x_t \ne 0$ für $j \ne t$. Daher kommen in jeder
Reihe von L_k die Elemente von GF(n) genau einmal vor.
Die Differenz zweier Elemente der j-ten Spalte von L_k ist

$$a_{ij}^k - a_{sj}^k = (x_k x_i + x_j) - (x_k x_s + x_j) = x_k(x_i - x_s) \ne 0$$

für $i \ne s$, da $x_k \ne 0$ und $x_i \ne x_s$. Daher kommen auch in jeder Spalte von L_k
die Elemente von GF(n) genau einmal vor.

<u>Satz 33.3</u>: *Die lateinischen Quadrate* $L_1, \ldots, L_{n-1}$ *aus Satz 33.2 bilden
eine Menge paarweise orthogonaler lateinischer Quadrate der Ordnung* n.

Beweis: Wir müssen zeigen, daß L_k zu L_r orthogonal ist für beliebige
k, r mit $k \ne r$. Dazu legen wir L_k und L_r aufeinander und nehmen an, daß
dann die Paare an der (i,j)-ten Stelle und (s,t)-ten Stelle gleich sind,
d.h. $(a_{ij}^k, a_{ij}^r) = (a_{st}^k, a_{st}^r)$. Dann muß $a_{ij}^k = a_{st}^k$ und $a_{ij}^r = a_{st}^r$ sein. Daher
gilt $x_k x_i + x_j = x_k x_s + x_t$ und $x_r x_i + x_j = x_r x_s + x_t$. Daraus erhält man durch
Subtraktion $x_i(x_k - x_r) = x_s(x_k - x_r)$ und weiter $(x_i - x_s)(x_k - x_r) = 0$. Da GF$(n)$
keine Nullteiler besitzt, muß $x_i = x_s$ oder $x_k = x_r$ sein, d.h. $i = s$ oder
$k = r$. Laut Voraussetzung gilt jedoch $k \ne r$, und auch $i = s$ kann nicht sein,
da zwei Elemente in einer Zeile von L_k oder L_r nicht gleich sind.
Daher kommen beim Aufeinanderlegen von L_k und L_r nur voneinander ver-
schiedene Paare (a_{ij}^k, a_{ij}^r) mit $a_{ij}^k \in L_k$ und $a_{ij}^r \in L_r$ vor. Da es insgesamt
n^2 solcher Paare gibt, treten alle möglichen derartigen Paare genau ein-
mal auf. Daher sind die lateinischen Quadrate L_k und L_r zueinander
orthogonal für $k \ne r$.

Beispiel: Konstruktion von 3 paarweise orthogonalen lateinischen Quadraten L_1, L_2 und L_3 der Ordnung 4.

Da $4 = 2^2$, gibt es ein Galoisfeld der Ordnung 4, und wir können wie in
Satz 33.2 beschrieben vorgehen. Sei $GF(4) = \{0,1,a,1+a\}$, wo $1+a+a^2 = 0$.
L_1 ist dann einfach die Additionstafel von $GF(4)$. Aus der Konstruktion
von L_k in Satz 33.2 erkennt man, daß die Zeilen von L_k Permutationen der
Zeilen von L_1 sind. Daher kann man L_2 aus L_1 erhalten, indem man die
erste Spalte von L_1 mit a multipliziert und dann jene Zeile von L_1 fortschreibt, welche mit diesem Anfangselement beginnt. L_3 erhält man aus L_1,
indem man die erste Spalte von L_1 mit 1+a multipliziert und wieder die
Zeile von L_1 fortschreibt, welche mit diesem Anfangselement beginnt.
Tabelle 33.7 zeigt die dadurch erhaltenen paarweise orthogonalen
lateinischen Quadrate L_1, L_2 und L_3 der Ordnung 4.

0	1	a	1+a
1	0	1+a	a
a	1+a	0	1
1+a	a	1	0

L_1

0	1	a	1+a
a	1+a	0	1
1+a	a	1	0
1	0	1+a	a

L_2

0	1	a	1+a
1+a	a	1	0
1	0	1+a	a
a	1+a	0	1

L_3

Tabelle 33.7

Das soeben besprochene Beispiel erlaubt uns auch, die zu Beginn des
Abschnitts angegebene Lösung für das Auflegen der 16 Spielkarten zu
erklären. Identifiziert man nämlich in L_2 die Zahl 0 mit As, 1 mit König,
a mit Dame und 1+a mit Bub, und in L_3 die Zahl 0 mit Pik, 1 mit Karo,
a mit Herz und 1+a mit Treff, dann erhält man beim Aufeinanderlegen von
L_2 und L_3 genau die in Tabelle 33.1 angegebene Lösung für das Karten-
problem.

Offensichtlich gibt es kein Paar orthogonaler lateinischer Quadrate der
Ordnung 6, da, wie wir erwähnt haben, das von Euler aufgestellte
"Offiziersproblem" nicht lösbar ist. Für ein beliebiges $n \in \mathbb{N}$ ist nicht
bekannt, ob es Paare orthogonaler lateinischer Quadrate der Ordnung n
gibt oder nicht.

Beispiel: Medikamententest in der pharmazeutischen Industrie.
Ein neues Medikament, bestehend aus einem Abführmittel, aus einem
Antihistaminikum und einem schmerzstillenden Mittel, soll produziert
werden. Dafür stehen 3 verschiedene Abführmittel, 3 verschiedene Antihistaminika und 3 verschiedene schmerzstillende Mittel zur Verfügung.
Die beste Zusammensetzung des gewünschten Medikaments soll durch 4 Versuchsreihen an jeweils 4 Personengruppen festgestellt werden, wobei
jeder der 3 Bestandteile des Medikaments jeweils auch mit einem Placebo,
das den Bestandteil ersetzt, verglichen werden soll. Der Test ist so zu

konzipieren, daß Auswirkungen verursacht durch Unterschiede in den Personengruppen und Versuchsreihen möglichst reduziert werden.

Zum Entwurf des Tests kann man die paarweise orthogonalen lateinischen Quadrate aus Tabelle 33.7 verwenden. Schreibt man in den Tafeln von L_1, L_2 und L_3 zur Vereinfachung 2 für das Element a und 3 für das Element 1+a, identifiziert man das Element 0 aus L_1 mit dem Placebo-Abführmittel und 1,2,3 mit den drei zur Verfügung stehenden Abführmitteln, und identifiziert man die 0,1,2,3 aus L_2 mit dem Placebo und den drei Antihistaminika und die 0,1,2,3 aus L_3 mit den Placebo und den drei schmerzstillenden Mitteln, so bekommt man durch Aufeinanderlegen der Tafeln L_1, L_2, L_3 die in Tabelle 33.8 angegebene Vorschrift für die Zusammensetzung des Medikaments bei den einzelnen Personengruppen und Versuchsreihen. Demnach gibt bei den die Zusammensetzung des Medikaments beschreibenden dreiziffrigen Zahlen in Tabelle 33.8 die erste Ziffer das verwendete Abführmittel, die zweite Ziffer das Antihistaminikum und die dritte Ziffer das schmerzstillende Mittel an.

| | | Versuchsreihen | | | |
		1	2	3	4
Personen-gruppen	A	000	111	222	333
	B	123	032	301	210
	C	231	320	013	102
	D	312	203	130	021

Tabelle 33.8

<u>Übungen</u>

1. Sind die folgenden Aussagen wahr oder falsch?
   a) Es gibt, abgesehen von der Bezeichnungsweise, mindestens 2 verschiedene lateinische Quadrate der Ordnung 6.
   b) Jedes lateinische Quadrat der Ordnung 3 kann als Multiplikationstafel einer Gruppe gedeutet werden.
   c) Zu jeder Zahl p^m, p eine Primzahl, $m \in \mathbb{N}$, gibt es paarweise orthogonale lateinische Quadrate.

2. Man konstruiere 4 paarweise orthogonale lateinische Quadrate der Ordnung 5.

3. Man zeige, daß es höchstens n-1 paarweise orthogonale lateinische Quadrate der Ordnung n gibt.

4. Man gebe ein lateinisches Quadrat der Ordnung 5 an, welches nicht als Multiplikationstafel einer Gruppe gedeutet werden kann.

5. Ein Supermarkt möchte durch 5 Wochen hindurch den Verkauf von 5 Brotsorten in 5 verschiedenen Regalen testen. Wie soll der Test konzipiert werden?

6. Eine Fabrik erzeugt 5 verschiedene Waschmittel. Diese sollen durch 5 Wochen hindurch von 5 Hausfrauen (Hausmännern) getestet werden, indem jede Testperson jede Woche ein anderes Waschmittel zugeteilt bekommt. Die Waschmittel sind in 5 verschiedenfärbigen Kartons verpackt, wobei die Zuordnung zwischen Waschmittelsorte und Farbe des Kartons jede Woche geändert wird, um einen psychologischen Einfluß der Farben auf den Test zu vermeiden. Man entwerfe einen Test.

VI ALGEBRAISCHE CODIERUNGSTHEORIE UND KRYPTOGRAPHIE

EINLEITUNG

Durch den Einsatz von Computern und elektronischen Kommunikationssystemen, welcher im
öffentlichen und privaten Bereich in den letzten Jahren sehr stark zugenommen hat,
sind auch eine Reihe von neuen Problemen der Datenübertragung und des Datenschutzes
aufgetaucht. Es ist notwendig geworden, Informationen sowohl rasch als auch zuverlässig über Funk, Fernschreiber, Telefon etc. zu übertragen und auf Magnetbändern,
Platten u.ä. Datenträgern abzuspeichern.
Am Übertragungsweg (Kanal) wirken Störungen auf die übermittelten Nachrichten ein (es
tritt ein "Rauschen" auf), sodaß die Nachricht unter Umständen verändert oder ver-
stümmelt wird. Dies ist bei einem herkömmlichen Telefongespräch oder einem Telegramm
nicht weiter störend, da in der normalen Umgangssprache etwa 20 % des Textes über-
flüssig sind, d.h. aus den restlichen 80 % heraus erraten werden können. Bei Übertragungen von Satelliten und bei Schaltungen zwischen Computern werden jedoch praktisch keine überflüssigen Informationen übertragen. Daher ist es notwendig, Maßnahmen
zu ergreifen, um Verfälschungen der Nachricht zu erkennen und auch nach Möglichkeit
zu korrigieren. Die Codierungstheorie befaßt sich mit der Aufgabe, eine Nachricht mit
möglichst geringem technischen Aufwand zu codieren, d.h. als endliche Folge von Symbolen (Buchstaben) eines endlichen (Code)alphabets so zu schreiben, daß man in der
übertragenen codierten Nachricht Fehler erkennen und größtenteils korrigieren kann.
Neben dem Bestreben, Daten korrekt zu übertragen, ist es in vielen Fällen notwendig,
übertragene oder abgespeicherte Daten vor unbefugtem Zugriff und Verfälschung zu
schützen. Man denke dabei nur an die Sicherung von vertraulichen Daten in Computern,
an elektronische Geldüberweisungen und an den Schutz von computergesteuerten Industrie-
anlagen vor Sabotage. (Man nimmt an, daß allein in den USA jährlich etwa eine Milliarde
Dollar von Computerspezialisten gestohlen wird.) Eine Möglichkeit, sich vor Mißbräuchen
zu schützen, besteht darin, die übertragenen oder abgespeicherten Daten zu verschlüsseln (zu chiffrieren). Die Wissenschaft, die sich damit beschäftigt, heißt
Kryptographie.

Unter der Voraussetzung, daß elektronische Daten zuverlässig und vor Zugriffen geschützt übertragen werden, kann man den Übertragungsvorgang wie in Abb. 34.1 skizziert
schematisch darstellen.

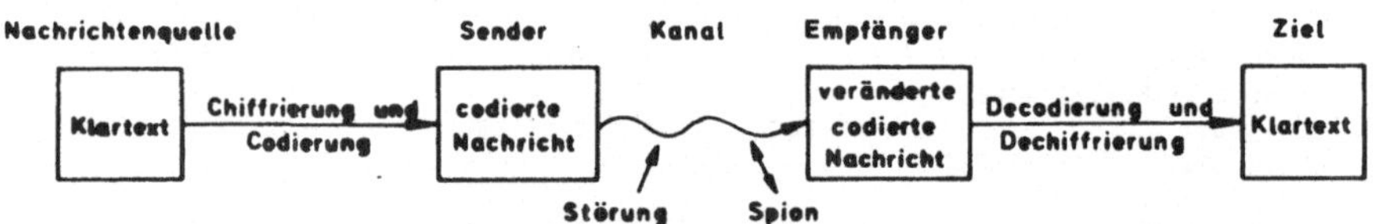

Abb. 34.1

Wir werden im folgenden nur eine kurze Einführung in die Codierungstheorie geben - die
Codierungstheorie hat sich in den letzten Jahren zu einer umfassenden eigenen Disziplin entwickelt -, und einen Einblick in die heute verwendeten Methoden der Kryptographie vermitteln. Dabei werden wir in der Codierungstheorie auch kurz auf Probleme
der Übertragung von Daten aus dem Weltall hinweisen und bei der Kryptographie die Ab-
sicherung des "roten Telefons" zwischen Moskau und Washington und eine geplante Kontrolle des Atomsperrvertrages zwischen der SU und den USA besprechen. Auf Probleme der
Implementierung oder technischen Realisierung von Codierungen bzw. Chiffrierungen
können wir nur am Rande eingehen.

34. ALGEBRAISCHE CODIERUNG

In den meisten Computern und elektronischen Kommunikationssystemen werden Informationen in binärer Form verarbeitet, d.h. Daten werden mittels
der Symbole 0 und 1 geschrieben. Aus Gründen der einheitlichen Schreib-

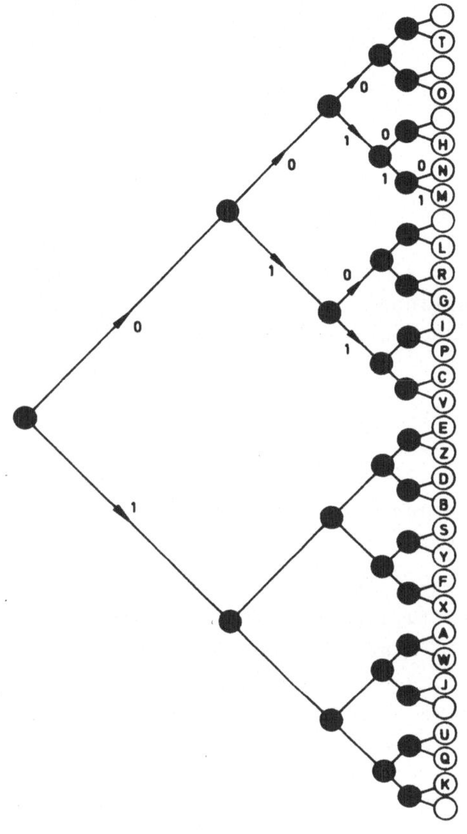

weise für alle Galoisfelder verwenden wir in diesem Abschnitt auch für den Körper $\mathbb{Z}_2 = \{0,1\}$ die Bezeichnung GF(2). Ein Beispiel dafür, wie man eine Nachricht bestehend aus Buchstaben des Alphabets als endliche Folge mit Elementen aus GF(2) schreiben kann, zeigt die Zuordnungsvorschrift des üblichen Fernschreibcodes, bei der den einzelnen Buchstaben des Alphabets binäre Fünferblöcke, d.h. Elemente aus $GF(2)^5$ zugeordnet werden. In Abb. 34.2 ist diese Zuordnungsschrift graphisch dargestellt. Dem Buchstaben M entspricht z.B. der Fünferblock 00111.

Eine andere Darstellung der 26 Buchstaben des Alphabets, sowie der Zahlen 0 bis 9 und anderer Zeichen, und zwar durch binäre Sechserblöcke, ist in Tabelle 34.3 angegeben.

Abb. 34.2

A := 000000	0 := 011011	, := 100101
B := 000001	1 := 011100	. := 100110
C := 000010	2 := 011101	.
D := 000011	.	.
E := 000100	.	.
.	.	.
.	.	.
Z := 011001	9 := 100100	.

Tabelle 34.3

Wir beschränken uns in dieser Darstellung auf die Behandlung von
binären Codes, das sind Codierungen, bei denen eine als binäre Folge
vorliegende Nachricht in eine Folge von n-Tupeln aus $GF(2)^n$ umgeschrie-
ben wird, welche man *Codewörter* nennt. Viele Resultate über binäre Codes
lassen sich aber auch für Codierungen über beliebigen Galoisfeldern verallgemeinern.

Weiters nehmen wir an, daß bei Übertragung einer Nachricht die Wahrscheinlichkeit für eine Störung der 0 gleich groß ist wie für eine
Störung der 1 (d.h. die Wahrscheinlichkeit für den Empfang einer 1 für

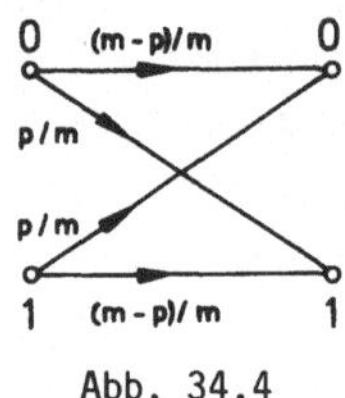

Abb. 34.4

eine 0 ist gleich groß wie die Wahrscheinlichkeit eine 0 anstelle einer 1 zu empfangen).
Solche (Übertragungs)-Kanäle heißen *symmetrische
Binärkanäle* (siehe Abb. 34.4). Bei m Übertragungen der 0 wird im Durchschnitt m-p mal 0 und
p mal 1 empfangen - ähnlich bei Übertragungen
der 1. Die Fehlerwahrscheinlichkeit dieses
symmetrischen Binärkanals ist also p/m.

Wir setzen auch voraus, daß die einzelnen Zeichen unabhängig voneinander
gestört werden (*gedächtnisloser Kanal*). - In der Praxis ist es allerdings so, daß Störungen nicht punktuell auftreten, sondern sogenannte
Bündelfehler zustande kommen, bei denen dann eine ganze Reihe von aufeinanderfolgenden Zeichen gestört ist.

Beim Codieren einer binär geschriebenen Nachricht teilt man diese in
Blöcke von k Stellen ($k \in \mathbb{N}$) ein und fügt zu den einzelnen Blöcken n-k
sogenannten *Prüfstellen* ($n \in \mathbb{N}, n > k$) hinzu, sodaß man Codewörter mit n
binären Stellen bekommt. Unter der *Länge* eines Codewortes versteht man
die Anzahl seiner Stellen. Die Teilmenge aller Codewörter aus $GF(2)^n$,
welche man auf diese Weise aus der Menge der Nachrichtenwörter aus
$GF(2)^k$ erhält, heißt ein (n,k)-*Code*. Die n-k Prüfstellen in den Codewörtern dienen dazu, Übertragungsfehler zu entdecken oder zu korrigieren.
(Vgl. Abb. 34.5)

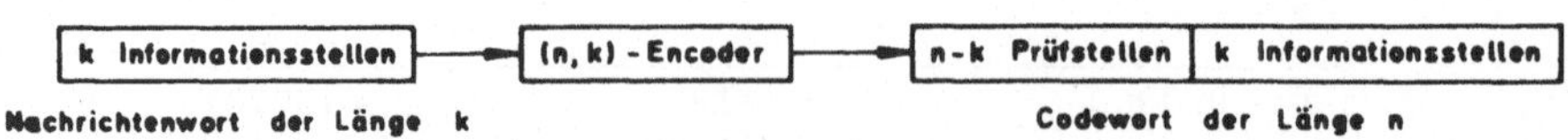

Abb. 34.5

Beim Decodieren wird jedem empfangenen n-Tupel aus $GF(2)^n$ ein Codewort
aus $GF(2)^n$ und damit ein Nachrichten-k-Tupel aus $GF(2)^k$ zugeordnet. Dabei wird angenommen, daß bei der Übertragung die geringstmögliche Fehleranzahl auftrat, d.h. es wird nach einem Codewort gesucht, das sich an

möglichst wenig Stellen vom empfangenen Wort unterscheidet. Diese De-
codierungstechnik wird *Maximum-likelihood-Decodierung* genannt.

Zu jedem (n,k)-Code gehört also eine injektive *Codierungsfunktion*
$f : GF(2)^k \to GF(2)^n$ und eine *Decodierungsfunktion* $g : GF(2)^n \to GF(2)^k$.
Deutet man eine Störung während der Übertragung als Funktion
$h : GF(2)^n \to GF(2)^n$, so will man also erreichen, daß $g \circ h \circ f$ mit großer
Wahrscheinlichkeit die identische Abbildung von $GF(2)^k$ ist.

Beispiele:

1. Parity-check-Code (Quersummenprüfcode)

Wir wählen k gleich n-1 und definieren die Codierungsfunktion
$f : GF(2)^{n-1} \to GF(2)^n$ durch $f(a_1,\ldots,a_{n-1}) := (a_1,\ldots,a_{n-1},a_n)$ mit
$a_n = a_1 + \ldots + a_{n-1}$ in GF(2). Damit ist

$$\sum_{i=1}^{n} a_i = 0$$

für alle Codewörter $(a_1,\ldots,a_n) \in GF(2)^n$. Trifft nun beim Empfänger das
n-Tupel $h(a_1,\ldots,a_n) = (b_1,\ldots,b_n)$ ein und ist

$$\sum_{i=1}^{n} b_i = 1,$$

so weiß der Empfänger, daß ein Übertragungsfehler aufgetreten sein muß.
Für den Fall, daß die Summe aller b_i gleich 0 ist, kann man aber auch
nicht mit absoluter Sicherheit sagen, daß die Nachricht korrekt übertragen wurde. Nimmt man das jedoch an, so lautet die Decodierungsfunktion
$g(b_1,\ldots,b_n) = (b_1,\ldots,b_{n-1})$ für alle $(b_1,\ldots,b_n) \in GF(2)^n$ mit

$$\sum_{i=1}^{n} b_i = 0.$$

Dieser Code entdeckt jede ungerade Anzahl von Fehlern.

2. Wiederholungscode

Man wählt z.B. n = 3k und legt $f : GF(2)^k \to GF(2)^{3k}$ durch

$$f(a_1,\ldots,a_k) = (a_1,\ldots,a_k,a_1,\ldots,a_k,a_1,\ldots,a_k)$$

fest. Ist $h(a_1,\ldots,a_k,a_1,\ldots,a_k,a_1,\ldots,a_k) := (b_1,\ldots,b_{3k})$ das empfangene
Wort, so wird die Decodierungsfunktion $g : GF(2)^{3k} \to GF(2)^k$ durch
$g(b_1,\ldots,b_{3k}) = (c_1,\ldots,c_k)$ definiert, wobei $c_i = b_i, 1 \le i \le k$,
falls $b_i = b_{k+i}$ oder $b_i = b_{2k+i}$, und $c_i = b_{k+i}$, falls $b_{k+i} = b_{2k+i}$.
Der vorliegende Wiederholungscode entdeckt bis zu zwei Übertragungs-
fehler. Er korrigiert bis zu einem Fehler, da er empfangene Worte mit
maximal einem Fehler korrekt decodiert.

Ob man für eine Nachrichtenübertragung einen *fehlerentdeckenden* oder einen *fehlerkorrigierenden Code* benützt, hängt vom konkreten Problem ab. Kann man ein übertragenes Wort auf Wunsch sofort noch einmal abrufen, werden fehlerentdeckende Codes verwendet. (Jeder Computer verwendet im internen Betriebssystem Parity-check-Codes zur Entdeckung von Fehlern.) Bei Nachrichtenübertragungen aus dem Weltall wäre es hingegen zu umständlich, fehlerhaft empfangene Worte noch einmal abzufragen. Hier benötigt man gute fehlerkorrigierende Codes. Auch beim Abspeichern von Daten auf Platten oder Bändern werden fehlerkorrigierende Codes verwendet.

Der für die gesamte Codierungstheorie grundlegende *Satz* wurde 1948 *von C.E. Shannon* [35] bewiesen. Dieser Satz sagt in etwa aus, daß stets Codes existieren, welche eine Informationsübertragung bis zur vollen Kapazität eines Kanals mit beliebig kleiner Fehlerwahrscheinlichkeit erlauben.

Allerdings gibt der Satz von Shannon keine Hinweise, wie man solche "guten" Codes finden kann. Die in der Praxis verwendeten guten Codes sind zum Teil sehr lang. Die Nachrichtenwörter besitzen bereits eine Länge in der Größenordnung von 100. Die Codewörter sind dann um ein Vielfaches länger. Daher muß man den Codewörtern eine algebraische Struktur auferlegen, um sie überhaupt computermäßig erfassen zu können.

Ein wichtiges Hilfsmittel, die fehlerentdeckenden und fehlerkorrigierenden Möglichkeiten eines Codes zu beschreiben, ist der sogenannte *Hamming-Abstand*. Unter dem Hamming-Abstand d zweier Wörter

$$(a_1,\ldots,a_n),(b_1,\ldots,b_n) \in GF(2)^n$$

versteht man die Anzahl der $i, 1 \le i \le n$, mit $a_i \ne b_i$, d.h. die Anzahl der Stellen, in denen sie sich unterscheiden.
Z.B. ist $d((1,0,0),(1,1,1)) = 2$ und $d((1,1,1,0,0),(0,0,1,1,1)) = 4$.
Die Wörter aus $GF(2)^n$ kann man als Ecken eines n-dimensionalen Einheitswürfels auffassen. Der Hamming-Abstand zweier Wörter ist dann die Länge des kürzesten Weges entlang der Kanten des Würfels zwischen den den Wörtern entsprechenden Ecken. Die 2^k Codewörter eines (n,k)-Codes bilden eine Teilmenge der 2^n Ecken des Würfels, und der Code hat umso bessere fehlerentdeckende und fehlerkorrigierende Eigenschaften, je weiter die den Codewörtern entsprechenden Ecken des Würfels auseinanderliegen. - Abb. 34.6 zeigt eine graphische Darstellung des

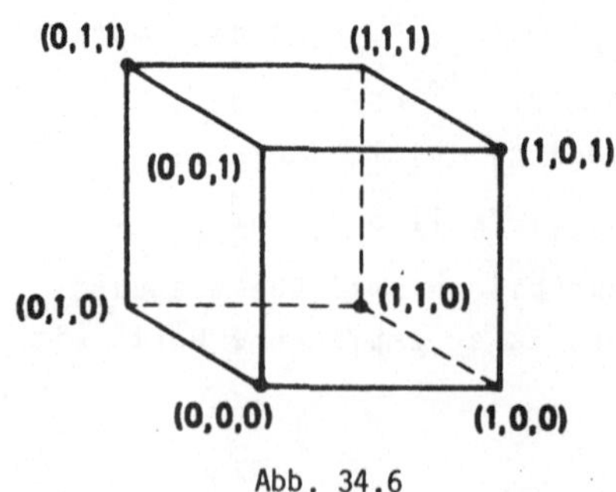

Abb. 34.6

(3,2)-Parity-check-Codes. Der Hamming-Abstand zweier beliebiger Codewörter des (3,2)-Parity-check-Codes ist 2.

Satz 34.1: *Ein Code kann genau dann jede Kombination von t oder weniger
Fehlern entdecken, wenn der Hamming-Abstand zwischen beliebigen Codewörtern mindestens t+1 ist.*

Beweis: Wird das Codewort u bei der Übertragung an t Stellen verändert,
dann hat das empfangene Wort v vom Codewort u den Hamming-Abstand t.
Die t Übertragungsfehler in v werden genau dann entdeckt, wenn v kein
Codewort ist. Daher wird jede Kombination von t oder weniger Fehlern in
v genau dann entdeckt, wenn der Hamming-Abstand von u zu allen anderen
Code-Wörtern mindestens t+1 ist.

Satz 34.2: *Ein Code kann genau dann jede Kombination von t oder weniger
Fehlern korrigieren, wenn der Hamming-Abstand zwischen beliebigen Codewörtern mindestens 2t+1 ist.*

Beweis: Angenommen, der Code besitzt zwei Codewörter u_1 und u_2 mit einem
Hamming-Abstand 2t oder weniger. Dann gibt es ein Wort v mit dem Hamming-
Abstand t oder weniger von u_1 und u_2. v kann bei einer Übertragung, in
der t oder weniger Fehler passiert sind, sowohl vom Codewort u_1 als auch
vom Codewort u_2 stammen und wird daher in einem der beiden Fälle falsch
decodiert.
Besitzen umgekehrt je zwei Codewörter mindestens den Hamming-Abstand
2t+1, dann wird jedes empfangene Wort, in dem bei der Übertragung
höchstens t Fehler passiert sind, durch die Maximum-likelihood-Decodierung korrekt decodiert.

Wie wir schon in Abschnitt 29 erwähnt haben, kann man die vier Grundrechnungsarten bei Polynomen über einem Galoisfeld mit Hilfe einfacher
Schaltungen ausführen. Daher eignen sich Polynome aus GF(2)[X] auch sehr
gut zur Erzeugung und Darstellung der Wörter eines Codes. Jedes Wort
$(a_0, a_1, \ldots, a_{n-1}) \in GF(2)^n$ kann man auch als Polynom

$$a_0 + a_1 X + \ldots + a_{n-1} X^{n-1} \in GF(2)[X]$$

schreiben.

Sei $p \in GF(2)[X]$ ein Polynom vom Grad n-k. Dann versteht man unter dem
durch p erzeugten Polynomcode jenen (n,k)-Code, dessen Codewörter durch
die durch p teilbaren Polynome aus GF(2)[X] vom Grad kleiner als n dargestellt werden.

Ein Nachrichtenwort der Länge k wird durch ein Polynom $m \in GF(2)[X]$ vom
Grad kleiner als k dargestellt. Multipliziert man m mit X^{n-k}, dann erhält man ein Polynom vom Grad kleiner als n, in dem die k-Informations-

stellen aus m die Koeffizienten von $X^{n-k},\ldots,X^{n-1}$ sind. Um nun das "Nachrichtenpolynom" m zu codieren, dividieren wir $m \cdot X^{n-k}$ durch das Polynom p und addieren den Rest $r \in GF(2)[X]$ zu $m \cdot X^{n-k}$, womit wir das Polynom $v = r + m \cdot X^{n-k} \in GF(2)[X]$ erhalten. Klarerweise gilt $p|v$, da wegen des Divisionsalgorithmus 29.5 für Polynome aus der Division $m \cdot X^{n-k} = q \cdot p + r$ mit $r = 0$ oder Grad $r < n-k$ folgt, daß $v = r + m \cdot X^{n-k} = q \cdot p$. Durch Addition von r zu $m \cdot X^{n-k}$ ändert sich nichts an den "Informationskoeffizienten" von $X^{n-k},\ldots,X^{n-1}$, da $r = 0$ oder Grad $r < n-k$ ist. Die Koeffizienten der Potenzen $X^0,\ldots,X^{n-k-1}$ von v sind die Prüfstellen. Das aber sind genau die Koeffizienten des Polynoms r.

Das erzeugende Polynom $p = a_0 + a_1 X + \ldots + a_{n-k} X^{n-k}$ eines Codes wird stets so gewählt, daß $a_0 = 1$ und $a_{n-k} = 1$ sind. Nimmt man nämlich ein Polynom mit $a_0 = 0$, so ist jedes Codepolynom durch X teilbar, d.h. jedes Codewort besitzt an der ersten Stelle eine 0. Nimmt man ein Polynom mit $a_{n-k} = 0$, so hat jedes Codewort an der letzten Stelle eine 0. Beide Fälle bedeuten eine Verschwendung von Stellen.

Beispiele:

1. Wir berechnen alle Codewörter des durch das Polynom $p = 1 + X^2 + X^3$ erzeugten Codes mit $k = 3$.

Da der Grad von p gleich 3 ist, gilt $n - 3 = 3$, d.h. $n = 6$. Die Länge der Codewörter ist also 6, und es gibt 2^3 Nachrichtenwörter und damit auch 2^3 Codewörter. Betrachten wir das Nachrichtenwort $(1,0,1)$, welches durch das Polynom $m = 1 + X^2$ dargestellt wird. Dividiert man $X^3 + X^5$ durch $1 + X^2 + X^3$, so erhält man den Rest $r = X + X^2$, daher ist das Codepolynom $v = r + m \cdot X^3 = X + X^2 + X^3 + X^5$, und das Codewort ist $(0,1,1,1,0,1)$. Tabelle 34.7 zeigt alle Nachrichtenwörter mit den zugehörigen Codewörtern dieses Codes.

NACHRICHTENWORT	→	CODEWORT					
		Prüfstellen			Informationsstellen		
0 0 0	→	0	0	0	0	0	0
0 0 1	→	1	1	0	0	0	1
0 1 0	→	1	1	1	0	1	0
1 0 0	→	1	0	1	1	0	0
0 1 1	→	0	0	1	0	1	1
1 0 1	→	0	1	1	1	0	1
1 1 0	→	0	1	0	1	1	0
1 1 1	→	1	0	0	1	1	1
1 X X^2	→	1	X	X^2	X^3	X^4	X^5

Tabelle 34.7

2. Das Polynom $p = 1+X$ erzeugt den $(n+1,n)$-Parity-check-Code.

Nach Folgerung 29.7 ist nämlich für $f = a_0+a_1X+\ldots+a_{n-1}X^{n-1} \in GF(2)[X]$ der Rest bei der Division von $X \cdot f$ durch p gleich $f(1) = a_0+a_1+\ldots+a_{n-1}$. Daher entspricht f das Codewort $(a_0+a_1+\ldots+a_{n-1}, a_0, a_1, \ldots, a_{n-1})$, was den $(n+1,n)$-Parity-check-Code festlegt.

3. Der $(4,1)$-Wiederholungscode wird dem Polynom $p = 1+X+X^2+X^3$ erzeugt.

Man hat nur die Nachrichtenwörter (0) und (1). Codiert man diese beiden Wörter mit Hilfe des durch p erzeugten Polynomcodes, so erhält man die beiden Codewörter $(0,0,0,0)$ und $(1,1,1,1)$, d.h., der angegebene Code ist tatsächlich der $(4,1)$-Wiederholungscode.

Nach dem Beweis von Satz 32.2 kann man jedes Wort $(a_1,\ldots,a_k)$ aus $GF(2)^k$ auch als Element des Vektorraumes $GF(2)^k$ über $GF(2)$ auffassen. Damit ist es möglich, die 2^k Nachrichtenwörter eines (n,k)-Codes auch als Elemente des Vektorraumes $GF(2)^k$ über $GF(2)$ und die zugehörigen Codewörter als Elemente des Vektorraumes $GF(2)^n$ über $GF(2)$ zu deuten. Die Codierungsfunktion ist dann eine injektive Funktion $h : GF(2)^k \to GF(2)^n$. Im folgenden benützen wir wieder einige Begriffe und Resultate der linearen Algebra (vgl. dazu etwa [9] oder [20]).

Ein (n,k)-Code heißt *Linearcode*, wenn die Codierungsfunktion $h : GF(2)^k \to GF(2)^n$ eine lineare Abbildung ist.

Da das Bild eines Vektorraumes unter einer linearen Abbildung wieder ein Vektorraum ist, folgt

Hilfssatz 34.3: *Bei einem (n,k)-Linearcode bildet die Menge aller Codewörter einen Teilraum von $GF(2)^n$.*

Nun zeigen wir

Satz 34.4: *Jeder durch ein Polynom* $p \in GF(2)[X]$ *vom Grad* $n-k$ *erzeugte* (n,k)-*Polynomcode ist ein Linearcode.*

Beweis: Sei $h : GF(2)^k \to GF(2)^n$ die Codierungsfunktion des durch p erzeugten Polynomcodes. Sind m_1 bzw. m_2 zwei Nachrichtenwörter aus $GF(2)^k$, welchen die Codewörter v_1 bzw. v_2 aus $GF(2)^n$ entsprechen, dann gilt

$$v_1 = r_1+m_1 \cdot X^{n-k} \quad \text{bzw.} \quad v_2 = r_2+m_2 \cdot X^{n-k},$$

wobei r_1 der Rest bei der Divsion von $m_1 \cdot X^{n-k}$ durch p und r_2 der Rest bei der Division von $m_2 \cdot X^{n-k}$ durch p ist. Damit ergibt sich

$$v_1+v_2 = r_1+r_2+(m_1+m_2) \cdot X^{n-k},$$

wobei $r_1+r_2 = 0$ ist oder der Grad von r_1+r_2 kleiner als n-k ist. Also ist r_1+r_2 der Rest bei Division von $(m_1+m_2) \cdot X^{n-k}$ durch p, und dem Nachrichtenwort m_1+m_2 entspricht das Codewort v_1+v_2. Somit erhalten wir $h(m_1+m_2) = h(m_1)+h(m_2)$. Da 0 und 1 die einzigen Elemente von GF(2) sind, überprüft man auch leicht die Bedingung $h(a \cdot m) = a \cdot h(m)$ für alle $a \in GF(2)$ und $m \in GF(2)^k$. Daher ist h eine lineare Abbildung, d.h., der zugehörige Code ist ein Linearcode.

Wie wir aus der linearen Algebra wissen, kann man jeder linearen Abbildung eines k-dimensionalen in einen n-dimensionalen Vektorraum in eindeutiger Weise eine kxn-Matrix bezüglich Basen der betrachteten Vektorräume zuordnen. Bezeichne für $t \in \mathbb{N}$ $e_1^t,\ldots,e_t^t$ die "Standardbasis" von $GF(2)^t$, so ist es also möglich, jeder Codierungsfunktion $f : GF(2)^k \rightarrow GF(2)^n$ eines (n,k)-Linearcodes in eindeutiger Weise eine kxn-Matrix G bezüglich der Standardbasen von $GF(2)^k$ bzw. $GF(2)^n$ zuzuordnen. Bildet man $f(e_i^k) = a_{i1}e_1^n+\ldots+a_{in}e_n^n$ für $1 \le i \le k$, so heißt die Matrix $G = (a_{ij})$, $1 \le i \le k$, $1 \le j \le n$, die *Generatormatrix* des (n,k)-Linearcodes. Ist $m \in GF(2)^k$ ein Nachrichtenwort, so ergibt sich das zugehörige Codierungswort dann durch $v = m \cdot G$. Die Menge aller Codewörter bildet einen Teilraum C von $GF(2)^n$, welcher gleich dem Bildraum $f(GF(2)^k)$ ist. C wird von den Zeilenvektoren von G erzeugt.
Da in den Codewörtern die Informationsstellen an den letzten k Stellen stehen, hat die Generatormatrix G die Gestalt $(P|I_k)$, wo P eine kx(n-k)-Matrix und I_k die kxk-Einheitsmatrix ist. Bildet man nun die nx(n-k)-Matrix

$$K := \left(\frac{I_{n-k}}{P} \right) ,$$

in der die (n-k)x(n-k)-Einheitsmatrix I_{n-k} über P steht, so folgt

$$G \cdot K = (P|I_k) \cdot \left(\frac{I_{n-k}}{P} \right) = (P \cdot I_{n-k}+I_k \cdot P) = P+P = 0,$$

wobei 0 für die kx(n-k)-Nullmatrix steht. Deutet man K als Matrix einer linearen Abbildung $h : GF(2)^n \rightarrow GF(2)^{n-k}$ bezüglich der Standardbasen, so ist h surjektiv, da die ersten n-k Zeilen von K die Basisvektoren $e_1^{n-k},\ldots,e_{n-k}^{n-k}$ von $GF(2)^{n-k}$ sind. Weiters folgt aus $G \cdot K = 0$, daß $f(GF(2)^k)$ im Kern von h liegt, und da $f(GF(2)^k)$ die Dimension k hat, besteht (nach der Dimensionsformel $\dim \operatorname{Im} h + \dim \operatorname{Ker} h = \dim GF(2)^n$) der Kern von h genau aus den Vektoren von $f(GF(2)^k) = C$. Ein Vektor $v \in GF(2)^n$ gehört also genau dann zu C, wenn $v \cdot K = (0,0,\ldots,0)$.
Die Matrix K heißt die *Kontrollmatrix* des gegebenen (n,k)-Linearcodes.

Beispiel: Man ermittle die Generatormatrix und die Kontrollmatrix des (6,3)-Linearcodes, welcher durch das Polynom $1+X^2+X^3$ erzeugt wird.

Die Zeilen der Generatormatrix G bestehen aus den den Nachrichtenwörtern
(1,0,0),(0,1,0) und (0,0,1) entsprechenden Codewörtern. Nach Tabelle 34.7
sind dies die Wörter (1,0,1,1,0,0),(1,1,1,0,1,0) und (1,1,0,0,0,1).
Daher hat die Generatormatrix die Gestalt

$$G = \begin{pmatrix} 1 & 0 & 1 & 1 & 0 & 0 \\ 1 & 1 & 1 & 0 & 1 & 0 \\ 1 & 1 & 0 & 0 & 0 & 1 \end{pmatrix}$$

Ist $(a_1,a_2,a_3) \in GF(2)^3$ ein beliebiges Nachrichtenwort, so erhält man das
zugehörige Codewort v durch Bildung von $v = (a_1,a_2,a_3) \cdot G$.
Die zugehörige Kontrollmatrix hat die Gestalt

$$K = \begin{pmatrix} 1 & 0 & 0 \\ 0 & 1 & 0 \\ 0 & 0 & 1 \\ 1 & 0 & 1 \\ 1 & 1 & 1 \\ 1 & 1 & 0 \end{pmatrix} \ .$$

Ist für ein empfangenes Wort $w = (b_1,b_2,b_3,b_4,b_5,b_6) \in GF(2)^6$ das Produkt
$w \cdot K = (0,0,0)$, so ist w ein Codewort, und es wird angenommen, daß das w
entsprechende Nachrichtenwort (b_4,b_5,b_6) übermittelt wurde.
Ist $w \cdot K \neq (0,0,0)$, so weiß man, daß bei der Übertragung Fehler passiert
sein müssen.

Einen Linearcode kann man also auch durch seine Generatormatrix oder
seine Kontrollmatrix festlegen.

Um die "Qualität" eines (n,k)-Codes bezüglich der Fehlerentdeckung und
Fehlerkorrektur festzustellen, genügt es nach den Sätzen 34.1 und 34.2,
den minimalen Hamming-Abstand zwischen zwei Codewörtern zu bestimmen.
Da die Codewörter eines Linearcodes bezüglich der Addition eine kommutative Gruppe bilden, läßt sich dieser Abstand sehr einfach ermitteln.
Bezeichnet man nämlich die Anzahl der Stellen eines Wortes $w \in GF(2)^n$,
an denen ein Element $\neq 0$ steht, als das *Gewicht* von w, so folgt

<u>Hilfssatz 34.5</u>: *Der minimale Hamming-Abstand zweier Codewörter eines
Linearcodes ist gleich dem minimalen Gewicht aller vom Null-Codewort
verschiedenen Codewörter.*

Beweis: Wie man sofort sieht, ist der Abstand $d(w_1,w_2)$ zweier Codewörter w_1,w_2 gleich dem Gewicht von w_1-w_2. Da $w_1-w_2 = w_1+w_2$ wieder ein
Codewort ist, folgt unmittelbar die Behauptung des Satzes.

Unter Anwendung von Hilfssatz 34.5 erhält man sofort, daß der in
Tabelle 34.7 gegebene Code den minimalen Hamming-Abstand 3 hat. Daher
erlaubt dieser Code, zwei Fehler pro Wort zu erkennen und einen Fehler
pro Wort zu korrigieren.

Nun wenden wir uns dem Problem der Decodierung eines (n,k)-Codes zu. Dazu müssen wir eine Decodierungsfunktion $g : GF(2)^n \to GF(2)^k$ angeben, wobei wir annehmen, daß bei der Übertragung eine geringstmögliche Fehleranzahl aufgetreten ist (Maximum-likelihood-Decodierung). Im Falle des Wiederholungscodes haben wir bereits so eine Decodierungsfunktion kennengelernt. Ein "brutales" Decodierungsverfahren besteht darin, den Hamming-Abstand eines empfangenen Wortes zu allen Codewörtern auszurechnen, dem empfangenen Wort ein Codewort mit minimalem Hamming-Abstand zuzuordnen und dieses Codewort in das ihm entsprechende Nachrichtenwort zurückzuführen. Für größere k ist dies in der Praxis jedoch nicht durchführbar. (Man müßte für jedes empfangene Wort den Hamming-Abstand zu 2^k Codewörtern ausrechnen!)

Für (n,k)-Linearcodes gibt es auch für größere k einfache Decodierungsverfahren: Sei $f : GF(2)^k \to GF(2)^n$ die Codierungsfunktion eines (n,k)-Linearcodes. Ist $v \in C = f(GF(2)^k)$ ein gesendetes Codewort, welches infolge von Störungen als $u \in GF(2)^n$ empfangen wird, so bezeichnet man das Wort $u-v = u+v =: e \in GF(2)^n$ als das zugehörige *Fehlerwort*. Man kann also auftretende Störungen als Addition eines Fehlerwortes $e \in GF(2)^n$ zum Codewort $v \in C$ deuten. Der Empfänger kennt $u = v+e$, jedoch nicht v. Außerdem weiß er, daß e in der Nebenklasse $u+C$ von $GF(2)^n$ liegt. Diese Nebenklasse kann er auch berechnen.

Als *Anführer* einer Nebenklasse $u+C$ bezeichnet man ein Wort $w \in u+C$ mit minimalem Gewicht. (Bei mehreren Wörtern mit minimalem Gewicht muß man eines als Anführer auswählen.)

Die Decodierung eines (n,k)-Linearcodes kann nun nach folgendem "Standardschema" vorgenommen werden:
Man denke die Codewörter aus C in einer Zeile angeschrieben, beginnend mit dem Nullelement v_0 (siehe Tabelle 34.8). Dann wählt man ein Wort $b_2 \in GF(2)^n - C$ von minimalem Gewicht und schreibt die Elemente der Nebenklasse $b_2 + C$ wie in Tabelle 34.8 in eine Zeile unter die Codewörter. Ist $GF(2)^n - C - (b_2+C) \neq \emptyset$, so setzt man das Verfahren mit einem Wort $b_3 \in GF(2)^n - C - (b_2+C)$ von minimalem Gewicht fort und bildet die Nebenklasse $b_3 + C$. Da $GF(2)^n$ nach dem Satz von Lagrange 18.11 genau 2^{n-k} Nebenklassen nach C besitzt, bricht das Verfahren nach 2^{n-k} Schritten ab.

v_0	v_1	v_2	$\dots v_{2^k-1}$
b_2	b_2+v_1	b_2+v_2	$\dots b_2+v_{2^k-1}$
$\dots\dots$	$\dots\dots\dots\dots\dots\dots\dots\dots\dots\dots\dots\dots\dots\dots\dots\dots$		
$b_{2^{n-k}}$	$b_{2^{n-k}}+v_1$	$b_{2^{n-k}}+v_2$	$\dots b_{2^{n-k}}+v_{2^k-1}$

Tabelle 34.8

Tabelle 34.8 heißt ein *Standardschema* des gegebenen Linearcodes. Bei Decodierung nach diesem Standardschema wird ein empfangenes Wort u in jenes Codewort v rückgeführt, für das u-v Anführer einer der oben gebildeten Nebenklassen ist. Aus Tabelle 34.8 ist ersichtlich, daß es zu jedem $u \in GF(2)^n$ genau ein Codewort $v \in C$ gibt, sodaß u-v der Anführer einer Nebenklasse ist. Demnach wird also jedes empfangene Wort in jenes Codewort decodiert, in dessen Spalte es steht. Wie man leicht einsieht, ist die Decodierung eines (n,k)-Linearcodes nach einem Standardschema eine Maximum-likelihood-Decodierung.

Ist K die Kontrollmatrix eines (n,k)-Linearcodes und $v \in GF(2)^n$, dann heißt das (n-k)-Tupel $s := v \cdot K$ das *Syndrom* von v.

Es ist unmittelbar klar, daß alle Vektoren einer Nebenklasse von $GF(2)^n$ nach C dasselbe Syndrom haben, aber Vektoren aus verschiedenen Nebenklassen verschiedene Syndrome. Jede Nebenklasse ist also durch ihr Syndrom eindeutig bestimmt. Für die Decodierung genügt es daher, eine Liste der Anführer der Nebenklassen und der zugehörigen Syndrome zu kennen. Wird ein Wort $u \in GF(2)^n$ empfangen, so berechnet man mit Hilfe der Kontrollmatrix das Syndrom von u und bestimmt so die zugehörige Nebenklasse. Ist b_j der Anführer dieser Nebenklasse, so hat man u in das Codewort $v = u+b_j$ zu decodieren und ordnet u das v entsprechende Nachrichtenwort aus $GF(2)^k$ zu.

Obwohl die Tabelle Syndrome - Anführer weit weniger umfangreich als Tabelle 34.8 ist, enthält sie immer noch 2^{n-k} verschiedene Eintragungen. Daher verwendet man in der Praxis auch ein Verfahren der *schrittweisen Decodierung* für Linearcodes, wo man diese Tabelle nicht benötigt. Dazu ordnet man die Wörter von $GF(2)^n$ lexikographisch und ermittelt mit Hilfe eines Algorithmus zu jedem Wort $u \in GF(2)^n$ ein Codewort $v \in C$, welches einen minimalen Abstand von u hat. Bezüglich dieses Verfahrens, welches wir hier aus Platzgründen nicht behandeln können, vgl. etwa [27].

Für den durch das Polynom $p \in GF(2)[X]$ erzeugten Polynomcode erhält man das Syndrom eines Polynoms $u \in GF(2)[X]$ auch als Rest bei der Division von u durch p. Das gilt deswegen, da die i-te Zeile von K die Koeffizienten des Restes bei Division von X^{i-1} durch p sind. Daher kann man in diesem Fall die Syndrome der Wörter einfach mit Hilfe eines Schieberegisters ermitteln, welches die Division durch das erzeugende Polynom durchführt.

Beispiel: Ein (5,3)-Linearcode C sei durch seine Generatormatrix

$$G = \begin{pmatrix} 1 & 1 & 1 & 0 & 0 \\ 1 & 0 & 0 & 1 & 0 \\ 0 & 1 & 0 & 0 & 1 \end{pmatrix}$$

gegeben.

Tabelle 34.9 gibt ein Standardschema und die Syndrome der Nebenklassen
an.

Syndrome	Anführer				Wörter			
00	00000	11100	10010	01001	01110	10101	11011	00111
10	10000	01100	00010	11001	11110	00101	01011	10111
01	01000	10100	11010	00001	00110	11101	10011	01111
11	00100	11000	10110	01101	01010	10001	11111	00011

Tabelle 34.9

Die Kontrollmatrix dieses Codes hat die Gestalt

$$K = \begin{pmatrix} 1 & 0 \\ 0 & 1 \\ 1 & 1 \\ 1 & 0 \\ 0 & 1 \end{pmatrix} \quad .$$

Wird nun z.B. das Wort $(1,1,1,1,1)$ empfangen, so berechnet man das
Syndrom $(1,1,1,1,1) \cdot K = (1,1)$. Demnach ist

$$(1,1,1,1,1) - (0,0,1,0,0) = (1,1,0,1,1)$$

das zugehörige Codewort, und $(1,1,1,1,1)$ ist somit in das Nachrichtenwort $(0,1,1)$ zu decodieren.
Da von den fünf Fehlerwörtern vom Gewicht eins nur drei als Anführer
von Nebenklassen auftreten, können mit diesem Schema genau drei einfache
Fehler korrigiert werden.

Ein *Linearcode* heißt *perfekt*, wenn für ein $m \in \mathbb{N}$ genau die Wörter vom
Gewicht $\leq m$ die Anführer der Nebenklassen in einem Standardschema des
Codes sind. Er heißt *quasi-perfekt*, wenn alle Wörter vom Gewicht $\leq m$,
einige Wörter vom Gewicht $m+1$, aber keine Wörter mit größerem Gewicht
die Anführer der Nebenklassen sind.

Es ist klar, daß ein perfekter Linearcode alle r-fachen Fehler für $r \leq m$
korrigiert. Ein quasiperfekter Linearcode korrigiert alle r-fachen und
einige der $(r+1)$-fachen Fehler. Perfekte Codes sind sehr selten. Die sogenannten Hamming-Codes bilden eine Klasse perfekter Codes.

Für $m \in \mathbb{N}$ versteht man unter dem $(2^m-1, 2^m-1-m)$-*Hamming-Code* den Linearcode C, der durch die Kontrollmatrix K definiert ist, welche als Zeilen
alle möglichen vom Nullvektor verschiedenen Wörter aus $GF(2)^m$ besitzt
und m Spalten hat.

K hat also 2^m-1 Zeilen. Der Code C besteht aus allen Wörtern v aus
$GF(2)^{2^m-1}$ mit $v \cdot K = (0,\ldots,0)$. Es handelt sich also tatsächlich um einen
$(2^m-1, 2^m-1-m)$-Linearcode.

Wie man mit Hilfe von Methoden der linearen Algebra unschwer einsieht,
ist der minimale Hamming-Abstand zweier Codewörter eines Linearcodes
genau dann $\geq m$, wenn je $m-1$ Zeilenvektoren der Kontrollmatrix K linear
unabhängig sind. Da je zwei Zeilen der Kontrollmatrix K eines Hamming-
Codes linear unabhängig sind, ist das minimale Gewicht der Wörter eines
Hamming-Codes ≥ 3.
Bei einem $(2^m-1,2^m-1-m)$-Linearcode gibt es genau 2^m-1 Fehlerwörter vom
Gewicht 1. Zwei verschiedene Fehlerwörter vom Gewicht 1 können jedoch
nicht in derselben Nebenklasse nach C liegen, denn dann wäre ihre Summe
ein Codewort vom Gewicht 2, was ein Widerspruch ist. Also liegt in jeder
Nebenklasse höchstens ein Wort vom Gewicht 1. Die Anzahl der Nebenklassen
ist aber gleich der Anzahl der (2^m-1)-Tupel dividiert durch die Anzahl der
Codewörter, also gleich $2^{2^m-1}/2^{2^m-1-m} = 2^m$. Daraus folgt, daß in jeder
von C verschiedenen Nebenklasse genau ein Wort vom Gewicht 1 liegt.
Dies bedeutet, daß man ein Standardschema aufstellen kann, in dem als
Anführer der Nebenklassen genau die Wörter vom Gewicht ≤ 1 auftreten,
d.h. C ist perfekt.

Beispiel: Wir wählen $m = 3$ und bekommen damit einen (7,4)-Hamming-Code.
In der 7x3-Kontrollmatrix K wählen wir die Reihenfolge der Zeilenvektoren so, daß sie den Dualdarstellungen der Zahlen 1 bis 7 entsprechen:

$$K = \begin{pmatrix} 0 & 0 & 1 \\ 0 & 1 & 0 \\ 0 & 1 & 1 \\ 1 & 0 & 0 \\ 1 & 0 & 1 \\ 1 & 1 & 0 \\ 1 & 1 & 1 \end{pmatrix}$$

Diese spezielle Reihenfolge der Zeilen der Kontrollmatrix bewirkt, daß
man sofort erkennen kann, an welcher Stelle bei der Übertragung ein
Fehler passiert ist. (Bezüglich der zugrunde liegenden Vektorräume
bedeutet eine Umordnung der Zeilen von K bloß eine Umordnung der Koordinaten der Vektoren.)
Wird z.B. das Codewort $v = (0,1,1,1,1,0,0)$ übertragen und dafür das
Wort $u = (0,1,1,1,1,0,1)$ empfangen, so erhält man

$$u \cdot K = (1,1,1).$$

Das Wort 111 entspricht der Dualdarstellung von 7, und man überlegt sich
leicht, daß bei der Übertragung die siebente Stelle gestört wurde.

Zum Schluß dieses Abschnitts wollen wir noch eine sehr leistungsfähige
Klasse von Codes angeben, welche 1959 von Bose, Chandhari und Hocquenghem
entdeckt wurde (BCH-*Codes*).

Seien $m, t \in \mathbb{N}$ *mit* $t < 2^{m-1}$. BCH-*Codes sind Codes der Länge* $n = 2^m - 1$, *welche jede Kombination von* t *oder weniger Fehlern korrigieren. Sie sind Polynomcodes mit einem erzeugenden Polynom* p *vom* Grad $\leq$ mt, *haben mindestens* n-mt *Informationsstellen und werden folgendermaßen konstruiert:*
Wie man sich leicht überlegt, ist jedes Element $a \in GF(2^m)$ algebraisch über GF(2). Daher gibt es ein Polynom $f \in GF(2)[X]$ mit $f(a) = 0$.
Daraus folgt (vgl. [33]), daß es zu jedem $a \in GF(2^m)$ ein eindeutig bestimmtes irreduzibles Polynom $g \in GF(2)[X]$ gibt, welches a als Nullstelle besitzt. Man nennt g das zu a gehörige *Minimalpolynom.*
Ist nun α ein erzeugendes Element der multiplikativen Gruppe von $GF(2^m)$ und p_i das zu α^i gehörige Minimalpolynom, dann definiert man

$$p := k \cdot g \cdot V \cdot (p_1, p_2, \ldots, p_{2t}).$$

Klarerweise sind $\alpha, \alpha^2, \ldots, \alpha^{2t}$ Nullstellen von p. Wegen $(p_i(X))^2 = p_i(X^2)$ ist mit α^i auch α^{2i} Nullstellen von p_i. Daher gilt

$$p = k \cdot g \cdot V \cdot (p_1, p_3, \ldots, p_{2t-1}).$$

Da für beliebiges $\beta = \alpha^i$ die Elemente $1, \beta, \beta^2, \ldots, \beta^m$ linear abhängig über GF(2) sind, hat β ein Minimalpolynom aus GF(2)[X] höchstens vom Grad m. Daher gilt

$$\text{Grad}\, p \leq (\text{Grad}\, p_1) + (\text{Grad}\, p_3) + \ldots + (\text{Grad}\, p_{2t-1}) \leq mt.$$

Wie man zeigen kann (vgl. etwa [27]), besitzen für $t < 2^{m-1}$ je zwei Codewörter des durch p definierten BCH-Codes mindestens den Hamming-Abstand 2t+1, daher korrigiert dieser Code bis zu t Fehler.

Beispiel: Man finde das erzeugende Polynom des 3-Fehler korrigierenden BCH-Codes der Länge n = 15.
Da $15 = 2^4 - 1$, ist m = 4. Wir haben ein erzeugendes Element von GF(16) zu finden. Ein solches wird durch die Gleichung $\alpha^4 + \alpha + 1 = 0$ festgelegt.
Das erzeugende Polynom des gewünschten BCH-Codes ergibt sich als
$p = k \cdot g \cdot V \cdot (p_1, p_3, p_5)$. Das Minimalpolynom von α ist $X^4 + X + 1$. Da das Minimalpolynom von α^3 auch die Nullstellen

$$(\alpha^3)^2 = \alpha^6, \quad (\alpha^6)^2 = \alpha^{12}, \quad (\alpha^{12})^2 = \alpha^{24} = \alpha^9 \quad \text{und} \quad (\alpha^9)^2 = \alpha^{18} = \alpha^3$$

besitzt, folgt unter Berücksichtigung von $\alpha^4 + \alpha + 1 = 0$

$$P_3 = (X - \alpha^3)(X - \alpha^6)(X - \alpha^{12})(X - \alpha^9) = X^4 + X^3 + X^2 + X + 1.$$

Da p_5 die Nullstellen α^5 und α^{10} besitzt, folgt $p_5 = (X - \alpha^5)(X - \alpha^{10}) = X^2 + X + 1$. Somit ist

$$p = k \cdot g \cdot V \cdot (X^4 + X + 1, X^4 + X^3 + X^2 + X + 1, X^2 + X + 1) = (X^4 + X + 1)(X^4 + X^3 + X^2 + X + 1)(X^2 + X + 1) =$$

$$= X^{10} + X^8 + X^5 + X^4 + X^2 + X + 1.$$

Auch in der Raumfahrt arbeitet man mit Codes. So sendet man bei *Radar-systemen für große Entfernungen* lange Folgen von Impulsen und codiert diese so, daß bei einem Vergleich der gesendeten und empfangenen Impuls-folgen die Entfernung eines Ziels berechnet werden kann. Dabei muß aus Eindeutigkeitsgründen die Zeit für das Senden einer kompletten Periode der Folge größer sein als die Übertragungszeit vom Sender zum Ziel und zurück. Binäre Zahlenfolgen mit einer sehr großen Periode, welche sich zur Bildung von Radar-Impulsfolgen eignen, kann man mit Hilfe von Mini-malpolynomen von erzeugenden Elementen der multiplikativen Gruppe von $GF(2^n)$ (sogenannten primitiven Polynomen) und Schieberegistern her-stellen (vgl. [23]). So erhält man mit Hilfe eines primitiven Polynoms vom Grad 20 über $GF(2)$ eine binäre Zahlenfolge mit einer Periode in der Größenordnung von 10^6. Folgen dieser Bauart wurden für Entfernungs-messungen zum Mond eingesetzt.

Bei der *Übertragung der Bilder* von Mars und Saturn durch die Mariner und Voyager Satelliten auf die Erde wurden auch fehlerkorrigierende Codes eingesetzt. Zu diesem Zweck wurden die Bilder in $658 \cdot 240$ Punkte zerlegt und jeder Punkt mit einer Helligkeit, gemessen in einer Skala von 1 bis 2^8, belegt. Damit wurde jedes Bild durch eine binäre Folge von ca. 5 000 000 Informationsstellen dargestellt. Diese Informationsstellen wurden mit Hilfe eines fehlerkorrigierenden Codes codiert und zur Erde übertragen. Hier wurden die Signale empfangen, verstärkt und zu Fotos decodiert. Eine Besprechung der dafür verwendeten Codes, z.B. der soge-nannten *konvolutionellen Codes*, würde den Rahmen des Buches allerdings sprengen.

Auch für die 1970 entdeckten "recht guten" *Goppa Codes* und die 1972 erfundenen und als "sensationell" eingestuften *Justesen Codes* verweisen wir auf die moderne Spezialliteratur über Codierungstheorie (vgl. auch [36]).

<u>Übungen</u>

1. Sind die folgenden Aussagen wahr oder falsch?
   a) Man kann die 26 Buchstaben des Alphabets durch binäre Viererblöcke darstellen.
   b) Es gibt einen (6,2)-Code, welcher 2 Fehler pro Wort erkennt und 1 Fehler pro Wort korrigiert.
   c) Der minimale Hamming-Abstand zweier Codewörter des (4,1)-Wiederholungscodes ist 4.
   d) Bei einem (n,k)-Polynomcode bilden die Codewörter gegenüber der Addition eine kommutative Gruppe.
   e) Die Generatormatrix des (3,1)-Wiederholungscodes ist $G = (1,1,1)$.
   f) Ein Linearcode kann mehrere Standardschemata besitzen.
   g) Ein BCH-Code der Länge 15 kann maximal bis zu 7 Fehler korrigieren.

2. Man gebe eine Codierungs- und eine Decodierungstabelle für den (3,2)-Parity-check-Code an.

3. Was ist der maximale Hamming-Abstand zweier Codewörter beim (6,2)-Wiederholungs-
code? Wieviele Fehler entdeckt dieser Code und wieviele korrigiert er?

4. Man schreibe alle Codewörter des Codes mit 3 Informationsstellen auf, welcher
durch das Polynom $p = 1+X+X^3$ erzeugt wird.

5. Wieviele Fehler kann der durch das Polynom $p = 1+X+X^2$ erzeugte (5,3)-Code erkennen?

6. Man zeige, daß jeder (n,n-1)-Parity-check-Code ein Linearcode ist.

7. Man gebe die Generatormatrix und die Kontrollmatrix für den (4,3)-Parity-check-
code an.

8. Man finde die Generatormatrix und die Kontrollmatrix des (8,4)-Codes, welcher
durch $p = 1+X+X^4$ erzeugt wird.
Man überprüfe, ob (1,1,0,1,1,0,1,1) ein Codewort ist.

9. Man gebe ein Standardschema und die Syndrome der Nebenklassen für den (6,3)-Linear-
code mit der folgenden Kontrollmatrix an:

$$K = \begin{pmatrix} 1 & 0 & 0 \\ 0 & 1 & 0 \\ 0 & 0 & 1 \\ 1 & 0 & 1 \\ 1 & 1 & 1 \\ 0 & 1 & 1 \end{pmatrix}$$

10. Man decodiere die Wörter 111001, 011100, 101010 und 111111 mit Hilfe des Standard-
schemas aus Aufgabe 9.

11. Man finde ein erzeugendes Polynom für den 2-Fehler korrigierenden BCH-Code der
Länge $n = 7$.

35. AKTUELLE FRAGEN DER KRYPTOGRAPHIE

Wie schon in der Einleitung zu diesem Kapitel erwähnt, sind in den letzten Jahren durch den stark zunehmenden Einsatz elektronischer Kommunika-
tionssysteme auch neue Probleme des Datenschutzes aufgetaucht. Es müssen
elektronische Nachrichten, elektronische Geldüberweisungen, elektronisch
abgespeicherte Informationen usw. geschützt werden. Eine Möglichkeit,
sich gegen den Mißbrauch solcher Systeme zu sichern, besteht darin, die
übertragenen oder abgespeicherten Daten zu verschlüsseln. Diplomaten und
Militärs schützen Daten und Nachrichten bereits seit über 2000 Jahren
auf diese Weise. So wird schon J. Caesar (100 - 44 v.Chr.) eine Verschlüsselung zugeschrieben, bei welcher jeder Buchstabe des Alphabets
durch den Buchstaben des Alphabets ersetzt wird, welcher drei Plätze
nach ihm im Alphabet kommt. Damit ergibt sich die in Tabelle 35.1 dargestellte Permutation des Alphabets.

```
        Klartext:  A  B  C  ...  W  X  Y  Z
    Schlüsseltext:  D  E  F  ...  Z  A  B  C
```

Tabelle 35.1

Auch kompliziertere Verschlüsselungen dieser Art haben jedoch den Nachteil, daß man sie auf Grund der Häufigkeit der einzelnen Buchstaben in jeder Sprache sehr leicht "knacken" kann, wenn man nur genug verschlüsselten Text kennt.

Wir wollen im folgenden an zwei konkreten Beispielen, dem sogenannten *"roten Telefon"* zwischen Moskau und Washington und einer möglichen *Kontrolle des Atomsperrvertrages* zwischen der SU und den USA zeigen, welche Methoden der Kryptographie man heute verwendet und welche Rolle die Algebra dabei spielt.

Das rote Telefon besteht in Wirklichkeit aus 6 Fernschreibern, welche bei Bedarf Nachrichten von Moskau nach Washington übermitteln und umgekehrt. Damit niemand Unbefugter diese Gespräche abhören oder verfälschen kann, verschlüsselt man sie. Die dafür verwendete Methode der *Verschlüsselung mittels Ein-Weg-Schablone mit Zufallsziffern* wurde 1926 vom Amerikaner G.S. Vernam entwickelt und ist das einzige mathematisch nachweislich nicht knackbare Verschlüsselungssystem. Das Verfahren funktioniert folgendermaßen:

Man erzeugt eine lange binäre Zufallsfolge $R = a_1 a_2 a_3 \ldots$, $a_i \in GF(2)$. Theoretisch kann man dies z.B. durch Aufwerfen einer Münze machen. Sender und Empfänger erhalten je eine Kopie von R und halten diese geheim. Will nun der Sender eine Nachricht übermitteln, so transformiert er diese, etwa unter Zuhilfenahme von Tabelle 34.3, in eine binäre Zahlenfolge $N = b_1 b_2 b_3 \ldots$ und addiert N Stelle für Stelle modulo 2 zu R. Damit erhält der Sender die verschlüsselte Nachricht V, welche er übermittelt. Außerdem vernichtet der Sender die von der Folge R verbrauchten Anfangsglieder. Der Empfänger addiert zur Folge V noch einmal die Folge R und erhält damit wieder N, woraus er sich mittels Tabelle 34.3 die Nachricht rekonstruieren kann. Auch der Empfänger vernichtet die von ihm verbrauchte Teilfolge von R.

Diese Verschlüsselungsmethode hat zwar den Vorteil der absoluten Sicherheit, man muß jedoch auf Vorrat sehr lange binäre Zufallsfolgen erzeugen und diese unter strengster Geheimhaltung austauschen. (Im Falle des roten Telefons geschieht dies abwechselnd über die Botschaften der SU und USA.) Jede Zufallsfolge darf nur einmal verwendet werden.

Viele der heute in Gebrauch befindlichen Verschlüsselungen beruhen auf dem soeben beschriebenen Verfahren. Auch der von den amerikanischen Bundesbehörden für Verschlüsselungen verwendete *Data Encryption Standard* (DES), auf welchen wir noch später zu sprechen kommen, verwendet binäre Zufallsfolgen.

Beispiel: Wir erzeugen durch Münzaufwurf die binäre Zufallsfolge

$$R = 01101000111101011100101000\ldots$$

Nun wollen wir die Nachricht "NEIN" senden. Unter Zuhilfenahme von Tabelle 34.3 verwandeln wir die Nachricht in die binäre Folge

$$N = 001101\ 000100\ 001000\ 001101$$

und addieren modulo 2 (symbolisch: $\oplus_2$):

$$
\begin{array}{l}
N : 0011010001000010000001101 \\
\underline{R : 0110100011110101110010\overset{.}{1}000\ldots} \\
V = N\oplus_2 R : 0101110010110111111000111
\end{array}
$$

Nun wird V übermittelt. Der Empfänger bildet $V\oplus_2 R = N\oplus_2 R\oplus_2 R = N$, woraus er sich mittels Tabelle 34.3 die Nachricht "NEIN" rekonstruiert.

$$
\begin{array}{l}
V : 0101110010110111111000111 \\
\underline{R : 0110100011110101110010\overset{.}{1}000\ldots} \\
V\oplus_2 R = N : 001101|000100|001000|001101 \\
 N\ \ \ \ \ \ E\ \ \ \ \ \ I\ \ \ \ \ \ N
\end{array}
$$

Wie schon erwähnt, spielt die Kryptographie heute nicht nur im militärischen und diplomatischen Bereich eine Rolle, sondern es treten zunehmend auch auf dem öffentlichen und kommerziellen Sektor Probleme auf, für welche die Chiffrierung von Bedeutung ist. Allerdings versagen hierbei vielfach die sogenannten klassischen Chiffriersysteme, zu denen auch die Ein-Weg-Schablone mit Zufallsziffern gehört. Der moderne Welthandel erfordert einen vertraulichen Nachrichtenaustausch zwischen Handelspartnern, die oft nicht vorher Gelegenheit hatten, irgendwelche "Chiffrierschlüssel" auszutauschen. Zu den Problemen des Datenschutzes gehört auch das Problem, wie man elektronische Briefe vertraulich halten und signieren kann (zwei wichtige Eigenschaften der klassischen Briefpost).

1976 haben die Amerikaner W. Diffie und M. Hellman (vgl. [36]) die Idee für ein revolutionäres Chiffrierverfahren gehabt, das man *Public-Key-Cryptosystem* (*Verschlüsselung mit öffentlich bekanntem Schlüssel*) nennt und welches viele der heutigen Anforderungen des Datenschutzes und der Geheimhaltung zu erfüllen scheint.

Ein Public-Key-Cryptosystem arbeitet folgendermaßen: *Jede Person X, welche am geheimen Nachrichtenaustausch teilnehmen möchte, gibt eine Verschlüsselungsfunktion E_X bekannt und hält eine Entschlüsselungsfunktion D_X geheim. E_X und D_X haben dabei die folgenden Eigenschaften:*

(1) *Ist N eine Nachricht, so gilt $D_X(E_X(N)) = E_X(D_X(N)) = N$.*

(2) *E_X und D_X sind beide leicht am Computer auszuführen.*

(3) *Es ist nur mit enormem Rechenaufwand möglich (d.h. praktisch unmöglich), D_X aus E_X zu berechnen.*

Will nun A an B eine Nachricht N senden, dann besorgt sich A aus einem öffentlich aufliegenden Verzeichnis (analog einem Telefonbuch) E_B und sendet $E_B(N)$ an B. Nur Person B (eventuell nur sein Computer) kennt D_B

und berechnet $D_B(E_B(N))$, was nach (1) N ergibt.

A kann Nachrichten sogar signieren. Dazu sendet er $E_B(D_A(N))$ an B.
Dieser wendet zum Entschlüsseln zunächst seinen geheimen Schlüssel D_B
auf die verschlüsselte Nachricht an und danach die dem öffentlichen
Verzeichnis entnommene Verschlüsselungsfunktion E_A. Damit bekommt er
$E_A(D_B(E_B(D_A(N)))) = N$. Da nur A die Funktion D_A kennt, muß die Nachricht
von A kommen, und nur B kann sie lesen, da nur er Zugriff zu D_B hat.
(Ist für B nicht von vornherein klar, daß die empfangene Nachricht von
A kommt, so sendet A vor der "signierten Nachricht" $E_B(D_A(N))$ eine einfach verschlüsselte Nachricht $E_B(N)$ an B, in der er den Absender mit-
teilt.)

Ein erstes konkretes Public-Key-System wurde 1978 von R. Rivest,
A. Shamir und L. Adleman [30] angegeben (RSA-*System*). Bis heute kennt
man nur wenige weitere Public-Key-Cryptosysteme (vgl. [36]), z.B. das
1978 von H. Hellman und R.C. Merkle gefundene sogenannte *Knapsack-
Verfahren*, welches allerdings seit 1983 als nicht mehr sicher gilt.
Das RSA-System basiert auf speziellen Polynomfunktionen, welche wir
Permutationspolynome nennen. Wir werden im folgenden zeigen, wie man
Permutationspolynome zur Konstruktion eines Public-Key-Cryptosystems
verwenden kann, und wie man als Sonderfall davon das RSA-System erhält.
Ein Polynom $f \in \mathbb{Z}[X]$ heißt ein *Permutationspolynom* auf der Menge M von
Restklassen modulo n $(n \in \mathbb{N})$, wenn die f entsprechende Polynomfunktion
$\bar{f} : M \to \mathbb{Z}_n$ eine Permutation von M ist.
Jede Permutation von M, welche durch ein Permutationspolynom auf M in-
duziert wird, heißt eine *Polynompermutation* von M. Da das Produkt zweier
Polynompermutationen von M wieder eine Polynompermutation von M ist,
bildet die Menge aller Polynompermutationen von M eine Untergruppe der
symmetrischen Gruppe S_M von M. Damit folgt, daß auch die Inverse einer
Polynompermutation durch ein Polynom induziert wird.
Um nun ein gegebenes Permutationspolynom f auf M für eine Verschlüsselung zu verwenden, nimmt man die Menge C der kleinsten nicht-negativen
Vertreter von M als Nachrichtenalphabet, d.h. man drückt die Nachricht
in diesen Vertretern aus, und setzt:

$$E(m) := f(m) \bmod n \quad \text{für alle } m \in C.$$

Ist nun $g \in \mathbb{Z}[X]$ ein Polynom, welches die inverse Permutation zu der
durch f induzierten Permutation induziert, dann definiert man

$$D(m) := g(m) \bmod n \quad \text{für alle } m \in C.$$

Damit gilt dann $D(E(m)) = g(f(m)) \bmod n = m$ für alle $m \in C$.
Um also zu einer Verschlüsselungsfunktion E die entsprechende Entschlüsselungsfunktion D zu bekommen, muß man das f entsprechende Polynom g berechnen. Im allgemeinen ist das allerdings für ein genügend

großes n und eine nicht zu kleine Menge C rechnerisch nicht möglich. Es gibt jedoch Klassen von Permutationspolynomen, für welche man die Polynome, welche die inverse Permutation zu einer Polynompermutation induzieren, leicht ausrechnen kann, falls die Zerlegung von n in Primfaktoren bekannt ist. Wählt daher der Besitzer von E und D die Zahl n als Produkt zweier genügend großer Primzahlen, dann kann er zu jedem f das entsprechende g berechnen. Jeder Außenstehende müßte aber zunächst n faktorisieren, was für genügend große n (man verwendet heute 500-stellige n) auch mit den besten derzeit bekannten Algorithmen unmöglich ist.

Eine der erwähnten Klassen von Permutationspolynomen sind die beim RSA-System verwendeten Potenzen $X^k, k \in \mathbb{N}$. Wie man zeigen kann (vgl. [22]), ist das Polynom X^k für quadratfreies $n \in \mathbb{N}$ genau dann ein Permutationspolynom auf $\mathbb{Z}_n$, wenn g.g.T. $(k,\varphi(n)) = 1 (\varphi$ bezeichnet die Eulersche φ-Funktion). Wählt man nun t so, daß $kt \equiv 1 \bmod \varphi(n)$, dann induziert X^t nach dem Satz von Fermat 18.13 die Inverse der durch X^k induzierten Permutation. Setzt man nun $f := X^k$ und $g := X^t$, dann muß man, um g aus f zu berechnen, die Zahl $\varphi(n)$ kennen, d.h., die Zerlegung von n in Primzahlen kennen.
Bildet man also n als Produkt zweier großer Primzahlen p und q (jede etwa 250 Stellen), wählt ein k mit g.g.T. $(k,\varphi(p\varphi)) = 1$ und berechnet ein t mit $kt \equiv 1 \bmod \varphi(pq)$, so hat man ein Public-Key-System, wenn man n und k, sowie die Verschlüsselungsprozedur $E(m) = m^k \bmod n = c$ für $m \in \mathbb{Z}_n$ bekanntgibt. Der geheime Schlüssel besteht aus der Kenntnis von t und der Entschlüsselungsprozedur $D(c) = c^t \bmod n = m^{kt} \bmod n = m \bmod n = m$.

Dieses Verfahren sei durch ein Beispiel mit kleinen (und daher zur Geheimhaltung nicht geeigneten) Zahlen erläutert: Ein potentieller Empfänger von geheimen Nachrichten bildet $n = 7031 = 89 \cdot 79$. Dann ist $\varphi(n) = \varphi(7031) = 88 \cdot 78 = 6864$. Ein k mit $(k,6864) = 1$ ist dann z.B. gegeben durch $k = 193$. Der Computer dieses Empfängers kann (etwa mit Hilfe des Euklidischen Algorithmus) leicht ein t mit $kt \equiv 1 \bmod 6864$ berechnen. $t = 3841$ erfüllt die geforderte Bedingung. Der Empfänger veröffentlicht nun $(n,k) = (7031,193)$ und hält $t = 3841$ geheim. Will nun jemand die Nachricht m = "JA" übersenden, so codiert er z.B. die Buchstaben des Alphabets durch die Zahlen 1 bis 26, wodurch er m = "JA" = 1001 erhält. Aus dem öffentlichen Verzeichnis entnimmt er n und k und bildet

$$c = m^k \bmod n = 1001^{193} \bmod 7031 = 4494.$$

Der Empfänger berechnet nach Erhalt der Nachricht

$$c^t \bmod n = 4494^{3841} \bmod 7031 = 1001.$$

Um Eindeutigkeit zu garantieren, muß m kleiner als n sein. Ist dies nicht der Fall, muß die Nachricht in mehrere Blöcke zerlegt werden.

Natürlich muß man auch vermeiden, daß X^k die identische Permutation induziert.

Bis vor kurzem war es ein Problem, die für das RSA-Verfahren benötigten großen Primzahlen zu finden. Obwohl es auch bis heute noch keinen genügend raschen Algorithmus gibt,auf Grund dessen man mit absoluter Sicherheit sagen kann, ob eine Zahl Primzahl ist oder nicht, reicht es für die Praxis aber aus, Zahlen zu finden, die mit einer bestimmten (natürlich sehr hohen) Wahrscheinlichkeit Primzahlen sind. Ein effizientes Verfahren dafür wurde 1976 von M.O. Rabin [29] entwickelt:
Sei $p \in \mathbb{N}$ ungerade und $p-1 = 2^u v$ (v ungerade). Dann heißt p *starke Pseudoprimzahl* zur Basis b, wenn

$$b^v \equiv 1 \bmod p \quad \text{oder} \quad b^{v2^r} \equiv -1 \bmod p \quad \text{für ein r mit } 0 \le r < u.$$

Wie man leicht zeigen kann, ist jede Primzahl starke Pseudoprimzahl für jedes $b \in \{1,2,\ldots,p-1\}$. Ist p hingegen zerlegbar, so ist p mindestens für 3/4 aller $b \in \{1,2,\ldots,p-1\}$ keine starke Pseudoprimzahl. Um zu prüfen, ob p Primzahl ist, wählt man zufällig k Zahlen aus $\{1,2,\ldots,p-1\}$ und prüft für jede dieser Zahlen, ob p eine starke Pseudoprimzahl bezüglich dieser Zahl ist. Ist dies nicht der Fall, so ist p sicher zerlegbar. Wenn ja, so ist p eine Primzahl mit einer Fehlerwahrscheinlichkeit $<4^{-k}$. Der Rabin-Test ist sehr schnell. Für ein 100-stelliges p benötigt man ca. eine Sekunde Rechenzeit. Da in diesem Größenbereich die Wahrscheinlichkeit für eine Zahl, Primzahl zu sein, etwa 1/125 ist, hat man nach durchschnittlich 2 Minuten eine 100-stellige Primzahl gefunden.

Neben Anwendungsmöglichkeiten in der Wirtschaft scheint das RSA-Verfahren vor allem bei der Kontrolle der Einhaltung des Atomsperrvertrages von Bedeutung zu sein. Gemäß dem Atomsperrvertrag dürfen die USA seismische Geräte in der SU aufstellen und umgekehrt. Die Geräte werden jeweils in aufbruchsicheren Kisten in unbemannten Stationen untergebracht. Um nun sicherzustellen, daß keine der beiden Mächte belastende Daten durch harmlose ersetzt, müssen die Daten vor der Übertragung verschlüsselt werden. Das würde nun allerdings wieder gestatten, außer seismischen Daten auch andere Daten zu übertragen. Einem Kompromiß zur Folge soll jede Macht nur einen kleinen Teil der Daten verschlüsseln und gemeinsam mit den unverschlüsselten übertragen. Der verschlüsselte Teil soll als "Fingerabdruck" aus dem unverschlüsselten Teil berechnet werden. Eine Verfälschung würde dann dem Empfänger wegen eines falschen Fingerabdruckes auffallen. Außerdem soll der Schlüssel zum Entziffern des Fingerabdruckes jeweils nach einem Monat bekanntgegeben werden, um eine restlose Kontrolle über die gesandte Nachricht zu erhalten. Aber auch mit dieser Lösung ist keine der beiden Mächte zufrieden, da niemand dem anderen "Nachhilfe" im Entziffern seiner Chiffriersysteme geben möchte

und Geheiminformationen auch für den beschränkten Zeitraum von 30 Tagen
nicht übertragen werden sollen. Das RSA-System würde nun beide Seiten
zufriedenstellen. Die USA könnten z.B. mit D chiffrieren und E publi-
zieren. Die SU könnte sofort entziffern, aber ohne Kenntnis von D
nichts verfälschen.

Eine weitere Klasse von Permutationspolynomen, welche sich zur Konstruktion eines Public-Key-Systems eignen, wird in [25] angegeben.

Zuletzt wollen wir noch kurz auf den schon erwähnten DES-Algorithmus
eingehen. Der Data Encryption Standard wurde auf Antrag der US-Regierung
vom National Bureau of Standards in den siebziger Jahren in Zusammen-
arbeit mit IBM entwickelt. Amerikanische Bundesbehörden sind verpflichtet, ihre Daten mit DES zu chiffrieren. Aber auch viele Banken und
Industrieunternehmen haben sich bereits DES-Zusatzgeräte zu ihren
Computern gekauft.
Der DES-Algorithmus verschlüsselt Datenblöcke von 64 Binärstellen.
Der Benutzer erzeugt sich durch Münzwurf acht 7-stellige binäre Zufalls-
blöcke. An jeden dieser Blöcke wird noch eine Parity-check-Stelle ange-
hängt. Die so erhaltenen 64 Binärstellen sind der "Schlüssel" S für den
DES-Algorithmus.
DES selbst ist ein sehr komplizierter Algorithmus, der mit Hilfe von S
jede Nachricht N in eine Pseudozufallsfolge S(N) verwandelt. Die offi-
zielle Beschreibung des DES-Algorithmus füllt ein ganzes Buch (vgl.
[15]). Im wesentlichen besteht der Algorithmus aus drei Teilen:
Einer fixen anfänglichen Permutation der Komponenten des eingegebenen
Nachrichtenvektors; einer komplizierten, von S abhängigen Transformation, bei der die Komponenten in 16 Stufen abwechselnd permutiert und
nichtlinear auf sich selbst abgebildet werden; und schließlich einer
Schlußpermutation, welche invers zur anfänglichen Permutation ist.
Der DES-Algorithmus ist demnach eine klassische Chiffrierung, welche
auf die Ein-Weg-Schablone mit Zufallsziffern aufbaut. Das Kernstück der
oben erwähnten Transformation bilden acht nichtlineare Funktionen. Geheim ist nur der Schlüssel S. Alle verwendeten Funktionen sind bekannt.
Da sie jedoch nach geheimen Prinzipien konstruiert wurden, wird von
Gegnern des Verfahrens eingewendet, daß Insider auch ohne Kenntnis des
Schlüssels S den DES unter Umständen entziffern könnten. Dieser Verdacht
wird unter anderem durch die Beschränkung des Schlüssels auf 64 Stellen
begründet.

Übungen

1. Man chiffriere mit Hilfe der von Caesar angewendeten Verschlüsselung
   ($A \rightarrow M$, $B \rightarrow N$,...) die Nachricht "ICH KOMME".

2. Was könnte der Inhalt der vorliegenden mit einer "Caesar-Verschlüsselung" chiffrier-
   ten Nachricht sein?

                  "PQOBKDDBEBFJ"

3. Man konstruiere eine binäre Zufallsfolge und verschlüssele mittels einer Ein-Weg-
   Schablone mit Zufallsziffern die Nachricht "HEUTE".

4. Vom Griechen Polybios (ca. 201 - ca. 120 v.Chr.) wird das folgende Verschlüsselungssystem überliefert, bei dem die Buchstaben des Alphabets erstmalig durch Zahlen
   substituiert werden:

	1	2	3	4	5
1	A	B	C	D	E
2	F	G	H	I=J	K
3	L	M	N	O	P
4	Q	R	S	T	U
5	V	W	X	Y	Z

Tabelle 35.2

Dabei wird jeder Buchstabe durch eine zweiziffrige Zahl ersetzt, wobei die erste Ziffer der Zahl die Zeile angibt, in welcher der Buchstabe in Tabelle 35.2 steht, und die zweite Ziffer seine Spalte (z.B. $M \leftrightarrow 32$, $U \leftrightarrow 45$).
Diese Methode erlaubt, alle Buchstaben mit Hilfe von Fingern anzuzeigen, und wird daher auch gerne in Gefängnissen zum Nachrichtenaustausch unter Gefangenen benützt.
Man verschlüssele mit Hilfe von Tabelle 35.2 die Nachricht "NICHT MOEGLICH".

5. Man konstruiere ein RSA-System für $n = 5 \cdot 11$ und verschlüssele die Nachricht "JA".

6. Man faktorisiere die Zahl $n = 2449$, welche ein Produkt von zwei Primzahlen ist, und
   berechne k und t, sodaß (n,k) als öffentlicher Schlüssel und t als geheimer Schlüssel eines RSA-Systems dienen.

7. Man untersuche mit Hilfe des Rabin-Tests mit einer Fehlerwahrscheinlichkeit $< 1/100$,
   ob 1887 eine Primzahl ist.

LITERATURHINWEISE

[1] Artin, E.: Galoissche Theorie. B.G. Teubner, Leipzig, 1965.

[2] Boyd, J.P.: The Algebra of Group Kinship. J. Math. Psych. 6 (1969), 139-167.

[3] Bürger, H., D. Dorninger und W. Nöbauer: Boolesche Algebra und Anwendungen.
     Österr. Bundesverlag, Wien, 1974.

[4] Coxeter, H.S.M., and W.O. Moser: Generators and Relations for Discrete Groups.
     2nd.ed., Springer, Berlin, 1965.

[5] Curtis, C.W., and J. Reiner: Representation Theory of Finite Groups and
     Associative Algebras. Intersience, New York, 1962.

[6] Denes, J., and A.D. Keedwell: Latin Squares and their Applications.
     Academic Press, New York, 1974.

[7] Dorninger, D., G. Eigenthaler und H. Kaiser: Mathematische Grundlagen für
     Chemiker II, Prugg Verlag, Eisenstadt, 1981.

[8] Dyson, F.J.: Mathematics in the Physical Sciences. Mathematics in the Modern
     World, Reading from Scientific American, Freeman, San Francisco, 1968,
     248-257.

[9] Fischer, G.: Lineare Algebra. Vieweg Verlag, Braunschweig, 1975.

[10] Fishburn, P.C.: The Theory of Social Choice. Princeton University Press,
     Princeton, 1973.

[11] Fletcher, T.J.: Campanological Groups. American Mathematical Monthly, Vol. 63,
     No. 9, Part I, 1956.

[12] Fraleigh, J.B.: A First Course in Abstract Algebra. 2nd.ed., Addison-Wesley
     Publishing Company, Reading (Mass.), 1976.

[13] Hermann, G.T., and G. Rozenberg: Developmental Systems and Languages.
     North Holland Pub. Comp., Amsterdam and Oxford, 1975.

[14] Heuser, H.: Lehrbuch der Analysis, Teil 1. B.G. Teubner, Stuttgart, 1980.

[15] Katzan, H.(Jr.): The Standard Data Encryption Algorithm. Petrocelli Books,
     New York, 1977.

[16] Kemeny, J.G., J.L. Snell and G.L. Thompson: Introduction to Finite Mathematics.
     2nd.ed., Prentice-Hall, Englewood Cliffs (N.J.), 1966.

[17] Kleber, W.: Einführung in die Kristallographie. VEB Verlag Technik, Berlin,
     1956.

[18] Knödel, W.: Graphentheoretische Methoden und ihre Anwendungen. Springer;
     Berlin, Heidelberg and New York, 1969.

[19] Kochendörffer, R.: Lehrbuch der Gruppentheorie unter besonderer Berücksichtigung
     der endlichen Gruppen. Akademische Verlagsgesellschaft Geest & Portig K.-G.,
     Leipzig, 1966.

[20] Kreutzkamp, Th., and W. Neunzig: Lineare Algebra. B.G. Teubner, Stuttgart, 1980.

[21] Laue, R.: Graphentheorie und ihre Anwendungen. Vieweg, Braunschweig, 1971.

[22] Lausch, H., and W. Nöbauer: Algebra of Polynomials. North Holland
      Publishing Company, Amsterdam, 1973.

[23] Lidl, R., and H. Niederreiter: Finite Fields. Addison-Wesley, Reading (Mass.),
      1983.

[24] Liu, C.L.: Introduction to Combinatorial Mathematics. McGraw-Hill, New York,
      1968.

[25] Müller, W.B., and W. Nöbauer: Some Remarks on Public-Key Cryptosystems.
      Studia Sci. Math. Hungar. 16 (1981), 71-76.

[26] Novikov, P.S.: The Algorithmic Insolubility of the Word Problem in Group
      Theory. Trudy mat. inst. Steklov, Akad. Nauk SSSR No. 44 (1955);
      AMS Translations Ser. 2, 19 (1958), 1-122.

[27] Peterson, W.W.: Prüfbare und korrigierbare Codes. Oldenbourg Verlag, München,
      1967.

[28] Price, B.D.: Mathematical Groups in Campanology. Mathematical Gazette, May,
      1969, 129-133.

[29] Rabin, M.O.: Probabilistic Algorithm for Primality Testing. J. Number
      Theory 12 (1980), 128-138.

[30] Rivest, R., A. Shamir and L. Adleman: A Method for Obtaining Digital Signatures
      and Public-Key Cryptosystems. Communications of the ACM, February, 1978,
      120-126.

[31] Rosen, R.: The DNA-protein coding problem. Bull. Math. Biophysics 21 (1959),
      71-95.

[32] Rosen, R.: Some further comments on the DNA-protein coding problem.
      Bull. Math. Biophysics 21 (1959), 286-297.

[33] Schafmeister, O., und H. Wiebe: Grundzüge der Algebra. B.G.Teubner, Stuttgart,
      1978.

[34] Serre, J.P.: Lineare Darstellungen endlicher Gruppen. Akademie Verlag,
      Berlin, 1972.

[35] Shannon, C.E.: Communication Theory of Secrecy Systems. Bell Syst. Tech. J. 28
      (1949) 656-715.

[36] Sloane, N.J.A.: Error-Correcting Codes and Cryptography. The Mathematical
      Gardner, ed. by D.A. Klarner; Prindle, Weber & Schmidt, Boston (Mass.), 1981,
      346-382.

[37] Stoffers, K.: Scheduling of traffic lights. Transpn. Res. 2, (1969), 199-234.

[38] Van der Bellen, A.: Mathematische Auswahlfunktionen und gesellschaftliche Ent-
      scheidungen. Birkhäuser Verlag, Basel und Stuttgart, 1976.

[39] Weißfloch, A.: Schaltungstheorie und Meßtechnik des Dezimeter- und Zentimeter-
      wellengebietes. Birkhäuser Verlag, Basel und Stuttgart, 1954.

[40] White, H.C.: An Anatomy of Kinship: Mathematical Models for Structures of
      Cumulated Roles. Prentice-Hall, Englewood Cliffs (N.J.), 1963.

INDEX

abelsche Gruppe 21
ableitbar 152
-, unmittelbar 152
-, direkt bei OL-System 155
Ableitung 152
Abspielfolge für Glocken 198
Abstimmungsparadoxon 61
abzählbar-unendlich-stellige
    Operation 17
Adjunktion eines Elements 272
akzeptierte Inputfolge 149
akzeptierte Worte 149
Akzeptor 143
Algebra 19
algebraisch abgeschlossener
    Körper 274
algebraische Automatentheorie 140
algebraische Struktur 19
algebraisches Element 272
Allrelation 33
alternierende Gruppe 195
Analyse einer Schaltung 126
Anfangspunkt 32
Anfangszustand 143
Anführer einer Nebenklasse 302
Antiatom 53
antisymmetrische Relation 29
äquivalent
-   als Schaltungen 126
-   modulo n 29
-   modulo Θ 30
-, semantisch 120
Äquivalenz
-   von Aussagen 118
-   von Darstellungen 231
-   von Schaltungen 126
Äquivalenzrelation 29
-, triviale 40
Äquivalenzverband 81
assoziative Operation 14
Assoziativitätsgesetz 14
Assoziativitätstest von Light 132
assoziierte Elemente 261
Atom 53
Atomsperrvertrag 313
Ausgabealphabet 148
Ausgabefunktion 148
Aussage 16
Aussageform 118
Aussagevariable 118
Auswahlaxiom 56
Auswahlfunktion 63
Auswahlregel, kollektive 59
Automat 147
-, kombinatorischer 11
-, nicht-deterministischer 149
-, nicht-endlicher 149
-, unvollständiger 149
Automatenmodelle 149

Automatentheorie 140
-, algebraische 140
Automorphismengruppe 165,174
Automorphismus einer Gruppe 165
-, innerer 174

Bahn einer Permutationsgruppe
    196,224
Basiszeichen 151
Bewegung 211
BCH-Code 305
Bijunktion 118
binärer Code 294
Binärkanal, symmetrischer 294
Boolesche Algebra 25
-r Ring 238
-   σ-Algebra 105
-   σ-Unteralgebra 105
-   Unteralgebra 91
Borelmenge 105
Bravais-Gitter 221

Caesar-Verschlüsselung 308
Campanologie 198
Charakter einer Matrizen-
    darstellung 231
Charakteristik eines Körpers 280
-   eines Rings 237
charakteristische Untergruppe 180
Code, binärer 294
-, genetischer 137
Codewort 294
Codierung, DNS-Protein- 137
Codierungsfunktion 295

Darstellung 230
-, linksreguläre 229
-, rechtsreguläre 229
-, treue 230
Darstellungen, äquivalente 231
Data Encryption-Standard 314
De Morgan, Regeln von 89,97
Deckabbildung 212
Decodierungsfunktion 295
definierende Relation
    für eine Gruppe 189
Delisches Problem 277
DES 314
Desoxyribonukleinsäure 137
deterministisches OL-System 156
Diagonale 40
Diagramm, kommutatives 173
Diedergruppe 81,165
Dimension eines Elements 75
Dimensionsgleichung 73
-   für Verbände 76

direkt ableitbar bei OL-System 155
direkt zerlegbar 85
direkte Potenz einer Algebra 84
direkte Summe von Gruppen 181
direktes Produkt 84
- von Gruppen 181
Disjunktion 117
disjunktive Normalform 93
distributive Operation 17
- Ungleichungen 65
-r Verband 24
Divisionsalgorithmus
- für Polynome 254
- in $\mathbb{Z}$ 253
DNS-Protein Codierung 137
Drehsymmetriegruppe 215
dreidimensionaler
- Euklidischer Raum 98
- projektiver Raum 98
duales Atom 53
- Axiom 65
Dualitätsprinzip
- für Verbände 65,66
- für Verbände mit 0 und 1 67
- für orthomodulare Verbände 100
Durchschnittshalbverband 53
durchschnittsvollständig 53

echt kleiner als
   in Halbordnungen 49
Ein-Weg-Schablone mit
   Zufallsziffern 309
Einbettung 87
Eingabealphabet 140
Einheit 237
Einschränkung einer Relation 31
Einselement 15
- einer Halbordnung 52
Einsetzungsprinzip
   für Polynome 252
Einsetzungsregel 151
- bei OL-System 155
Element, algebraisches 272
-, erzeugendes 168
-, idempotentes 238
-, irreduzibles 262
-, nilpotentes 249
-, reguläres 246
-, transzendentes 271
Elementarzelle 213
-, primitive 221
Elemente, assoziierte 261
endliche Halbordnung 49
Endomorphismenring 234
Endpunkt 32
Endzustand 143
Ereignisfeld 90
ergodisch 139
-es Untermonoid 139
Ergodizität 138
Erweiterungskörper 270
erzeugendes Element
   einer Gruppe 168

Erzeugnis einer Teilmenge 79
Euklidische Bewertungsfunktion 253
-r Algorithmus 268
-r Raum, dreidimensionaler 98
-r Ring 253
Eulersche φ-Funktion 239
Exponent einer endlichen Gruppe 170

Faktor 84
- -algebra 42
- -gruppe 42,178
- -halbgruppe 42
- -menge 40
- -ring 43
faktorieller Ring 264
Fehlerwort 302
Fermatsche Primzahl 279
Fernschreibcode 293
formale Potenzreihe 259
- Sprache 149
- Sprache über einem Alphabet 151
-r Potenzreihenring 259
-es Wort 79
formalisierter Aussagenkalkül 123
Frage 110
frei erzeugte Halbgruppe 134
freie Gruppe 188
freie Halbgruppe 134
- mit freiem Erzeugendensystem 134
- mit n freien Erzeugenden 134
freies Erzeugendensystem
- einer Halbgruppe 134
- eines Monoids 135
freies Monoid 135
Fundamentalsatz der Algebra 274
- der Zahlentheorie 264
Funktion, konstante 91
Funktionenring, voller 234

Galoisfeld 281
gebrochene lineare Transformation
   176
Generatormatrix 300
gerade Permutation 195
gerichtete Kante 31
gerichteter Graph 31
Gesellschaft, irreduzible 207
Gesetz der Idempotenz 64
Gewicht eines Codewortes 301
gleichungsdefinierte Klasse 26
gleichzeitig meßbar 112
Grad einer Körpererweiterung 271
- einer Matrizendarstellung 230
- einer Permutation 164
- eines Polynoms 251
Gradsatz 271
Grammatik 151
-, rechtslineare 151
-, reguläre 151
grammatikalisches Symbol 151
Graph, gerichteter 31
-, schlichter 36

-, ungerichteter 32
-, vollständiger 33
größer oder gleich
    in Halbordnungen 49
größter gemeinsamer Teiler 14
größtes Element 52
Gruppe 21
-, abelsche 21
-, freie 188
-, kommutative 21
-, symmetrische 22
-, zyklische 168
Gruppen, orthogonale 212

Halbautomat 140
Halbgruppe 20
-, frei erzeugte 134
-, freie 134
-, kommutative 21
- mit Einselement 21
- mit neutralem Element 21
-, reguläre 160
Halbordnung 48
-, endliche 49
-, vollständige 53
Halbordnungsrelation 29
Hammingcode 304
Hasse-Diagramm 50
Hauptideal 264
- -ring 264
Hauptsatz über endlich
    erzeugte abelsche Gruppen 185
Hauptsatz über endliche
    abelsche Gruppen 184
Heitatsgesetze 204
Heitatstypus 204
Hintereinanderausführung
    von Abbildungen 20
Hintereinanderschalten 12,124
homomorphes Bild 44
Homomorphiesatz 46
- für Gruppen 173
- für Ringe 243
Homomorphismus 44
- auf 44
-, injektiver 44
-, natürlicher 45

Ideal 243
-, maximales 244
idempotentes Element 238
Idempotenzgesetz 64
identische Relation 33
Identität 120
Identitätssatz für Polynome 257
Implikation 110,117,121
Index einer Untergruppe 169
Infimum 53
Informationsstelle 294
injektiver Homomorphismus 44
innerer Automorphismus
    einer Gruppe 174

Inputfolge 144
-, akzeptierte 149
Integritätsbereich 23,236
Interpolation 257
Intervall 73
invariante Untergruppe 174
Inverses 15
invertierbare Operation 15
invertierbares Element 15
IR-Flip-Flop 140
irreduzible Gesellschaft 207
-s Element 262
-s Polynom 262
isomorphe Algebren 44
Isomorphiesätze für Gruppen 181
Isomorphismus 44
- von Ordnungen 44

Jordan-Hölder, Sätze von 77

k-stellige Operation 10
Kante, gerichtete 31
-, ungerichtete 33
Kantenmenge 32
Karnaugh-Diagramm 128
kartesisches Produkt 83
Kellerautomat 149
Kern eines Gruppenhomomorphismus 175
Kette 55
-, maximale 56
- einer Halbordnung 56
Kettensatz 56
Kinship-System 208
Klasseneinteilung 30
kleiner oder gleich
    in Halbordnungen 49
Kleinsche Vierergruppe 163
kleinstes Element 52
- gemeinsames Vielfaches 14
Knoten 31
- -menge 32
Koeffizient eines Polynoms 249
kollektive Auswahlregel 59
kombinatorischer Automat 11
kommutatives Diagramm 47,173
Kommutativgesetz 13
Kommutator 179
- -gruppe 179
Komplement eines Elements 85
komplementär 85
komplementärer Verband 88
komplementierter Verband 88
Komponente 84
Komposition von Abbildungen 20
Kongruenzrelation 41
Kongruenzverband 82
Konjunktion 117
konjunktive Normalform 93
konstante Funktion 91
konstruierbare Zahl 275
Kontradiktion 120
Kontrollmatrix 300

Körper 24,237
-, algebraisch abgeschlossener 274
-, endlicher 281
- -erweiterung 271
Kreuzschalter 129
kristallines Raumgitter 213,221
Krohn-Rhodes, Satz von 147
Kürzungsregeln 160

Länge einer Kette 74
- eines Codewortes 294
- eines Elements 75
- eines Elements eines
    freien Monoids 135
- eines Verbandes 74
- eines Wortes 135
Lagrange-Interpolation 257
Lateinische Quadrate,
    orthogonale 288
Lateinisches Quadrat 167,286
Lindenmayer-System 153
-, nullseitiges 155
Linearcode 299
-, perfekter 304
-, quasi-perfekter 304
linearer Vierpol 176
Linkseinselement 159
Linksinverses 159
Linksnebenklasse 168
linksreguläre Darstellung 229
Linksvertretersystem 169
Logik 111

Matrizendarstellung 230
Matrizenmultiplikation 13
maximale Kette 56
- Teilkette 56
-s Ideal 244
Maximum-likelihood-Decodierung 295
Mehrfachkante 32
Mengenkörper 90
Methode der Mehrheitsentschei-
    dung 60
minimales Element 53
Minimalform 127
Minimalpolynom 306
miteinander vergleichbar 55
modulare Ungleichungen 65
modularer Verband 70
modulares Gesetz 69
Monoid 135
- eines Halbautomaten 144

n-stellige Polynomfunktion 91
nach oben beschränkt 53
nach unten beschränkt 53
Nachrichtenwort 294
natürlicher Homomorphismus 45
Negation 117
Netzebene 214
neutrales Element 14

Newton-Verfahren 256
nicht-deterministischer
    Automat 149
nicht-endlicher Automat 149
nilpotentes Element 249
Nonterminal 151
Normalform, disjunktive 93
-, konjunktive 93
Normalformensystem 91
Normalisator 172
Normalteiler 174
Nullelement 15
- einer Halbordnung 52
nullseitiges Lindenmayer-System 155
Nullstelle eines Polynoms 252
Nullteiler 234
- -freiheit 23

obere Schranke 53
oberer Nachbar 49
Observable 107
-, zu einer Logik gehörige 111
Oktaedergruppe 217
OL-Sprache 156
OL-System, deterministisches 156
Operation 10
-, abzählbar unendlich stellige 17
-, assoziative 17
-, distributive 17
-, invertierbare 15
-, k-stellige 10
-, kommutative 13
-, reguläre 16
-, unendlich stellige 17
-, zweistellige 13
Operationstafel 13
Orbit 224
Ordnung einer Algebra 19
- eines Gruppenelements 168
- eines lateinischen Quadrats 286
Ordnungshomomorphismus 50
ordnungsisomorph 50
Ordnungsisomorphismus 50
ordnungstreue Abbildung 50
orthogonal 100
-e Gruppen 212
-e lateinische Quadrate 288
Orthokomplementbildung 97
orthomodularer Verband 100
Orthoverband 97

Parallelschalten 12
Pareto-Prinzip 62
Parity-Check-Code 295
perfekter Linearcode 304
Permutation 22
-, gerade 195
-, ungerade 195
Permutationsgruppe 164
-, reguläre 197
-, transitive 196
Permutationspolynom 311

Polynom 249
-, irreduzibles 262
Polynomcode 297
Polynomfunktion 258
-, n-stellige 91
Polynompermutation 311
Polynomring 251
Potenzmenge 11
Potenzreihe, formale 259
Potenzreihenring 259
Präferenzordnung 57
Präferenzrelation 57
Primideal 245
Produkt
-, direktes 84
-, direktes von Gruppen 181
-, kartesisches 83
-, subdirektes 87
- von linearen Operatoren 102
Produktion 151
- bei OL-Systemen 155
Projektion 91
- auf einen Unterraum 101
projektiver Raum,
    dreidimensionaler 72
Projektor 101
Prüfstelle 294
Pseudoprimzahl 313
Public-Key-Cryptosystem 310
Punktgruppen 212

Quadrat, lateinisches 167,286
Quadratur des Kreises 278
Quantenlogik 111
Quantifikatoren 123
Quantoren 123
quasi-perfekter Linearcode 304
Quaternionengruppe 166
Quaternionenschiefkörper 248
Quersummenprüfcode 295
Quine-McClusky-Verfahren 128
Quotientenring (voller) 247

Rangordnungsmethode 61
Raumgitter, kristallines 213,221
Raumgruppen 223
Rechtseinselement 159
Rechtsinverses 159
rechtslineare Grammatik 151
rechtslineare Sprache 152
Rechtsnebenklassen 169
rechtsreguläre Darstellung 229
reflexive Relation 29
Regelgrammatik 151
Regeln von de Morgan 89,97
Regelsprache 152
reguläre Grammatik 151
- Halbgruppe 160
- Operation 16
- Permutationsgruppe 179
- Sprache 152
-s Element 246

Relation 28
-, antisymmetrische 29
-, definierende für
    eine Gruppe 189
-, identische 33
-, n-stellige 28
-, reflexive 29
-, transitive 29
-, zweistellige 28
Repräsentantensystem 39
Restklassengruppe 163
richtiges Schließen 121
Ring 23
-, Boolescher 238
-, Euklidischer 253
-, faktorieller 264
-, kommutativer 23
rotes Telefon 313
RSA-Cryptosystem 311

Satz von
- Burnside 225
- Cayley 229
- Eisenstein 263
- Euler 239
- Fermat 170
- Jordan-Hölder 77
- Krohn-Rhodes 147
- Kronecker 273
- Lagrange 169
- Schreier 77
- Shannon 296
- Whitman 87
Schaltfunktion 125
-, unvollständige 128
Schaltskizze 125
Schaltung, zusammengesetzte 125
Schaltungsform 125
Schaltwert 124
Schaltwerttafel 125
Schieberegister 259
Schiefkörper 237
schlichter Graph 36
Schlußkette 122
Schranken, obere 53
-, untere 53
Schreier, Satz von 77
schwache Ordnung 57
selbstdual 67
semantisch äquivalent 120
σ-Algebra 105
σ-Homomorphismus 111
σ-Orthoverband 105
σ-Verband 105
σ-vollständig 105
σ-Unterverband 105
soziale Wohlfahrtsfunktion 60
Sprache 152
-, formale 149
-, formale über einem Alphabet 151
-, rechtslineare 152
-, reguläre 152
Spur einer Matrix 231

Stabilisator 224
Standardlogik 111
Standardschema 303
Startsymbol 151
subdirektes Produkt 87
Subjunktion 117
Summe, direkte von Gruppen 181
- von linearen Operatoren 102
Supremum 53
Symmetriegruppe 164,212
- des Ammoniaks 23
symmetrische Gruppe 22
- Halbgruppe 133
- Relation 29
-r Binärkanal 294
Syndrom einer Nebenklasse 303
Synthese einer Schaltung 126

Tautologie 120
Teilalgebra 26
Teiler eines Polynoms 255
- eines Ringelements 261
-, größter gemeinsamer 14
Teilgraph 36
-, vollständiger 36
Teilhalbordnung 48
Teilkette 56
-, maximale 56
Teilstruktur 56
Teilstrukturverband 78
Teilverband 90
-, vollständiger 82
Terminal 151
Tetraedergruppe 216
Transformation, gebrochene
    lineare 176
transitive Permutationsgruppe 196
- Relation 29
Transitivitätsgebiet 196
Transposition 193
transzendentes Element 272
treue Darstellung 230
triviale Äquivalenzrelation 40
Turing-Maschine 149
Typ einer Algebra 19

überführbar 152
-, unmittelbar 152
Überführungsfunktion 140
unendlich-stellige Operation 17
ungerade Permutation 195
Universelle Algebra 78
unmittelbar ableitbar 152
- überführbar 152
Unter(Boolesche-)Algebra 26
Unteralgebra 26
untere Schranke 53
unterer Nachbar 49
Untergruppe 26
-, charakteristische 180
-, invariante 174
-, vollinvariante 180

Unterhalbgruppe 26
Untermodul 26
Untermonoid, ergodisches 139
Unterring 26
Unterstruktur 26
Unterstrukturverband 78
Unterverband 26
unvergleichbar 67
unvollständiger Automat 149

Varietät 26
Vektorraum 27
Verband 24,64
- der abgeschlossenen Teilräume
        eines unendlich-dimensionalen
        Hilbertraumes 99
-, distributiver 24
- endlicher Länge 74
- im ordnungstheoretischen Sinn 53
-, komplementierter 88
- mit 0 und 1 25
-, modularer 70
-, orthomodularer 100
- unendlicher Länge 74
Verbandshalbordnung 53
Vereinigungshalbverband 53
vereinigungsvollständig 53
vergleichbar 55
Verschmelzungsgesetze 24
vertauschbar in orthomodularen
        Verbänden 103
vertauschbare Äquivalenzrelationen
        81
Vertretersystem 39
Verwandtschaftspermutation 206
Vierpol, linearer 176
voller Funktionenring 234
vollinvariante Untergruppe 180
Vollordnung 55
vollständige Halbordnung 53
- zweistellige Relation 33
-r Teilgraph 36
-r gerichteter Graph 33
-r Teilverband 82

Wahrheitsfunktion 119
Wahrheitstafel 117
Wechselschalter 129
Whitman, Satz von 87
Wiederholungscode 295
Winkeldreiteilung 278
Wohlfahrtsfunktion, soziale 60
Wort 134
-, formales 79
- bei Gruppen 187
Worte, akzeptierte 149
Wortproblem für Gruppen 190

Zahl, konstruierbare 275
Zentrum einer Gruppe 180

Zerfällungskörper eines
    Polynoms 274
Zerlegungshomomorphismus 85
Zerlegungsverband 81
ZPE-Ring 264
zueinander komplementär 85
- orthogonal 100
zusammengesetzte Schaltung 125

Zustand 108,140
Zustandsgraph eines
    Halbautomaten 140
Zweipol-Serienparallelschaltung
    12,30,124
zweistellige Operation 13
Zyklen, elementfremde 192
Zyklus 192

Teubner Studienbücher

Mathematik

Ahlswede/Wegener: **Suchprobleme**
328 Seiten. DM 29,80

Aigner: **Graphentheorie**
269 Seiten. DM 29,80

Ansorge: **Differenzenapproximationen partieller Anfangswertaufgaben**
298 Seiten. DM 29,80 (LAMM)

Behnen/Neuhaus: **Grundkurs Stochastik**
376 Seiten. DM 34,—

Bohl: **Finite Modelle gewöhnlicher Randwertaufgaben**
318 Seiten. DM 29,80 (LAMM)

Böhmer: **Spline-Funktionen**
Theorie und Anwendungen. 340 Seiten. DM 32,—

Bröcker: **Analysis in mehreren Variablen**
einschließlich gewöhnlicher Differentialgleichungen und des Satzes von Stokes
VI, 361 Seiten. DM 32,80

Clegg: **Variationsrechnung**
138 Seiten. DM 18,80

v. Collani: **Optimale Wareneingangskontrolle**
IV, 150 Seiten. DM 29,80

Collatz: **Differentialgleichungen**
Eine Einführung unter besonderer Berücksichtigung der Anwendungen
6. Aufl. 287 Seiten. DM 29,80 (LAMM)

Collatz/Krabs: **Approximationstheorie**
Tschebyscheffsche Approximation mit Anwendungen. 208 Seiten. DM 28,—

Constantinescu: **Distributionen und ihre Anwendung in der Physik**
144 Seiten. DM 21,80

Dinges/Rost: **Prinzipien der Stochastik**
294 Seiten. DM 34,—

Fischer/Sacher: **Einführung in die Algebra**
3. Aufl. 240 Seiten. DM 21,80

Floret: **Maß- und Integrationstheorie**
Eine Einführung. 360 Seiten. DM 32,—

Grigorieff: **Numerik gewöhnlicher Differentialgleichungen**
Band 1: Einschrittverfahren. 202 Seiten. DM 19,80
Band 2: Mehrschrittverfahren. 411 Seiten. DM 32,80

Hainzl: **Mathematik für Naturwissenschaftler**
3. Aufl. 376 Seiten. DM 34,— (LAMM)

Hässig: **Graphentheoretische Methoden des Operations Research**
160 Seiten. DM 26,80 (LAMM)

Hettich/Zencke: **Numerische Methoden der Approximation und semi-infinitiven Optimierung**
232 Seiten. DM 24,80

Preisänderungen vorbehalten

Teubner Studienbücher Fortsetzung

Mathematik

Hilbert: **Grundlagen der Geometrie**
12. Aufl. VII, 271 Seiten. DM 26,80

Jeggle: **Nichtlineare Funktionalanalysis**
Existenz von Lösungen nichtlinearer Gleichungen. 255 Seiten. DM 26,80

Kall: **Analysis für Ökonomen**
238 Seiten. DM 28,80 (LAMM)

Kall: **Mathematische Methoden des Operations Research**
Eine Einführung. 176 Seiten. DM 25,80 (LAMM)

Kohlas: **Stochastische Methoden des Operations Research**
192 Seiten. DM 25,80 (LAMM)

Krabs: **Optimierung und Approximation**
208 Seiten. DM 26,80

Müller: **Darstellungstheorie von endlichen Gruppen**
IX, 211 Seiten. DM 24,80

Rauhut/Schmitz/Zachow: **Spieltheorie**
Eine Einführung in die mathematische Theorie strategischer Spiele
400 Seiten. DM 32,– (LAMM)

Schwarz: **FORTRAN-Programme zur Methode der finiten Elemente**
208 Seiten. DM 23,80

Schwarz: **Methode der finiten Elemente**
2. Aufl. 346 Seiten. DM 36,– (LAMM)

Stiefel: **Einführung in die numerische Mathematik**
5. Aufl. 292 Seiten. DM 29,80 (LAMM)

Stiefel/Fässler: **Gruppentheoretische Methoden und ihre Anwendung**
Eine Einführung mit typischen Beispielen aus Natur- und Ingenieurwissenschaften
256 Seiten. DM 26,80 (LAMM)

Stummel/Hainer: **Praktische Mathematik**
2. Aufl. 368 Seiten. DM 36,–

Topsøe: **Informationstheorie**
Eine Einführung. 88 Seiten. DM 16,80

Uhlmann: **Statistische Qualitätskontrolle**
Eine Einführung. 2. Aufl. 292 Seiten. DM 38,– (LAMM)

Velte: **Direkte Methoden der Variationsrechnung**
Eine Einführung unter Berücksichtigung von Randwertaufgaben bei partiellen
Differentialgleichungen. 198 Seiten. DM 26,80 (LAMM)

Vogt: **Grundkurs Mathematik für Biologen**
224 Seiten. DM 21,80

Walter: **Biomathematik für Mediziner**
2. Aufl. 206 Seiten. DM 22,80

Winkler: **Vorlesungen zur Mathematischen Statistik**
276 Seiten. DM 26,80

Witting: **Mathematische Statistik**
Eine Einführung in Theorie und Methoden. 3. Aufl. 223 Seiten. DM 26,80 (LAMM)

Preisänderungen vorbehalten

Teubner Studienbücher

Informatik

Berstel: **Transductions and Context-Free Languages**
278 Seiten. DM 38,– (LAMM)

Beth: **Verfahren der schnellen Fourier-Transformation**
316 Seiten. DM 34,– (LAMM)

Bolch/Akyildiz: **Analyse von Rechensystemen**
Analytische Methoden zur Leistungsbewertung und Leistungsvorhersage
269 Seiten. DM 29,80

Dal Cin: **Fehlertolerante Systeme**
206 Seiten. DM 24,80 (LAMM)

Ehrig et al.: **Universal Theory of Automata**
A Categorical Approach. 240 Seiten. DM 24,80

Giloi: **Principles of Continuous System Simulation**
Analog, Digital and Hybrid Simulation in a Computer Science Perspective
172 Seiten. DM 25,80 (LAMM)

Kandzia/Langmaack: **Informatik: Programmierung**
234 Seiten. DM 24,80 (LAMM)

Kupka/Wilsing: **Dialogsprachen**
168 Seiten. DM 21,80 (LAMM)

Maurer: **Datenstrukturen und Programmierverfahren**
222 Seiten. DM 26,80 (LAMM)

Oberschelp/Wille: **Mathematischer Einführungskurs für Informatiker**
Diskrete Strukturen. 236 Seiten. DM 24,80 (LAMM)

Paul: **Komplexitätstheorie**
247 Seiten. DM 26,80 (LAMM)

Richter: **Betriebssysteme**
Eine Einführung. 152 Seiten. DM 25,80 (LAMM)

Richter: **Logikkalküle**
232 Seiten. DM 24,80 (LAMM)

Schlageter/Stucky: **Datenbanksysteme: Konzepte und Modelle**
2. Aufl. 368 Seiten. DM 32,– (LAMM)

Schnorr: **Rekursive Funktionen und ihre Komplexität**
191 Seiten. DM 25,80 (LAMM)

Spaniol: **Arithmetik in Rechenanlagen**
Logik und Entwurf. 208 Seiten. DM 24,80 (LAMM)

Vollmar: **Algorithmen in Zellularautomaten**
Eine Einführung. 192 Seiten. DM 23,80 (LAMM)

Weck: **Prinzipien und Realisierung von Betriebssystemen**
299 Seiten. DM 32,– (LAMM)

Wirth: **Compilerbau**
Eine Einführung. 3. Aufl. 117 Seiten. DM 17,80 (LAMM)

Wirth: **Systematisches Programmieren**
Eine Einführung. 4. Aufl. 160 Seiten. DM 22,80 (LAMM)

Preisänderungen vorbehalten

Leitfäden der angewandten Informatik

Bauknecht / Zehnder: **Grundzüge der Datenverarbeitung**
Methoden und Konzepte für die Anwendungen
2. Aufl. 344 Seiten. Kart. DM 28,80

Beth / Heß / Wirl: **Kryptographie**
205 Seiten. Kart. DM 24,80

Hultzsch: **Prozeßdatenverarbeitung**
216 Seiten. Kart. DM 22,80

Kästner: **Architektur und Organisation digitaler Rechenanlagen**
224 Seiten. Kart. DM 23,80

Lausen / Schlageter / Stucky: **Datenbanksysteme: Eine Einführung**
In Vorbereitung

Mresse: **Information Retrieval — Eine Einführung**
280 Seiten. Kart. DM 36,—

Müller: **Entscheidungsunterstützende Endbenutzersysteme**
253 Seiten. Kart. DM 26,80

Mußtopf / Winter: **Mikroprozessor-Systeme**
Trends in Hardware und Software
302 Seiten. Kart. DM 29,80

Schicker: **Datenübertragung und Rechnernetze**
222 Seiten. Kart. DM 25,80

Schmidt et al.: **Digitalschaltungen mit Mikroprozessoren**
2. Aufl. 208 Seiten. Kart. DM 23,80

Schneider: **Problemorientierte Programmiersprachen**
226 Seiten. Kart. DM 23,80

Singer: **Programmieren in der Praxis**
2. Aufl. 176 Seiten. Kart. DM 24,—

Specht: **APL-Praxis**
192 Seiten. Kart. DM 22,80

Vetter: **Aufbau betrieblicher Informationssysteme**
300 Seiten. Kart. DM 29,80

Weck: **Datensicherheit**
326 Seiten. Geb. DM 42,—

Wingert: **Medizinische Informatik**
272 Seiten. Kart. DM 23,80

Wißkirchen et al.: **Informationstechnik und Bürosysteme**
255 Seiten. Kart. DM 26,80

Preisänderungen vorbehalten

 B. G. Teubner Stuttgart